电子电气基础课程规划教材

数字电子技术

欧伟明　主　编
龙晓薇　聂　辉　副主编

电子工业出版社
Publishing House of Electronics Industry
北京·BEIJING

内 容 简 介

"数字电子技术"是电气信息类、计算机类各专业必修的专业技术基础课,它主要讲述如何应用数字电路来设计数字系统的基本理论与方法。本书内容共分 9 章和 3 个附录,具体包括概述、逻辑门电路、组合逻辑电路、锁存器和触发器、时序逻辑电路、脉冲波形产生与整形电路、半导体存储器、数模和模数转换器、可编程逻辑器件。每章均有思考题和习题,大多数章后标有※的一节为 Proteus 电路仿真例题。附录 A 介绍计算机电路仿真软件 Proteus,附录 B 给出 18 个电子技术课程设计课题,附录 C 给出本书思考题和习题的参考答案。本书从工程应用出发,突出数字电子技术的新颖性和实用性,并为任课教师免费提供电子课件。

本书可作为高等学校电气信息类各专业"数字电子技术"课程的教材、计算机类各专业"数字逻辑与数字系统"课程的教材,还可供有关工程技术人员学习和参考。

未经许可,不得以任何方式复制或抄袭本书之部分或全部内容。
版权所有,侵权必究。

图书在版编目(CIP)数据

数字电子技术/欧伟明主编. —北京:电子工业出版社,2020.7
ISBN 978-7-121-38791-3

Ⅰ. ①数… Ⅱ. ①欧… Ⅲ. ①数字电路－电子技术－高等学校－教材 Ⅳ. ①TN79
中国版本图书馆 CIP 数据核字(2020)第 047051 号

责任编辑:谭海平　　特约编辑:王　崧
印　　刷:北京天宇星印刷厂
装　　订:北京天宇星印刷厂
出版发行:电子工业出版社
　　　　　北京市海淀区万寿路 173 信箱　　邮编:100036
开　　本:787×1092　1/16　印张:20.75　字数:557 千字
版　　次:2020 年 7 月第 1 版
印　　次:2025 年 8 月第 11 次印刷
定　　价:59.80 元

凡所购买电子工业出版社图书有缺损问题,请向购买书店调换。若书店售缺,请与本社发行部联系,联系及邮购电话:(010)88254888,88258888。
质量投诉请发邮件至 zlts@phei.com.cn,盗版侵权举报请发邮件至 dbqq@phei.com.cn。
本书咨询联系方式:(010)88254552,tan02@phei.com.cn。

前　言

"数字电子技术"是电气信息类、计算机类各专业必修的专业技术基础课，主要讲述应用数字电路设计数字系统的基本理论和方法，对于自动化、电气工程、电子信息工程、通信工程、计算机类专业的学生，以及将来从事这方面工作的广大科技工作者来说，熟练地掌握数字电子技术的基本理论和方法是十分必要的。

随着社会的进步和科学技术的发展，数字电子技术是当前发展最快的学科之一，数字系统和数字设备已广泛应用于各个领域。新的电子器件不断涌现，电子电路的集成度越来越高，系统的规模越来越大，数字电路的设计过程和方法也在不断地发展与完善。微电子技术、计算机技术的快速发展，微型计算机的广泛应用，使得数字电子技术在现代科学技术领域中所占的地位更为重要，应用也更加广泛，同时也对"数字电子技术"课程的教学提出了新的、更高的要求。

在编写本书时，为了将当前的数字电子技术反映到本书中，使本书既适合教师的教学工作，又符合学生的学习规律，我们参考了教育部组织编写的《电子技术基础（A）课程基本要求》，主要考虑了以下几点。

1．注重数字逻辑

"数字电子技术"是专业技术基础课，为了更好地与后续计算机方面的课程相衔接，有必要加强数字逻辑方面的学习。因此，本书不仅详细介绍了逻辑代数，而且在介绍常用 BCD 码、ASCII 码的基础上，详细介绍了可靠性编码，包括 Gray 码、奇偶校验码、海明校验码、CRC 码；在介绍数制的基础上，详细介绍了带符号数的表示方法，包括原码、反码、补码、定点数、浮点数、溢出的概念。

2．注重 CMOS 数字集成电路

由于微电子技术与制造工艺的进步，特别是在数字电路中，与双极型数字器件相比，MOS 器件具有明显的优势。因此，我们在编著本书时，相对 TTL 数字集成电路而言，更加注重 CMOS 数字集成电路，并且在书中主要以 74HC 系列的数字器件举例进行了说明。

3．突出数字电子技术的新颖性和实用性

随着半导体技术的发展，新的数字器件不断出现。例如，在单片机应用系统中，大量使用 8bits 锁存器 74HC573；在大屏幕 LED 显示系统中，大量使用串入并出的 8bits 移位寄存器 74HC595；等等。虽然 74HC573 和 74HC595 属于典型的数字集成电路，并且在电气信息类专业的后续课程中一般会使用到这些器件，但由于是较新的数字器件，所以在一般的数字电子技术教材中未得到介绍。本书从工程应用出发，对这些广泛应用的新数字器件进行了必要的介绍，并且在本书的参考文献中，给出了从互联网搜索数字器件相关资料的途径，从而突出了数字电子技术的新颖性和实用性。

4．引入计算机电路仿真软件 Proteus

"数字电子技术"是一门实践性很强的课程，教学中在注重基本概念、基本原理和基本方法的基础上，更要注重培养学生的实践动手能力和设计创新能力。在课堂理论教学中，利用计算机技术，将一部分教学内容以计算机虚拟实验演示的形式进行教学，可使教学内容更直观、更生动，在有限的时间内，能加大授课信息量，也有利于学生电子设计创新能力的培养。为此，在本书大多数章的后面加了"Proteus 电路仿真例题"一节（标有※号），供各院校师生灵活选用。

5. 明确锁存器与触发器的不同概念

一般的数字电子技术教材，将锁存器与触发器的概念混为一谈，不加以区分。实际上，二者不仅概念不同，而且都有相应的集成电路芯片。本书区分锁存器与触发器的不同概念，分别介绍了实际的代表芯片（74HC573、74HC74），并且在第 9 章中给出了 D 锁存器和 D 触发器的 VHDL 程序源代码，以便进一步区分锁存器与触发器。

6. 给出思考题和习题参考答案

本书在内容编排上，力求突出基本概念、基本原理和基本分析方法。本书内容包括概述、逻辑门电路、组合逻辑电路、锁存器和触发器、时序逻辑电路、脉冲波形产生与整形电路、半导体存储器、数模和模数转换器、可编程逻辑器件，共 9 章。每章均有思考题和习题，大多数章后标有※的一节为 Proteus 电路仿真例题。

本书还包括 3 个附录，分别是附录 A（电路仿真软件 Proteus）、附录 B（电子技术课程设计）和附录 C（思考题和习题参考答案）。这 3 个附录不仅方便了老师组织教学，而且极大地方便了学生的学习。例如，附录 C 中给出了本书共 9 章的思考题和习题的参考答案，因此为学生自学提供了有力支持。

本书从工程应用出发，突出了数字电子技术的新颖性和实用性，为任课教师免费提供电子课件。本书可作为高等学校电气信息类各专业"数字电子技术"课程的教材，也可作为高等学校通信工程专业、计算机类各专业"数字逻辑与数字系统"课程的教材，还可作为有关工程技术人员的参考书。

本书由欧伟明教授担任主编，负责全书的策划、组织和定稿。龙晓薇、聂辉担任副主编，协助主编工作。欧伟明撰写第 1 章、第 6 章，龙晓薇撰写第 2 章、第 3 章，何玲撰写第 4 章，黄卓冕撰写第 5 章，张江洪撰写第 7 章，邹彬撰写第 8 章，聂辉撰写第 9 章、附录 A，欧阳洪波撰写附录 B，欧伟明、聂辉、胡真华、郑伟华、周玉撰写附录 C。本书由凌云教授主审，凌云教授认真审阅了本书的编写提纲和全部书稿，提出了许多宝贵意见，在此表示衷心感谢！

欧伟明
2020 年 4 月
于湖南工业大学

目　　录

第 1 章　概述 ·· 1
  1.1　数字电路的基本概念 ·· 1
      1.1.1　模拟信号与数字信号 ·· 1
      1.1.2　数字信号的主要参数 ·· 2
      1.1.3　数字技术的发展及其应用 ·· 2
      1.1.4　数字集成电路的分类及特点 ·· 4
  1.2　数制 ··· 5
      1.2.1　十进制 ·· 5
      1.2.2　二进制 ·· 6
      1.2.3　十六进制 ··· 7
      1.2.4　数制之间的相互转换 ··· 7
  1.3　编码 ··· 9
      1.3.1　二-十进制编码 ··· 9
      1.3.2　ASCII 码 ··· 10
  1.4　逻辑代数基础 ··· 11
      1.4.1　逻辑变量和逻辑函数 ·· 11
      1.4.2　三种基本逻辑运算及逻辑符号 ·· 12
      1.4.3　逻辑函数的描述方法 ·· 15
      1.4.4　逻辑代数运算的基本规则 ·· 16
      1.4.5　逻辑函数的代数化简法 ·· 19
      1.4.6　逻辑函数的卡诺图化简法 ·· 21
  1.5　正、负逻辑及逻辑符号的变换 ·· 29
      1.5.1　正逻辑、负逻辑的概念 ·· 29
      1.5.2　混合逻辑中逻辑符号的等效变换 ·· 29
  1.6　带符号数的表示方法 ·· 30
      1.6.1　原码 ··· 31
      1.6.2　反码 ··· 31
      1.6.3　补码 ··· 31
      1.6.4　原码、反码、补码之间的转换 ·· 31
      1.6.5　溢出概念 ··· 32
      1.6.6　定点数与浮点数表示方法 ·· 33
  1.7　可靠性编码 ··· 33
      1.7.1　Gray 码 ··· 33
      1.7.2　奇偶校验码 ··· 35

1.7.3　海明校验码 ··· 36
　　　1.7.4　循环冗余校验码 ··· 38
　本章小结 ··· 40
　思考题和习题 1 ··· 41

第 2 章　逻辑门电路 ··· 44

　2.1　逻辑门的外部特性和技术参数 ··· 44
　　　2.1.1　逻辑门电路简介 ··· 44
　　　2.1.2　逻辑电平 ··· 45
　　　2.1.3　噪声容限 ··· 46
　　　2.1.4　延时-功耗乘积 ··· 46
　　　2.1.5　扇入数和扇出数 ··· 47
　2.2　MOS 逻辑门电路 ··· 49
　　　2.2.1　MOS 管的开关特性 ··· 49
　　　2.2.2　CMOS 反相器 ··· 50
　　　2.2.3　其他 CMOS 门电路 ··· 52
　　　2.2.4　使用 CMOS 芯片的注意事项 ··· 58
　　　2.2.5　CMOS 门电路产品系列 ··· 59
　2.3　TTL 逻辑门电路 ··· 60
　　　2.3.1　三极管的开关特性 ··· 60
　　　2.3.2　TTL 反相器 ··· 62
　　　2.3.3　其他 TTL 门电路 ··· 64
　　　2.3.4　使用 TTL 芯片的注意事项 ··· 66
　　　2.3.5　CMOS 和 TTL 的性能比较 ··· 67
　2.4　集成逻辑门电路的应用 ··· 68
　　　2.4.1　TTL 与 CMOS 器件之间的接口问题 ··· 68
　　　2.4.2　用门电路驱动 LED 显示器件 ··· 70
　　　2.4.3　电源去耦合和接地方法 ··· 70
　※2.5　Proteus 电路仿真例题 ··· 71
　本章小结 ··· 74
　思考题和习题 2 ··· 75

第 3 章　组合逻辑电路 ··· 79

　3.1　组合逻辑电路的概念 ··· 79
　3.2　组合逻辑电路的分析设计方法 ··· 79
　　　3.2.1　组合逻辑电路的分析方法 ··· 79
　　　3.2.2　组合逻辑电路的设计方法 ··· 80
　3.3　常用组合逻辑电路 ··· 82
　　　3.3.1　编码器 ··· 83
　　　3.3.2　译码器 ··· 86

3.3.3　数据选择器 93
　　3.3.4　数值比较器 94
　　3.3.5　加法器 96
　　3.3.6　组合逻辑集成电路应用举例 99
3.4　组合逻辑电路中的竞争冒险 103
　　3.4.1　竞争冒险的产生原因 103
　　3.4.2　竞争冒险的消除方法 103
※3.5　Proteus 电路仿真例题 105
本章小结 106
思考题和习题 3 107

第 4 章　锁存器和触发器 110

4.1　双稳态存储单元电路 110
　　4.1.1　电路双稳态的概念 110
　　4.1.2　双稳态存储单元电路 110
4.2　锁存器 111
　　4.2.1　RS 锁存器 111
　　4.2.2　D 锁存器 114
　　4.2.3　8D 锁存器 74HC573 芯片介绍 115
4.3　触发器的电路结构 117
　　4.3.1　主从触发器 118
　　4.3.2　维持阻塞 D 触发器 122
　　4.3.3　双 D 触发器 74HC74 芯片介绍 124
　　4.3.4　触发器的动态性能技术指标 125
4.4　不同逻辑功能的触发器 126
　　4.4.1　D 触发器 127
　　4.4.2　JK 触发器 127
　　4.4.3　RS 触发器 128
　　4.4.4　T 触发器和 T′触发器 128
　　4.4.5　触发器逻辑功能的转换 129
※4.5　Proteus 电路仿真例题 130
本章小结 133
思考题和习题 4 134

第 5 章　时序逻辑电路 138

5.1　时序逻辑电路概念 138
　　5.1.1　时序逻辑电路的结构及特点 138
　　5.1.2　时序逻辑电路分类 139
　　5.1.3　时序逻辑电路功能描述方法 139
5.2　时序逻辑电路的分析方法 140

- 5.2.1 分析时序逻辑电路的一般步骤 ········· 140
- 5.2.2 同步时序逻辑电路的分析举例 ········· 141
- 5.2.3 异步时序逻辑电路的分析举例 ········· 143

5.3 计数器 ················ 145
- 5.3.1 二进制计数器 ············ 145
- 5.3.2 其他进制计数器 ··········· 149
- 5.3.3 计数器集成电路的应用举例 ······ 150

5.4 寄存器 ················ 154
- 5.4.1 数码寄存器 ············· 154
- 5.4.2 移位寄存器 ············· 154
- 5.4.3 74HC595 芯片介绍 ········· 156
- 5.4.4 移位寄存器构成的移位型计数器 ··· 157

5.5 时序逻辑电路的设计方法 ········· 159
- 5.5.1 同步时序逻辑电路的设计方法 ····· 159
- 5.5.2 时序逻辑电路的设计举例 ······· 160

※5.6 Proteus 电路仿真例题 ··········· 164

本章小结 ···················· 166

思考题和习题 5 ················ 167

第 6 章 脉冲波形产生与整形电路 ········· 172

6.1 集成 555 定时器 ·············· 172
- 6.1.1 555 定时器的电路结构与工作原理 ··· 172
- 6.1.2 555 定时器的功能表 ········· 173

6.2 施密特触发器 ··············· 174
- 6.2.1 用 555 定时器组成的施密特触发器 ·· 174
- 6.2.2 施密特触发器 CC40106 芯片介绍 ··· 175
- 6.2.3 施密特触发器的应用举例 ······· 176

6.3 多谐振荡器 ················ 178
- 6.3.1 用 555 定时器组成的多谐振荡器 ··· 178
- 6.3.2 占空比可调的多谐振荡器电路 ···· 179
- 6.3.3 石英晶体多谐振荡器 ········· 180
- 6.3.4 多谐振荡器的应用举例 ········ 181

6.4 单稳态触发器 ··············· 182
- 6.4.1 用 555 定时器组成的单稳态触发器 ·· 182
- 6.4.2 单稳态触发器 74LS121、MC14528 芯片介绍 ·· 184
- 6.4.3 单稳态触发器的应用举例 ······· 187

※6.5 Proteus 电路仿真例题 ··········· 189

本章小结 ···················· 193

思考题和习题 6 ················ 194

第 7 章 半导体存储器 199

7.1 概述 199
7.2 随机存取存储器 200
7.2.1 RAM 的基本结构 200
7.2.2 RAM 的存储单元 202
7.2.3 存储容量的扩展 204
7.3 只读存储器 206
7.3.1 ROM 的分类 206
7.3.2 ROM 的基本结构 207
7.3.3 存储器 AT27C040 芯片介绍 208
7.3.4 ROM 应用举例 210
7.3.5 存储容量的扩展 211
※7.4 Proteus 电路仿真例题 212
本章小结 214
思考题和习题 7 214

第 8 章 数模和模数转换器 217

8.1 D/A 转换器 217
8.1.1 D/A 转换器的基本工作原理 217
8.1.2 倒 T 形电阻网络 D/A 转换器 217
8.1.3 权电流型 D/A 转换器 219
8.1.4 D/A 转换器的主要技术指标 220
8.1.5 D/A 转换器 DAC0808 应用举例 221
8.2 A/D 转换器 222
8.2.1 A/D 转换器的基本工作原理 222
8.2.2 取样–保持电路 223
8.2.3 并行比较型 A/D 转换器 224
8.2.4 逐次比较型 A/D 转换器 226
8.2.5 双积分型 A/D 转换器 227
8.2.6 A/D 转换器的主要技术指标 229
8.2.7 A/D 转换器 ADC0809 应用举例 229
※8.3 Proteus 电路仿真例题 231
本章小结 234
思考题和习题 8 234

第 9 章 可编程逻辑器件 237

9.1 PLD 概述 237
9.1.1 PLD 的发展历程 237
9.1.2 PLD 的分类 238
9.1.3 PLD 的逻辑表示方法 238

9.2 低密度 PLD ······ 239
　9.2.1 PROM ······ 239
　9.2.2 PLA ······ 240
　9.2.3 PAL ······ 240
　9.2.4 GAL ······ 240
9.3 复杂可编程逻辑器件 ······ 242
　9.3.1 基于乘积项的 CPLD 基本结构 ······ 242
　9.3.2 CPLD 产品概述 ······ 244
9.4 现场可编程门阵列 ······ 245
　9.4.1 基于查找表的 FPGA 基本结构 ······ 245
　9.4.2 FPGA 产品概述 ······ 248
9.5 基于 CPLD/FPGA 的数字系统开发流程 ······ 248
　9.5.1 一般开发流程 ······ 249
　9.5.2 硬件描述语言 VHDL/Verilog HDL ······ 249
　9.5.3 D 锁存器和 D 触发器的 VHDL 设计 ······ 251
　9.5.4 集成开发环境 Quartus II ······ 252
本章小结 ······ 254
思考题和习题 9 ······ 254

附录 A 电路仿真软件 Proteus ······ 256
A.1 Proteus 电路仿真软件简介 ······ 256
　A.1.1 Proteus 简介 ······ 256
　A.1.2 Proteus 组成 ······ 256
　A.1.3 Proteus 基本资源 ······ 256
　A.1.4 Proteus 基本操作与设置 ······ 259
A.2 基于 Proteus 的电路设计 ······ 261
　A.2.1 设计流程 ······ 261
　A.2.2 设计实例 ······ 262
A.3 基于 Proteus 的电路仿真 ······ 264
　A.3.1 交互式仿真 ······ 265
　A.3.2 基于图表的仿真 ······ 265

附录 B 电子技术课程设计 ······ 267
题目 1 函数发生器设计 ······ 267
题目 2 盲人报时钟设计 ······ 267
题目 3 电子密码锁电路设计 ······ 268
题目 4 出租车计费器设计 ······ 269
题目 5 自动售货机设计 ······ 270
题目 6 自适应频率测量仪设计 ······ 270
题目 7 电梯控制器设计 ······ 271

题目 8　智力竞赛抢答器设计 ·· 272
题目 9　数字式红外线测速仪设计 ··· 273
题目 10　交通灯控制器设计 ·· 274
题目 11　篮球比赛 24 秒计时器设计 ··· 275
题目 12　简易电子琴设计 ·· 276
题目 13　数字电子钟设计 ·· 277
题目 14　数字秒表设计 ·· 278
题目 15　六花样彩灯控制器设计 ··· 278
题目 16　数控直流稳压电源设计 ··· 279
题目 17　拔河游戏机设计 ·· 280
题目 18　数控直流电流源设计 ··· 281

附录 C　思考题和习题参考答案 ··· 282
第 1 章　概述 ··· 282
第 2 章　逻辑门电路 ·· 283
第 3 章　组合逻辑电路 ·· 284
第 4 章　锁存器和触发器 ·· 292
第 5 章　时序逻辑电路 ·· 297
第 6 章　脉冲波形产生与整形电路 ··· 306
第 7 章　半导体存储器 ·· 314
第 8 章　数模和模数转换器 ·· 317
第 9 章　可编程逻辑器件 ·· 318

参考文献 ··· 320

第 1 章　概　　述

本章介绍数字电子技术的基本概念与数学工具，内容包括数字信号的基本概念及主要参数、数字集成电路的基本常识、计算机等数字设备中常用的数制与编码、逻辑代数基础、逻辑函数描述方法、逻辑函数化简方法、带符号数表示方法等。这些内容是分析和设计数字电路的基础。

1.1　数字电路的基本概念

随着电子计算机的普及以及通信技术和现代电子技术的快速发展，人类已进入信息时代，在信息社会，数字电子技术得到了广泛应用和发展，它不仅广泛应用于现代数字通信、雷达、自动控制、测量仪表、医疗设备等各个科技领域，而且进入了人们的日常生活，如智能手机、数码相机、数字电视、影碟机等。可以预料，数字电子技术在人类迈向信息社会的进程中，将起到越来越重要的作用。可以毫不夸张地说，数字电路是计算机和数字通信的重要基石，它们构成了计算机和数字通信设备的硬件基础。

本节简要介绍数字电路的一些基本概念，以及数字集成电路的发展趋势，让读者在学习数字电子技术之前，首先建立数字电路的整体概念。

1.1.1　模拟信号与数字信号

1. 模拟量与数字量

自然界中存在着各种物理量，其形式千差万别，但就其变化规律而言，可以分为模拟量和数字量两大类。模拟量是指在时间上和数值上均连续变化的物理量，如温度、压力、速度等；数字量是指在时间上和数值上均不连续（离散）的物理量，如人口的统计数、产品的个数等。

在实际应用中，许多物理量的测量值既可以用模拟形式表示，又可以用数字形式表示。例如，测量某个电压值，用指针式电压表测量时，结果是模拟量的形式；而用数字式电压表测量时，结果是数字量的形式。

利用现代电子技术，可以很方便地实现模拟量与数字量之间的相互转换。

2. 模拟信号与数字信号

在电子设备中，表示模拟量的电信号称为模拟信号（Analog Signal）。例如，正弦波信号就是典型的模拟信号。

表示数字量的电信号称为数字信号（Digital Signal）。例如，矩形波信号就是典型的数字信号。数字信号有时也称脉冲信号。

数字信号的波形是逻辑电平与时间的关系图形表示。数字信号有两种波形，一种称为电平型，另一种称为脉冲型。电平型数字信号以一个时间节拍内信号是高电平还是低电平来表示"1"或"0"，并且每个"1"或"0"信号所占的时间间隔都相等，1 个"1"或 1 个"0"称为 1 位（bit），几个连续的高（低）电平就是几位"1"（"0"），图 1.1(a)所示为电平型 9bits 数字信号。脉冲型数字信号以一个时间节拍内有、无脉冲来表示"1"或"0"。图 1.1(b)所示为脉冲型 9bits 数字信号。

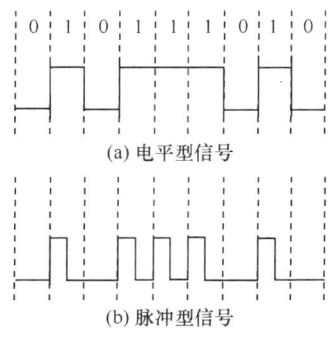

(a) 电平型信号

(b) 脉冲型信号

图 1.1 数字信号的传输波形

由图可见,电平型和脉冲型数字信号在波形上存在显著差别,即电平型数字信号波形在一个节拍内不会归零,而脉冲型数字信号波形在一个节拍内会归零。

与模拟信号相比,数字信号具有抗干扰能力强、存储处理方便等优点。

3. 模拟电路与数字电路

与电路所处理的信号形式相对应,传送、变换、处理、产生模拟信号的电子电路称为模拟电路(Analog Circuit),而传送、变换、处理、产生数字信号的电子电路称为数字电路(Digital Circuit)。

1.1.2 数字信号的主要参数

由图 1.1 可知,数字信号只有两个取值,因此称为二值信号,两个取值分别用符号"1"和符号"0"表示,一般用符号"1"表示电路的高电平,而用符号"0"表示电路的低电平。在实际数字系统中,数字信号波形并没有图 1.1 那么理想。当波形从低电平跳变到高电平,或从高电平跳变到低电平时,边沿没有那么陡峭,而要经历一个过渡过程,分别用上升时间 t_r 和下降时间 t_f 描述。

数字信号的种类很多,在数字系统中,主要应用的是矩形脉冲。下面以电压矩形脉冲为例,说明数字信号的主要参数。实际电压矩形脉冲波形及其主要参数如图 1.2 所示。

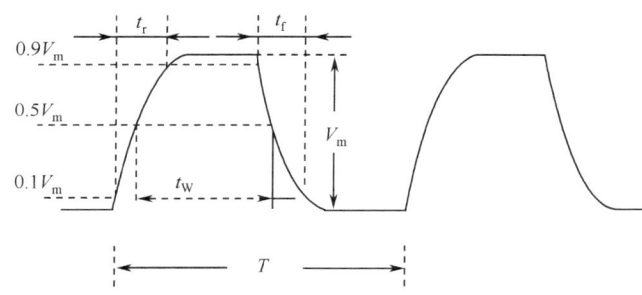

图 1.2 实际电压矩形脉冲波形及其主要参数

矩形波数字信号的主要参数如下:
(1) 脉冲幅值 V_m:矩形波电压信号变化的最大值。
(2) 脉冲上升时间 t_r:脉冲上升沿从 $0.1V_m$ 上升到 $0.9V_m$ 所需要的时间。
(3) 脉冲下降时间 t_f:脉冲下降沿从 $0.9V_m$ 下降到 $0.1V_m$ 所需要的时间。
(4) 脉冲宽度 t_W:脉冲上升沿的 $0.5V_m$ 与脉冲下降沿的 $0.5V_m$ 两点间的时间间隔。
(5) 脉冲周期 T:在周期性脉冲序列中,两个相邻脉冲间的时间间隔为脉冲周期。有时也使用频率 $f = 1/T$ 来表示单位时间内脉冲重复的次数。
(6) 占空比 $q = t_W/T$:脉冲宽度与脉冲周期的比值称为占空比。占空比一般用百分数表示,并且将占空比 $q = 50\%$ 的矩形波称为方波。

1.1.3 数字技术的发展及其应用

电子技术是 20 世纪发展最迅速、应用最广泛的技术,它使得工业、农业、科研、教育、医疗、文化娱乐及人们的日常生活发生了根本性的变革。特别是数字电子技术,在近 40 多年来,取得了令人瞩目的进步。

电子技术的发展是以电子器件的发展为基础的。20世纪初直至中叶，主要使用的电子器件是真空管，也称电子管。随着固体微电子学的进步，第一只晶体三极管于1947年问世，开创了电子技术的新领域。20世纪60年代初，模拟集成电路和数字集成电路相继问世。到20世纪70年代末，随着微处理器的问世，电子器件及其应用出现了崭新的局面。1988年，集成工艺可在 $1cm^2$ 的硅片上集成3500万个元件，说明集成电路制造技术已经进入甚大规模阶段。从20世纪80年代中期开始，专用集成电路（Application Specific Integrated Circuit，ASIC）制造技术日趋成熟，标志着数字集成电路发展到了新的阶段。ASIC是将一个复杂的数字系统制作在一块半导体芯片上，所构成的体积小、质量轻、功耗低、速度高、成本低且保密性强的系统级芯片。ASIC芯片的实现，可以由用户通过软件编程，将自己设计的数字系统制作在厂家生产的可编程逻辑器件（Programmable Logic Device，PLD）半成品芯片上，从而得到所需的系统级芯片。ASIC芯片的实现，也可以由芯片生产厂家以全定制的方法批量生产。

目前，集成电路制造技术已使得集成电路芯片内部的布线细微到亚微米和深亚微米（0.13~0.009μm）量级。随着芯片上元件和布线的缩小，芯片功耗降低而速度提高，最新生产的微处理器时钟频率可达3GHz。

数字技术应用的典型代表是电子计算机，电子计算机是随着电子技术的发展而发展的。数字电子技术的发展使得衍生出的计算机不断发展和完善，计算机技术的影响已遍及人类生产与生活的各个领域，掀起了一场"数字革命"。

数字技术被广泛地应用于广播、电视、通信、医学诊断、测量、控制、文化娱乐以及家庭生活等方面。由于数字信号具有便于存储、处理和传输的特点，使得许多传统使用模拟技术的领域转而运用数字技术。

1．数字集成电路的发展趋势

当前，数字集成电路正朝着大规模、低功耗、高速度、可编程、可测试和CMOS化方向发展。

(1) 大规模

随着数字电子技术的发展，一块半导体硅片上已经可以集成上百万个数字逻辑门，即使是一个相当复杂的数字系统，也有可能用单片数字集成电路予以实现。可以预见，将来的数字集成电路的集成规模会越来越大，集成规模的提高将极大地提高数字系统的可靠性，减小系统的体积，降低系统的功耗和成本。

(2) 低功耗

数字系统的功耗很大程度上取决于所用的集成电路芯片或模块，人们通常总是希望功耗越低越好。因此，低功耗是数字集成电路的必然选择。今天，即使是包含上百万个逻辑门的超大规模数字集成电路芯片，其功耗也可低至毫瓦级。

(3) 高速度

随着社会的进步，需要处理的信息量越来越大，这就要求所用集成电路的工作速度越来越高。正是在这样的需求背景下，个人计算机才从当初的PC快速发展到今天的奔腾计算机。处理速度为1.5GHz的奔腾4处理器，于2000年由计算机CPU芯片巨头美国Intel公司向全世界推出。用于核武器模拟试验的运算速度为12.3万亿次每秒的超级计算机"白色ASCI"，已由IBM公司研制成功，并安装在美国能源部设于加利福尼亚的劳伦斯·利弗莫尔国家实验室。一种旨在探明人体蛋白质结构，运算速度高达1000万亿次每秒的超级计算机"蓝色基因"，也早已列入IBM公司的研究计划。虽然计算机的这种高速度很大程度上依赖于并行处理技术，但集成电路芯片本身的高速度的作用不容置疑。

(4) 可编程

早期出现的 MSI/LSI（中规模/大规模）数字集成电路芯片，其功能是由生产厂家根据用户的一般需求在生产时确定的。大多数情况下，用户使用这种通用型集成电路芯片来实现各种逻辑功能还是非常方便的。但是，当数字系统比较复杂时，所需要的逻辑模块数量往往较多，这不仅增大了系统的体积和功耗，而且降低了系统的可靠性。此外，使用常规模块设计数字系统，也无法防止他人的分析和仿制，设计者的知识产权及合法权益无法得到有效保护。

为了解决上述问题，现在的许多 LSI/VLSI（大规模/超大规模）数字集成电路芯片具有"可编程"的特性，即厂家在生产这些模块时，只生产"半定制"的产品，模块的具体功能则由用户根据实际需要现场"编程"确定。这种可编程逻辑器件（PLD）一般具有多次"可编程"甚至"在系统可编程"（In-System Programmable，ISP）的能力，以及"硬件保密"的能力，这不仅为用户研制、开发产品带来了极大的方便和灵活性，而且大大提高了产品的可靠性和保密性。

(5) 可测试

数字集成电路的规模越来越大，功能也越来越复杂。为了便于数字系统的使用与维护，要求所用的逻辑模块具有"可测试性"，以便用户能方便地对其进行"故障诊断"。"可测试"已成为未来数字集成电路的一个重要发展趋势。

(6) CMOS 化

数字集成电路芯片所用的器件材料以硅材料为主，在高速电路中，也使用化合物半导体材料，如砷化镓等。晶体管–晶体管逻辑门电路（Transistor-Transistor Logic，TTL）问世较早，由于其生产工艺不断改进，至今仍是人们使用的基本逻辑器件之一。但是，随着金属–氧化物–半导体（Metal-Oxide-Semiconductor，MOS）工艺，特别是互补金属–氧化物–半导体（Complementary-Metal-Oxide-Semiconductor，CMOS）工艺的发展，使得 CMOS 集成电路器件具有很高的电路集成度和工作速度，并且功耗很低，因此，目前 TTL 集成电路器件的主导地位已被 CMOS 集成电路器件取代。

2．数字电路中的操作

在数字电路中，主要有两种操作，即对数字量的算术操作和对逻辑量的逻辑操作。

(1) 算术操作

数字电路可以对各种数字量进行算术操作，完成加、减、乘、除等基本算术运算。电子计算机之所以称为计算机，就是因为其 CPU 中的运算器由于采用数字电路而可以对各种数据进行快速的算术运算，使得"计算"成为电子计算机的一个重要特色。

(2) 逻辑操作

数字电路不仅可以对各种数字量进行算术运算，而且可以对各种逻辑量进行逻辑运算。数字电路具有根据逻辑变量取值进行逻辑推理和逻辑判断的能力。为了突出这一特点，有时也将数字电路称为数字逻辑电路，甚至称为逻辑电路。电子计算机就因为这种逻辑思维能力而被称为"电脑"。

1.1.4 数字集成电路的分类及特点

前面给出了模拟电路和数字电路的概念。实际上，电子电路按功能分为模拟电路和数字电路。根据数字电路的结构特点及其对输入信号的响应规则的不同，数字电路可分为组合逻辑电路和时序逻辑电路。数字电路中的电子器件，如二极管、三极管，工作于开关状态，时而饱和导通，时而截止，构成电子开关。这些电子开关是组成逻辑门电路的基本器件。逻辑门电路又是数字电路的基本单元，若将这些门电路及其他元器件集成在一块半导体芯片上，则构成数字集成电路。

很多情况下，我们将数字集成电路称为芯片、模块、器件。若干数字集成电路芯片按照一定的方案连接在一起，可以构成功能强大的数字电路系统，我们称之为数字系统。

1．数字集成电路的分类

从集成度来看，数字集成电路可分为小规模集成电路（SSI）、中规模集成电路（MSI）、大规模集成电路（LSI）、超大规模集成电路（VLSI）和甚大规模集成电路（ULSI）五类。所谓集成度，是指每块芯片所包含的逻辑门电路的个数。表 1.1 所示为数字集成电路的分类。

表 1.1 数字集成电路的分类

分　　类	门的个数	典型数字集成电路
小规模集成电路	最多 12	逻辑门、触发器
中规模集成电路	12～99	计数器、加法器
大规模集成电路	100～9999	小型存储器、门阵列
超大规模集成电路	10000～99999	大型存储器、微处理器
甚大规模集成电路	10^6 以上	可编程逻辑器件（PLD）、专用集成电路（ASIC）

2．数字集成电路的特点

与模拟电路相比，数字电路具有抗干扰能力强、可靠性高、精确性和稳定性好、功耗低、速度快、通用性广、便于集成、便于故障诊断、便于系统维护等突出优点。以抗干扰能力和可靠性为例，数字电路不仅可以通过整形去除叠加于传输信号上的噪声与干扰，而且可以进一步利用差错控制技术对传输信号进行检错和纠错。

1.2 数　制

本节首先介绍常用的计数体制，包括十进制、二进制和十六进制，然后介绍数制之间相互转换的方法。在日常生活中，人们习惯于使用十进制，而在数字系统中常采用二进制、十六进制等。

1.2.1 十进制

数制（Number System）是人类表示数值大小的各种方法的统称。迄今为止，人类都是按照进位方式来实现计数的，这种计数制度称为进位计数制，简称进位制。大家熟悉的十进制就是一种典型的计数体制。

一种数制中，允许使用的数符的个数，称为这种数制的**基数**（Radix）。例如，十进制（Decimal）中允许使用 0，1，2，3，4，5，6，7，8，9 共十个数符，其中最大的数符是 9，因此十进制的基数是 10。一般而论，r 进制的基数就是 r，允许使用的最大数符为 $r-1$。

一种数制中，表示数中不同位置上数字的单位数值，称为**权**（Power）。例如，十进制数 635.78，左边第一位是百位（数字 6 代表 600），权为 10^2；左边第二位是十位（数字 3 代表 30），权为 10^1；左边第三位是个位（数字 5 代表 5），权为 10^0；小数点右边第一位是十分位（数字 7 代表 7/10），权为 10^{-1}；小数点右边第二位是百分位（数字 8 代表 8/100），权为 10^{-2}。

十进制是以 10 为基数的计数体制，在日常生活和工作中是最常用的。它有 0, 1, 2, 3, 4, 5, 6, 7, 8, 9 共十个数符，计数规律是"逢十进一"，即在计数的过程中，一旦计数满十，就向高位进一，故称为十进制。

任何一个十进制数，按位置计数法都可表示为

$$(D)_{10} = (a_{n-1}a_{n-2}\cdots a_1 a_0 a_{-1}\cdots a_{-m})_{10}$$

位置计数法实际上是如下多项式计数法（也称按位权展开式）省略各位权值和运算符号并增加小数点（小数点也称基点）后的简记形式，即

$$(D)_{10} = a_{n-1}10^{n-1} + a_{n-2}10^{n-2} + \cdots + a_1 10^1 + a_0 10^0 + a_{-1} 10^{-1} + \cdots + a_{-m} 10^{-m}$$

$$= \sum_{i=-m}^{n-1} a_i \cdot 10^i$$

式中，i 表示数中的第 i 位；a_i 为第 i 位的数符，它可以是 0~9 这十个数符中的任何一个；n, m 为正整数，n 表示整数部分的位数；m 表示小数部分的位数；10 表示计数制的基数，D 的下标为 10，表示 D 是一个十进制数；10^i 为第 i 位的权。可见，任何一个十进制数都可以按位权展开，即首先把每一位的位权值与各自的数符相乘，然后对每一项求和。例如，

$$(2561.347)_{10} = 2\times 10^3 + 5\times 10^2 + 6\times 10^1 + 1\times 10^0 + 3\times 10^{-1} + 4\times 10^{-2} + 7\times 10^{-3}$$

生活中除了十进制，人们根据计数的不同要求，也采用十二进制、六十进制等。按照以上方法，可将任意进制数的按位权展开式写出如下：

$$(D)_N = a_{n-1}N^{n-1} + a_{n-2}N^{n-2} + \cdots + a_1 N^1 + a_0 N^0 + a_{-1} N^{-1} + \cdots + a_{-m} N^{-m}$$

$$= \sum_{i=-m}^{n-1} a_i \cdot N^i$$

式中，N 称为计数的基数，a_i 为第 i 位的数符，N^i 称为第 i 位的权。

1.2.2 二进制

在数字电路和计算机中，机器码（计算机能执行的程序代码）是用二进制（Binary）表示的。二进制是以 2 为基数的计数体制，它只有 0, 1 两个数符，计数规律是"逢二进一"，故称为二进制。在二进制数中，每个数位的位权值为 2 的幂。因此，二进制数也可以按位权展开：

$$(D)_2 = (a_{n-1}a_{n-2}\cdots a_1 a_0 a_{-1}\cdots a_{-m})_2$$

$$= a_{n-1}2^{n-1} + a_{n-2}2^{n-2} + \cdots + a_1 2^1 + a_0 2^0 + a_{-1} 2^{-1} + \cdots + a_{-m} 2^{-m}$$

$$= \sum_{i=-m}^{n-1} a_i \cdot 2^i$$

式中，a_i 是第 i 位的数符，它只能是 0 或 1，n, m 为正整数，2 是二进制的基数，2^i 表示第 i 位的权。

例如，可将二进制数 11010.101 表示为

$$(11010.101)_2 = 1\times 2^4 + 1\times 2^3 + 0\times 2^2 + 1\times 2^1 + 0\times 2^0 + 1\times 2^{-1} + 0\times 2^{-2} + 1\times 2^{-3}$$

在数字系统中，采用二进制是比较方便的，因为二进制只有两个数符 0 和 1。因此，二进制数的每一位数字都可以用某些元器件具有的两个不同的稳定状态来表示，例如三极管的饱和工作状态与截止工作状态，某些电子器件输出端的高电平工作状态和低电平工作状态。只要用其中一种状态表示 1，而用另一种状态表示 0，就可以表示二进制数。但是，用二进制表示一个数时，位数通常很多，书写和阅读起来很不方便，而且与人们习惯的计数方法不尽相同，因而需要把二进制数与其他进制数进行相互转换，以达到不同的应用目的。

1.2.3 十六进制

十六进制(Hexadecimal)是以 16 为基数的计数体制,它有 0, 1, 2, 3, 4, 5, 6, 7, 8, 9, A, B, C, D, E, F 共十六个数符,计数规律是"逢十六进一",故称为十六进制,各位数的位权值是 16 的幂。十六进制数可以按位权展开为

$$(D)_{16} = a_{n-1}16^{n-1} + a_{n-2}16^{n-2} + \cdots + a_1 16^1 + a_0 16^0 + a_{-1}16^{-1} + \cdots + a_{-m}16^{-m}$$
$$= \sum_{i=-m}^{n-1} a_i \cdot 16^i$$

式中,a_i 为第 i 位的数符,其取值范围是 0~9 及 A~F。例如,

$$(D)_{16} = (E5D7.A3)_{16} = 14\times16^3 + 5\times16^2 + 13\times16^1 + 7\times16^0 + 10\times16^{-1} + 3\times16^{-2}$$

注意:在十六进制中是用英文字母 A, B, C, D, E, F 分别表示十进制数 10, 11, 12, 13, 14, 15 的。

十进制、二进制和十六进制的数符、权、运算规则、对应关系,如表 1.2 所示。

表 1.2 常用数制的数符、权、运算规则、对应关系

名称	十进制	二进制	十六进制
数符	0, 1, 2, 3, 4, 5, 6, 7, 8, 9	0, 1	0, 1, 2, 3, 4, 5, 6, 7, 8, 9, A, B, C, D, E, F
第 i 位的权	10^i	2^i	16^i
运算规则	逢十进一,借一为十	逢二进一,借一为二	逢十六进一,借一为十六
对应关系	0	0	0
	1	1	1
	2	10	2
	3	11	3
	4	100	4
	5	101	5
	6	110	6
	7	111	7
	8	1000	8
	9	1001	9
	10	1010	A
	11	1011	B
	12	1100	C
	13	1101	D
	14	1110	E
	15	1111	F
	16	10000	10

1.2.4 数制之间的相互转换

一般来说,人们比较熟悉的是十进制,而电子计算机等数字设备中常使用二进制或十六进制。为了便于人机对话,我们有必要进行各种数制间的转换。

1. 各种进制转换为十进制

将二进制、八进制、十六进制及其他进制转换为十进制的方法是相同的:首先写出待转换的

其他进制数的按权展开式，然后求出数符与位权之积，并把各项乘积求和，即可得到转换后的十进制数。例如，

$$(1101.101)_2 = 1\times2^3 + 1\times2^2 + 0\times2^1 + 1\times2^0 + 1\times2^{-1} + 0\times2^{-2} + 1\times2^{-3}$$
$$= 8 + 4 + 1 + 0.5 + 0.125 = (13.625)_{10}$$
$$(172.46)_8 = 1\times8^2 + 7\times8^1 + 2\times8^0 + 4\times8^{-1} + 6\times8^{-2}$$
$$= 64 + 56 + 2 + 0.5 + 0.09375 = (122.59375)_{10}$$
$$(4E6.8)_{16} = 4\times16^2 + 14\times16^1 + 6\times16^0 + 8\times16^{-1}$$
$$= 1024 + 224 + 6 + 0.5 = (1254.5)_{10}$$

2．二进制与十六进制的相互转换

从表 1.2 可见，二进制数与十六进制数之间的对应关系非常简单，由于十六进制的基数是 $16 = 2^4$，所以 1 位十六进制数对应于 4 位二进制数。

(1) 二进制数转换成十六进制数

把二进制数从小数点开始分别向右和向左划分成 4 位一组，每组便是 1 位十六进制数。若不足 4 位，则在二进制数整数部分的高位添 0，或在小数部分的低位添 0 来补足 4 位一组，然后把 4 位二进制数用相应的十六进制数代替，即可将二进制数转换为十六进制数。例如，

$$(110111100011.100101)_2 = (\underline{0001}\ \underline{1011}\ \underline{1110}\ \underline{0011}.\underline{1001}\ \underline{0100})_2 = (1BE3.94)_{16}$$

(2) 十六进制数转换成二进制数

十六进制数转换成二进制数的方法与上述过程相反：将十六进制数的每个数符用相应的 4 位二进制数替代，并且去除整数部分高位无效的 0 和小数部分末尾无效的 0，即可将十六进制数转换为二进制数。例如，

$$(2BA.5C)_{16} = (\underline{0010}\ \underline{1011}\ \underline{1010}.\underline{0101}\ \underline{1100})_2 = (1010111010.010111)_2$$

3．十进制数转换为二进制数

十进制数转换为二进制数时，十进制数的整数部分和小数部分的转换方法是不同的，需要分别进行转换。

(1) 整数部分的转换

十进制整数转换为二进制数，结果必然也是整数。

将十进制整数转换为二进制数时，采用**除 2 取余法**，即十进制整数部分连续除以 2，直至商为 0，得到的余数就是转换的结果，也就是所需要的二进制数。需要特别提醒的是，最先得到的余数是相应二进制数的最低位（最低位常用符号 LSB 表示），最后得到的余数是相应二进制数的最高位（最高位常用符号 MSB 表示）。例如，十进制整数 54 转换为二进制数的过程如下：

```
0 ← 1 ← 3 ← 6 ← 13 ← 27 ← 54 | ÷2
    ↓   ↓   ↓   ↓    ↓    ↓
(MSB) 1   1   0   1    1    0  (LSB)
```

所以，$(54)_{10} = (110110)_2$。

类似地，十进制整数 153 转换为八进制数的过程如下：

```
0 ← 2 ← 19 ← 153 | ÷8
    ↓   ↓    ↓
(MSB) 2   3    1  (LSB)
```

所以，$(153)_{10} = (231)_8$。

(2) 小数部分的转换

十进制小数转换为二进制数，结果必然也是小数。

将十进制小数转换为二进制数时,采用**乘 2 取整法**,即十进制小数部分乘以 2,所得乘积的整数部分就是等值二进制小数的最高位(MSB),所得乘积的小数部分再乘以 2,所得乘积的整数部分就是等值二进制小数的次高位,所得乘积的小数部分再乘以 2……以此类推,直到所得乘积的小数部分为 0 或满足精度要求时为止。

需要特别提醒的是,最先得到的整数是相应二进制小数的最高位(MSB),最后得到的整数是相应二进制小数的最低位(LSB)。另外,这种转换有时是有误差的。

例如,十进制小数 0.40625 转换为二进制数的过程如下:

$\times 2 \mid 0.40625 \to 0.8125 \to 0.625 \to 0.25 \to 0.5 \to 0$

(MSB) 0　　1　　1　　0　　1 (LSB)

所以,$(0.40625)_{10} = (0.01101)_2$。

类似地,十进制小数 0.513 转换为八进制数的过程如下:

$\times 8 \mid 0.513 \to 0.104 \to 0.832 \to 0.656 \to 0.248 \to 0.984 \to 0.872$

(MSB) 4　　0　　6　　5　　1　　7 (LSB)

转换到此已满足精度要求,得 $(0.513)_{10} = (0.406517)_8 + e$,剩余误差 $e < 8^{-6}$。

若待转换的十进制数既有整数部分又有小数部分,则要先将两部分分别转换,再把转换结果并列在一起。例如,

$$(54.40625)_{10} = (110110.01101)_2$$

$$(153.513)_{10} = (231.406517)_8$$

1.3　编码

虽然电子计算机等数字设备采用二进制数据进行处理,但人们输入给它处理的却不仅仅是二进制数据,还包括字母、数字甚至控制符号。例如,像在带符号数表示法中用二进制的 0 表示符号"+"、用二进制的 1 表示符号"−",以便计算机进行处理一样,这些字母、数字、符号也必须用二进制数来表示。这种用若干位二进制数按一定规则表示给定字母、数字、符号或其他信息的过程称为编码(Encode),而编码的结果称为代码(Code)。反过来,将二进制代码还原成字母、数字、符号等的过程称为解码或译码(Decode)。

若需要编码的信息有 N 项,则需要的二进制数码的位数 n 应满足如下关系:

$$2^n \geqslant N$$

下面介绍常用的 BCD 码、ASCII 码,在本章的 1.7 节中还会介绍 4 种可靠性编码。

1.3.1　二-十进制编码

二-十进制编码就是用 4bits 二进制数码表示 1 位十进制数中 0~9 这 10 个数符,简称 BCD 码(Binary-Coded-Decimal,二进制编码的十进制数)。

采用 4bits 二进制数进行编码时,共有 16 个代码,理论上可以从 16 个代码中任选 10 个代码来表示十进制数中的 10 个数符,多余的 6 个代码称为禁用码,平时不允许使用。表 1.3 所示为几种常用的 BCD 码。

表 1.3　几种常用的 BCD 码

十进制数符	有　权　码			无　权　码	
	8421 BCD 码	2421 BCD 码	5421 BCD 码	余 3 码	余 3 循环码
0	0000	0000	0000	0011	0010
1	0001	0001	0001	0100	0110
2	0010	0010	0010	0101	0111
3	0011	0011	0011	0110	0101
4	0100	0100	0100	0111	0100
5	0101	1011	1000	1000	1100
6	0110	1100	1001	1001	1101
7	0111	1101	1010	1010	1111
8	1000	1110	1011	1011	1110
9	1001	1111	1100	1100	1010

　　8421 BCD 码是一种最常用的 BCD 码，它由 4bits 自然二进制数 0000～1111 共 16 个代码中的前 10 个组成，即 0000～1001，其余 6 个代码是禁用码。编码中每一位的权从左到右分别为 8，4，2，1，因此称为 8421 BCD 码，它属于有权码，有时也称自然 BCD 码。

　　2421 BCD 码也是有权码，编码中每一位的权从左到右分别为 2，4，2，1。它的特点是，将任意一个十进制数 D 的代码的各位取反，所得代码正好是 D 对 9 的补码。例如，十进制数 2 的 2421 BCD 代码为 0010，各位取反后为 1101，由表 1.3 可知，1101 是十进制数 7 的 2421 BCD 代码，而 2 对 9 的补码是 7。这种特性称为自补性，具有自补性的代码称为自补码。

　　5421 BCD 码也是有权码，编码中每一位的权从左到右分别为 5，4，2，1。

　　余 3 码是自补码，与 2421 BCD 码有类似的自补性。余 3 码是无权码，它的每一位没有一定的权值，但余 3 码可以由 8421 BCD 码加 3（0011）得出。

　　余 3 循环码也是一种无权码，它的特点是，任意两个相邻代码之间仅有 1 位的取值不同。例如，十进制数符 4，5 的两个代码 0100、1100 只有最高位不同。余 3 循环码也称修改格雷码，将在本章的 1.7.1 节中详细介绍。

1.3.2　ASCII 码

　　ASCII 码（American Standard Code for Information Interchange）是一种字符编码，是美国信息交换标准代码的简称，如表 1.4 所示。它由 7bits 二进制数码构成，共表示 128 个字符，包括英文字母、数字、标点符号、控制字符和一些其他字符。ASCII 码用于计算机和计算机之间、计算机和外围设备之间的文字交互。

表 1.4　ASCII 码字符表

高位	低位	0 0000	1 0001	2 0010	3 0011	4 0100	5 0101	6 0110	7 0111	8 1000	9 1001	A 1010	B 1011	C 1100	D 1101	E 1110	F 1111
0	000	NUL	SOH	STX	ETX	EOT	ENQ	ACK	BEL	BS	HT	LF	VT	FF	CR	SO	SI
1	001	DLE	DC1	DC2	DC3	DC4	NAK	SYN	ETB	CAN	EM	SUB	ESC	FS	GS	RS	US
2	010	SP	!	"	#	$	%	&	'	(	)	*	+	,	-	.	/
3	011	0	1	2	3	4	5	6	7	8	9	:	;	<	=	>	?
4	100	@	A	B	C	D	E	F	G	H	I	J	K	L	M	N	O
5	101	P	Q	R	S	T	U	V	W	X	Y	Z	[	\	]	^	_
6	110	`	a	b	c	d	e	f	g	h	i	j	k	l	m	n	o
7	111	p	q	r	s	t	u	v	w	x	y	z	{	|	}	~	DEL

例如，字母 A 的编码是 65，字母 a 的编码是 97，PC 键盘上的空格键的编码是 32，等等。当然，仅用 ASCII 码是不能完全表示所有字符的，如汉字、韩文、日文等都无法用 ASCII 码直接表示。在 ASCII 码字符表中，一些控制字符的含义如下：

NUL	Null 空白		DC1	Device Control 1 设备控制 1
SOH	Start of Heading 标题开始		DC2	Device Control 2 设备控制 2
STX	Start of Text 正文开始		DC3	Device Control 3 设备控制 3
ETX	End of Text 正文结束		DC4	Device Control 4 设备控制 4
EOT	End of Transmission 传输结束		NAK	Negative Acknowledge 否认
ENQ	Enquiry 询问		SYN	Synchronous Idle 同步空传
ACK	Acknowledge 确认		ETB	End of Transmission Block 块结束
BEL	Bell 响铃		CAN	Cancel 取消
BS	Backspace 退一格		EM	End of Medium 纸尽
HT	Horizontal Tabulation 水平列表		SUB	Substitute 替换
LF	Line Feed 换行		ESC	Escape 脱离
VT	Vertical Tabulation 垂直列表		FS	File Separator 文件分离符
FF	Form Feed 走纸		GS	Group Separator 字组分离符
CR	Carriage Return 回车		RS	Record Separator 记录分离符
SO	Shift Out 移出		US	Unit Separator 单元分离符
SI	Shift In 移入		SP	Space 空格
DLE	Data Link Escape 数据链路换码		DEL	Delete 删除

1.4 逻辑代数基础

逻辑代数（Logic Algebra）是研究逻辑变量及其相互关系的一门科学。由于它是英国数学家乔治·布尔于 1849 年首先提出来的，所以也称布尔代数（Boolean Algebra）。后来，美国数学家、信息论的创始人香农将布尔代数用到开关矩阵电路中，因而又称开关代数。现在，逻辑代数被广泛用于数字逻辑电路和计算机电路的分析与设计中，成为数字逻辑电路的理论基础。

1.4.1 逻辑变量和逻辑函数

所谓逻辑，是指事物的因果关系所遵循的规律。数字电路也是研究逻辑的，即研究数字电路的输入、输出的因果关系，也就是研究输入和输出间的逻辑关系。为了对输入和输出间的逻辑关系进行数学表达和演算，人们提出了逻辑变量和逻辑函数两个术语。

一个逻辑电路的框图如图 1.3 所示，其中 A, B 为输入变量，F 为输出变量，输出和输入之间的逻辑关系可表示为 $F = f(A, B)$。具有逻辑属性的变量称为逻辑变量，其中 A, B 为逻辑自变量，简称**逻辑变量**；F 为逻辑因变量，简称**逻辑函数**。当 A, B 的逻辑取值确定后，F 的逻辑值也就随之唯一地确定，表达式 $F = f(A, B)$ 反映了输出变量与输入变量之间的逻辑关系，称为逻辑表达式。

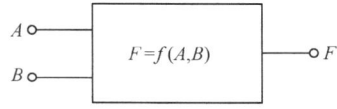

图 1.3 逻辑电路的框图

逻辑变量与一般代数变量不同，逻辑变量的取值只有真和假两种取值，为方便起见，在逻辑代数中分别用 1 和 0 表示逻辑变量的这两种不同取值，即"1"表示逻辑真，"0"表示逻辑假。由于数字电路中的两种状态（高电平状态、低电平状态）可以与逻辑变量的这两种取值相对应，所以数字电路有时也称数字逻辑电路，简称逻辑电路。值得注意的是，逻辑变量的两种取值 1 和 0 仅代表逻辑变量的两种不同状态，本身既无数值含义，又无大小关系，无论是自变量还是因变量，都只能取 1 和 0 两种值。

例如，在图 1.4 所示的电路中，指示灯 F 是否点亮取决于开关 A 是否接通，所以开关与灯之间的因果关系为逻辑关系。开关 A 为输入变量，不妨假设 $A=1$ 表示开关接通，$A=0$ 表示开关断开；灯 F 为逻辑函数，不妨假设 $F=1$ 表示灯亮，$F=0$ 表示灯灭。那么，F 关于 A 的逻辑表达式就为 $F=A$。

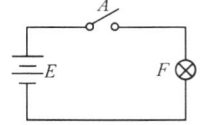

图 1.4　指示灯控制电路

若逻辑函数是多变量函数，即 $F=f(A,B,C,\cdots)$，则逻辑函数的表达式就比较复杂，它由逻辑变量 $A,B,C,\cdots$，以及算子"·"（与）、"+"（或）、"–"（非）、括号、等号等组成。例如，

$$F=A;\quad Z=A\cdot B;\quad G=\overline{A};\quad H=A\cdot(B+\overline{C})$$

在上述逻辑表达式中，A,B,C 为逻辑变量，F,Z,G,H 为逻辑函数，加一横杠的逻辑变量为逻辑反变量，不加一横杠的为逻辑原变量。

1.4.2　三种基本逻辑运算及逻辑符号

逻辑与、逻辑或、逻辑非是逻辑代数中的三种**基本逻辑运算**。实现这三种逻辑运算的电路分别称为与门、或门、非门，它们是基本逻辑门。

1．与运算

与运算也称逻辑乘、逻辑与。其含义为，只有当决定某一事件的所有条件全部具备时，该事件才会发生，否则该事件不会发生。

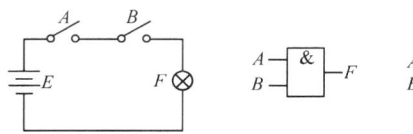

(a) 电路图　　(b) 国标与门符号　　(c) 欧美与门符号

图 1.5　与逻辑电路示意图及与门符号

(1) 与门符号

与逻辑的概念可以用图 1.5(a)所示的指示灯控制电路来说明。灯 F 亮作为事件发生，开关 A,B 的闭合作为事件发生的条件。由图 1.5(a)可以看出，只有开关 A,B 同时闭合（$A=1$，$B=1$）时，灯 F 才会亮（$F=1$），满足与逻辑关系。在数字电路中，常把能够实现与运算功能的基本单元称为"与门"，其逻辑符号如图 1.5(b)和图 1.5(c)所示。图 1.5(b)是国标与门符号，方框中的"&"是与运算的定性符。图 1.5(c)是欧美国家使用的与门符号。

(2) 与运算的逻辑表达式和真值表

与运算的运算符为小圆点"·"，为简便起见，有时也将小圆点省略。上述两个逻辑变量 A,B 的与逻辑函数 F 的表达式为

$$F=A\cdot B=AB \tag{1.1}$$

为了清楚地看出与运算的逻辑功能，常将逻辑自变量 A，B 的各种可能取值及其对应的逻辑函数 F 的值列在一张表中，这张表通常称为真值表。与运算真值表如表 1.5 所示。由真值表可以得到与运算的运算规则如下：

表 1.5　与运算真值表

A	B	$F=AB$
0	0	0
0	1	0
1	0	0
1	1	1

$$0 \cdot 0 = 0 \qquad 0 \cdot 1 = 0 \qquad 1 \cdot 0 = 0 \qquad 1 \cdot 1 = 1$$

与运算可以推广到多变量的情形，即 $F = A \cdot B \cdot C \cdots$。

2．或运算

或运算也称逻辑加、逻辑或。其含义为，在决定某一事件的所有条件中，只要有一个条件或一个以上的条件具备，该事件就会发生。

(1) 或门符号

或逻辑的概念可以用图 1.6(a)所示的指示灯控制电路来说明。灯 F 亮作为事件发生，开关 A,B 的闭合作为事件发生的条件。由图 1.6(a)可以看出，只要开关 A,B 中的任意一个闭合，或者开关 A,B 同时闭合（$A=1$，$B=1$），灯 F 就会亮（$F=1$），满足或逻辑关系。在数字电路中，常把能够实现或运算功能的基本单元称为"或门"，其逻辑符号如图 1.6(b)和图 1.6(c)所示。图 1.6(b)是国标或门符号，方框中的"≥"为或运算的定性符。图 1.6(c)是欧美国家使用的或门符号。

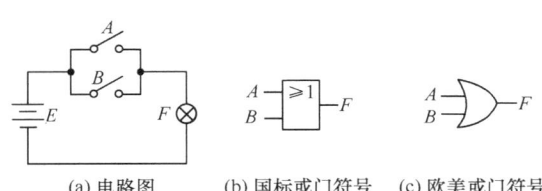

图 1.6　或逻辑电路示意图及或门符号

(2) 或运算的逻辑表达式和真值表

或运算的运算符为"+"。上述两个逻辑变量 A,B 的或逻辑函数 F，其表达式为

$$F = A + B \tag{1.2}$$

或运算真值表如表 1.6 所示。由真值表可以得到或运算的运算规则如下：

$$0+0=0 \qquad 0+1=1 \qquad 1+0=1 \qquad 1+1=1$$

或运算也可以推广到多变量的情形，即 $F = A + B + C + \cdots$。

表 1.6　或运算真值表

A	B	$F = A + B$
0	0	0
0	1	1
1	0	1
1	1	1

3．非运算

非运算也称逻辑非。其含义为，条件具备时，该事件不会发生；条件不具备时，该事件会发生。

(1) 非门符号

非逻辑的概念可以用图 1.7(a)所示的指示灯控制电路来说明。灯 F 亮作为事件发生，开关 A 的闭合作为事件发生的条件。由图 1.7(a)可以看出，只要开关 A 闭合（$A=1$），灯 F 就不会亮（$F=0$）；开关 A 断开（$A=0$）时，灯 F 会亮（$F=1$），满足非逻辑关系。在数字电路中，常把能够实现非运算功能的基本单元称为"非门"，其逻辑符号如图 1.7(b)和图 1.7(c)所示。图 1.7(b)是国标非门符号，方框中的"1"为"缓冲"定性符。图 1.7(c)是欧美国家使用的非门符号。非门有时被称为反相缓冲器。

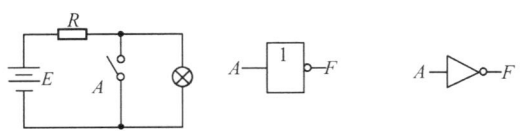

图 1.7　非逻辑电路示意图及非门符号

(2) 非运算的逻辑表达式和真值表

逻辑变量 A 的非逻辑函数 F，其表达式为

$$F = \overline{A} \tag{1.3}$$

非运算真值表如表 1.7 所示。由真值表可以得到非运算的运算规则如下：

$$\overline{0} = 1 \qquad \overline{1} = 0$$

表 1.7　非运算真值表

A	$F = \overline{A}$
0	1
1	0

4. 复合逻辑运算

复合逻辑运算是由与、或、非三种基本逻辑运算组合而成的，经常用到的有与非、或非、与或非、异或、同或等复合逻辑运算，逻辑符号如图 1.8 所示，上面一行是国标符号，下面一行是欧美国家使用的符号。

在复合逻辑运算中，要特别注意运算的优先顺序，复合逻辑运算的优先顺序为：圆括号→非运算→与运算→或运算。

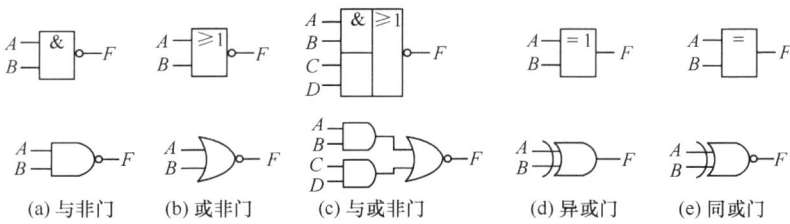

(a) 与非门　　(b) 或非门　　(c) 与或非门　　(d) 异或门　　(e) 同或门

图 1.8　复合逻辑门符号

(1) 与非逻辑运算

与非逻辑运算是与运算和非运算的组合，它首先将输入变量 A, B 进行与运算，然后将结果求反，最后得到 A, B 的与非运算结果。其逻辑表达式为

$$F = \overline{A \cdot B} \tag{1.4}$$

与非逻辑运算真值表如表 1.8 所示。由真值表可见，对于与非运算，输入变量中只要有 0，输出就为 1。或者说，只有输入变量全部为 1 时，输出才为 0。其逻辑符号如图 1.8(a)所示，图中的小圆圈表示非运算。

(2) 或非逻辑运算

或非逻辑运算是或运算和非运算的组合，它首先将输入变量 A, B 进行或运算，然后将结果求反，最后得到 A, B 的或非运算结果。其逻辑表达式为

$$F = \overline{A + B} \tag{1.5}$$

表 1.8　与非逻辑运算真值表

A	B	$F = \overline{A \cdot B}$
0	0	1
0	1	1
1	0	1
1	1	0

或非逻辑运算的真值表如表 1.9 所示。由真值表可见，对于或非运算，输入变量中只要有 1，输出就为 0。或者说，只有输入变量全部为 0 时，输出才为 1。其逻辑符号如图 1.8(b)所示，图中的小圆圈表示非运算。

表 1.9　或非逻辑运算真值表

A	B	$F = \overline{A + B}$
0	0	1
0	1	0
1	0	0
1	1	0

(3) 与或非逻辑运算

与或非逻辑运算是与运算、或运算、非运算的组合，它首先将输入变量 A, B 和 C, D 分别进行与运算，然后将结果进行或运算，最后将结果求反，得到与或非的运算结果。其逻辑表达式为

$$F = \overline{A \cdot B + C \cdot D} \tag{1.6}$$

由上式可见，只要输入变量 A, B 或 C, D 中的任何一组的变量同时为 1，输出就为 0；只有当每一组输入变量不全是 1 时，输出才为 1。其逻辑符号如图 1.8(c)所示。

(4) 异或逻辑运算

异或运算的逻辑关系为，当两个输入变量 A, B 的值不同时，输出为 1；当两个输入变量 A, B

的值相同时，输出为 0，即输入有异，输出为 1。异或也可以用与、或、非的组合表示，其逻辑表达式为

$$F = A \oplus B = \overline{A} \cdot B + A \cdot \overline{B} \quad (1.7)$$

式中，"⊕"为异或逻辑运算的运算符，异或逻辑运算的真值表如表 1.10 所示，其逻辑符号如图 1.8(d)所示。

表 1.10 异或逻辑运算真值表

A	B	$F = A \oplus B = \overline{A} \cdot B + A \cdot \overline{B}$
0	0	0
0	1	1
1	0	1
1	1	0

(5) 同或逻辑运算

同或运算的逻辑关系为，当两个输入变量 A, B 的值不同时，输出为 0；当两个输入变量 A, B 的值相同时，输出为 1，即输入相同，输出为 1。同或也可以用与、或、非的组合表示，逻辑表达式为

$$F = A \odot B = A \cdot B + \overline{AB} \quad (1.8)$$

式中，"⊙"为同或逻辑运算的运算符，同或逻辑运算真值表如表 1.11 所示，其逻辑符号如图 1.8(e)所示。

表 1.11 同或逻辑运算真值表

A	B	$F = A \odot B = A \cdot B + \overline{AB}$
0	0	1
0	1	0
1	0	0
1	1	1

由表 1.10 和表 1.11 可见，异或逻辑运算与同或逻辑运算互为反运算，即有

$$A \oplus B = \overline{A \odot B} \quad A \odot B = \overline{A \oplus B}$$

1.4.3 逻辑函数的描述方法

一般来说，一个比较复杂的逻辑电路往往是受多种因素控制的，也就是说它有多个逻辑变量。输出变量与输入变量之间逻辑函数的描述方法并不是唯一的，常用的逻辑函数描述方法有逻辑表达式、真值表、逻辑图、时序图和卡诺图等。这里首先介绍前面 4 种方法，逻辑函数的卡诺图描述方法稍后再做介绍。

1. 逻辑表达式描述法

由与、或、非三种逻辑运算符以及括号构成的表示逻辑函数与逻辑变量之间关系的代数式，称为逻辑函数表达式。例如，异或函数的逻辑表达式为 $F = A\overline{B} + \overline{A}B$，它描述函数 F 与变量 A, B 的关系如下：当变量 A, B 的取值相异时，函数值为"1"，否则函数值为"0"。

2. 真值表描述法

真值表是将输入逻辑变量的各种可能取值和相应的函数值排列在一起而形成的表格。首先在真值表左边一栏列出全部逻辑变量的可能取值组合，然后将每组变量取值的函数值对应地填入表格右边的一栏，所得到的表格就称为真值表。

由于一个逻辑变量只有 0 和 1 两种可能的取值，因此 n 个逻辑变量共有 2^n 种可能的取值组合。例如，逻辑表达式 $F = AB + \overline{A}C$ 的真值表如表 1.12 所示。由于该函数有 3 个输入变量，所以共有 $2^3 = 8$ 种输入取值组合。在列真值表时，输入变量的取值组合一般按照二进制数递增的顺序排列，这样做既不易遗漏，又不会重复。

表 1.12 逻辑表达式 $F = AB + \overline{A}C$ 的真值表

A	B	C	F	A	B	C	F
0	0	0	0	1	0	0	0
0	0	1	1	1	0	1	0
0	1	0	0	1	1	0	1
0	1	1	1	1	1	1	1

真值表的特点如下：一是直观明了，输入变量取值一旦确定，就可在真值表中查出相应的函数值；二是把一个实际的逻辑问题抽象成一个逻辑函数时，使用真值表最方便。因此，在设计逻辑电路时，总是先根据设计要求列出真值表。但当变量较多时，真值表较大，显得过于烦琐。

3．逻辑图描述法

将逻辑函数中各变量之间的与、或、非等逻辑关系用相应的逻辑门的电路符号表示出来的图形，称为逻辑电路图，简称逻辑图。

逻辑函数表达式中的基本逻辑运算（与、或、非）都有相应的门电路存在，若用这些门电路的逻辑符号代替逻辑函数表达式中的逻辑运算，并把各逻辑符号按运算的优先顺序用导线连接起来，则可得到逻辑图。

例如，逻辑函数 $F = \overline{\overline{\overline{AB} \cdot \overline{AB}}}$ 和 $F = \overline{A \oplus B + \overline{BC}}$ 的逻辑图分别如图 1.9(a)和(b)所示。可见，只要用逻辑门电路的符号代替表达式中相应的逻辑运算符号，就可得到该逻辑函数表达式的逻辑图。若使用相应的逻辑器件代替逻辑图中的逻辑图形符号，则可得到具体的逻辑电路，所以逻辑图更具实用价值。

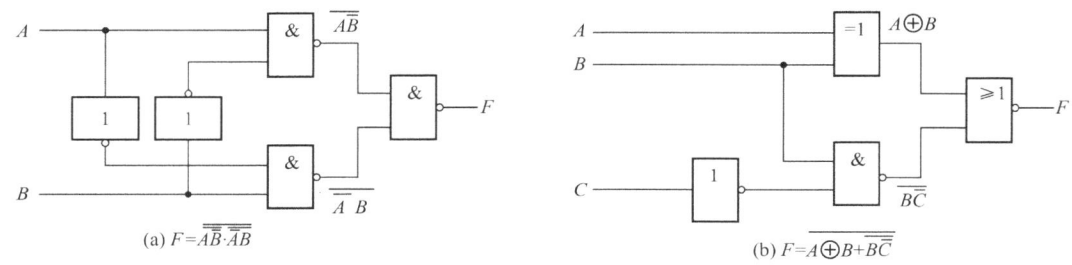

图 1.9　逻辑图

4．时序图描述法

这种方法使用输入端在不同逻辑信号作用下对应的输出信号的时序图，表示电路的逻辑关系。时序图也称波形图。

图 1.10 是同或逻辑的时序图，A，B 是输入逻辑变量，输出逻辑变量 $F = A \odot B = AB + \overline{AB}$。由图 1.10 看出，在 t_1 时间段内，输入 A，B 均为逻辑 1，根据同或逻辑关系可知，输出 F 为逻辑 1。同理，可以得出 t_2，t_3，t_4 时间段内输出 F 的时序图。从时序图可以得出结论：对于同或逻辑关系，只要输入 A，B 相同，输出就为 1；输入 A，B 不同时，输出为 0。

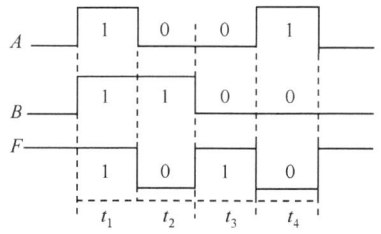

图 1.10　同或逻辑的时序图

1.4.4　逻辑代数运算的基本规则

今天，逻辑代数已成为分析和设计数字电路的基础。逻辑代数有一系列的定律、定理和规则，使用它们对逻辑表达式进行处理，可以完成对逻辑电路的化简、变换、分析与设计。

1．逻辑代数的基本公式

根据与、或、非三种基本逻辑运算法则及运算的优先顺序，可以推导出逻辑代数运算的一些基本公式（基本定律），进而推导出一些常用公式。

(1) 变量与常量的关系

0-1 律 $\quad A \cdot 0 = 0 \quad\quad A + 1 = 1$
$\quad\quad\quad\quad A \cdot 1 = A \quad\quad A + 0 = A$
$\quad\quad\quad\quad A \cdot \overline{A} = 0 \quad\quad A + \overline{A} = 1$
$\quad\quad\quad\quad A \cdot A = A \quad\quad A + A = A$

(2) 与普通代数相似的公式

交换律 $\quad A \cdot B = B \cdot A \quad\quad A + B = B + A$
结合律 $\quad (AB)C = A(BC) \quad\quad (A + B) + C = A + (B + C)$
分配律 $\quad A \cdot (B + C) = AB + AC \quad\quad A + B \cdot C = (A + B) \cdot (A + C)$

(3) 逻辑代数的特殊规律

重叠律 $\quad A \cdot A = A \quad\quad A + A = A$
吸收律 $\quad A(A + B) = A \quad\quad A + AB = A$
$\quad\quad\quad A + \overline{A}B = A + B \quad\quad (A + B) \cdot (A + C) = A + B \cdot C$
还原律 $\quad \overline{\overline{A}} = A$
反演律（摩根定律） $\quad \overline{A \cdot B} = \overline{A} + \overline{B}, \quad \overline{A + B} = \overline{A} \cdot \overline{B}$

例 1.1 证明反演律 $\overline{A \cdot B} = \overline{A} + \overline{B}$。

证明： 设 $X = A \cdot B$，$Y = \overline{A} + \overline{B}$，即证明 $\overline{X} = Y$。

因为 $\quad X \cdot Y = AB \cdot (\overline{A} + \overline{B}) = AB\overline{A} + AB\overline{B} = 0$

$X + Y = AB + Y = (A + Y) \cdot (B + Y)$
$\quad\quad\quad = (A + \overline{A} + \overline{B}) \cdot (B + \overline{A} + \overline{B})$
$\quad\quad\quad = (1 + \overline{B}) \cdot (1 + \overline{A}) = 1$

所以 $\overline{X} = Y$，即 $\overline{A \cdot B} = \overline{A} + \overline{B}$。

反演律也可用真值表证明，分别列出公式中等号两边函数的真值表即可得证，如表 1.13 所示。

同理可以证明 $\overline{A + B} = \overline{A} \cdot \overline{B}$。

表 1.13 反演律证明

A	B	$\overline{A \cdot B}$	$\overline{A} + \overline{B}$
0	0	1	1
0	1	1	1
1	0	1	1
1	1	0	0

2. 逻辑代数的三条基本规则

逻辑代数的三条基本规则是代入规则、反演规则和对偶规则。这些规则在逻辑运算中经常用到。

(1) 代入规则

在任何一个逻辑等式中，若将等式两边在所有位置出现的某一变量用一个逻辑函数代替，则等式仍成立。这一规则称为代入规则。

例如，给定逻辑等式 $A(B + C) = AB + AC$，若将等式中的 C 都用 $(C + D)$ 代替，则该逻辑等式仍然成立，即 $A[B + (C + D)] = AB + A(C + D) = AB + AC + AD$。代入规则的正确性是显然的，因为任何逻辑函数都与逻辑变量一样，只有 0 和 1 两种可能的取值，所以用逻辑函数取代等式中的任一逻辑变量后，等式自然也成立。

代入规则在推导公式时具有重要意义，利用这条规则可以将逻辑代数基本公式中的变量用任意函数代替，从而推导出更多的等式。这些等式可直接作为公式使用，无须另加证明。例如已知 $\overline{A \cdot B} = \overline{A} + \overline{B}$，若用 $Z = AC$ 代替等式两边的 A，根据代入规则，等式仍然成立，整理后可写成 $\overline{AC \cdot B} = \overline{AC} + \overline{B} = \overline{A} + \overline{B} + \overline{C}$。以此类推，摩根定律可推广到多个变量。

(2) 反演规则

反演是指由原函数 F 求反函数 $\bar{F}$（取非）的过程。反演规则如下：将原逻辑函数 F 中所有的"与"换成"或"，将"或"换成"与"；将常数"0"换成"1"，将"1"换成"0"；将原变量换成反变量，将反变量换成原变量。得到的新函数即为原逻辑函数 F 的反函数 $\bar{F}$。

反演规则又称互补规则，它的意义在于可以较为方便地求出已知函数的反函数。在使用反演规则时要注意以下两点：

① 求反函数时，应保持原函数"首先括号、然后乘、最后加"的运算顺序。

② 不属于单个变量上的非号应保留不变，即两个或两个以上变量上的非号（长非号）应保持不变。

例如，$F = A\bar{B} + \bar{A}B + 0$，$\bar{F} = (\bar{A}+B)\cdot(A+\bar{B})\cdot 1$；不能写成

$$\bar{F} = \bar{A}+B\cdot A+\bar{B}\cdot 1$$

又如，$F = A + \overline{B + \overline{C} + \overline{D + E}} + \overline{BC}$，$\bar{F} = \bar{A}\cdot\overline{\bar{B}\cdot C\cdot\overline{\bar{D}\cdot E}\cdot\overline{B+C}}$。

(3) 对偶规则

在介绍对偶规则之前，首先介绍对偶式的概念。

若在原逻辑函数 F 中将所有的"与"换成"或"，将"或"换成"与"，将常数"0"换成"1"，将"1"换成"0"，则得到的新函数为原函数 F 的对偶式 F'。实际上对偶是相互的，即 F 和 F' 互为对偶式。

例如，

$$F = \overline{ABC} \qquad F' = \overline{A+B+C}$$

$$F = \overline{\overline{A\bar{B}}\cdot\overline{CD}\cdot\overline{DAB}} \qquad F' = \overline{\overline{A+\bar{B}}+\overline{C+D}+\overline{D+A+B}}$$

在求对偶式时，应注意以下几点：

① 求对偶式时，变量不要变化。

② 函数对偶式的对偶式为函数本身。

③ 保持原函数的优先运算顺序。

④ 长非号应保持不变。

对偶规则的含义是，若两个逻辑函数式相等，则它们的对偶式也一定相等。利用对偶规则，可以帮助人们减少公式的记忆量。

3. 逻辑代数的常用恒等式

$$AB + \bar{A}C + BC = AB + \bar{A}C$$

证明：

$$\begin{aligned}
AB + \bar{A}C + BC &= AB + \bar{A}C + BC(A+\bar{A}) \\
&= AB + \bar{A}C + ABC + \bar{A}BC \\
&= (AB + ABC) + (\bar{A}C + \bar{A}BC) \\
&= AB + \bar{A}C
\end{aligned}$$

此式表明，在一个与或表达式中，若两个与项分别包含了一个变量的原变量和反变量，而这两个与项的其余因子构成了第三个与项或为第三个与项的部分因子，则第三个与项是多余的，可以消去，这称为冗余定理。其对偶式也成立。

推论：$AB + \bar{A}C + BCDE = AB + \bar{A}C$。

1.4.5 逻辑函数的代数化简法

根据逻辑函数表达式，可以画出相应的逻辑图。但是，直接根据某种逻辑要求归纳出来的逻辑函数表达式往往不是最简形式，并且利用化简后的逻辑函数表达式构成逻辑电路时，可以节省器件，降低成本，提高系统的可靠性。因此，需要对逻辑函数表达式进行化简。

1. 逻辑函数的最简形式

同一逻辑函数可以写成各种不同形式的逻辑表达式。例如，

与-或表达式 $\quad F = AB + \bar{A}\bar{B}$

与非-与非表达式 $\quad = \overline{\overline{AB} \cdot \overline{\bar{A}\bar{B}}}$

或-与非表达式 $\quad = \overline{(\bar{A} + \bar{B}) \cdot (A + B)}$

与-或非表达式 $\quad = \overline{\bar{A}B + A\bar{B}}$

或非-或表达式 $\quad = \overline{(\bar{A} + \bar{B})} + (A + B)$

与非-与表达式 $\quad = \overline{\overline{AB}} \cdot \overline{\bar{A}\bar{B}}$

或-与表达式 $\quad = (A + \bar{B}) \cdot (\bar{A} + B)$

或非-或非表达式 $\quad = \overline{\overline{(A + \bar{B})} + \overline{(\bar{A} + B)}}$

每种形式的逻辑函数都对应一种逻辑电路结构。逻辑表达式的形式越简单，它所表示的逻辑关系越明显，并且可以用最少的电子器件来实现这个逻辑函数，从而使得电路简单、成本低、可靠性高。因此，在设计电路时，需要通过化简来求出逻辑函数的最简形式。

在各种逻辑函数表达式中，最常用的是与-或表达式。因为逻辑代数的基本公式和常用公式多以与-或形式给出，所以化简为与-或逻辑表达式比较方便，而且由与-或表达式还可以很容易地推导出其他形式的表达式。这里着重讨论最简与-或表达式。

最简与-或表达式的条件有两个：
① 所含的与项（乘积项）最少。
② 每个与项中所含的变量最少。

与项最少，可以使电路实现时所需的逻辑门的个数最少；每个与项中的变量数最少，可以使电路实现时所需逻辑门的输入端个数最少。这样，就可以保证电路最简单。

2. 逻辑函数的代数化简法

代数化简法就是利用逻辑代数的基本公式、基本规则和常用公式对逻辑函数进行化简，所以也称公式化简法。化简过程就是不断地用等式变换的方法消去逻辑表达式中多余的乘积项和因子，使逻辑表达式最简。应用代数法化简逻辑函数时，要求熟悉逻辑代数的基本公式和规则，并能灵活运用这些公式，掌握一定的化简技巧。逻辑函数的代数化简法没有固定的规律可循。

下面介绍几种常用的代数化简方法。

(1) 并项法

利用公式 $AB + A\bar{B} = A$，可以将两项合并为一项，并且消去 B 和 $\bar{B}$ 这一对因子。例如，

$$F_1 = ABC + \bar{A}BC + \overline{BC} = BC(A + \bar{A}) + \overline{BC} = BC + \overline{BC} = 1$$

$$F_2 = A(BC + \bar{B}\bar{C}) + A(B\bar{C} + \bar{B}C) = ABC + A\bar{B}\bar{C} + AB\bar{C} + A\bar{B}C$$

$$= AB(C + \bar{C}) + A\bar{B}(\bar{C} + C) = AB + A\bar{B} = A(B + \bar{B}) = A$$

(2) 吸收法

利用公式 $A+AB=A$ 和 $AB+\bar{A}C+BC=AB+\bar{A}C$，消去多余的乘积项。例如，

$$F_1 = \bar{A} + \overline{A\cdot \overline{BC}}\cdot(B+\overline{AC+\bar{D}}) + BC$$
$$= (\bar{A}+BC) + (\bar{A}+BC)(B+\overline{AC+\bar{D}}) = \bar{A}+BC$$
$$F_2 = AC + A\bar{B}CD + ABC + \bar{C}D + ABD = AC(1+\bar{B}D+B) + \bar{C}D + ABD$$
$$= AC + \bar{C}D + ABD = AC + \bar{C}D$$

(3) 消去法

利用公式 $A+\bar{A}B=A+B$，消去乘积项中多余的因子。例如，

$$F_1 = AB + \bar{A}BC + \bar{B} = A + \bar{B} + \bar{A}BC = A + \bar{B} + \bar{A}C = A + \bar{B} + C$$
$$F_2 = A\bar{B} + \overline{A\bar{B}} + ABCD + \overline{A\bar{B}}CD = (A\bar{B}+\overline{A\bar{B}}) + (AB+\overline{A\bar{B}})CD$$
$$= (A\bar{B}+\overline{A\bar{B}}) + \overline{A\bar{B}+\overline{A\bar{B}}}\cdot CD = A\bar{B} + \overline{A\bar{B}} + CD$$

(4) 配项法

利用逻辑函数的基本性质和公式 $A+A=A, A+\bar{A}=1, A\cdot\bar{A}=0, AB+\bar{A}C+BC=AB+\bar{A}C$，在表达式中增加相应的乘积项，再与其他项合并，进而消去更多的项，达到化简的目的。例如，

$$F_1 = A\bar{B} + B\bar{C} + \bar{B}C + \bar{A}B$$
$$= A\bar{B} + B\bar{C} + (A+\bar{A})\bar{B}C + \bar{A}B(C+\bar{C})$$
$$= A\bar{B} + B\bar{C} + A\bar{B}C + \bar{A}\bar{B}C + \bar{A}BC + \bar{A}B\bar{C}$$
$$= A\bar{B}(1+C) + B\bar{C}(1+\bar{A}) + \bar{A}C(\bar{B}+B)$$
$$= A\bar{B} + B\bar{C} + \bar{A}C$$
$$F_2 = AC + \bar{A}D + \bar{B}D + B\bar{C}$$
$$= AC + B\bar{C} + (\bar{A}+\bar{B})D$$
$$= AC + B\bar{C} + AB + \overline{AB}D$$
$$= AC + B\bar{C} + AB + D$$
$$= AC + B\bar{C} + D$$

在实际解题时，为化简一些更复杂的逻辑函数，常常需要综合应用上述各种方法，而且能否较快地获得令人满意的结果，与设计者对逻辑代数公式的熟悉程度和运算技巧有关。

例 1.2 利用代数化简法，化简下列逻辑函数。

$$F_1 = \overline{AC+\bar{A}BC+\bar{B}C+AB\bar{C}}, \quad F_2 = \bar{A}B\bar{C} + BC\bar{D} + \bar{A}CD + \bar{B}CD + ABC$$

解：

$$F_1 = \overline{AC+\bar{A}BC+\bar{B}C+AB\bar{C}}$$
$$= (\bar{A}+\bar{C})(A+\bar{B}+\bar{C})(B+\bar{C}) + AB\bar{C} \quad （摩根定律）$$
$$= [\bar{C}+\bar{A}(A+\bar{B})](B+\bar{C}) + AB\bar{C} \quad [利用(A+B)(A+C)=A+BC]$$
$$= (\bar{C}+\bar{A}\bar{B})(\bar{C}+B) + AB\bar{C}$$
$$= \bar{C} + B\bar{C} + \bar{A}\bar{B}B + AB\bar{C}$$
$$= \bar{C} + AB\bar{C}$$
$$= \bar{C}$$

$$F_2 = \overline{A}B\overline{C} + BC\overline{D} + \overline{A}CD + \overline{B}CD + ABC$$
$$= \overline{A}B\overline{C} + BC\overline{D} + \overline{B}CD + (\overline{A}CD + ABC + BCD) \quad (增加冗余项BCD)$$
$$= \overline{A}B\overline{C} + (BC\overline{D} + BCD) + (\overline{B}CD + BCD) + \overline{A}CD + ABC \quad (再增加冗余项BCD)$$
$$= \overline{A}B\overline{C} + BC + CD + \overline{A}CD + ABC$$
$$= \overline{A}B\overline{C} + BC + CD$$
$$= B(\overline{A}\overline{C} + C) + CD$$
$$= \overline{A}B + BC + CD$$

例 1.3 化简逻辑函数 $F = A\overline{B} + B\overline{C} + \overline{B}C + \overline{A}B$。

解法 1：
$$F = A\overline{B} + B\overline{C} + \overline{B}C + \overline{A}B + A\overline{C} \quad (增加冗余项 A\overline{C})$$
$$= A\overline{B} + \overline{B}C + \overline{A}B + A\overline{C} \quad (消去1个冗余项 B\overline{C})$$
$$= \overline{B}C + \overline{A}B + A\overline{C} \quad (再消去1个冗余项 A\overline{C})$$

解法 2：
$$F = A\overline{B} + B\overline{C} + \overline{B}C + \overline{A}B + \overline{A}C \quad (增加冗余项 \overline{A}C)$$
$$= A\overline{B} + B\overline{C} + \overline{A}B + \overline{A}C \quad (消去1个冗余项 \overline{B}C)$$
$$= A\overline{B} + B\overline{C} + \overline{A}C \quad (再消去1个冗余项 \overline{A}B)$$

由此例可见，逻辑函数的化简结果有时不是唯一的，但简化程度相同。

逻辑函数代数化简法的优点是，不受变量数目的限制；缺点是，不仅无一套完善的方法可循，需要熟练运用各种公式和定律，技巧性较强，而且在很多情况下难以判断化简得到的结果是否是最简的，这对初学者来说比较困难。因此，逻辑函数的化简有时采用另一种图形化简法——卡诺图化简法。

1.4.6 逻辑函数的卡诺图化简法

利用卡诺图不仅可以简便、直观地化简逻辑函数，而且很容易判断是否已得到最简与或表达式。与代数化简法相比，卡诺图化简法不需要记忆大量的公式，也不存在选择采用何种化简路径的问题，所以在数字逻辑电路的分析和设计中得到了广泛应用。但是，采用卡诺图化简法时，逻辑函数的变量不宜太多，六变量以上的卡诺图甚至画不出来。

1. 卡诺图化简逻辑函数的原理

在逻辑函数的两个与项中，若除了其中一个变量分别为原变量和反变量，其他变量都相同，则这两个与项在逻辑上具有相邻性，称为相邻项。例如，在 ABC 与 $\overline{A}BC$ 这两个与项中，变量 A 互为相反的变量，B,C 两个变量均相同，所以 ABC 与 $\overline{A}BC$ 为相邻项；同理，$ABCD$ 与 $AB\overline{C}D$ 也为相邻项。

两个相邻与项可以合并为一项，并消去其中一个变量。例如，
$$\overline{A}BC + ABC = (\overline{A} + A)BC = BC$$
$$ABCD + AB\overline{C}D = AB(C + \overline{C})D = ABD$$

2. 逻辑函数的最小项及其性质

在介绍卡诺图化简法之前，先说明一些相关的基本概念。

(1) 最小项的定义

在有 n 个逻辑变量的逻辑函数中，包含所有 n 个变量的乘积项（与项）称为**最小项**。最小项的特点如下：

① n 个变量可以组成 2^n 个最小项，每个最小项都有 n 个变量。

② 在一个最小项中，每个变量都以它的原变量或反变量的形式在乘积项中出现，且仅出现一次。例如，对于二变量 A, B，有 $2^2 = 4$ 个最小项，分别是 $\overline{A}\overline{B}$，$\overline{A}B$，$A\overline{B}$，AB。对于三变量 A, B, C，有 $2^3 = 8$ 个最小项，分别是 $\overline{A}\overline{B}\overline{C}$，$\overline{A}\overline{B}C$，$\overline{A}B\overline{C}$，$\overline{A}BC$，$A\overline{B}\overline{C}$，$A\overline{B}C$，$AB\overline{C}$，$ABC$。

(2) 最小项的编号

在最小项表达式中，为了叙述和书写方便，通常要对最小项进行编号，用 m_i 表示，m 表示最小项，下标 i 是最小项的编号，用十进制数表示。编号的方法是，最小项中的原变量用 1 表示，反变量用 0 表示，得到二进制数，再转换为对应的十进制数，就是最小项的编号。例如，最小项 $A\overline{B}\overline{C}$ 的变量取值为 100，对应的十进制数是 4，所以 $A\overline{B}\overline{C}$ 的编号为 m_4，写成 $m_4 = A\overline{B}\overline{C}$。以此类推，有 $m_5 = A\overline{B}C$，$m_6 = AB\overline{C}$。

需要注意的是，提到最小项时，一定要说明变量的数目，否则最小项这一术语将失去意义。例如，乘积项 ABC 对三个变量而言是最小项，而对四个变量而言则不是最小项。

(3) 最小项的性质

表 1.14 列出了三变量的所有最小项真值表，不难看出最小项具有下列性质：

① 对任意一个最小项 m_i，只有一组变量取值组合使其值为 1，其他取值组合使其值均为 0，不同的最小项，使之为 1 的变量取值组合不同。

② 对于变量的任一组取值，任意两个最小项的逻辑乘为 0。

③ 对于变量的任一组取值，全体最小项之和为 1。

④ n 变量的每个最小项都有 n 个相邻项。

表 1.14 三变量的所有最小项真值表

变量 ABC	最小项							
	$\overline{A}\overline{B}\overline{C}$	$\overline{A}\overline{B}C$	$\overline{A}B\overline{C}$	$\overline{A}BC$	$A\overline{B}\overline{C}$	$A\overline{B}C$	$AB\overline{C}$	ABC
000	1	0	0	0	0	0	0	0
001	0	1	0	0	0	0	0	0
010	0	0	1	0	0	0	0	0
011	0	0	0	1	0	0	0	0
100	0	0	0	0	1	0	0	0
101	0	0	0	0	0	1	0	0
110	0	0	0	0	0	0	1	0
111	0	0	0	0	0	0	0	1
编号	m_0	m_1	m_2	m_3	m_4	m_5	m_6	m_7

(4) 逻辑函数的最小项表达式

在逻辑函数的与或表达式中，若每个乘积项均为最小项，则此表达式称为该逻辑函数的**最小项表达式**，也称**标准与或表达式**。任何一个逻辑函数都可以转换成最小项之和的形式。

下面介绍获得逻辑函数最小项表达式的两种方法。

① 从真值表获得最小项表达式

首先，由真值表找出使逻辑函数 F 为 1 的变量取值组合，并写出使函数 F 为 1 的变量取值组合相对应的最小项，然后将这些最小项相加，即可得到该逻辑函数的最小项表达式。

例 1.4 一个三变量逻辑函数真值表如表 1.15 所示，写出其最小项表达式。

表 1.15 三变量逻辑函数真值表

A	B	C	F
0	0	0	0
0	0	1	0
0	1	0	0
0	1	1	1
1	0	0	0
1	0	1	1
1	1	0	1
1	1	1	1

解：根据上面介绍的方法，可写出其最小项表达式为

$$F(A,B,C) = \overline{A}BC + A\overline{B}C + AB\overline{C} + ABC$$
$$= m_3 + m_5 + m_6 + m_7$$

为了简化，也可用最小项下标编号来表示最小项，因此上式表示为

$$F(A,B,C) = \sum m(3,5,6,7)$$

② 从一般表达式获得最小项表达式

先通过去非号、去括号，将一般表达式转换为一般与或表达式，然后利用 $A + \overline{A} = 1$ 补齐变量，最后得到最小项表达式。

例 1.5 将逻辑函数 $F = \overline{(A+B)(A+C)} \cdot \overline{AC} + BC$ 展开为最小项表达式。

解：

$$F = \overline{(A+B)(A+C)} \cdot \overline{AC} + BC$$
$$= (\overline{AB} + \overline{AC})\overline{AC} + BC$$
$$= \overline{ABC} + \overline{AC} + BC$$
$$= \overline{ABC} + \overline{AC}(B+\overline{B}) + BC(A+\overline{A})$$
$$= \overline{ABC} + \overline{ABC} + \overline{ABC} + ABC + \overline{A}BC$$
$$= m_0 + m_2 + m_3 + m_7 = \sum m(0,2,3,7)$$

应当指出的是，对于任何一个逻辑函数，它的真值表是唯一的，因而它的最小项表达式也是唯一的。

3．卡诺图的画法

卡诺图实质上是将代表最小项的小方格按相邻原则排列而成的方块图。所谓相邻原则，是指在几何上邻接的小方格所代表的最小项在逻辑上也是相邻的。由此可见，只要将逻辑函数的最小项表达式中的各最小项相应填入一个特定的方格，就构成了卡诺图。

(1) 卡诺图的构成

卡诺图的构成方法称为折叠展开法。下面介绍一变量到五变量卡诺图的构成方法。

① 一变量卡诺图

一个变量 A 只有 $2^1 = 2$ 个最小项，即 $m_0 = \overline{A}$ 和 $m_1 = A$，对应两个相邻小方格。外标志 0 表示取 A 的反变量，1 表示取 A 的原变量，如图 1.11(a)所示。

一变量卡诺图的组成规律是，上下折叠后，重合方格的编号大小相差 1。

② 二变量卡诺图

二变量 A, B 有 $2^2 = 4$ 个最小项，分别是 $m_0 = \overline{AB}$，$m_1 = \overline{A}B$，$m_2 = A\overline{B}$，$m_3 = AB$，对应 4 个小方格，如图 1.11(b)所示。图中的行表示变量 A，第一行表示 $\overline{A}$，以 0 标志；第二行表示 A，以 1 标志。图中的列表示变量 B，第一列表示 $\overline{B}$，以 0 标志；第二列表示 B，以 1 标志。行变量与列变量排列起来就是方格对应的

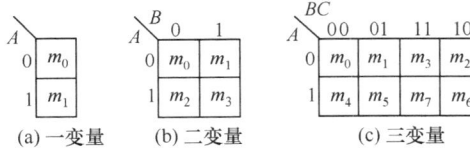

图 1.11 一变量、二变量、三变量的卡诺图

最小项，它们都是以相邻原则排列的，如 m_0 与 m_2 是相邻项，它们是上下相邻的；m_0 与 m_1 是相邻项，它们是左右相邻的。

二变量卡诺图的组成规律是，上下折叠后，重合方格的编号大小相差 2。

③ 三变量卡诺图

三个变量 A, B, C 共有 $2^3 = 8$ 个最小项，分别是 $m_0 = \overline{A}\,\overline{B}\,\overline{C}$，$m_1 = \overline{A}\,\overline{B}C$，$m_2 = \overline{A}B\overline{C}$，$m_3 = \overline{A}BC$，$m_4 = A\overline{B}\,\overline{C}$，$m_5 = A\overline{B}C$，$m_6 = AB\overline{C}$，$m_7 = ABC$，对应 8 个小方格，如图 1.11(c) 所示。A, B, C 三个变量分为两组，A 为一组，B, C 的组合为一组，分别表示行和列，为保证几何相邻的方格具有逻辑相邻性，即相邻两方格之间变量的取值只有一个不同，变量 BC 的取值不是按二进制数递增的顺序排列的，而是按 2bits 格雷码的顺序排列的，即 00, 01, 11, 10。

三变量卡诺图的组成规律是，上下折叠后，重合方格的编号大小相差 4。

④ 四变量卡诺图

四个变量 A, B, C, D 共有 $2^4 = 16$ 个最小项，对应 16 个小方格，如图 1.12(a) 所示。A, B, C, D 四个变量分为两组，A, B 为一组，C, D 为一组，分别表示行和列，均按 2bits 格雷码的顺序排列。

四变量卡诺图的组成规律是，上下折叠后，重合方格的编号大小相差 8。

⑤ 五变量卡诺图

五个变量 A, B, C, D, E 有 $2^5 = 32$ 个最小项，对应 32 个小方格，如图 1.12(b) 所示。五个变量分为两组，A, B 为一组，C, D, E 为一组，分别表示行和列，都按格雷码的顺序排列。方格中的数字表示最小项的编号。

五变量卡诺图的组成规律是，上下折叠后，重合方格的编号大小相差 16。

AB＼CD	00	01	11	10
00	m_0	m_1	m_3	m_2
01	m_4	m_5	m_7	m_6
11	m_{12}	m_{13}	m_{15}	m_{14}
10	m_8	m_9	m_{11}	m_{10}

(a) 四变量

AB＼CDE	000	001	011	010	110	111	101	100
00	0	1	3	2	6	7	5	4
01	8	9	11	10	14	15	13	12
11	24	25	27	26	30	31	29	28
10	16	17	19	18	22	23	21	20

(b) 五变量

图 1.12 四变量、五变量的卡诺图

(2) 卡诺图的特点

① 卡诺图中的小方格数等于最小项的总数，若逻辑函数的变量数为 n，则对应有 2^n 个小方格。例如，逻辑函数变量数为 2, 3, 4, 5 时，其卡诺图的小方格数为 4, 8, 16, 32。

② 在卡诺图中，几何上相邻的上下左右方格对应的最小项具有逻辑相邻性，即两个相邻小方格代表的最小项只有一个变量不同。卡诺图行列两侧标注的 0 和 1 表示使对应方格内最小项为 1 的变量取值，0 表示反变量，1 表示原变量。同时，这些由 0 和 1 组成的二进制数的大小就是对应最小项的编号。变量的取值不是按照二进制数的顺序进行排列的，而是按照格雷码的顺序进行排列的。

③ 可以认为卡诺图是一个上下左右闭合的图形，即不但紧挨着的小方格是相邻的，而且上下左右相对应的方格也是相邻的。也就是说，在卡诺图水平方向的同一行中，最左端与最右端的方格也符合上述的相邻规律。同样，在垂直方向的同一列中，最上端与最下端的方格也是相邻的。例如，在四变量卡诺图中，m_4 和 m_6 是相邻项，只有 C 因子不同；m_0 和 m_8 也是相邻项，只有 A 因子不同；4 个对角 (m_0, m_2, m_8, m_{10}) 也符合上述的相邻规律，这一特点说明卡诺图呈循环相邻的特性。

4．用卡诺图表示逻辑函数

当逻辑函数为最小项表达式时，在卡诺图中找出与表达式中最小项对应的小方格并填入 1，其余的小方格填入 0（也可以不填，而以空格表示），就可以得到逻辑函数的卡诺图表示形式。

也就是说，任何逻辑函数都等于其卡诺图中为 1 的方格所对应的最小项之和。

例 1.6 用卡诺图表示逻辑函数 $F = \overline{A}\overline{B}C + \overline{A}B\overline{C} + AB$。

解：首先，把函数转换为最小项表达式的形式：

$$\begin{aligned} F &= \overline{A}\overline{B}C + \overline{A}B\overline{C} + AB \\ &= \overline{A}\overline{B}C + \overline{A}B\overline{C} + AB(C + \overline{C}) \\ &= \overline{A}\overline{B}C + \overline{A}B\overline{C} + ABC + AB\overline{C} \\ &= m_1 + m_2 + m_7 + m_6 \end{aligned}$$

然后，画出三变量卡诺图，在卡诺图中，m_1, m_2, m_6, m_7 的小方格填 1，其余填 0 或不填，于是可画出该逻辑函数的卡诺图，如图 1.13 所示。

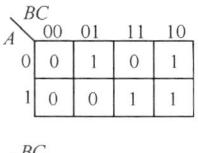

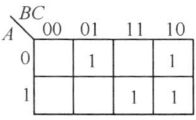

图 1.13 例 1.6 逻辑函数的卡诺图

例 1.7 用卡诺图表示逻辑函数 $F = A + BC + \overline{\overline{B}\overline{A + D}} + \overline{A}B\overline{C}D$。

解：先将该四变量逻辑函数转换成与或表达式：

$$F = A + BC + \overline{\overline{B}\overline{A + D}} + \overline{A}B\overline{C}D = A + BC + \overline{A}B\overline{D} + \overline{A}B\overline{C}D$$

当 $A = 1$ 时，函数的第一项为 1，即表示函数 F 包含所有 $A = 1$ 的方格，因此在四变量卡诺图中的第三行和第四行共 8 个方格中均填入 1。

当 B, C 同时为 1 时，第二个与项 BC 为 1。$B = 1$ 对应四变量卡诺图的第二行和第三行，$C = 1$ 对应四变量卡诺图的第三列和第四列，因此在第二、三行和第三、四列公共的四个方格中填入 1。

当 A, B, D 同时为 0 时，第三个与项 $\overline{A}\overline{B}\overline{D}$ 等于 1。A, B 同时为 0 对应四变量卡诺图的第一行，D 为 0 对应四变量卡诺图的第一列和第四列，因此在第一行和第一、四列公共的两个方格中填入 1。

当 $ABCD$ 为 0101 时，第四个与项 $\overline{A}B\overline{C}D$ 的值为 1。AB 为 01 对应四变量卡诺图的第二行，CD 为 01 对应四变量卡诺图的第二列，因此在第二行和第二列公共的一个方格中填入 1。

最后得到该函数的卡诺图，如图 1.14 所示。

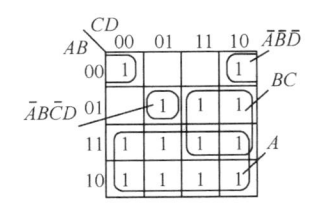

图 1.14 例 1.7 逻辑函数的卡诺图

5．用卡诺图化简逻辑函数

用卡诺图化简逻辑函数的过程，就是在卡诺图上找出逻辑函数取值为 1 且相邻的小方格，通过画包围圈的方法，合并相邻项，从而化简逻辑函数的过程。

(1) 卡诺图上合并相邻项的规律

① 2 个逻辑函数取值为 1 的相邻小方格（相邻项），可以合并成一个与项，在该与项中消去 1 个取值不同的逻辑变量。

② 4 个逻辑函数取值为 1 的相邻小方格，可以合并成一个与项，在该与项中消去 2 个取值不同的逻辑变量。

4 个逻辑函数取值为 1 的相邻小方格，有 4 种情形，如图 1.15 所示。

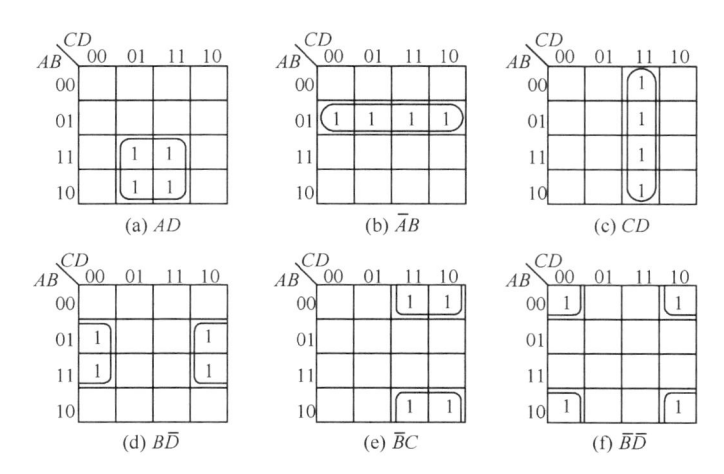

图 1.15 相邻项的合并

a. 组成大方格。在图 1.15(a)中，m_9，m_{11}，m_{13}，m_{15} 为 4 个逻辑函数取值为 1 的相邻最小项，组成一个田字格（大方格），其公共因子为 A, D，互补因子为 B, C，所以这 4 个最小项可合并为 AD。

b. 处于同一行或同一列。在图 1.15(b)中，m_4，m_5，m_6，m_7 为 4 个逻辑函数取值为 1 的相邻最小项，处于同一行，可合并为 $\bar{A}B$；在图 1.15(c)中，m_3，m_7，m_{11}，m_{15} 为 4 个逻辑函数取值为 1 的相邻最小项，处于同一列，可合并为 CD。

c. 处于相邻两行或两列的末端。如图 1.15(d)和(e)所示，可分别合并为 $B\bar{D}$，$\bar{B}C$。

d. 处于四角。如图 1.15(f)所示，可合并为 $\bar{B}\bar{D}$。

③ 8 个逻辑函数取值为 1 的相邻小方格，可以合并为一个与项，在该与项中消去 3 个取值不同的逻辑变量。

由以上分析可见，在 n 变量卡诺图中，若有 2^k（$k=0,1,2,\cdots,n$）个逻辑函数取值为 1 的相邻小方格，则它们可以圈在一起加以合并。合并时，将圈中的公共因子保留为一个与项，在该与项中消去 k 个取值不同的逻辑变量（互补因子）。若 $k=n$，则合并时可消去全部逻辑变量，结果为 1。

(2) 用卡诺图合并最小项的原则

用卡诺图化简逻辑函数，就是在卡诺图中找相邻的最小项，并画包围圈。为了保证得到最简逻辑函数，画圈时必须遵循以下原则：

① 包围圈要尽可能大，以便消去的变量多，与项中的变量少。但每个圈内只能含有 2^k（$k=0,1,2,\cdots,n$）个相邻项。要特别注意对边相邻性和四角相邻性。

② 圈的个数要尽量少，因为一个包围圈与一个与项相对应，圈数少，化简后的逻辑函数中，与项就少。

③ 卡诺图中所有逻辑函数取值为 1 的小方格均要被圈过，即不能漏下一个取值为 1 的最小项。

④ 逻辑函数取值为 1 的小方格可被重复圈在不同的包围圈中，多次使用，但在新画的包围圈中至少要有一个逻辑函数取值为 1 的小方格未被其他包围圈圈过，否则该包围圈就是多余的。

(3) 用卡诺图化简逻辑函数的步骤

① 将待化简的逻辑函数填入卡诺图。

② 合并相邻的最小项，即根据上述原则画包围圈。

③ 写出每个包围圈对应的与项，并将所有与项加起来，得到逻辑函数的最简与或表达式。

写出每个包围圈对应与项的方法是：消去互补因子；保留公共因子，取值为 1 的逻辑变量用原变量表示，取值为 0 的逻辑变量用反变量表示，将这些变量相与，得到包围圈对应的与项。

例 1.8 用卡诺图化简逻辑函数 $F = \overline{\overline{ABC} \cdot (B + \overline{C})}$。

解：① 先将逻辑函数 F 转换为与或表达式：
$$F = \overline{\overline{ABC} \cdot (B + \overline{C})} = (A + \overline{B} + \overline{C}) \cdot (B + \overline{C})$$
$$= AB + A\overline{C} + \overline{B}\,\overline{C} + B\overline{C} + \overline{C}$$

根据表达式，将逻辑函数 F 填入三变量卡诺图，如图 1.16 所示。

图 1.16　例 1.8 逻辑函数的卡诺图

② 画包围圈合并最小项，得到化简后的与或表达式：
$$F = \overline{C} + AB$$

例 1.9 用卡诺图化简逻辑函数 $F = \sum m(0, 1, 3, 4, 7, 12, 13, 15)$。

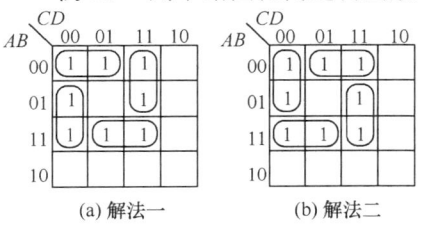

解：① 根据给定的最小项表达式，将逻辑函数 F 填入四变量卡诺图，如图 1.17 所示。

② 画包围圈合并最小项，得到化简后的与或表达式：
$$F = \overline{AB}\,\overline{C} + AB\overline{C} + BCD + \overline{A}\,\overline{B}D$$

或

$$F = \overline{A}C\overline{D} + AB\overline{C} + BCD + \overline{A}\,\overline{B}D$$

图 1.17　例 1.9 逻辑函数的卡诺图

通过这个例子可以看出，一个逻辑函数的真值表是唯一的，卡诺图也是唯一的，化简结果即最简与或表达式有时不是唯一的，但简化的程度是相同的。

(4) 卡诺图化简逻辑函数的另一种方法——圈 0 法

若一个逻辑函数用卡诺图表示后，里面的 0 很少且相邻性很强，则用圈 0 法更简便。但要注意，圈 0 后，写出化简后的反函数 $\overline{F}$，再取非，得到原函数 F。

例 1.10 已知逻辑函数的卡诺图如图 1.18 所示，分别用"圈 1 法"和"圈 0 法"写出其最简与或表达式。

解：① 使用圈 1 法，画包围圈如图 1.18(a)所示，得到 F 的最简与或表达式：
$$F = \overline{B} + C + D$$

② 使用圈 0 法，画包围圈如图 1.18(b)所示，得到 $\overline{F}$ 的最简与或表达式：
$$\overline{F} = B\overline{C}\,\overline{D}$$

图 1.18　例 1.10 逻辑函数的卡诺图

将等式两边取非，并利用摩根定律得到 F 的最简与或表达式：
$$F = \overline{B\overline{C}\,\overline{D}} = \overline{B} + C + D$$

通过这个例子可以看出，使用"圈 1 法"和"圈 0 法"，得到了完全相同的最简与或表达式。对于这个例子而言，使用"圈 0 法"显得简单一些。

6．具有无关项的逻辑函数的化简

(1) 什么是无关项

实际中经常会遇到这样的情况，即在真值表内对应于逻辑变量的某些取值下，逻辑函数的值

表 1.16 例 1.11 的逻辑函数真值表

A	B	C	F
0	0	0	0
0	0	1	1
0	1	0	×
0	1	1	×
1	0	0	0
1	0	1	×
1	1	0	1
1	1	1	×

可以是任意的,或者这些逻辑变量的取值根本不会出现。这些逻辑变量取值所对应的最小项称为无关项,或称为约束项、任意项。

例 1.11 某学校师生举行联欢会,教师凭工作证入场,学生凭学生证入场,试分析其逻辑关系。

解:不妨用逻辑变量 A 表示身份, A = 1 表示教师, A = 0 表示学生;用逻辑变量 B,C 分别表示有、无工作证或学生证,有证件用 1 表示,无证件用 0 表示;用逻辑变量 F 表示能否入场,可以入场时 F = 1,不能入场时 F = 0。由此可列出该逻辑函数 F 的真值表,如表 1.16 所示。

显而易见,在这个逻辑函数中,输入变量有 4 种组合是不可能出现的,即 ABC = 010(表示学生有工作证)、ABC = 011(表示学生既有工作证又有学生证)、ABC = 101(表示教师有学生证)、ABC = 111(表示教师既有学生证又有工作证)。所以最小项 $\overline{A}B\overline{C}$,$\overline{A}BC$,$AB\overline{C}$,$ABC$ 均为约束项。

在真值表中,通常用符号"×"表示无关项对应的逻辑函数取值是任意的,对于无关项,逻辑函数的取值既可以是 1,又可以是 0。带有无关项的逻辑函数的最小项表达式的一般形式为

$$F = \sum m(\quad) + \sum d(\quad)$$

例如,例 1.11 中的逻辑函数可以写成

$$F = \sum m(1,6) + \sum d(2,3,5,7)$$

(2) 具有无关项的逻辑函数的化简

无关项对应的逻辑函数的取值是任意的,既可以是 1,又可以是 0。因此,化简具有无关项的逻辑函数时,要充分利用无关项的特点,尽量扩大卡诺图的包围圈,使逻辑函数更为简单。

例 1.12 已知某逻辑函数的输入逻辑变量是 8421BCD 码(不可能出现 1010~1111 这 6 种输入组合),其逻辑表达式为 $F = \sum m(1,4,5,6,7,9) + \sum d(10,11,12,13,14,15)$,用卡诺图化简该逻辑函数。

解:① 画出四变量卡诺图,并将逻辑函数 F 填入卡诺图。注意,对应无关项的逻辑函数的取值,用符号"×"表示。

② 合并最小项。考虑无关项,与逻辑函数取值为 1 的小方格圈在一起的无关项被当作 1,未被圈的无关项被当作 0。画包围圈,如图 1.19(a)所示,得到 F 的最简与或表达式为

$$F = B + \overline{C}D$$

③ 若不考虑无关项,如图 1.19(b)所示,则化简后写出的与或表达式为

$$F = \overline{A}B + \overline{B}CD$$

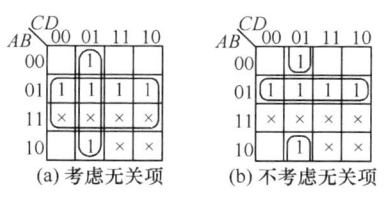

图 1.19 例 1.12 逻辑函数的卡诺图

由此可见,不用无关项时,最后得到的逻辑表达式不是最简的。

卡诺图化简法的优点是简单、直观,有一定的化简规律可循,不易出错,且容易得到最简与或表达式,所以经常被使用。但是,当逻辑变量超过 5 个时,就失去了简单、直观的优点,其实用意义不大。

1.5 正、负逻辑及逻辑符号的变换

1.5.1 正逻辑、负逻辑的概念

在数字电路中，可以采用两种不同的逻辑体制表示电路输入的高、低电平，以及电路输出的高、低电平。在前面的讨论中，我们用逻辑 1 表示高电平，用逻辑 0 表示低电平，这种表示方法称为正逻辑体制。若我们用逻辑 0 表示高电平，用逻辑 1 表示低电平，则这种表示方法称为负逻辑体制。

对同一逻辑电路，既可采用正逻辑体制，又可采用负逻辑体制。若同时采用两种逻辑体制，则称为混合逻辑。正逻辑和负逻辑不牵涉逻辑电路本身的结构，但是由于所选用的正负逻辑的不同，即使同一逻辑电路也具有不同的逻辑功能。例如，某个逻辑电路的输入、输出电平如表 1.17 的左列所示，采用正逻辑时它是与门功能，采用负逻辑时它却是或门功能。因此，正逻辑的与门等效于负逻辑的或门。正逻辑和负逻辑只是看问题的角度和分析问题的方法不同而已，问题的实质是不变的，即电路输入与输出的电平关系始终是不变的。在本书中，如无特殊声明，一律采用正逻辑，即高电平用逻辑 1 表示，低电平用逻辑 0 表示。

表 1.17 正逻辑与负逻辑的对应关系

电平表			正逻辑				负逻辑			
输 入		输 出	真 值 表			功 能	真 值 表			功 能
V_A	V_B	V_F	A	B	F		A	B	F	
0V	0V	0V	0	0	0	$F = A \cdot B$	1	1	1	$F = A + B$
0V	+3.6V	0V	0	1	0		1	0	1	
+3.6V	0V	0V	1	0	0		0	1	1	
+3.6V	+3.6V	+3.6V	1	1	1		0	0	0	

1.5.2 混合逻辑中逻辑符号的等效变换

一般而言，正逻辑的与门等价于负逻辑的或门，正逻辑的或门等价于负逻辑的与门；正逻辑的与非门等价于负逻辑的或非门，正逻辑的或非门等价于负逻辑的与非门；正逻辑的异或门等价于负逻辑的同或门，正逻辑的同或门等价于负逻辑的异或门。也就是说，同一个逻辑电路的正逻辑表达式与负逻辑表达式互为对偶式，可用摩根定律进行转换。表 1.18 中列出了几种常用的正负逻辑门的逻辑符号，表中每一行的正逻辑符号与负逻辑符号是等价的。

表 1.18 几种常用正负逻辑门的逻辑符号

正负逻辑对偶式	正逻辑的逻辑符号	负逻辑的逻辑符号
$F = AB = \overline{\overline{A} + \overline{B}}$	正与门 &	负或门 ≥1
$F = A + B = \overline{\overline{A} \cdot \overline{B}}$	正或门 ≥1	负与门 &
$F = \overline{A \cdot B} = \overline{A} + \overline{B}$	正与非门 &	负或非门 ≥1
$F = \overline{A + B} = \overline{A} \cdot \overline{B}$	正或非门 ≥1	负与非门 &
$F = \overline{A}$	正非门 1	负非门 1
$F = A = \overline{\overline{A}}$	正缓冲器 1	负缓冲器 1

一般情况下，人们习惯于采用正逻辑体制，但在较复杂的逻辑电路中有时会采用混合逻辑，如图 1.20(a)所示。为了完成逻辑电路的分析，这时可把整个电路按正逻辑进行分析。一种方法是把负逻辑或门用正逻辑与门替代，把负逻辑与门用正逻辑或门替代，如图 1.20(b)所示；另一种方法是把负逻辑符号中输入端的小圆圈当作反相器处理，如在图 1.20(c)中，将负或门的输入端小圆圈分别移到两个正与门的输出端上。在图 1.20 中，三个逻辑电路图的功能完全一样，逻辑函数为 $F = ABCD$。

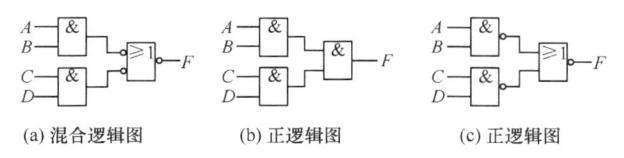

(a) 混合逻辑图　　(b) 正逻辑图　　(c) 正逻辑图

图 1.20　逻辑符号的替换

逻辑符号的等效变换应遵循以下几个原则。

(1) 把小圆圈当作非号

把小圆圈当作非号，在逻辑图中，任意一条导线上的两端同时加上或消去小圆圈，其逻辑关系不变，如图 1.21 所示。

图 1.21　一条导线的两端同时消去小圆圈

(2) 将导线一端的小圆圈移到另一端

将任意一条导线一端的小圆圈移到另一端，其逻辑关系不变，如图 1.22 所示。

图 1.22　一条导线上的小圆圈从一端移到另一端

(3) 在输入、输出线上的一端加上或消去小圆圈

在逻辑符号的输入端、输出端加上或消去小圆圈，同时将相应的变量取反，其逻辑关系不变，如图 1.23 所示。

图 1.23　导线上一端消去或加上小圆圈，同时将相应变量取反

(4) 在逻辑符号的输入端和输出端同时加上或去掉小圆圈

在一个逻辑符号的输入端和输出端同时加上或去掉小圆圈，并且若是与门则改为或门，若是或门则改为与门，其逻辑关系不变，如图 1.24 所示。

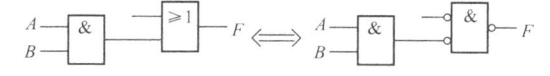

图 1.24　或门的输入、输出端取反且将或门改为与门

1.6　带符号数的表示方法

前面讨论各种进制的数时，未考虑数的正负问题，但在算术运算中，数是带符号的正数或负

数。下面介绍带符号数的常用表示方法。

一个带符号的二进制数由两部分组成，即数的符号部分和数值部分。数的符号通常用"+"表示正，用"−"表示负。习惯上，在计算机中用 0 表示"+"，用 1 表示"−"。例如，有两个带符号的二进制数

$$N_1 = +1011, \quad N_2 = -1011$$

我们在二进制数值部分最高位的前面增加 1bit 来表示符号，于是 N_1 可以表示为 01011，N_2 可以表示为 11011。这里，我们将带有"+""−"号的数的表示形式称为**真值**，上面两个等式中的 N_1 和 N_2 就是真值。

1.6.1 原码

带符号数的**原码**（Sign Magnitude）表示法是，数值部分用二进制数表示，符号部分用 0 表示"+"，用 1 表示"−"，即采用符号位加绝对值的表示方法，这样形成的一组二进制数称为该带符号数的原码。n 位二进制原码所能表示的十进制数的范围是 $-(2^{n-1}-1) \sim +(2^{n-1}-1)$。例如，十进制正数 71 的 8bits 二进制原码为 01000111，十进制负数 −71 的 8bits 二进制原码为 11000111。

1.6.2 反码

反码的符号部分与原码相同，即数的最高位也是符号位，而且用 0 表示正数，用 1 表示负数。反码的数值部分与数的符号有关：对于正数，反码的数值部分与其原码相同；对于负数，反码的数值部分是将原码的数值部分按位取反后得到的。

1.6.3 补码

原码表示法虽然直观，且数值的大小与符号一目了然，但由于原码的计算规则比较复杂，导致其电路实现时不太方便。因此，在电子计算机和数字系统中很少采用原码表示法来表示数值。

在电子计算机和数字系统中，通常采用的带符号数表示法是**补码**（Complement）表示法。补码表示法的规则是，对于正数，补码与原码相同；对于负数，符号位仍为 1，但是二进制数值部分要按位取反，然后加 1。这样得到的一组二进制数称为该带符号数的补码。之所以称其为补码，是因为该负数的补码与该负数所对应原码的数值部分满足互补关系，即二者的和为 2^n，此处 n 为二进制补码的位数。利用这一特点，可以快速计算一个带符号二进制数或十六进制数的补码。n 位二进制补码所能表示的十进制数的范围是 $-(2^{n-1}) \sim +(2^{n-1}-1)$。

例如，十进制正数 71 的 8bits 二进制原码为 01000111，其二进制补码也是 01000111。

又如，十进制负数 −71 的 8bits 二进制原码为 11000111，其二进制补码为 10111001。另外，利用互补特性，求十进制负数 −71 的 8bits 二进制补码的过程如下：

$$2^8 - 71 = 256 - 71 = 185 = (10111001)_2$$

顺便指出，由补码求原码的方法，与由原码求补码的方法相同。也就是说，对于正数，原码与补码相同；对于负数，原码的符号位仍为 1，但数值部分要将补码的数值部分按位取反，然后加 1。

此外，当带符号数为纯小数时，其原码或补码的符号位位于小数点的前面，0 表示正数，1 表示负数，并且原来小数点前面的整数 0 不再表示出来。

例如，$(-0.101101)_2$ 的 8bits 二进制原码为 $(1.1011010)_2$，其二进制补码为 $(1.0100110)_2$。

1.6.4 原码、反码、补码之间的转换

在上面的叙述中，给出了原码、反码、补码的概念，同时给出了怎样根据真值求原码、反码、

补码的方法，但是在实际应用系统的设计过程中，我们经常会遇到由原码、反码、补码求真值的情况。例如，数字温度传感器芯片 DS18B20 将其感测到的温度用 16bits 补码表示，我们须通过补码获得其对应的真值才能在数码管上显示，进而便于人们了解所测量的温度值。

原码、反码、补码、真值之间的转换关系如图 1.25 所示。需要说明的是，对于负数的补码，我们根据其最高位（符号位）是"1"就可以做出判断，对补码取反加 1 后可以得到该负数的数值部分。这里描述的操作过程是我们在实际应用系统设计过程中采用的算法。

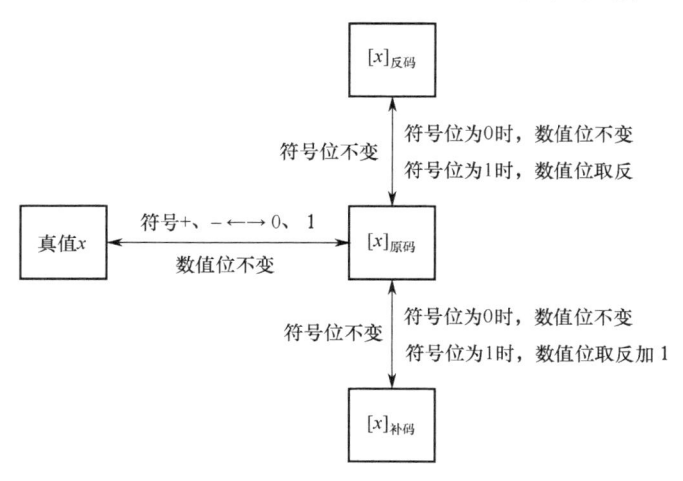

图 1.25 原码、反码、补码、真值之间的转换关系

1.6.5 溢出概念

利用补码，可以方便地进行带符号数的加、减运算（减法运算要变换为加法运算）。但要注意的是，同号相加或异号相减时，有可能发生**溢出**。所谓溢出，是指运算结果超出了原指定二进制数的位数所能表示的带符号数的范围。因此，发生溢出时，需要增加二进制补码的位数，否则运算结果将出错。是否溢出，可通过结果的符号位直观地做出判断：正数加正数，或正数减负数，结果均应为正数，否则有溢出；负数加负数，或负数减正数，结果均应为负数，否则有溢出。

例 1.13 试用 4bits 二进制补码计算 5 + 7。

解：因为 $(5+7)_{补} = (5)_{补} + (7)_{补}$
$$= 0101 + 0111$$
$$= 1100$$

计算结果 1100 表示 −4 的补码，而实际的正确结果应该为 12。错误产生的原因是在 4bits 二进制补码中，只有 3bits 是表示数值的，能表示的数的范围是 −8～+7，而本题的结果 12 需要用 4bits 数值位来表示，因而产生溢出。解决溢出的办法是进行位扩展，即用 5bits 二进制补码表示被加数 5、加数 7、结果 12，如下所示：

```
    0 1 0 1
 +  0 1 1 1
   [1] 1 0 0
```

1.6.6 定点数与浮点数表示方法

若考虑小数点的位置，则带符号数还可采用定点数和浮点数表示法。所谓**定点数**（Fixed-point number），是指在采用的数据描述格式中，小数点位置固定不变的数据。所谓**浮点数**（Floating-point number），是指在采用的数据描述格式中，小数点位置浮动的数据。

(1) 定点数表示法

定点数表示法非常类似于原码表示法和补码表示法，不同之处只是在定点数表示法中，小数点隐含于约定规则中，而不再出现在最后得到的定点数中。一般而论，当定点数用于带符号整数时，小数点约定在最低位（LSB）的后面；当定点数用于带符号小数时，小数点约定在最高位（MSB）的后面，也就是在符号位的后面。至于是使用原码还是使用补码，则由使用者自己决定。

(2) 浮点数表示法

浮点数表示法类似于科学记数法。一般来说，任何一个二进制数 N 总可以表示成如下的浮点数形式：

$$N = 2^E \times M$$

式中，E 表示数 N 的阶码，M 表示数的尾数。尾数 M 一般用小数，它表示数 N 的有效数字；阶码 E 为整数，它指出小数点的实际位置；基数 2 是预先约定的，实际中不表示出来。因此，一个浮点数可以用一组二进制定点数来表示，在计算机中表示形式如下：

| S_E | E | S_M | M |

其中，S_E 为阶码符号，E 为阶码；S_M 为尾码符号，M 为尾码。阶码和尾码都可以用原码、反码、补码表示。

浮点数的运算有专门的算法，一般会在计算机课程中进行介绍。数据在计算机中是以二进制形式表示的，正数用原码表示，而负数用补码表示，详细内容请参见计算机方面的书籍。

1.7 可靠性编码

多位二进制代码在形成和传输的过程中，因各位的变化速度不同，可能会产生错误。为了减少这种错误，人们采用了可靠性编码方法。可靠性编码本身具有一种特征或能力，使得代码在形成和传输过程中不易出错，或者这种代码出错时容易被发现，甚至能检查出错的位置并予以纠正。

可靠性编码是提高数字信息传输可靠性的有效方法之一，它产生于 20 世纪 50 年代，发展于 60 年代，成熟于 70 年代。可靠性编码有多种，常用的可靠性编码有 Gray 码、奇偶校验码、海明校验码、循环冗余校验码。

1.7.1 Gray 码

1953 年弗兰克·格雷（Frank Gray）提出 Gray（格雷）码时，是为了提高通信系统的可靠性，现在人们则常用于模拟-数字转换、位置-数字转换。Gray 码有多种形式，但它们都有一个共同的特点，即从一个代码变为相邻的另一个代码时，只有 1 个二进制位发生变化。表 1.19 给出了典型的 4bits 格雷码。

表 1.19 典型的 4bits 格雷码

十进制码	二进制码	4bits 格雷码	十进制码	二进制码	4bits 格雷码
0	0000	0000	8	1000	1100
1	0001	0001	9	1001	1101
2	0010	0011	10	1010	1111
3	0011	0010	11	1011	1110
4	0100	0110	12	1100	1010
5	0101	0111	13	1101	1011
6	0110	0101	14	1110	1001
7	0111	0100	15	1111	1000

由表 1.19 可知，任意两个相邻的十进制数，它们对应的格雷码仅有 1 位不同。例如，从 7→8，二进制码是 0111→1000，4 位均发生变化，而格雷码是 0100→1100，只有 1 位发生变化。这一特点有什么意义呢？在采用普通二进制码做加 1 计数时，若计数值从 7→8，则其二进制码的 4 位均发生变化。若 4 位变化不是同时进行的（实际情况下，很可能不会同时进行），则在计数过程中就可能出现短暂的粗大误差（在一定条件下，测量结果明显偏离真值时所对应的误差）。例如，若第 1 位首先被置为 1，然后其他位被置为 0，则会出现 0111→1111 的粗大误差。然而，格雷码从编码的形式上杜绝了出现这种误差的可能性。

格雷码是一种无权码，所以很难从某个代码识别它所代表的数值，但格雷码与二进制码之间有确定的转换关系。不妨假设二进制码为

$$B = B_n B_{n-1} \cdots B_1 B_0$$

对应的格雷码为

$$G = G_n G_{n-1} \cdots G_1 G_0$$

根据二进制码求取格雷码的公式如下：

$$\begin{cases} G_n = B_n \\ G_i = B_{i+1} \oplus B_i \end{cases}$$

式中，$i = 0,1,2,\cdots,n-1$；符号 $\oplus$ 表示异或运算。

反过来，根据格雷码求取二进制码的公式如下：

$$\begin{cases} B_n = G_n \\ B_i = G_{i+1} \oplus G_i \end{cases}$$

式中，$i = 0,1,2,\cdots,n-1$；符号 $\oplus$ 表示异或运算。

格雷码可被用作二-十进制编码。表 1.20 给出了十进制数符 0~9 的两种格雷码。其中，修改格雷码又称余 3 循环码，它具有循环性：十进制数的头尾两个数（0 和 9）的格雷码只有 1 位不同；十进制数 1 和 8 的格雷码只有 1 位不同；十进制数 2 和 7 的格雷码只有 1 位不同；十进制数 3 和 6 的格雷码只有 1 位不同；十进制数 4 和 5 的格雷码也只有 1 位不同，构成循环。因此，格雷码有时也称循环码。

表 1.20 十进制数符 0~9 的两种格雷码

十进制码	典型格雷码	修改格雷码	十进制码	典型格雷码	修改格雷码
0	0000	0010	5	0111	1100
1	0001	0110	6	0101	1101
2	0011	0111	7	0100	1111
3	0010	0101	8	1100	1110
4	0110	0100	9	1101	1010

1.7.2 奇偶校验码

奇偶校验码是计算机中常用的一种可靠性代码。奇偶校验码由信息位和校验位两部分组成，信息位就是要传送的信息本身，可以是位数不限的二进制代码，例如需要传送一位 8421BCD 码，信息位就是 4bits；校验位是附加的冗余位，这里仅用 1bit。

(1) 奇偶校验码的编码方法

在信息发送端，对校验位进行编码。编码方法有两种：一种是校验位的取值（0 或 1）使得在信息位和校验位构成的整个代码中，"1"的个数为奇数，称为奇校验；另一种是校验位的取值（0 或 1）使得在信息位和校验位构成的整个代码中，"1"的个数为偶数，称为偶校验。

表 1.21 给出了 1 位 8421BCD 码作为信息位构成的奇偶校验码，其中 $B_8B_4B_2B_1$ 是信息位，P 是校验位。

表 1.21 8421BCD 码作为信息位构成的奇偶校验码

8421BCD 码 $B_8\ B_4\ B_2\ B_1$	奇校验码 $B_8\ B_4\ B_2\ B_1\ P$	偶校验码 $B_8\ B_4\ B_2\ B_1\ P$	8421BCD 码 $B_8\ B_4\ B_2\ B_1$	奇校验码 $B_8\ B_4\ B_2\ B_1\ P$	偶校验码 $B_8\ B_4\ B_2\ B_1\ P$
0 0 0 0	0 0 0 0 1	0 0 0 0 0	0 1 0 1	0 1 0 1 1	0 1 0 1 0
0 0 0 1	0 0 0 1 0	0 0 0 1 1	0 1 1 0	0 1 1 0 1	0 1 1 0 0
0 0 1 0	0 0 1 0 0	0 0 1 0 1	0 1 1 1	0 1 1 1 0	0 1 1 1 1
0 0 1 1	0 0 1 1 1	0 0 1 1 0	1 0 0 0	1 0 0 0 0	1 0 0 0 1
0 1 0 0	0 1 0 0 0	0 1 0 0 1	1 0 0 1	1 0 0 1 1	1 0 0 1 0

一般来说，对于 n bits 二进制信息位，只要增加 1bit 校验位，便可构成 $(n+1)$ bits 的奇校验码或偶校验码。设奇偶校验码为

$$C_nC_{n-1}\cdots C_2C_1P$$

对于偶校验码而言，校验位 P 为

$$P = C_n \oplus C_{n-1} \oplus \cdots \oplus C_2 \oplus C_1$$

对于奇校验码而言，校验位 P 为

$$P = C_n \oplus C_{n-1} \oplus \cdots \oplus C_2 \oplus C_1 \oplus 1$$

(2) 奇偶校验码的校验方法

在信息发送端计算校验位 P 后，将奇偶校验码 $C_nC_{n-1}\cdots C_2C_1P$ 发送出去。在信息接收端，对接收到的奇偶校验码进行校验，校验方程为

$$S = C_n \oplus C_{n-1} \oplus \cdots \oplus C_2 \oplus C_1 \oplus P$$

若采用奇校验码，则

$$S = \begin{cases} 1, & 正确 \\ 0, & 错误 \end{cases}$$

若采用偶校验码，则

$$S = \begin{cases} 0, & 正确 \\ 1, & 错误 \end{cases}$$

可以看出，奇偶校验码能够发现代码在形成和传输过程中的 1bit 或奇数位出错，但是不能发现 2bits 或偶数位出错。因为 1bit 出错概率远低于 2bits 出错概率，所以奇偶校验码用来检测代码在形成和传输过程中的错误是很有效的。

实现奇偶校验只需要在发送端增加一个奇偶校验位 P 形成电路，以及在接收端增加一个奇偶校验电路。例如，MCS-51 系列单片机芯片应用于异步串行通信时，就很容易实现奇偶校验，从而保证单片机异步串行通信的顺利进行，详情请见参考文献[12]的第 7 章。

1.7.3 海明校验码

奇偶校验码只能发现代码在形成和传输过程中的 1bit 或奇数位出错，但不能定位错误，因而也不能纠正错误。那么，能否构成一种既能发现错误又能定位错误从而纠正错误的可靠性编码呢？下面介绍的海明（Hamming）校验码就是具有这种能力的一种最简单的可靠性编码。

海明校验的基础是奇偶校验，可把海明校验码视为多重奇偶校验码，海明校验码简称海明码。

(1) 海明码的编码方法

海明码也由信息位和校验位两部分组成，但是这里的校验位不是 1 位，而是若干位。下面通过具体实例说明海明码的编码方法。

不妨假设需要传送的信息为 11bits 二进制码，即

$$M = a_1 a_2 a_3 a_4 a_5 a_6 a_7 a_8 a_9 a_{10} a_{11}$$

为了实现海明校验，需要增加 4bits 校验位 b_1, b_2, b_3 和 b_4，我们称其为海明奇偶校验位。

将 4bits 校验位 b_1, b_2, b_3 和 b_4 置于 2^i 码位（$i = 0,1,2,3$），即将 b_1 置于 $2^0 = 1$ 码位；将 b_2 置于 $2^1 = 2$ 码位；将 b_3 置于 $2^2 = 4$ 码位；将 b_4 置于 $2^3 = 8$ 码位。这样，由信息位和校验位构成的海明码的排列就如表 1.22 所示。

表 1.22　由信息位和校验位构成的海明码的排列

码类＼码位	1	2	3	4	5	6	7	8	9	10	11	12	13	14	15
信息位			a_1		a_2	a_3	a_4		a_5	a_6	a_7	a_8	a_9	a_{10}	a_{11}
校验位	b_1	b_2		b_3				b_4							
汉明码	b_1	b_2	a_1	b_3	a_2	a_3	a_4	b_4	a_5	a_6	a_7	a_8	a_9	a_{10}	a_{11}

由表 1.22 可知，11bits 信息位和 4bits 校验位共同构成 15bits 海明码。为了对校验位 b_1, b_2, b_3 和 b_4 进行编码，需要将 15bits 海明码分组，由于我们采用的是 4bits 校验位，所以分成 4 组，分组表如表 1.23 所示。

表 1.23　海明码分组表

分组＼码位号	1	2	3	4	5	6	7	8	9	10	11	12	13	14	15
S_1	b_1		a_1		a_2		a_4		a_5		a_7		a_9		a_{11}
S_2		b_2	a_1			a_3	a_4			a_6	a_7			a_{10}	a_{11}
S_3				b_3	a_2	a_3	a_4					a_8	a_9	a_{10}	a_{11}
S_4								b_4	a_5	a_6	a_7	a_8	a_9	a_{10}	a_{11}

海明码分组表的填写方法如下：首先将码位号用二进制码表示，在列的方向由下往上填写，例如对于码位号 13，由下往上填写为 1101；然后将海明码中每位对应的码元于列的方向填写在该码位号为"1"的位置，码位号 13 对应的码元为 a_9，在它的列下填入 3 个 a_9。

由表 1.23 可以看出，校验位 b_1, b_2, b_3 和 b_4 正好分别列在 4 组中。对 4 组分别进行奇偶校验，我们不妨进行偶校验，则校验位 b_1, b_2, b_3 和 b_4 可以根据下面的式子求得：

$$b_1 = a_1 \oplus a_2 \oplus a_4 \oplus a_5 \oplus a_7 \oplus a_9 \oplus a_{11}$$
$$b_2 = a_1 \oplus a_3 \oplus a_4 \oplus a_6 \oplus a_7 \oplus a_{10} \oplus a_{11}$$
$$b_3 = a_2 \oplus a_3 \oplus a_4 \oplus a_8 \oplus a_9 \oplus a_{10} \oplus a_{11}$$
$$b_4 = a_5 \oplus a_6 \oplus a_7 \oplus a_8 \oplus a_9 \oplus a_{10} \oplus a_{11}$$

这样，就完成了海明码的编码。

(2) 海明码的校验方法

在信息发送端，完成海明码的编码后，将海明码发送出去。在信息接收端，接收海明码，并且对接收到的海明码进行检错和纠错。

对上述 11bits 信息位对应的海明码而言，接收到的海明码是 15bits，不妨假设在接收到的海明码中信息位仍用 $a_1a_2a_3a_4a_5a_6a_7a_8a_9a_{10}a_{11}$ 表示，其中校验位仍用 $b_1b_2b_3b_4$ 表示，校验方程组如下：

$$S_1 = b_1 \oplus a_1 \oplus a_2 \oplus a_4 \oplus a_5 \oplus a_7 \oplus a_9 \oplus a_{11}$$
$$S_2 = b_2 \oplus a_1 \oplus a_3 \oplus a_4 \oplus a_6 \oplus a_7 \oplus a_{10} \oplus a_{11}$$
$$S_3 = b_3 \oplus a_2 \oplus a_3 \oplus a_4 \oplus a_8 \oplus a_9 \oplus a_{10} \oplus a_{11}$$
$$S_4 = b_4 \oplus a_5 \oplus a_6 \oplus a_7 \oplus a_8 \oplus a_9 \oplus a_{10} \oplus a_{11}$$

根据 $S_4S_3S_2S_1$ 的值，就能够检测错误和定位错误：

① 若接收到的代码正确，则 $S_4S_3S_2S_1 = 0000$。

② 若接收到的代码有错（我们仍然考虑 1bit 出错的情况），则根据 $S_4S_3S_2S_1$ 构成的二进制数就能够指出错误的码位号。

例如，若校验结果 $S_4S_3S_2S_1 = 0011$，则说明错误发生在 S_2, S_1 两组中，二进制数 0011 指示的码位号为 3，由表 1.23 可知是 a_1 发生了错误，将 a_1 取反就可纠正错误。

又如，若校验结果 $S_4S_3S_2S_1 = 0110$，则出错的码位号是 6，表示 a_3 发生了错误。只要将 a_3 取反，就可以纠正错误并得到正确的代码。

以上讨论了偶校验情况下的海明码，读者不难得到奇校验情况下的海明码。

4bits 校验位形成的校验结果 $S_4S_3S_2S_1$ 共有 16 种不同的取值情况，其中 "0000" 表示未出错，其余 15 种取值情况分别指示 15 个码元出错，这 15 个码元分别是 11bits 信息位 $a_1a_2a_3a_4a_5a_6a_7a_8a_9a_{10}a_{11}$，以及 4bits 校验位 b_1, b_2, b_3 和 b_4。

一般情况下，若信息位有 k bits，校验位有 r bits，则由上例可以推得下式：

$$(2^r - 1) - r = k$$

校验位的位数 r 可以选为满足下列不等式的最小整数：

$$2^r \geqslant k + r - 1$$

根据这个不等式，很容易列出校验位数 r 和能够校验的最大信息位数 k_{max} 之间的关系，如表 1.24 所示。

表 1.24 校验位数 r 和能够校验的最大信息位数 k_{max} 之间的关系

校验位数 r	最大信息位数 k_{max}	海明码总位数 n
1	0	1
2	1	3
3	4	7
4	11	15
5	26	31
6	57	63
7	120	127
8	247	255

1.7.4 循环冗余校验码

循环冗余校验（Cyclic Redundancy Check，CRC）码是一种能力相当强的检错、纠错编码，且实现编码和检测的逻辑电路比较简单，广泛用于串行传送（二进制数据信息沿一根数据信号线逐位传送）的存储器与主机的数据通信，以及计算机网络中。

CRC 码通过某种数学运算实现信息位与校验位之间的循环校验（而海明码是一种多重校验），所以循环冗余校验码又称循环码。

理论上可以证明，循环冗余校验码的检错能力有以下特点。
① 可以检测出所有奇数位的错误。
② 可以检测出所有双比特的错误。
③ 可以检测出所有小于等于校验位长度的突发错误。

(1) CRC 码的编码方法

CRC 码是基于模 2 运算而建立编码规律的代码。模 2 运算包括模 2 加运算、模 2 减运算、模 2 乘运算、模 2 除运算。模 2 运算的特点是不考虑进位和借位，其规律如下。

① 模 2 加运算与模 2 减运算的结果是相同的，即
$$0 \pm 0 = 0, \quad 0 \pm 1 = 1, \quad 1 \pm 0 = 1, \quad 1 \pm 1 = 0$$

由此看出，模 2 加运算、模 2 减运算与异或逻辑运算的结果相同。

② 模 2 乘运算按模 2 加运算求部分积之和。

③ 模 2 除运算按模 2 减运算求部分余数。在模 2 除运算过程中，每求得一位商，应使部分余数减少一位。上商的原则如下：当部分余数的首位为 1 时，上商 1；当部分余数的首位为 0 时，上商 0。当部分余数的位数小于除数的位数时，该部分余数即为最后的余数。

模 2 乘运算、模 2 除运算的实例如图 1.26 所示。

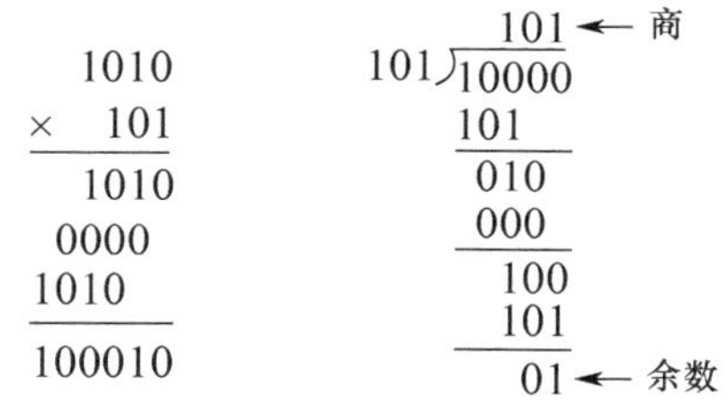

```
      1010              101  ← 商
   ×   101         101)10000
      1010              101
      0000              010
     1010               000
   100010               100
                        101
                         01  ← 余数
```

(a) 模2乘运算实例　　(b) 模2除运算实例

图 1.26　模 2 乘运算、模 2 除运算的实例

不妨设待传输的信息位为 $D_{n-1}D_{n-2}\cdots D_2 D_1 D_0$，共 n bits，它对应的多项式表示为
$$M(x) = D_{n-1}x^{n-1} + D_{n-2}x^{n-2} + \cdots + D_2 x^2 + D_1 x^1 + D_0 x^0$$

将信息位左移 k 位，得 $M(x) \cdot x^k$，即得到 $(n+k)$ bits 信息码组
$$D_{n-1+k}\ D_{n-2+k}\cdots D_{2+k}\ D_{1+k}\ D_{0+k}\ \underbrace{0000\cdots 0}_{k\text{个}0}$$

右侧空出的 k 个 0 替换为 k bits 校验位，从而得到 CRC 码。也就是说，CRC 码是在 n bits 信息位后面拼接 k bits 校验位所构成的一个 $(n+k)$ bits 的数据帧。

首先确定一个产生校验位的多项式 $G(x)$，称之为生成多项式。CRC 码用多项式 $M(x) \cdot x^k$ 除以 $G(x)$，并将所得余数作为校验位。为了得到 k bits 余数（校验位），生成多项式 $G(x)$ 对应的二进制数必须是 $(k+1)$ bits 的，并且最高位 x^k 和最低位 x^0 的系数均为 1。

不妨设所得余数为 $R(x)$，商为 $Q(x)$，则有
$$M(x) \cdot x^k = Q(x) \cdot G(x) + R(x)$$

将余数拼接在左移 k 位后的信息位后面，就构成了该数据信息的 CRC 码，这个 CRC 码对应的多项式为

$$M(x) \cdot x^k + R(x) = [Q(x) \cdot G(x) + R(x)] + R(x)$$
$$= Q(x) \cdot G(x) + [R(x) + R(x)]$$
$$= Q(x) \cdot G(x)$$

上式中，$[R(x)+R(x)]$ 表示两个相同的多项式进行模 2 加运算，有
$$R(x) + R(x) = 0$$

因此，所得 CRC 码是一个可被生成多项式 $G(x)$ 除尽的代码。若 CRC 码在传输过程中不出错，则其余数必为 0；若在传输过程中出错，则余数不为 0，并且该余数能够指出哪一位出错，继而纠正错误。

例 1.14 已知待传输的信息位为 1100，试用生成多项式 $G(x)=x^3+x+1$ 创建 CRC 码。

解：因为信息位是 1100，所以对应的多项式为 $M(x)=x^3+x^2 (n=4)$；因为生成多项式 $G(x)=x^3+x+1$，对应的二进制数为 1011，所以有
$$k+1=4, \quad k=3$$

先将 $M(x)$ 左移 3 位，再被 $G(x)$ 模 2 除，即
$$M(x) \cdot x^3 = 1100000 = x^6 + x^5$$

$$\frac{M(x) \cdot x^3}{G(x)} = \frac{1100000}{1011} = 1110 + \frac{010}{1011} \quad (\text{商为 1110，余数为 010})$$

所以 $M(x) \cdot x^3 + R(x) = 1100000 + 010 = 1100010$ 即为所求的 CRC 码。

该 CRC 码共 7bits，其中信息位 4bits，校验位 3bits，故上述 CRC 码 1100010 又称(7, 4)码。这就是码制，还可以有(7, 3)码制、(7, 6)码制等。

② CRC 码的检错与纠错方法

在信息发送端，根据约定的生成多项式 $G(x)$ 完成 CRC 码的编码后，将 CRC 码发送出去。在信息接收端，接收 CRC 码，接收到的 CRC 码被相同的生成多项式 $G(x)$ 模 2 除，若没有出错，则余数为 0；若某一位出错，则余数不为 0；不同出错位对应的余数不同，表 1.25 列出了对应生成多项式 $G(x)=x^3+x+1$ 的(7, 4)码的出错模式。

表 1.25 对应生成多项式 $G(x)=x^3+x+1$ 的(7, 4)码的出错模式

出错判断	接收到的 CRC 码 $N_1N_2N_3N_4N_5N_6N_7$	余　　数	出错位
正确	1100010	000	无
错误	1100011	001	N_7
	1100000	010	N_6
	1100110	100	N_5
	1101010	011	N_4
	1110010	110	N_3
	1000010	111	N_2
	0100010	101	N_1

注意，并非任何 $(k+1)$ bits 多项式都可以作为生成多项式，国际上常用的生成多项式有

CRC-8：$x^8 + x^2 + x + 1$ 或 $x^8 + x^5 + x^4 + 1$
CRC-10：$x^{10} + x^9 + x^5 + x^4 + x^2 + 1$
CRC-12：$x^{12} + x^{11} + x^3 + x^2 + x + 1$
CRC-16：$x^{16} + x^{15} + x^2 + 1$
CRC-CCITT：$x^{16} + x^{12} + x^5 + 1$
CRC-32：$x^{32} + x^{26} + x^{23} + x^{22} + x^{16} + x^{12} + x^{11} + x^{10} + x^8 + x^7 + x^5 + x^4 + x^2 + x + 1$

在数据传输系统中，发送端首先将待传输数据块分组，每组为 n bits 信息位，然后根据选定的生成多项式 $G(x)$ 求该信息位的校验位，最后将 k bits 校验位拼接在 n bits 信息位的后面，从而构成一帧数据（CRC 码）并发送出去。接收端对接收到的 CRC 码进行校验并纠错。由于 CRC 码的编码和校验都是由硬件电路（循环移位寄存器、异或门）来完成的，处理很迅速，所以不会延误数据块的传输。

本 章 小 结

1. 模拟信号具有连续性，数字信号在时间上和数值上均是离散的。传送、变换、处理、产生数字信号的电子电路称为数字电路。应用二值逻辑构成的数字电路或数字系统，能够较方便地克服模拟信号难以存储、分析和传输的缺点。

2. 用 0 和 1 可以组成二进制数，用来表示数值的大小，这时我们将 0 和 1 称为"数字 0"和"数字 1"。用 0 和 1 也可以表示对立的两种逻辑状态，这时我们将 0 和 1 称为"逻辑 0"和"逻辑 1"。

3. 数字系统中常用二进制数来表示数值。所谓二进制，是指以 2 为基数的计数体制，它仅有 0，1 两个数符。实际上，十六进制是二进制的简写，它是以 16 为基数的计数体制。在数字电子技术、微处理器、计算机和数据通信中，通常采用十六进制。二进制数、十六进制数、十进制数之间可以相互转换。

4. 二进制数有加、减、乘、除四种算术运算，加法是各种运算的基础。二进制数可以用原码、反码、补码表示。在计算机、数字系统中，通常采用二进制补码表示带符号的数，并采用二进制补码进行各种算术运算。

5. 特殊二进制码常用来表示十进制数，如 8421 码、2421 码、5421 码、余三码、余三循环码、格雷码等。ASCII 码是一种字符编码，是美国信息交换标准代码的简称，它由 7bits 二进制数码构成，共表示 128 个字符，包括英文字母、数字、标点符号、控制字符等。ASCII 码用于计算机之间、计算机和外围设备之间的文字交互。

6. 三种基本逻辑运算分别是与、或、非运算，其他逻辑运算可以由这三种基本逻辑运算构成。分析和设计数字电路的数学工具是逻辑代数。描述逻辑关系的函数称为逻辑函数。常用的逻辑函数描述方法有真值表、逻辑表达式、逻辑图、时序图、卡诺图等，它们之间可以相互转换。

7. 逻辑函数化简的目的是为了获得最简逻辑表达式，从而使逻辑电路简单、成本低、可靠性高。逻辑函数的化简是本章的重点，有两种逻辑函数化简方法：代数化简法和卡诺图化简法。代数化简法利用逻辑代数的基本公式与规则进行化简，其优点是不受任何条件的限制，任何复杂的逻辑函数都可以用代数化简法化简，但缺点是必须熟记基本公式和规则，并需要具有一定的运算技巧和经验。卡诺图化简法基于合并相邻最小项的原理进行化简，特点是简单、直观，不易出错，有一定的步骤和方法可循，但当逻辑变量超过 5 个时，将失去简单、直观的优点。

8. 在逻辑体制中，有正逻辑和负逻辑两种。一般情况下，人们习惯采用正逻辑体制。正逻辑规定，数字电路中的高电平用逻辑 1 表示、低电平用逻辑 0 表示。一个逻辑门电路利用正、负逻辑等效变换原则，可以使逻辑关系更明确。

9. 在数字系统中，参与算术运算的数是带符号的正数或负数，带符号数的常用表示方法有真值、原码、反码、补码，并且原码、反码、补码可以用来表示定点数和浮点数。在实际应用中，我们有必要弄清楚真值、原码、反码、补码、定点数和浮点数的概念，同时还要掌握相互之间的转换方法。

10. 可靠性编码本身具有一种特征或能力，使得代码在形成和传输过程中不易出错，或者这种代码出错时容易被发现，甚至能够检查出错的位置并予以纠正。在数据存储、数据通信系统中，人们常用的可靠性编码有 Gray 码、奇偶校验码、海明校验码、循环冗余校验码。对于可靠性编码，我们主要弄清楚编码方法和校验方法。

思考题和习题 1

1.1 将下列二进制数转换为十进制数。
(1) $(11001011)_2$ (2) $(101010.101)_2$ (3) $(0.0011)_2$

1.2 将下列十进制数转换为二进制数。
(1) $(26)_{10}$ (2) $(127)_{10}$ (3) $(0.36)_{10}$ (4) $(2.782)_{10}$

1.3 将下列二进制数转换为八进制数和十六进制数。
(1) $(1101011.011)_2$ (2) $(111001.1101)_2$ (3) $(100001.001)_2$

1.4 将下列十六进制数转换为二进制数、八进制数、十进制数。
(1) $(26E)_{16}$ (2) $(4FD.C3)_{16}$ (3) $(79B.5A)_{16}$

1.5 将下列 8421BCD 码写成十进制数。
(1) $(010110001001.0100)_{8421BCD}$ (2) $(100010010011.1000)_{8421BCD}$

1.6 写出下列二进制数的原码、反码、补码。
(1) $(+1110)_2$ (2) $(+10110)_2$ (3) $(-1110)_2$ (4) $(-10110)_2$

1.7 试用 8bits 二进制补码计算下列各式，并用十进制数表示结果。
(1) $12+9$ (2) $11-3$ (3) $-29-23$ (4) $-120+80$

1.8 电路如图 1.27 所示。设开关闭合为 1，断开为 0；灯亮为 1，灯灭为 0。试列出灯 F 对开关 A,B,C 的逻辑关系真值表，并写出 F 对 A,B,C 的逻辑函数表达式。

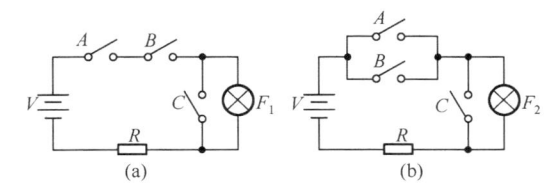

图 1.27 灯控制电路

1.9 在举重比赛中，有甲、乙、丙三名裁判，其中甲为主裁判，乙、丙为副裁判，当主裁判和一名以上（包括一名）的副裁判认为运动员上举合格后，才可发出合格信号，否则不能发出合格信号。试建立该逻辑函数并列出真值表。

1.10 用真值表证明下列恒等式。
　　（1）$A + \overline{A}B = A + B$　　（2）$\overline{A + B + C} = \overline{A} \cdot \overline{B} \cdot \overline{C}$

1.11 用逻辑代数的基本公式和常用公式化简下列逻辑函数。
$F_1 = A\overline{B} + \overline{A}B + A$
$F_2 = A\overline{B}\,\overline{C} + ABC + A\overline{B}C + AB\overline{C} + \overline{A}B$
$F_3 = \overline{A} + \overline{B} + \overline{C} + \overline{D} + ABCD$
$F_4 = AB + \overline{A}C + BC + A + \overline{C}$
$F_5 = \overline{AB + \overline{A}\overline{B} + \overline{A}B + A\overline{B}}$
$F_6 = \overline{\overline{AC + \overline{A}BC} + \overline{B}C + AB\overline{C}}$
$F_7 = (A \oplus B)C + ABC + \overline{A}\overline{B}C$
$F_8 = \overline{A}(C \oplus D) + BC\overline{D} + AC\overline{D} + A\overline{B}CD$

1.12 求下列逻辑函数的反函数并化为最简与或表达式。
$F_1 = A\overline{B} + \overline{A}B$
$F_2 = (A + BC)\overline{C}D$
$F_3 = \overline{(A + \overline{B})(\overline{A} + C)AC + BC}$
$F_4 = ABC + \overline{\overline{A} + \overline{B} + \overline{C}}$

1.13 试写出下列逻辑函数的对偶式。
$F_1 = AB + CD$
$F_2 = (A + B) \cdot (C + D)$
$F_3 = \overline{A + B} + \overline{A} \cdot \overline{B}$
$F_4 = \overline{A + B + \overline{C + \overline{\overline{DF}}}}$

1.14 试写出图 1.28(a)和图 1.28(b)所示逻辑电路的逻辑函数表达式。

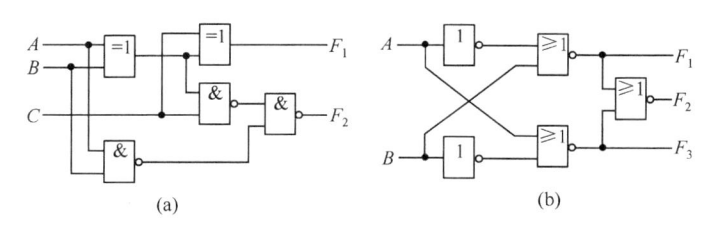

(a)　　　　　　　　　(b)

图 1.28　逻辑电路图

1.15 试写出图 1.29 中逻辑电路的逻辑函数表达式。

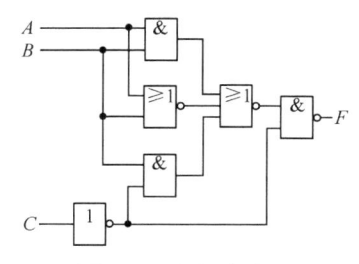

图 1.29　逻辑电路图

1.16 试列出下列逻辑函数的真值表，并用与非门实现这些逻辑函数。

$F_1 = AB(BC + A)$

$F_2 = (A + \overline{B})A\overline{B}$

$F_3 = \overline{A \oplus B + C}$

$F_4 = \overline{AB} + C + \overline{B} + C$

1.17 已知逻辑函数真值表如表 1.26 所示，试写出逻辑函数 F 关于逻辑变量 A, B, C 的逻辑表达式。

表 1.26 逻辑函数的真值表

A	B	C	F	A	B	C	F
0	0	0	0	1	0	0	1
0	0	1	1	1	0	1	1
0	1	0	1	1	1	0	0
0	1	1	0	1	1	1	1

1.18 将下列逻辑函数化为最小项表达式。

$F_1 = \overline{A}BC + AC + \overline{B}C$

$F_2 = A\overline{B}CD + BCD + \overline{AD}$

$F_3 = \overline{(A + \overline{B})(\overline{A} + C)AC + BC}$

1.19 用卡诺图法化简下列逻辑函数。

$F_1 = \overline{AC + \overline{A}BC + \overline{B}C} + AB\overline{C}$

$F_2 = A\overline{B}CD + AB\overline{C}D + A\overline{B} + A\overline{D} + A\overline{B}C$

$F_3 = (\overline{AB} + B\overline{D})\overline{C} + BD(\overline{\overline{A} \cdot \overline{C}}) + \overline{D}(\overline{A + \overline{B}})$

$F_4 = A\overline{B}CD + AB\overline{C}D + (A + C)B\overline{D} + \overline{A}(\overline{B} + C)$

$F_5 = \sum m(3, 4, 5, 6, 9, 10, 12, 13, 14, 15)$

$F_6 = \sum m(0, 1, 2, 5, 6, 7, 8, 9, 13, 14)$

$F_7 = \sum m(0, 1, 4, 6, 9, 13) + \sum d(3, 5, 7, 11, 15)$

$F_8 = \sum m(0, 13, 14, 15) + \sum d(1, 2, 3, 8, 10, 11)$

1.20 用卡诺图判断逻辑函数 Z 与 Y 有何关系。

(1) $Z = AB + BC + CA$

$Y = \overline{AB} + \overline{BC} + \overline{CA}$

(2) $Z = D + B\overline{A} + \overline{C}B + \overline{C}\,\overline{A} + CBA$

$Y = A\overline{BCD} + ABCD + \overline{A}BC\overline{D}$

1.21 已知正逻辑时电路的输出函数逻辑表达式为 $F = \overline{A + B\overline{C}}$，试列出其真值表，写出负逻辑时该电路的输出函数逻辑表达式，检验同一电路在正、负逻辑体制下，逻辑表达式是否互为对偶式。

第 2 章　逻辑门电路

在简单介绍半导体器件开关特性的基础上，本章主要讨论逻辑门的外部特性和技术参数，重点说明几种典型逻辑门电路的功能及其工作原理。

2.1　逻辑门的外部特性和技术参数

在使用数字集成电路芯片时，不仅要熟悉其逻辑功能，而且应了解其属性参数，如逻辑电平、噪声容限、功耗、传输延时、扇入数和扇出数等。

2.1.1　逻辑门电路简介

逻辑门电路是指能完成一些基本逻辑功能的电子电路，简称门电路，它是构成数字电路的基本单元电路。从生产工艺来看，门电路可分为分立元件门电路和集成逻辑门电路两大类。随着微电子技术的发展，分立元件门电路目前已很少采用，而主要采用集成逻辑门电路。集成逻辑门电路把实现各种逻辑功能的器件及其连线集中制造在同一块半导体材料基片上，并封装在一个壳体中，通过连接线与外界联系。采用集成逻辑门电路设计数字系统，不仅可以简化设计和调试过程，而且可以使数字系统具有可靠性高、功耗低、成本低等优点。

根据所采用半导体器件的不同，目前常用的集成逻辑门电路可以分为两大类：一类是采用双极型半导体构成的双极型集成电路；另一类是采用金属氧化物半导体构成的 MOS 集成电路。双极型集成电路主要有 TTL 和 ECL 两种，MOS 集成电路主要有 NMOS、PMOS、CMOS 三种。双极型集成电路的特点是速度快、负载能力强，但功耗较大、集成度较低，TTL 电路的性价比高，在小规模和中规模数字系统中应用普遍。MOS 集成电路的特点是结构简单、制造方便、集成度高、功耗低，由于制造工艺的不断改进，CMOS 电路已成为占主导地位的逻辑器件，其工作速度已经赶上甚至超过 TTL 电路，它的功耗和抗干扰能力则远优于 TTL 电路，因此，几乎所有的超大规模存储器及 PLD 器件都采用 CMOS 工艺制造。

目前，根据响应速度、功耗、温度范围、额定电压和额定电流的不同，每种类型的电路又可分为若干子类（或系列）。早期生产的 CMOS 门电路为 4000 系列，其工作速度较慢，与 TTL 不兼容，但它具有功耗低、工作电压范围宽、抗干扰能力强的特点。随后出现了高速 CMOS 器件 74HC 和 74HCT 系列，与 4000 系列相比，74HCT 系列与 TTL 兼容，也可与 TTL 器件交换使用。另一种新型 CMOS 系列是 74VHC 和 74VHCT 系列，其工作速度可达 74HC 和 74HCT 系列的 2 倍。近年来，针对便携式设备（如笔记本计算机、数码相机、手机等）的发展，先后推出了 74LVC 系列及超低电压 74AUC 系列，它们的特点是成本更低、速度更快、功耗更小，同时可以与 5V 电源的 CMOS 器件或 TTL 器件电平兼容。

最早的 TTL 门电路是 74 系列。后来出现了改进的 74H 系列和 74L 系列，但是不能很好地解决功耗和速度平衡的问题，为此推出了低功耗和高速的 74S 系列，它使用肖特基晶体三极管。之后又生产出 74LS 系列，其速度与 74 系列相当，但功耗降低到了 74 系列的 1/5。74LS 系列广泛应用于中、小规模集成电路中。随着集成电路的发展，生产出了进一步改进的 74AS 和 74ALS 系列。74AS 系列与 74S 系列相比，功耗相当，但速度却提高了 2 倍。74ALS 系列又进一步提高了 74LS 系列的速度。74F 系列的速度和功耗介于 74AS 和 74ALS 系列之间，广泛应用于速度要求较高的 TTL 逻辑电路中。

目前，不同数字逻辑芯片生产厂商采用了相同的命名标准，元器件的型号并不会因为生产厂商的不同而不同。芯片型号的前缀可能略有不同，该部分表示厂商名称的缩写。比如，对于典型 TTL 芯片 SN74LS00N，前缀 SN 为生产厂商代码，表示 Texas Instrument 公司，7400 表示四路两输入与非门电路，LS 表示低功耗 TTL 系列。后缀 N 用于说明封装形式，N 表示双列直插式封装（DIP），W 表示陶瓷扁平封装，D 表示表面安装型 SO 封装，芯片具体的封装类型和封装尺寸可查阅生产厂商的数据手册。绝大多据手册以 5400/7400 的形式列出 7400 的信息，54XX 系列为军用级产品，该系列对供电电源要求不高，其温度范围为−55℃～+125℃，74XX 系列为商用级产品，其温度范围为 0℃～+70℃，对供电电源有严格要求。

本书主要探讨 74XX 商用系列，探讨过程中通常忽略厂商前缀代码和封装类型后缀代码。

2.1.2 逻辑电平

有 4 种不同的逻辑电平规范，即 V_{IL}，V_{IH}，V_{OL} 和 V_{OH}。如图 2.1 所示，对 CMOS 电路来说，输入电压的范围（V_{IL}）可以用有效低电平（逻辑 0）表示。以 74HC 系列为例，这个有效低电平对于 5V 电源电压而言是 0～1.5V；以 74LVC 系列为例，对于 3.3V 电源电压而言是 0～0.8V。表示有效高电平（逻辑 1）的输入电压的范围（V_{IH}），对于 5V 电源电压而言是 3.5～5V，对于 3.3V 电源电压而言是 2～3.3V。对于 5V 电源电压而言输入电压为 1.5～3.5V 时，以及对于 3.3V 电源电压而言输入电压为 0.8～2V 时，是不可预测性能的区域，在这些区域的输入电压值是不允许出现的。当输入电压在这些区域中时，CMOS 电路的工作是不可靠的（见图 2.1 和图 2.2）。

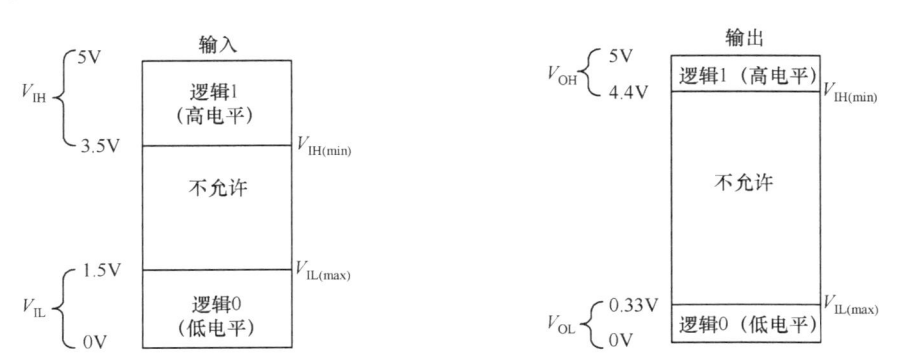

图 2.1 5V 电源电压时 CMOS 的输入和输出逻辑电平

生产厂商的数据手册中一般会给出 4 种逻辑电平参数：输入低电平的上限值 $V_{IL(max)}$、输入高电平的下限值 $V_{IH(min)}$、输出低电平的上限值 $V_{OL(max)}$、输出高电平的下限值 $V_{OH(min)}$。如图 2.1 所示，输出高电平的下限值 $V_{OH(min)}$ 要比输入高电平的下限值 $V_{IH(min)}$ 大，输出低电平的上限值 $V_{OL(max)}$ 要比输入高电平的下限值 $V_{IH(min)}$ 小。

TTL 电路与 CMOS 电路类似，也有 4 种不同的逻辑电平。

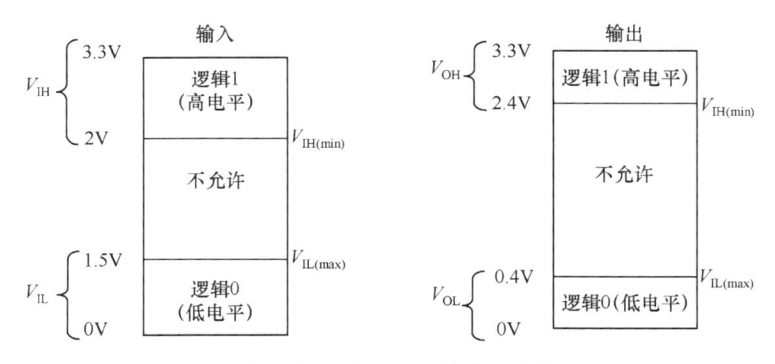

图 2.2 3.3V 电源电压时 CMOS 的输入和输出逻辑电平

2.1.3 噪声容限

噪声是电路中产生的一种不需要的电压，它可能威胁到电路的正常工作。系统中的导线和其他元器件可能会因为受到高频电磁辐射或输电线波动电压干扰而产生噪声。为了避免噪声的不利影响，逻辑电路必须具有一定的抗噪能力，即输入端有一定程度的电压波动时不会改变其输出状态。例如，在高电平状态下，若噪声电压导致 5V 电源电压的 CMOS 门电路的输入下降到 3.5V 以下，则输入电压就会在不允许的范围内，这时操作的结果是不可预测的。

抗噪能力的参数称为噪声容限，其单位为伏特（V）。对于一个给定的逻辑电路，有两个噪声容限值：噪声容限高电平（V_{NH}）和噪声容限低电平（V_{NL}）。这两个参数的定义式为

$$V_{NH} = V_{OH(min)} - V_{IH(min)}$$
$$V_{NL} = V_{IL(max)} - V_{OL(max)}$$

噪声容限的示意图如图 2.3 所示。分析示意图可知，随着电源电压 V_{DD} 的增大，V_{NH} 和 V_{NL} 也相应地增大。V_{NH} 和 V_{NL} 越大，抗干扰能力就越强。

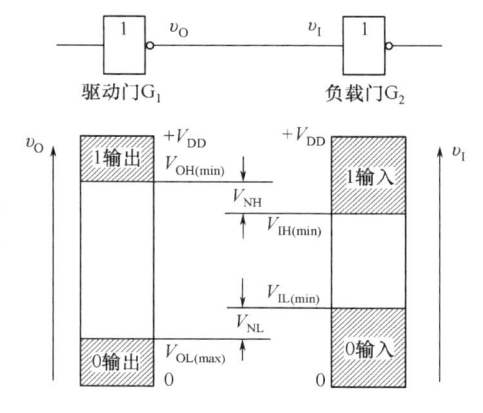

图 2.3 噪声容限示意图

2.1.4 延时-功耗乘积

1. 功耗

功耗有静态功耗和动态功耗之分。所谓静态功耗，是指电路的输出没有状态转换时的功耗。静态时，CMOS 电路的电流非常小，使得静态功耗非常低，所以 CMOS 电路广泛应用于要求功耗低或电池供电的设备中，如笔记本计算机、数码相机及手机等。

静态功耗是电路的电源电压 V_{DD} 与电路的总电流 I_{DD} 的乘积。例如，当 V_{DD} 为 5V 时，输出高电平时的总电流 I_{OH} 为 1.5mA，并且若门电路处于静态的高电平输出状态，则该门电路的功耗（P_D）为

$$P_D = V_{DD}I_{OH} = 5V \times 1.5mA = 7.5mW$$

当门电路受到脉冲作用时，其输出将在高、低电平间交替变换，产生的供电电流将在 I_{OH} 和 I_{OL} 间变换。平均功耗取决于占空比，当占空比为 50% 时，平均供电电流为

$$I_{DD} = \frac{I_{OH} + I_{OL}}{2}$$

平均功耗为

$$P_D = V_{DD} I_{DD}$$

TTL 电路的功耗在工作频率范围以内基本上是恒定的。CMOS 电路的功耗则和工作频率有关，在静态条件下它的功耗非常小，并随着频率的增加而增加。

2．平均传输延时

平均传输延迟时间（延时）t_{PD} 是一个反映门电路工作速度的重要参数。信号经过任何门电路都会产生延时，这是由器件本身的物理性质决定的。

这里的延时包含输入/输出信号电平变化所需的延时和门电路输入影响输出的延时两部分，如图 2.4 所示，图中 t_{PHL} 是从输入波形上升沿的 50%幅值处到输出波形下降沿的 50%幅值处需要的时间，t_{PLH} 是从输入波形下降沿的 50%幅值处到输出波形上升沿的 50%幅值处需要的时间。

平均传输延时 $t_{PD} = (t_{PHL} + t_{PLH})/2$，$t_{PD}$ 限制了工作频率。传输延时越长，最高工作频率就越低。因此，速度较高的电路传输延时较短。例如，传输延时为 3ns 的门电路就比传输延时 7ns 的门电路速度快。

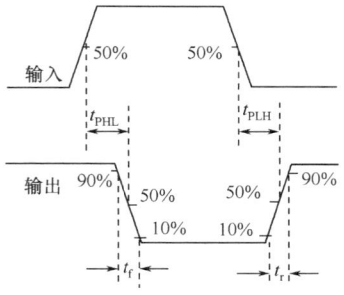

图 2.4　门电路传输延时波形图

3．延时–功耗乘积

在为某种应用选择所用的逻辑电路类型时，若传输延时和功耗都是重要的考虑因素，则延时–功耗乘积提供了各种逻辑电路的比较基础。延时–功耗乘积用符号 DP 表示，$DP = t_{PD} P_D$，单位为微微焦耳或皮焦（pJ），延时–功耗乘积 DP 越低越好。

2.1.5　扇入数和扇出数

门电路的扇入数取决于其输入端的个数。例如，一个 3 输入端与非门的扇入数为 3。门电路的扇出数是用同一型号的门电路作为负载时，一个门电路能够驱动同类门电路的最大数量 N，通常 $N \geqslant 8$。

1．CMOS 电路的负载

CMOS 电路的负载不同于 TTL 电路的负载，因为 CMOS 逻辑电路所用的晶体管为驱动门提供一种占主导地位的电容性负载，在这种情况下，限制条件是与驱动门输出电阻和负载门输入电容相关的充电与放电时间。如图 2.5 所示，当驱动门的输出是高电平时，负载门的输入电容通过驱动门的输出电阻充电。当驱动门的输出是低电平时，电容放电。

若在驱动门的输出添加更多的负载门输入，则总电容量增加，因为输入电容实际上是并联的。电容量的增加会延长充电时间、放电时间，进而降低门电路的最大工作频率。因此，CMOS 门电路的扇出数和工作频率有关。负载门输入越少，最大频率越高。

2．TTL 电路的负载

TTL 驱动门处于高电平状态时向负载提供拉电流（I_{OH}），处于低电平状态时从负载吸收灌电流（I_{OL}）。灌电流和拉电流的情况如图 2.6 所示，图中的负载电阻代表两种情况下门电路内部的输入电阻、输出电阻。一般而言，数字集成电路芯片的灌电流负载能力大于拉电流负载能力。

(a) 充电电路

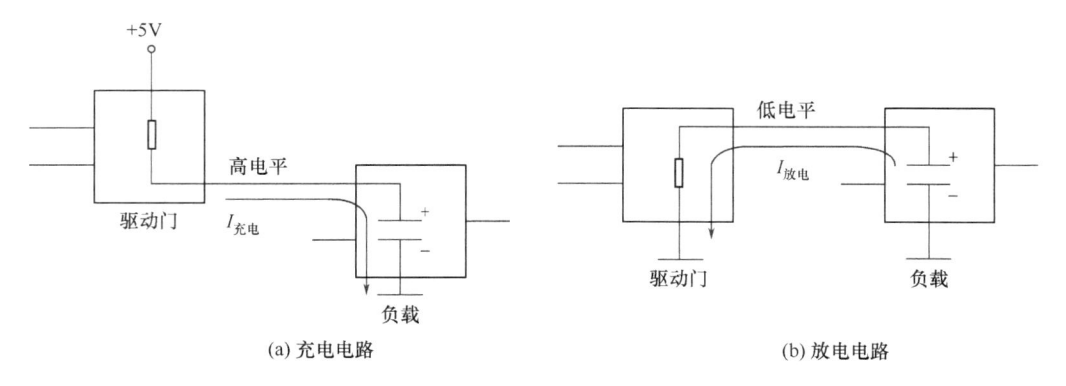

(b) 放电电路

图 2.5 CMOS 门的电容性负载

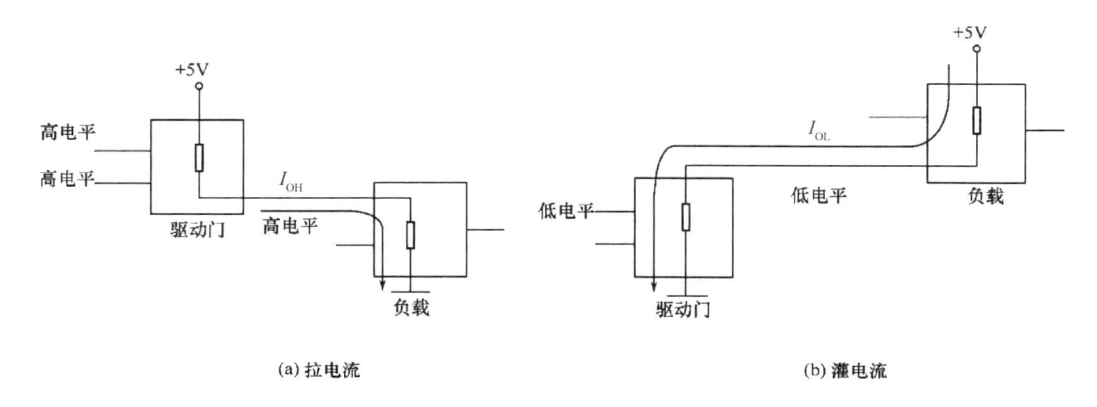

(a) 拉电流

(b) 灌电流

图 2.6 灌电流和拉电流示意图

当更多的负载门连接到驱动门时，驱动门电路上的负载会增加。总灌电流随着每增加一个门输入而增加，如图 2.7 所示。随着电路的增加，驱动门内部的电压降也会增加，从而引起输出电压 V_{OH} 的降低。若连接过多的负载门输入，则 V_{OH} 会降到低于 $V_{OH(min)}$，高电平噪声容限也会降低，从而危及电路的正常工作。同样，随着灌电流的增加，驱动门的功耗也会增加。因此，输出高电平状态时的扇出数可表示为

$$N_{OH} = \frac{I_{OH}}{I_{IH}}$$

式中，I_{OH} 表示驱动门的输出电流，I_{IH} 表示负载门的输入电流。

总拉电流也会随着负载门的增加而增加，如图 2.8 所示。当拉电流增加时，驱动门电路内部的电压降也会增加，从而导致 V_{OL} 增加。若添加了过多的负载，则 V_{OL} 会超过 $V_{OL(max)}$，而低电平噪声容限会减小。因此，输出低电平状态时的扇出数可表示为

$$N_{OL} = \frac{I_{OL}}{I_{IL}}$$

式中，I_{OL} 表示驱动门的输出电流，I_{IL} 表示负载门的输入电流。

在 TTL 电路中，拉电流的能力是决定扇出数的限制因素。

一般的逻辑器件数据手册中并不给出扇出数，必须用计算或用实验的方法求得，并且要注意在设计时留有余地，以保证数字电路能正常地运行。在实际的工程设计中，若 $N_{OL} \neq N_{OH}$，则扇出数取两者中的小值。

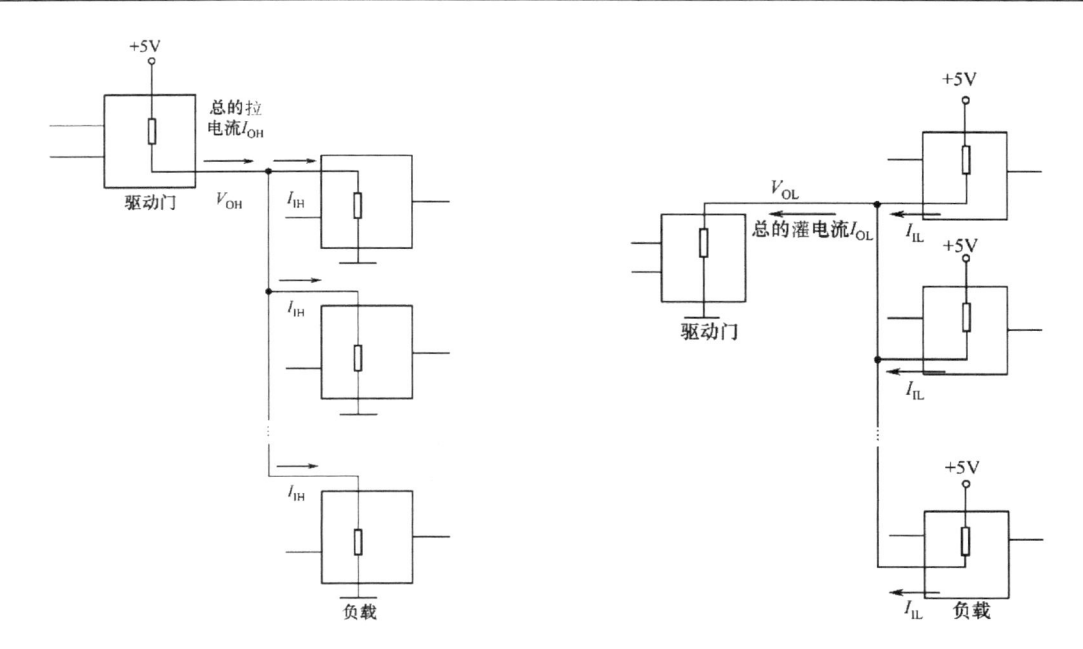

图 2.7　高电平状态时的 TTL 负载　　　　　　图 2.8　低电平状态时的 TTL 负载

例 2.1　用 74 系列反相器（7404）驱动同类 74 系列反相器（7404）时，计算 7404 的扇出数。

解：由表 2.1 可知，反相器 7404 的参数如下：

$$I_{IH(max)} = 40\mu A , \quad I_{OH(max)} = 400\mu A$$
$$I_{IL(max)} = 1.6mA , \quad I_{OL(max)} = 16mA$$

对于高电平输出状态，扇出数为

$$N_{OH} = \frac{I_{OH(max)}}{I_{IH(max)}} = \frac{400\mu A}{40\mu A} = 10$$

对于低电平输出状态，扇出数为

$$N_{OL} = \frac{I_{OL(max)}}{I_{IL(max)}} = \frac{16mA}{1.6mA} = 10$$

综上所述，高电平扇出数和低电平扇出数相同，所以反相器 7404 最多可以接 10 个同类门。

2.2　MOS 逻辑门电路

2.2.1　MOS 管的开关特性

MOS 管是金属-氧化物-半导体场效应管的简称，有时也用 MOSFET 表示。它是仅有一种多数载流子（自由电子或空穴）参与导电的电压控制器件，也称单极性器件。按导电沟道极性的不同，MOS 管分为 P 沟道和 N 沟道两种，P 沟道 MOS 管称为 PMOS 管，N 沟道 MOS 管称为 NMOS 管。每种沟道又按工作模式的不同，分为增强型和耗尽型两种。需要在 MOS 管的栅极、源极间加电压 v_{GS}，并且要求 v_{GS} 的值大于某数值时导电沟道才能形成的，称为增强型，沟道出现

时对应的 v_{GS} 称为开启电压，用 V_T 表示。在栅、源极间不需要加电压（$V_T=0$）就存在导电沟道的，称为耗尽型。MOS 管是一种具有电流放大功能的器件，它具有 3 种不同的工作状态，即截止状态、导通状态、放大状态，在数字电路中 MOS 管只能工作在截止状态和导通状态。下面以增强型 NMOS 管为例说明其开关特性。

1．开关作用（静态特性）

在图 2.9(a)所示的由增强型 NMOS 管构成的开关电路中，于栅极和源极间输入矩形波 v_I，并设 NMOS 管的开启电压为 V_T（$V_T>0$）。

当 $v_I<V_T$ 时，NMOS 管工作在截止状态，漏极 d 与源极 s 间呈现高电阻，如同断开的开关，漏极电流 $I_D=0$，$v_O=V_{DD}$（高电平），其等效电路如图 2.9(b)所示。

当 $v_I>V_T$ 时，漏极 d 与源极 s 间导通，$I_G\approx 0$（说明增强型 NMOS 管的输入电阻很大，I_G 是不能控制 I_D 的），漏极 d 与源极 s 的导通电阻 R_{on} 很小，如同闭合的开关，且当 R_d 远大于 R_{on} 时，$v_O=V_{DS}=\dfrac{R_{on}}{R_d+R_{on}}\cdot V_{DD}\approx 0$（低电平），其等效电路如图 2.9(c)所示。

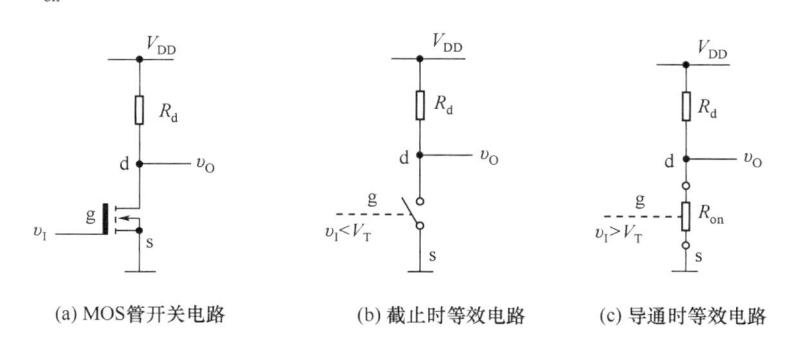

(a) MOS 管开关电路　　(b) 截止时等效电路　　(c) 导通时等效电路

图 2.9　MOS 管的开关电路及等效电路

2．开关时间参数（动态特性）

根据 MOS 管的构造特点，MOS 管从导通状态进入截止状态或从截止状态进入导通状态均需要一定的过渡时间。在图 2.9(a)所示的由增强型 NMOS 管构成的开关电路中，输入理想的矩形波，其输出电压 v_O 的变化如图 2.10 所示。当 v_I 由低电平跳变到高电平时，MOS 管需要经过开通时间 t_{PHL} 后，才能从截止状态转换到导通状态，输出电压 v_O 由高电平变为低电平。当 v_I 由高电平跳变到低电平时，MOS 管需要经过关断时间 t_{PLH} 后，才能从导通状态转换到截止状态，输出电压 v_O 由低电平变为高电平。在 CMOS 电路中，由于硬件结构互补对称，所以 $t_{PHL}=t_{PLH}$。

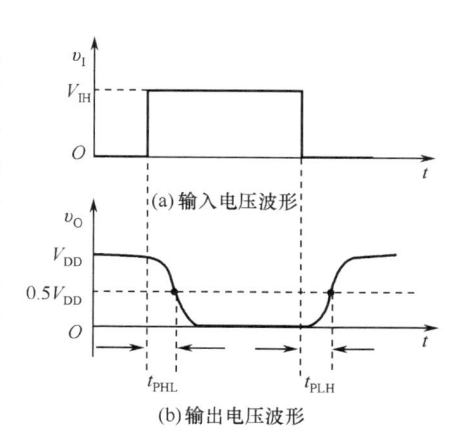

(a) 输入电压波形

(b) 输出电压波形

图 2.10　MOS 管的开关电路波形

2.2.2　CMOS 反相器

CMOS 逻辑电路把互补对称的 MOS 场效应晶体管作为基本单元。CMOS 反相器由一个互补对称使用的 P 沟道和 N 沟道增强型 MOS 管构成，如图 2.11 所示。T_P 和 T_N 的栅极相连作为输入端，T_P 和 T_N 的漏极相连作为输出端，T_N 的源极接地，T_P 的源极接 $+V_{DD}$。

设电源电压 $V_{DD}=10V$，T_N 的开启电压 $V_{TN}=2V$，T_P 的开启电压 $V_{TP}=-2V$。

当 $v_I = 0V$ 时，由于 $v_{GSN} = 0V < V_{TN} = 2V$，$T_N$ 截止；$v_{GSP} = -10V < V_{TP} = -2V$，$T_P$ 导通；这种情况通过 T_P 的导通电阻使输出连接到 $+V_{DD}$，所以 v_O 输出高电平。

当 $v_I = 10V$ 时，由于 $v_{GSN} = 10V > V_{TN} = 2V$，$T_N$ 导通；$v_{GSP} = 0V > V_{TP} = -2V$，$T_P$ 截止；这种情况通过 T_N 的导通电阻使输出接地，所以 v_O 输出低电平。

可见，图 2.11 所示的电路实现了反相器功能，即非门功能。下面介绍 CMOS 反相器的主要特点。

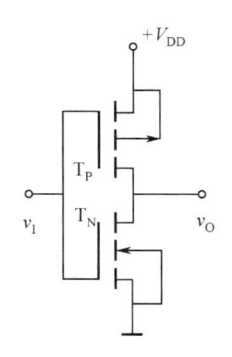

图 2.11 CMOS 反相器

1．静态功耗小

在目前应用的集成门电路产品中，CMOS 反相器的功耗是最低的，整个封装的 CMOS 产品的静态平均功耗小于 $10\mu W$。这是因为 CMOS 反相器工作时总是一个管导通，而另一个管截止，流过两个 MOS 管的静态电流接近于零。但随着工作频率的升高，CMOS 集成电路的动态功耗将会有所增大。另外，由于 CMOS 门电路的输入电容比 TTL 电路的大，所以其动态功耗将随工作频率的增加而增加。

2．工作速度较高

无论反相器的输出是高电平还是低电平，T_P 和 T_N 总有一个管子是导通的，输出阻抗都比较小，因此对负载电容的充电和放电过程都比较快，大大缩短了输出波形上升沿和下降沿的时间，CMOS 反相器的平均传输延时约为 10ns。

3．抗干扰能力强

由于 $V_{DD} > |V_{TP}| + |V_{TN}|$，假定两管参数对称，当 $v_I = V_{DD}/2$ 时，有 $v_{GSN} = v_I = V_{DD}/2 > |V_{TN}|$，$|v_{GSP}| = |v_I - V_{DD}| = V_{DD}/2 > |V_{TP}|$。$T_P$ 和 T_N 均导通，且导通电流相等，导通电阻也相等，$v_O = V_{DD}/2$。此时，只要 v_I 增加，就有 $v_{GSN} = v_I > V_{DD}/2$，$|v_{GSP}| = |v_I - V_{DD}| < V_{DD}/2$。$T_P$ 管的 $|v_{GSP}|$ 减小，导通电流减小，导通电阻增加；T_N 管的 v_{GSN} 增加，但导通电流受 T_P 管限制，不能随之增加，导通电阻急剧减小，近似于开关闭合，引起输出电压急剧下降。所以其电压传输特性陡峭，抗干扰能力强，接近于理想开关的电压传输特性，如图 2.12 所示。

例如，电源 V_{DD} 取 5V 时，当 v_I 在 0 至略小于 $V_{DD}/2$ (2.5V) 范围内变化时，v_O 为高电平，约为 4.95V；当 v_I 略高于 2.5V 时，v_O 立即翻转为低电平，约为 0.05V。所以 CMOS 电路输入端噪声容限可达 $V_{DD}/2$。实际电路中，由于 T_P 和 T_N 管的参数不可能完全对称，因此实际的电压传输特性要差一些。

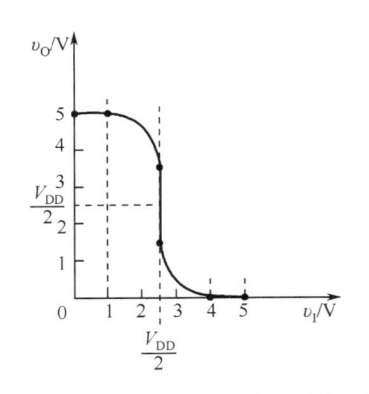

图 2.12 CMOS 反相器的电压传输特性

4．带负载能力强

CMOS 反相器的输入阻抗高，一般高达 $500M\Omega$ 以上，CMOS 逻辑电路带同类门时几乎不从前级取电流，也不向前级灌电流。考虑到 MOS 管存在输入电容，CMOS 逻辑电路可以带 50 个以上的同类门。

5．允许的电源电压波动范围大

一般情况下，电源电压范围为 3～18V，在此范围内 CMOS 反相器均能正常工作，所以 CMOS 反相器对电源电压的稳定性要求不高。CMOS 反相器输出的高电平接近 V_{DD}，输出的低电平接近 0V，所以 CMOS 反相器的逻辑摆幅大。

6．集成度高，成本低

CMOS 反相器功耗小，内部发热量少，集成度高。由于 CMOS 是 NMOS 和 PMOS 管互补组成的，因此当外界温度变化时，有些参数可以互相补偿。又因为集成度高，功耗小，电源供电线路简单，所以用 CMOS 集成电路制作的产品成本低。

但是，CMOS 门电路的输入电阻很高，而在输入栅极和沟道之间的 SiO_2 绝缘层非常薄，输入电容只有几皮法。这样，在接入电路前若引线是悬空的，则即使有很小的感应电荷，也容易造成电荷积累，产生高压将栅极击穿而损坏元器件。因此，在 CMOS 反相器的输入端都设置有二极管保护电路。带保护电路的 CMOS 反相器如图 2.13 所示，图中的 C_P 和 C_N 分别表示 T_P 和 T_N 的栅极等效电容，VD_1、VD_2 和 R_S 组成保护电路。VD_2 为分布式二极管结构，由两个二极管和虚线表示。二极管的正向导通电压 $V_{DF} = 0.5\sim 0.7V$，反向击穿电压约为 30V，$R_S = 1.5\sim 2.5 k\Omega$。

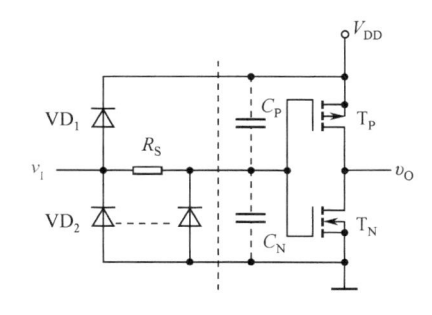

图 2.13 实际集成 CMOS 门电路结构图

当输入电压在正常工作范围（$0 \leqslant v_I \leqslant V_{DD}$）时，输入保护电路不起作用。当 $v_I > V_{DD} + V_{DF}$ 时，VD_1 导通，将 T_P 和 T_N 的栅极电位钳位为 $0\sim(V_{DD} + V_{DF})$。当 $v_I < -V_{DF}$ 时，VD_2 导通，将 T_P 和 T_N 的栅极电位钳位为 $-V_{DF}\sim 0$。这样，保护电路就将 CMOS 反相器的输入端逻辑电平限制为 $-V_{DF}\sim V_{DD}+V_{DF}$ 内，使 MOS 管的 SiO_2 绝缘层不会被击穿。

一般来说，逻辑门电路的输出端也接入静电保护二极管或反相器，以确保输出不超出正常的工作范围。

2.2.3 其他 CMOS 门电路

CMOS 门电路的种类很多，除反相器外，还有与非门、或非门、或门、与门、与或非门、异或门等。按电路结构不同，还有漏极开路的门电路（OD 门）、三态（TS）门电路及传输（TG）门等。下面重点介绍几种常用的门电路。

1．CMOS 与非门电路

图 2.14 所示为二输入 CMOS 与非门电路，其中包括两个串联的 N 沟道增强型 MOS 管和两个并联的 P 沟道增强型 MOS 管。

（1）当两个输入端都为低电平时，T_{P1} 和 T_{P2} 导通，T_{N1} 和 T_{N2} 截止。通过 T_{P1} 和 T_{P2} 并联的导通电阻，输出被上拉为高电平。

（2）当输入端 A 为低电平、B 为高电平时，T_{P2} 和 T_{N2} 导通，T_{P1} 和 T_{N1} 截止。通过 T_{P2} 的导通电阻，输出被上拉为高电平。

（3）当输入端 A 为高电平、B 为低电平时，T_{P1} 和 T_{N1} 导通，T_{P2} 和 T_{N2} 截止。通过 T_{P1} 的导通电阻，输出被上拉为高电平。

（4）当两个输入端都为高电平时，T_{N1} 和 T_{N2} 导通，T_{P1} 和 T_{P2} 截止。通过 T_{N1} 和 T_{N2} 串联的导

通电阻接地，输出被下拉到低电平。

综上所述，电路具有与非的逻辑功能，即 $L = \overline{A \cdot B}$。

从图 2.14 所示的电路图可以看出，输入端数目增多时，串联的 NMOS 管也要增加。若串联的 NMOS 管全部导通，则其总导通电阻会增加，以致输出的低电平要升高。当输出低电平高于 $V_{\text{OL(max)}}$ 时，输出为不定状态。

2．CMOS 或非门电路

图 2.15 所示为二输入 CMOS 或非门电路，其中包括两个串联的 P 沟道增强型 MOS 管和两个并联的 N 沟道增强型 MOS 管。

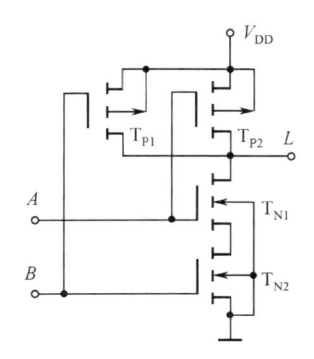

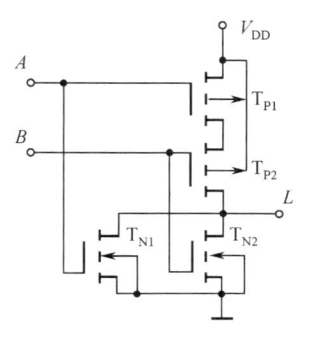

图 2.14　CMOS 与非门　　　　图 2.15　CMOS 或非门

(1) 当两个输入端都为低电平时，T_{P1} 和 T_{P2} 导通，T_{N1} 和 T_{N2} 截止。通过 T_{P1} 和 T_{P2} 串联的导通电阻，输出被上拉为高电平。

(2) 当输入端 A 为低电平、B 为高电平时，T_{P1} 和 T_{N2} 导通，T_{P2} 和 T_{N1} 截止。通过 T_{N2} 的低导通电阻到地，输出被下拉为低电平。

(3) 当输入端 A 为高电平、B 为低电平时，T_{P2} 和 T_{N1} 导通，T_{P1} 和 T_{N2} 截止。通过 T_{N1} 的低导通电阻到地，输出被下拉为低电平。

(4) 当两个输入端都为高电平时，T_{N1} 和 T_{N2} 导通，T_{P1} 和 T_{P2} 截止。通过 T_{N1} 和 T_{N2} 并联的导通电阻接地，输出被下拉到低电平。

综上所述，电路具有或非的逻辑功能，即 $L = \overline{A + B}$。

从图 2.15 所示的电路图可以看出，输入端数目增多时，串联的 PMOS 管也要增加。串联的 PMOS 管全部导通时，其总导通电阻会增加，以致输出的高电平要降低。当输出高电平低于 $V_{\text{OH(min)}}$ 时，输出为不定状态。

利用与非门、或非门、非门，可以构成与门、或门、与或非门、异或门、异或非门（同或门）等。

3．CMOS 漏极开路门

(1) 漏极开路门的电路结构及符号

"漏极开路"是指输出 MOS 管的漏极未被连接，而必须从外部通过负载连接到电源。假设将两个 CMOS 或非门的输出端连接在一起，如图 2.16 所示，并设输入端 A_1 和 B_1 都为低电平，T_{P1} 和 T_{P2} 导通；而输入端 A_2 和 B_2 都为高电平，T_{N1} 和 T_{N2} 导通。因此，从电源 V_{DD} 经过 T_{P1} 和 T_{P2} 到 T_{N1} 或者 T_{N2} 到地，将形成一条低阻通路，从而产生很大的电流，有可能导致元器件损毁，并且无法确定输出是高电平还是低电平。两个门电路的输出端连接在一起，我们称之为"线与"。显然，

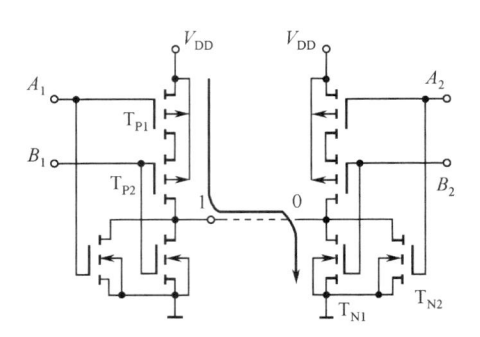

图 2.16 所示的两个 CMOS 或非门是不允许 "线与" 的。

这一问题可以采用漏极开路（OD）门来解决。所谓漏极开路，是指 CMOS 门输出端只有 NMOS 管，并且其漏极是开路的。漏极开路的与非门电路及符号如图 2.17(a)和图 2.17(b)所示，其中图标 "◇" 表示漏极开路之意。为了实现线与功能，可在多个开路门的漏极和电源 V_{DD} 之间加一个上拉电阻 R_P，如图 2.17(c)和图 2.17(d)所示。当两个与非开路门的输出都为高电平时，L 的输出为高电平；当两个与非开路门的输出端有一个或一个以上输出为低电平时，L 的输出为低电平，即该电路实现了线与功能，有 $L = \overline{AB} \cdot \overline{CD}$。

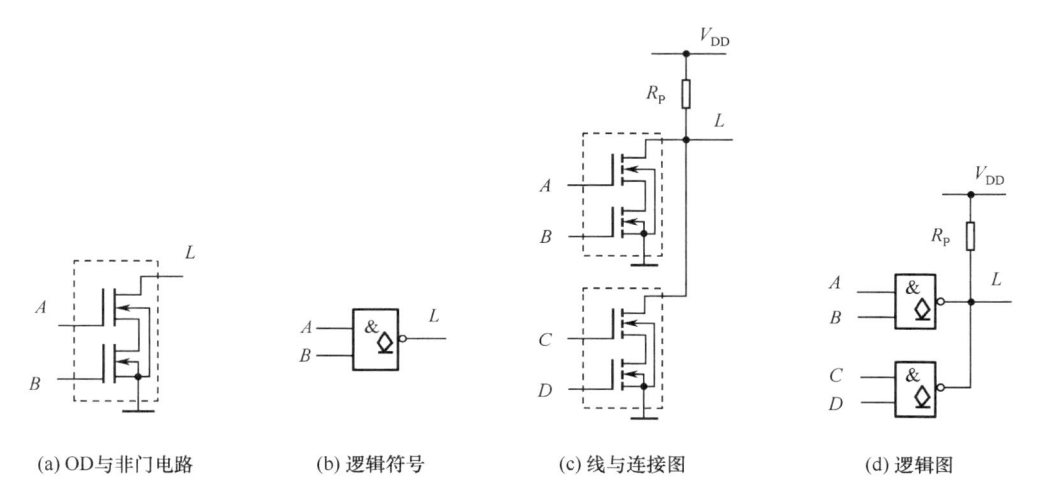

图 2.16 CMOS 或非门输出端相连的电路

(a) OD 与非门电路　　(b) 逻辑符号　　(c) 线与连接图　　(d) 逻辑图

图 2.17 漏极开路（OD）与非门电路

(2) 上拉电阻的计算

当几个 OD 门通过上拉电阻 R_P 实现 "线与" 且后面接有负载门时，必须合适地选择 R_P 才能保证 OD 门的输出在规定的高、低电平范围内。上拉电阻 R_P 的选择原则是：从节约功耗及芯片的灌电流能力考虑，应使 R_P 足够大，R_P 越大，输出电流越小，但输出电流越小，开关速度就越慢，所以 R_P 不能取值太大；从确保足够的驱动电流考虑，应当使 R_P 足够小，R_P 越小，输出电流越大，因为 R_P 有限流作用，所以 R_P 不能取值太小。R_P 的大小还取决于并联的 OD 门的个数、所接负载情况及 OD 门的逻辑状态。

若 n 个 OD 门的输出都为高电平并且 "线与"，则 "线与" 后输出为高电平，如图 2.18(a)所示。上拉电阻 R_P 的选择应保证输出高电平不低于规定的 $V_{OH(min)}$，即 $V_{DD} - I_{R_P} R_P \geq V_{OH(min)}$。

在图 2.18(a)中，n 表示 OD 门的个数，m 表示与非门输入端的个数，I_{OH} 为 OD 门输出管截止时的漏电流，I_{IH} 为负载门电路与非门每个输入端为高电平时的输入漏电流。

由图 2.18(a)可知 $I_{R_P} = nI_{OH} + mI_{IH}$，所以有 $V_{DD} - (nI_{OH} + mI_{IH})R_P \geq V_{OH(min)}$。由此可推导出 R_P 的最大值为 $R_{P(max)} = \dfrac{V_{DD} - V_{OH(min)}}{nI_{OH} + mI_{IH}}$。

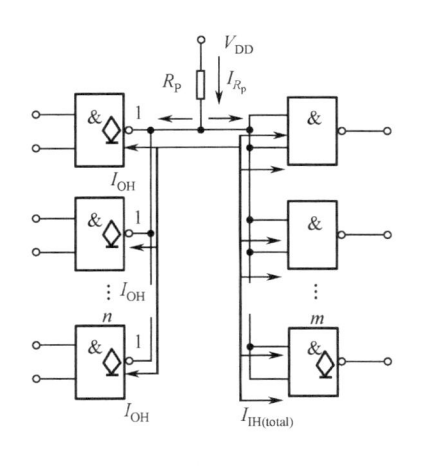

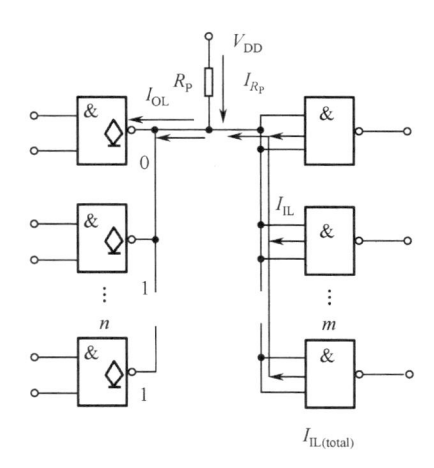

(a) $R_{P(max)}$的工作情况　　　　　　　　(b) $R_{P(min)}$的工作情况

图 2.18　计算 OD 门上拉电阻 R_P 的工作情况

当 OD 门"线与"后的输出为低电平时，最不利的情况是只有一个 OD 门处于导通状态，而其他 OD 门都截止，如图 2.18(b)所示，上拉电阻 R_P 的选择应保证在所有负载电流全部流入唯一导通的 OD 驱动门时，OD 门线与输出低电平要低于规定的 $V_{OL(max)}$，即 $V_{DD} - I_{R_P} R_P \leqslant V_{OL(max)}$。图 2.18(b)中 m 表示与非门的个数，I_{OL} 为 OD 门允许的最大负载电流，I_{IL} 为每个负载门的输入拉电流。

由图 2.18(b)可知 $I_{R_P} = I_{OL} - mI_{IL}$，所以有 $V_{DD} - (I_{OL} - mI_{IL})R_P \leqslant V_{OL(max)}$。由此可推导出 R_P 的最小值为 $R_{P(min)} = \dfrac{V_{DD} - V_{OL(max)}}{I_{OL} - mI_{IL}}$。

综上所述，R_P 的值应该选择为 $R_{P(min)} \sim R_{P(max)}$，若要求电路速度快，则可选用 R_P 的值接近 $R_{P(min)}$。若要求电路功耗小，则可选用 R_P 的值接近 $R_{P(max)}$。

例 2.2　设三个漏极开路的 CMOS 与非门 74HC03 进行线与连接，驱动两个 TTL 系列 74LS20，请确定上拉电阻 R_P 的取值。已知 $V_{DD} = 5V$，$I_{OH} = 5\mu A$；CMOS 门电路驱动 TTL 系列时的电压、电流参数为 $V_{OL(max)} = 0.33V$，$V_{OH(min)} = 3.84V$，$I_{OL} = 4mA$；TTL 门电路的电流参数为 $I_{IL} = 0.4mA$，$I_{IH} = 20\mu A$。

解：由题意可知，当 OD 门的输出为高电平时，
$$R_{P(max)} = \frac{V_{DD} - V_{OH(min)}}{nI_{OH} + mI_{IH}} = \frac{5V - 3.84V}{3 \times 5\mu A + 4 \times 20\mu A} \approx 12.21k\Omega$$

当 OD 门的输出为低电平时，
$$R_{P(min)} = \frac{V_{DD} - V_{OL(max)}}{I_{OL} - mI_{IL}} = \frac{5V - 0.33V}{4mA - 2 \times 0.4mA} \approx 1.46k\Omega$$

根据上述计算可知，R_P 的值选择为 $1.46 \sim 12.21k\Omega$。为了使电路有较快的开关速度，可选用一个标准值为 $2k\Omega$ 的电阻。

(3) 漏极开路门的其他功能

① 实现电平转换

一般 CMOS 电路输出的高电平为 4.9V，低电平为 0.1V。要把逻辑电平变换成更高（如 15V）的输出电平，以满足其他形式的逻辑门电路或某些特殊要求，只需使图 2.17(c)中的电源电压 V_{DD}

为 15V，当 OD 门的输入全为低电平时，NMOS 管截止，输出高电平接近于 V_{DD}，约等于 15V；当输入全为高电平时，NMOS 管全部导通，输出低电平仍为 0.1V，这样就实现了逻辑电平的转换。

② 用作驱动器

可以用 OD 门直接驱动发光二极管（需要串联限流电阻）、指示灯、继电器或脉冲变压器等，如图 2.19 所示。只要 R_P 和 V_{DD} 的值选择适当，当 $v_I=1$ 时，OD 门的输出为低电平，发光二极管 LED 发光；当 $v_I=0$ 时，OD 门的输出为高电平，发光二极管 LED 熄灭。OD 门还可以用来控制其他显示器件。

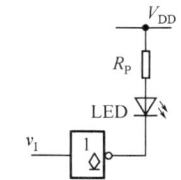

图 2.19 OD 门驱动发光二极管电路

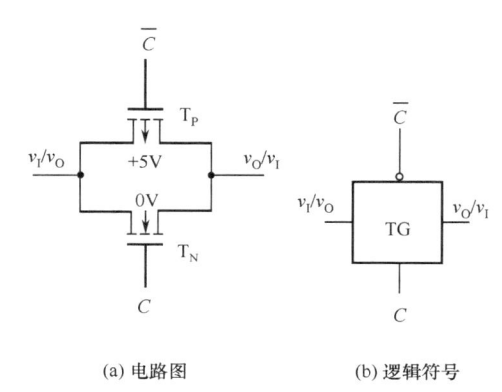

4．CMOS 传输门

CMOS 传输门（TG）是一种可以传递模拟信号和数字信号的压控开关，可作为基本单元电路构成各种逻辑电路，也可以在采样电路、数/模和模/数转换等电路中传输模拟信号。传输门的输入端和输出端可以互换，所以又称双向模拟开关。

（1）CMOS 传输门的电路组成和工作原理

CMOS 传输门的电路和符号如图 2.20 所示，它由一个 N 沟道增强型 MOS 管 T_N 和一个 P 沟道增强型 MOS 管 T_P 并联而成。T_N 和 T_P 的源极和漏极分别连在一起，作为传输门的输入端和输出端，在两管的栅极上，加上互补的控制信号 C 和 $\overline{C}$，NMOS 管和 PMOS 管的开启电压绝对值小于 $V_{DD}/2$。T_N 和 T_P 是结构对称的 MOS 管，它们的漏极和源极可以互换，因而传输门的输入端和输出端可以互换，为双向器件。

当 $C=1$（接 V_{DD}），$\overline{C}=0$（接地）时，若输入信号 v_I 接近于 V_{DD}，$v_{GSN} \approx 0V$，$v_{GSP} \approx -V_{DD}$，故 T_N 截

图 2.20 CMOS 传输门
(a) 电路图 (b) 逻辑符号

止，T_P 导通；若输入信号 v_I 接近于 0V，$v_{GSN} \approx V_{DD}$，$v_{GSP} \approx 0V$，故 T_N 导通，T_P 截止；若输入信号 v_I 接近于 $V_{DD}/2$，则 T_N 和 T_P 都导通。所以在 $C=1$（接 V_{DD}），$\overline{C}=0$（接地）时，总有管子处于导通状态，管子的导通电阻约几百欧姆，相当于一个开关导通。当传输门与输入阻抗为兆欧姆级的电路连接时，导通电阻可以忽略不计。

当 $C=0$（接地），$\overline{C}=1$（接 V_{DD}）时，输入信号 v_I 为 $0 \sim V_{DD}$，T_N 和 T_P 都截止，而截止电阻很高，可以大于 $10^9 \Omega$，仅有皮安数量级的漏电流通过，而每个门的平均传输延时为纳秒级，相当于理想开关断开。

（2）CMOS 传输门构成双向模拟开关

利用 CMOS 传输门和 CMOS 反相器可以组成模拟开关，如图 2.21 所示。反相器的输入和输出为传输门提供两个互补控制信号（C 和 $\overline{C}$）。当控制端 $C=1$ 时，模拟开关导通；当 $C=0$ 时，模拟开关断开。它可传输幅值为 $V_{OL} \sim V_{OH}$ 的任意模拟电压。

模拟开关是一种电子开关，模拟开关的导通与断开由数字信号控制，进而控制模拟电压信号的传输，模拟开关广泛用于数字系统。

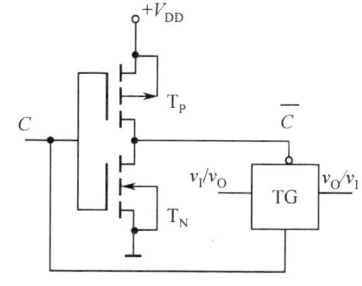

图 2.21 CMOS 双向模拟开关电路

5. CMOS 三态门

三态门是指输出有三种逻辑状态的门电路，三种逻辑状态是高电平、低电平和高阻态。三态门在 CMOS 和 TTL 逻辑电路中都会出现，但是 CMOS 三态门的结构更为简单。三态门中，由使能端（$\overline{EN}$）的输入状态决定三态门的输出状态，当使能端选择工作在有效逻辑电平时，三态门和常规逻辑门电路的工作情形相同；当使能端选择工作在无效逻辑电平时，三态门输出为高阻态，通过内部电路把三态门电路的输出和其余部分有效地断开。逻辑符号中的倒三角形"▽"表示三态输出。下面介绍常用的三种 CMOS 三态门电路。

(1) 在 CMOS 反相器的基础上增加一个 N 沟道增强型 MOS 管 T_N' 和一个 P 沟通增强型 MOS 管 T_P'，构成 CMOS 三态门，如图 2.22(a)所示。使能端 $\overline{EN}=1$ 时，附加管 T_N' 和 T_P' 都截止，输出 L 为高阻态；$\overline{EN}=0$ 时，T_N' 和 T_P' 同时导通，CMOS 反相器实现正常逻辑非门的功能，即 $L=\overline{A}$。图 2.22(b)是它的逻辑符号，使能端 $\overline{EN}$ 上的非符号（或逻辑符号上的小圆圈）表示低电平有效，当使能端 $\overline{EN}$ 输入低电平时，三态门正常工作。

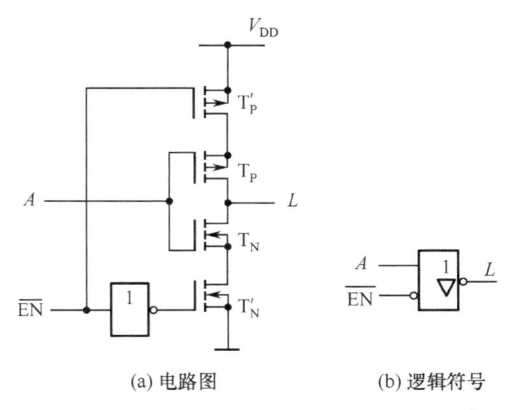

(2) 在 CMOS 反相器的输出端连接一个 CMOS 双向模拟开关，也可实现三态输出，如图 2.23(a)所示，图 2.23(b)所示的是其逻辑符号。$\overline{EN}=1$ 时，双向模拟开关截止，输出 L 为高阻态；$\overline{EN}=0$ 时，双向模拟开关导通，反相器的输出信号经模拟开关传送到 L 端，实现正常的逻辑非门的功能，即 $L=\overline{A}$。

(3) 除上述三态输出电路外，CMOS 集成电路还有多种形式的三态输出电路，如增加附加 MOS 管和 CMOS 门电路组成 CMOS 三态门。如图 2.24(a)所示，在 CMOS 反相器的基础上增加一个附加管 T_N' 和一个与非门，就构成了一个三态缓冲器，图 2.24(b)所示的是其逻辑符号。EN = 0 时，T_N' 截止，这时与非门的输出为 1，T_P 也截止，故输出为高阻态；使能端 EN = 1 时，附加管 T_N' 导通，门电路正常工作，即 $L=A$，实现三态缓冲器的功能。

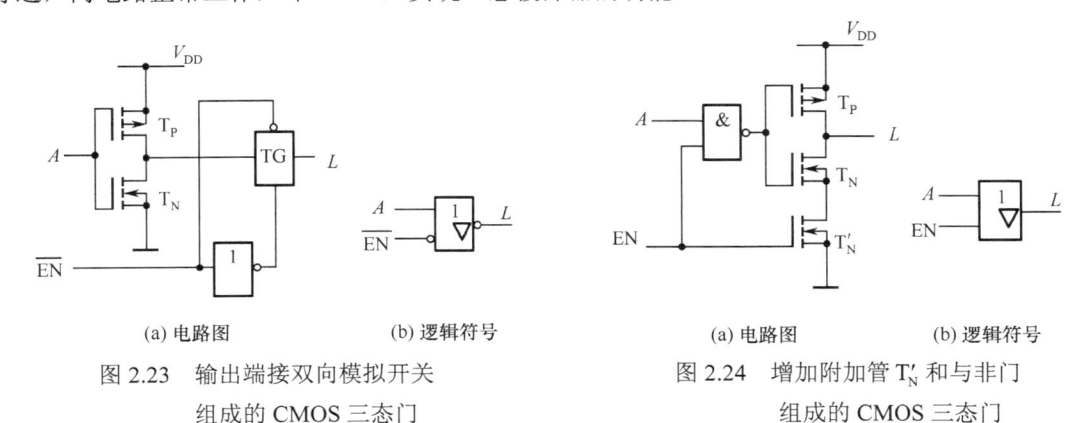

(a) 电路图　　　　(b) 逻辑符号

图 2.22　加附加管 T_N' 和 T_P' 组成的 CMOS 三态门

(a) 电路图　　　　(b) 逻辑符号

图 2.23　输出端接双向模拟开关组成的 CMOS 三态门

(a) 电路图　　　　(b) 逻辑符号

图 2.24　增加附加管 T_N' 和与非门组成的 CMOS 三态门

三态门主要用于数据总线传输、多路开关、输出缓冲等电路中。下面对几种常见的三态门应用情况进行介绍。

(1) 构成数据总线

如图 2.25(a)所示，n 个三态反相器输出端并联到总线，构成数据总线。n 路数据信号都可以通过总线进行传输，但任何时候，都只允许一个三态门处于工作状态，其余的三态门均应禁止，输出为高阻态。例如，要在总线上传输 A_1，则只能使 $EN_1=1$，其他三态门的使能端为 0。这样，就可以按一定顺序将信号分时地在总线上传送。

(2) 用作多路开关

如图 2.25(b)所示，两个三态非门并联构成两个开关。$\overline{EN}=0$ 时，G_1 正常工作，G_2 高阻态，$L=\overline{A_1}$；$\overline{EN}=1$ 时，G_1 高阻态，G_2 正常工作，$L=\overline{A_2}$。若把 $\overline{EN}$ 视为片选信号，则此电路可视为 2 选 1 的数据选择器。

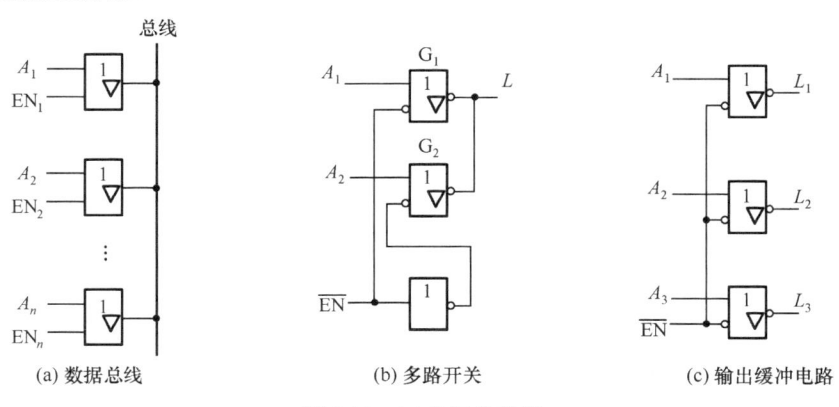

图 2.25 三态门的应用

(3) 实现输出缓冲

如图 2.25(c)所示，3 个三态非门的输出端并列输出。$\overline{EN}$ 为 3 个三态门的公共使能端：$\overline{EN}=0$ 时，3 个三态非门的输出端并行输出；$\overline{EN}=1$ 时，3 个三态非门的输出端都为高阻态。

2.2.4 使用 CMOS 芯片的注意事项

场效应晶体管的栅极和衬底之间的 SiO_2 绝缘层很薄，很容易被静电击穿。静电电荷从一个物体表面移动到另一个物体表面时，会发生静电放电现象，例如从人的手指移动到芯片上，所以在使用 CMOS 芯片时要注意以下几点。

1. 电源电压

(1) 电源电压应在元器件参数规定范围内工作，以防止因电压过高而将元器件击穿，或因电压过低而影响电路的逻辑功能。

(2) CMOS4000 系列的电源电压范围为 3~15V，但最大不允许超过极限值 18V；HC 系列的电源电压范围为 2~6V，HCT 系列的电源电压范围为 4.5~5.5V，但最大不允许超过极限值 7V。电源电压选择得越高，抗干扰能力越强。

(3) 严禁带电操作，插拔电路器件前必须先切断电源。

(4) 在进行 CMOS 电路实验，或对 CMOS 数字系统进行调试、测量时，应先接入直流电源，后接入信号源；使用结束时，应先关信号源，后关直流电源。

2. 多余输入端的处理

(1) CMOS 电路多余的输入端不允许悬空，以避免干扰信号破坏正常的逻辑功能，造成逻辑混乱。

(2) 与门和与非门的多余输入端应接到 V_{DD} 或高电平；或门和或非门的多余输入端应接到地或低电平。

(3) 多余输入端不宜与使能输入端并联使用，因为这样会增大输入电容，从而使电路的工作速度下降，但在工作速度很低的情况下，允许输入端并联使用。

3．输出端的连接

(1) 输出端不允许直接与电源或地连接，因为电路的输出级通常为 CMOS 反相器的推拉式结构，这样会使输出级的 NMOS 管或 PMOS 管可能因为电流过大而损坏。

(2) 为了提高电路的驱动能力，可以将同一块集成电路芯片上相同门电路的输入端、输出端并联使用。

(3) CMOS 电路输出端接大容量的负载时，流过 MOS 管的电流很大，有可能使 MOS 管损坏。因此，需要在输出端和电容之间串接一个限流电阻，以保证流过 MOS 管的电流不超过允许值。

4．防静电措施

(1) 所有的 CMOS 芯片都应包装在导电泡沫中运输，以防止静电电荷的形成。从泡沫包装中拿出 CMOS 芯片时，不要接触其引脚。

(2) 在撤走保护材料时，芯片应该引脚向下地放在接地表面（如金属板）上。不要将 CMOS 芯片放在聚苯乙烯泡沫或塑料盘上。

(3) 所有的工具、测试设备和金属工作台都应当接地。在某些环境中，使用 CMOS 芯片的人员应在手腕上缠一段电缆并串联一个高阻值电阻接地。这个电阻将在操作人员接触电源时防止强烈的电击。

(4) 在印制电路板上装配好后，于存储或运算时，把印制电路板的连接口插入泡沫，以提供必要的保护。或者用高阻值的电阻把 CMOS 的引脚与地连接，这样引脚也可以得到保护。

2.2.5 CMOS 门电路产品系列

CMOS 系列的集成电路芯片与 TTL 系列的集成电路芯片具有几乎相同的逻辑功能，但 CMOS 门电路提供了几种 TTL 电路所不具备的特殊功能。CMOS 电路集成度高、功耗低、工作电压范围较大，目前工作速度、抗静电能力等性能得到了很大的改善，从而使其得到了越来越广泛的应用。常用 CMOS 集成电路有 4000 系列、74HC/HCT 系列、74Bi-CMOS 系列等，不同的系列有各自的特点。

1．4000 系列 CMOS 门电路

4000 系列电路是最早投放市场的 CMOS 集成电路，其工作电源电压范围为 3～15V。因为其低功耗而在电池供电设备中广泛应用，但存在工作速度慢、负载能力差的缺点。

2．74HC/HCT 系列 CMOS 门电路

74HC/HCT 系列是高速 CMOS 电路，T 表示与 TTL 直接兼容。其工作速度和负载能力得到了较大的改进。74HC/HCT 系列与 TTL74 系列引脚兼容，逻辑功能相同。74HC 系列的工作电源电压范围为 2～6V，但其输入电平、输出电平等不能和 TTL 电路完全兼容；74HCT 系列的工作电源电压一般为 5V，其输入电平、输出电平等和 TTL 电路完全兼容，所以不必经过电平转换就可以作为 TTL 器件与 CMOS 器件的中间级，同时起电平转换作用，适用于 CMOS 电路和 TTL 并存的系统。

3. 74Bi-CMOS 系列门电路

74Bi-CMOS 系列门电路是由三极管和 CMOS 晶体管构成的电路。三极管 PN 结的高速特性与 CMOS 的低功耗特性相结合,产生了极低功耗、极高速度的数字逻辑电路。各生产厂商采用不同的后缀来标识 Bi-CMOS 系列,如 Texas Instrument 公司使用 74BCT×××、Signetics（Philips）公司使用 74ABT×××等。

此系列产品特别适合于但也局限于微处理器总线接口逻辑电路。该逻辑电路通常设置为 8bits,用于 8bits、16bits 和 32bits 微处理器连接高速外围器件（如存储器和显示器）,典型的实例为 Philips 公司的 8bits 缓冲器 74BAT244,其逻辑功能和 74244 相同,但其性能更佳,该芯片输入电平和输出电平与 TTL 电路兼容,栅极输入电流小于 0.01 μA,输出端灌电流和拉电流负载能力分别为 64mA 和 32mA。运行速度极快,典型传输延时为 2.9ns。

4. 74AHC/AHCT 系列 CMOS 门电路

74AHC/AHCT 系列为改进的高速 CMOS 电路,工作速度比 HC 系列快 3 倍,输出端驱动电流提高,带负载能力提高近 1 倍,延时降为 1/3,电源电压为 3.3V 或 5V,其引脚与 TTL74 系列兼容。

5. 74 低电压系列门电路

74 低电压系列门电路是为满足手持设备和电池供电设备的低功耗需求而设计的,主要应用于笔记本计算机、移动式无线电台、手持电子游戏机、通信设备和某些高性能计算机工作站中,最常用的低压系列门电路的后缀如下：LV 是低电压 HCMOS,LVC 是低电压 CMOS,LVT 是低压技术 CMOS,ALVT 是改进的低电压 CMOS,HLL 是高速低功耗低电压 CMOS,AUC 是改进的超低电压 CMOS。

LV 系列逻辑电路的电源电压范围为 1.2～3.6V,非常适合电池供电应用,当工作电压为 3.0～3.6V 时,可以直接接入 TTL 电路。LV 逻辑电路的开关速度极快,速度范围大概如下：LV 系列为 9ns,ALVC 系列为 2.1ns。与 Bi-CMOS 电路一样,LVT 逻辑电路的功耗在无效状态或低频时可以忽略；高频时,由于 LV 电路的电源电压降低,功耗降为 Bi-CMOS 的一半。LVT 逻辑电路的另外一个优点是,其高电平输出驱动能力较强,LVT 系列电路的最高驱动能力灌电流为 64mA,拉电流为 32mA。

AUC 系列工作电源电压为现代电子电路中常用的超低电压（3.3V, 2.5V, 1.8V, 1.5V 和 1.2V）,最大传输延时为 2ns,主要用于逻辑总线接口电路。高速微处理器与外部器件通信时,无须进入等待状态就可匹配接口逻辑电路。AUC 系列集成芯片的另外一重要特性是"动态输出控制",在高速开关电路中进行逻辑电平转换时,内部线路自动调整输入/输出阻抗,以减小冲激信号。

2.3 TTL 逻辑门电路

2.3.1 三极管的开关特性

三极管也称晶体管或双极型晶体管,它是数字电路和模拟放大电路的最基本的元件之一。三极管有三种工作状态：截止状态、放大状态、饱和状态。在模拟放大电路中，三极管作为电信号放大器件，主要工作在放大区。在数字电路中，三极管主要工作在截止状态、饱和状态，并且经常在截止状态和饱和状态之间快速转换，三极管的这种工作状态称为开关状态，三极管相当于电子开关。三极管是一种三端半导体器件，它的三个引出端分别是基极、集电极和发射极。三极管通常由 N 型半导体和 P 型半导体构成，根据半导体排列次序的不同，三极管有 NPN 型和 PNP 型两种结构。

对于 NPN 型三极管而言，基极和发射极之间加正向电压，使得集电极和发射极短路（称三极管导通）。基极和发射极之间加入反向电压或零电压，相当于集电极-发射极断开（称三极管截止）。对于 PNP 型三极管而言，基极和发射极之间加入反向电压使三极管导通；基极和发射极之间加入正向电压或零电压使三极管截止。下面以 NPN 型三极管为例，讨论其开关特性。

1．开关作用（静态特性）

由三极管构成的开关电路如图 2.26(a)所示，图中 NPN 型三极管的基极接输入信号 v_I，发射极接地，集电极接上拉电阻到电源 V_{CC}，集电极作为输出端 v_O。

当输入端为低电平如 $v_I = 0V$ 时，三极管 $v_{BE} = 0$，$i_B \approx 0$，$i_C \approx 0$。三极管工作在截止状态，此时集电极和发射极之间相当于开关断开状态，对应于图 2.26(b)中的 A 点。电路输出高电平，$v_O = v_{CE} \approx V_{CC}$。

当输入端为高电平如 $v_I = 5V$ 时，调节 R_b，随着 R_b 的减小，i_B 增加，i_C 也随之增加，$v_{CE} = V_{CC} - i_C R_c$ 减小。$v_{CE} < v_{BE} \approx 0.7V$ 时，晶体管集电结正偏，$v_{BC} > 0V$，晶体管进入饱和区，失去电流的比例放大作用。若 R_b 进一步减小，晶体管集电极电流却几乎不再增加，集电极电压很小，c, e 极之间的等效电阻很小，近似于短路。此时，c, e 极相当于开关闭合状态，如图 2.26(b)中的 B 点所示，电路输出低电平，$v_O = v_{CE} = v_{CES} \approx 0.3V$。

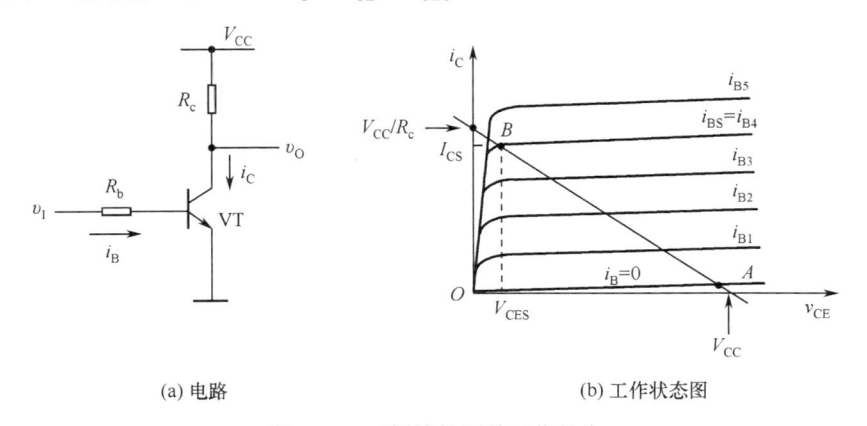

(a) 电路   (b) 工作状态图

图 2.26 三极管的开关工作状态

2．开关时间参数（动态特性）

三极管在饱和与截止两种状态的转换过程中具有的特性，称为三极管的动态特性。三极管内部存在电荷的建立与消失过程，所以饱和与截止两种状态的转换也需要一定的时间才能完成。当图 2.27(a)所示开关电路的输入端接一个理想的矩形脉冲信号时，其集电极电流 i_C 的波形和输出电压 v_O 的波形分别如图 2.27(b)和图 2.27(c)所示。

三极管从截止到饱和导通所需要的时间，称为开通时间，用 t_{on} 表示，$t_{on} = t_d + t_r$，t_d 称为延时，是从 v_I 的正跳变开始至 i_C 上升至 $0.1I_{CS}$ 所需要的时间；t_r 称为上升时间，是 i_C 从 $0.1I_{CS}$ 上升至 $0.9I_{CS}$ 所需要的时间。t_{on} 是三极管发射极由宽变窄和基区积累电荷所需要的时间。

三极管由饱和导通到截止所需要的时间，称为关闭时间，用 t_{off} 表示，$t_{off} = t_s + t_f$，t_s 称为存储时间，是从 v_I 的负跳变开始至 i_C 下降至 $0.9I_{CS}$ 所需要的时间；t_f 称为下降时间，是 i_C 从 $0.9I_{CS}$ 下降至 $0.1I_{CS}$ 所需要的时间。t_{off} 主要是清除三极管内存电荷所需要的时间。

三极管的开关时间一般为纳秒数量级，并且 $t_s > t_f$，$t_{off} > t_{on}$，所以 t_s 的大小是决定三极管开关速度的主要参数。半导体三极管开关时间的存在，影响了开关电路的工作速度。由于 $t_{off} > t_{on}$，所以减少饱和导通时基区存储电荷的数量，并尽可能地加速其消散过程，是提高三极管开关速度的关键。

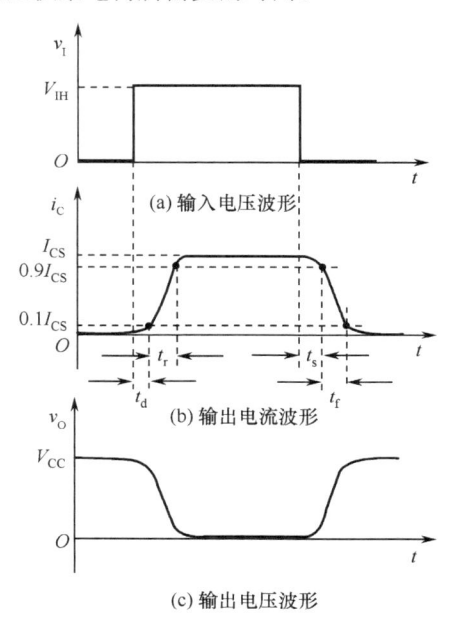

图 2.27 三极管开关电路的波形

2.3.2 TTL 反相器

TTL（Transistor-Transistor Logic）电路是晶体管-晶体管逻辑电路的简称。TTL 电路是目前双极型数字集成电路中使用最为广泛的一种。TTL 电路的功耗大，线路较复杂，因此其集成度受到了一定的限制，TTL 电路广泛应用于中小规模逻辑电路中。

1．TTL 反相器的电路组成

图 2.28 所示为 TTL 反相器的基本电路，它由输入级、中间级和输出级三部分组成。

(1) 输入级

输入级由一个 NPN 型三极管 VT_1、二极管 VD_1 和基极电阻 R_{b1} 组成。输入信号 v_I 接三极管 VT_1 的发射极，VT_1 的集电极接 VT_2 的基极。VD_1 是钳位二极管，一方面可以抑制输入端可能出现的负向干扰脉冲，另一方面可以防止输入电压为负电压时 VT_1 的发射极电流过大，即 VD_1 起到保护 VT_1 的作用。

(2) 中间级

中间级由三极管 VT_2 和电阻 R_{c2}，R_{e2} 组成。从 VT_2 的集电极和发射极输出两个相位相反的信号，分别作为三极管 VT_3 和 VT_4 的驱动信号。另外，也将 VT_2 的基极电流放大，以增强输出级的驱动能力。

(3) 输出级

输出级由三极管 VT_3 和 VT_4、电阻 R_{c4} 及二极管 VD_2 组成。由于 VD_2 和 VT_4 导通时 VT_3 截止，VT_3 导通时 VD_2 和 VT_4 截止，所以这种电路形式称为推拉式结构，推拉式结构具有较强的负载能力。

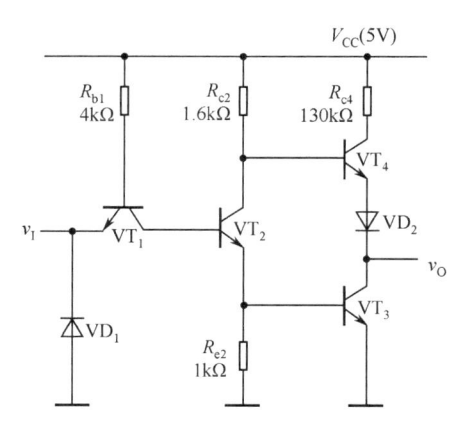

图 2.28 TTL 反相器的基本电路

2．TTL 反相器的工作原理

图 2.29(a)所示为 TTL 反相器的输入为低电平时的工作状态。当输入电压 $v_I = 0V$ 时，VT_1 的

发射结正向偏置，VT_1 饱和（导通），VT_2 的基极对地的电压为 0.3V。0.3V 电压不足以使 VT_2 导通，因此 VT_2 没有电流流入 VT_1；然而，电源 V_{CC} 经过电阻 R_{c2} 有较小的电流流入 VT_4 的基极，使得 VT_4 和 VD_2 导通，输出高电平。VT_4 的基极电压约为 4.8V，二极管和三极管的导通电压为 0.7V，因此输出电压 $v_O = 4.8V - 0.7V - 0.7V = 3.4V$。应该注意的是，该输出电压只是近似地表示电路的状态，实际的电压会随着输出端负载的不同而有所不同。

图 2.29(b) 所示为 TTL 反相器的输入为高电平时的工作状态。当输入电压 $v_I = 5V$ 时，VT_1 的发射结反向偏置，VT_1 的集电结正向偏置，因此 VT_1 的工作状态为反向放大。电流从 VT_1 的基极流入 VT_1 的集电极，VT_1 的集电极电流驱动 VT_2 和 VT_3 饱和（导通），此时 $v_{B1} = V_{BC1} + V_{BE2} + V_{BE3} = 2.1V$。由于 VT_2 和 VT_3 饱和，所以 $v_{C2} = V_{CES2} + V_{BE3} = 1.0V$。该电压小于 VT_4 和 VD_2 的导通压降($2\times 0.7V$)，所以 VT_4 和 VD_2 截止。VT_2 和 VT_3 饱和，VT_4 和 VD_2 截止，输出低电平 $v_O = v_{C3} = V_{CES3} \approx 0.3V$。

综上所述，图 2.29 所示的电路实现了反相器的功能，即非门功能。

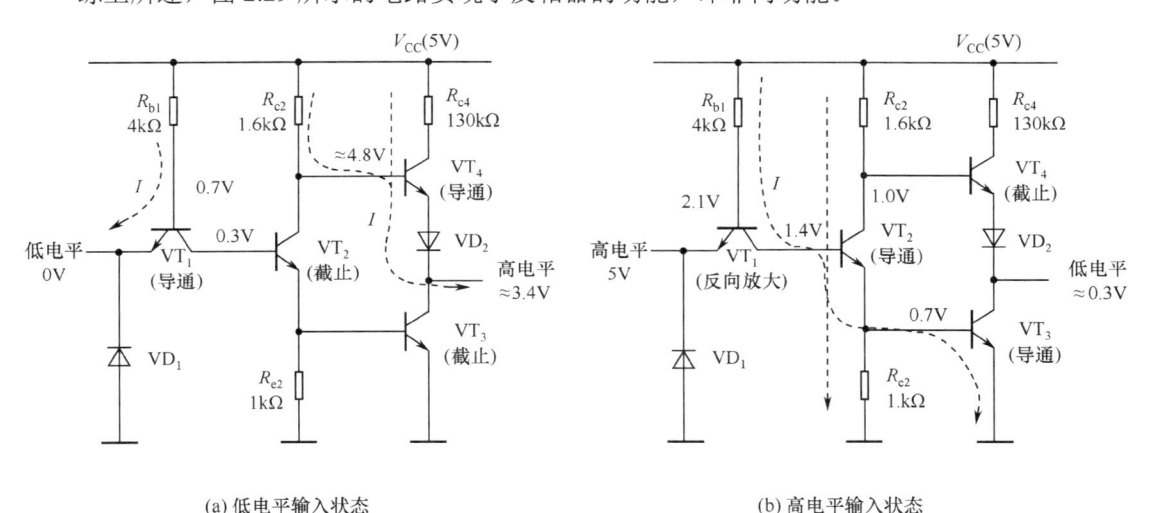

(a) 低电平输入状态

(b) 高电平输入状态

图 2.29 TTL 反相器的工作状态（I 表示电流）

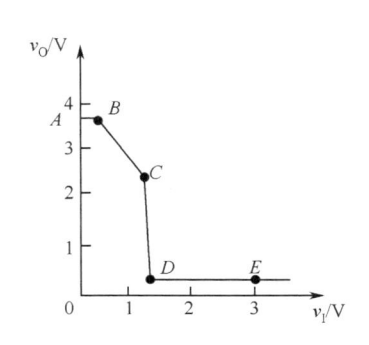

3．TTL 反相器的电压传输特性

电压传输特性是指输入电压与输出电压变化的关系曲线，如图 2.30 所示。TTL 反相器的电压传输特性大致可以分为 4 段。

AB 段（截止区）：当 $v_I < 0.4V$ 时，VT_1 深度饱和，VT_2 和 VT_3 截止，VT_4 导通，输出高电平 $v_O = 3.4V$。

BC 段（线性区）：VT_2 开始导通并工作在放大区，VT_3 截止，输出电压 v_O 随着 v_I 增加而下降。

CD 段（转折区）：VT_3 开始导通并工作在放大区，输出电压 v_O 急剧下降为低电平。

DE 段（饱和区）：VT_1 反向放大，VT_2 和 VT_3 饱和，VT_4 截止，输出低电平 $v_O = 0.3V$。

图 2.30 TTL 反相器的电压传输特性

2.3.3 其他 TTL 门电路

常用的 TTL 门电路除前面介绍的 TTL 反相器外，还有与非门、或非门、集电极开路输出门、三态门等不同逻辑功能的门电路。

1．TTL 与非门

将 TTL 反相器基本电路中 VT_1 的输入端改为多发射极三极管，就可以构成 TTL 与非门电路。图 2.31 所示为 NPN 型多发射极三极管的结构示意图，在 P 型基区上扩散两个高浓度的 N 型区，形成两个独立的发射极，基区和集电区是公用的。

图 2.32 所示是一个由多发射极三极管构成的二输入 TTL 与非门电路。当输入端 A,B 有一个输入或一个以上的输入为低电平时，VT_1 的发射结正向偏置并迅速饱和，VT_2 和 VT_3 截止，VT_4 饱和，输出高电平；当输入端 A,B 全为高电平时，VT_1 的两个发射结都反向偏置，VT_1 的集电结正向偏置，VT_1 反向放大，VT_2 和 VT_3 饱和，VT_4 截止，输出低电平。电路实现了与非门的功能，有 $L = \overline{A \cdot B}$。

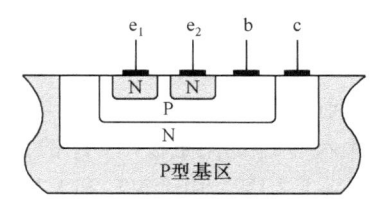

图 2.31 NPN 型多发射极三极管的结构示意图

2．TTL 或非门

TTL 或非门电路如图 2.33 所示，与 TTL 反相器相比，增加了 VT_{1B}、VT_{2B} 和 R_{1B} 组成的与 VT_{1A}、VT_{2A} 和 R_{1A} 完全相同的输入级电路。VT_{2A} 和 VT_{2B} 的集电极和发射极并联在一起。当输入端 A,B 都为低电平时，VT_{1A} 和 VT_{1B} 都饱和导通，使得 VT_{2A} 和 VT_{2B} 都截止，VT_3 截止，VT_4 饱和，输出高电平；当输入端 A,B 至少有一个输入高电平时，VT_{2A} 和 VT_{2B} 至少有一个饱和导通，使得 VT_3 饱和，VT_4 截止，输出低电平。电路实现了或非门的功能，有 $L = \overline{A+B}$。

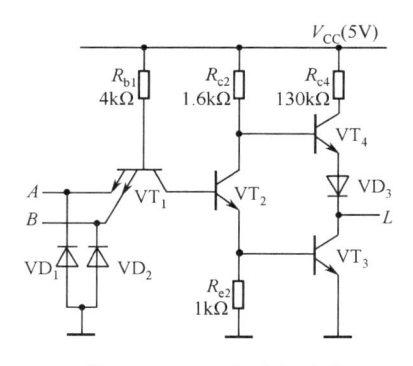

图 2.32 TTL 与非门电路　　　　图 2.33 TTL 或非门电路

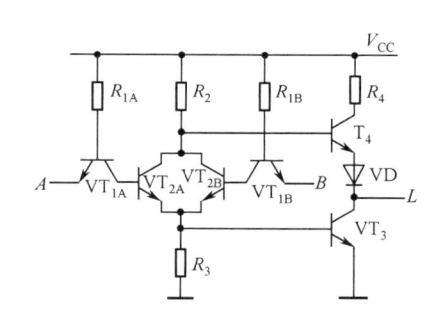

3．集电极开路门

在具有推拉式输出级的 TTL 门电路中，无论输出是高电平还是低电平，输出电阻都很小，若将它们的输出端连接，则可能出现如图 2.34 所示的情况，形成一条从 V_{CC} 到地的低阻通路，会产生一个很大的电流同时流过两个门的输出级。这个电流远远超过了正常工作电流，甚至会使门电路损坏。

为了使 TTL 门电路能够实现"线与"，把输出级改为集电极开路的结构，简称 OC 门。OC 门的电路结构和逻辑符号如图 2.35(a)和(b)所示。OC 门与典型 TTL 电路的区别是取消了 VT_3 和 VD_3

的输出电路,而在使用时外接一个上拉电阻 R_L 到电源 V_{CC}。只要电阻的阻值和电源电压的数值选择得当,就能够保证输出的高、低电平符合要求,同时使输出三极管的负载电流不致过大。外接上拉电阻 R_L 的计算与 OD 门类似,此处不再赘述。

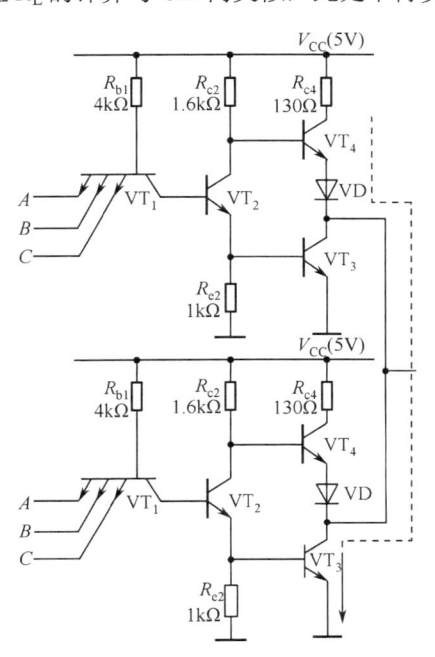

图 2.34　TTL 与非门并联输出的情况　　图 2.35　集电极开路结构

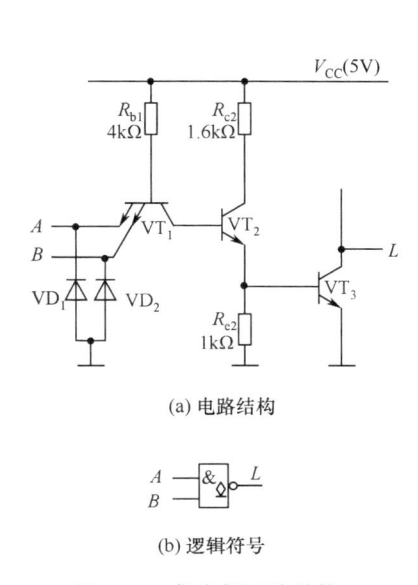

4. TTL 三态门

与 CMOS 三态门一样,TTL 三态门也是在普通门电路的基础上增加控制电路构成的。图 2.36(a)所示为三态输出与非门的电路,其中 VT_5、VT_6、VT_7、R_5 和 R_6 构成使能控制电路。图 2.36(b)所示为三态输出与非门的逻辑符号,EN 为使能端。EN = 1 时,VT_5 反向放大,VT_6 饱和,VT_7 截止,此时控制电路对与非门电路不构成影响,电路正常工作,$L = \overline{A \cdot B}$。EN = 0 时,VT_5 饱和,VT_6 截止,VT_7 饱和,VT_7 的发射极与 VT_4 的基极相连,使得 VT_4 截止。同时使能端 EN 又接 VT_1 的输入端,使能端低电平使得 VT_1 饱和,VT_2 和 VT_3 截止。VT_3 和 VT_4 都截止,使得输出端 L 与电源和地都开路,输出呈高阻态。

5. Bi-CMOS 门电路

Bi-CMOS(Bipolar-CMOS)是双极型 CMOS 电路的简称,Bi-CMOS 电路具有特殊的电路组成结构,特点是逻辑功能的实现采用 CMOS 电路,而输出级则采用驱动能力强的 TTL 电路。由于同时采用 TTL 和 CMOS 电路,所以 Bi-CMOS 电路不仅具有 CMOS 电路的低功耗特点,而且具有 TTL 输出电阻低、负载能力强、传输延时短等特点。

图 2.37 所示为 Bi-CMOS 反相器的基本电路,其中 M_P 和 M_N 是驱动管,VT_1 和 VT_2 构成推拉式输出管。M_1 和 M_2 分别是输出管 VT_1 和 VT_2 基极的下拉负载管,形成有源负载电路。输入信号 v_I 同时作用于 M_P 和 M_N 的栅极。当输入信号 v_I 为高电平时,M_N、M_1 和 VT_2 导通,M_P、M_2 和 VT_1 截止,输出 v_O 为低电平;当输入信号 v_I 为低电平时,M_P、M_2 和 VT_1 导通,M_N、M_1 和 VT_2 截止,输出 v_O 为高电平。因此,输入与输出之间实现非门的功能。

电路中 M_1 和 M_2 的作用是加快 VT_1 和 VT_2 从饱和导通翻转到截止的过程。M_1 和 M_2 的导通内阻很小,当 v_1 为高电平时,M_1 导通,VT_1 基区的存储电荷通过 M_1 到地迅速消散;当 v_1 为低电平时,M_2 导通,VT_2 基区的存储电荷通过 M_2 到地迅速消散。因此,门电路的开关速度可以得到提高。

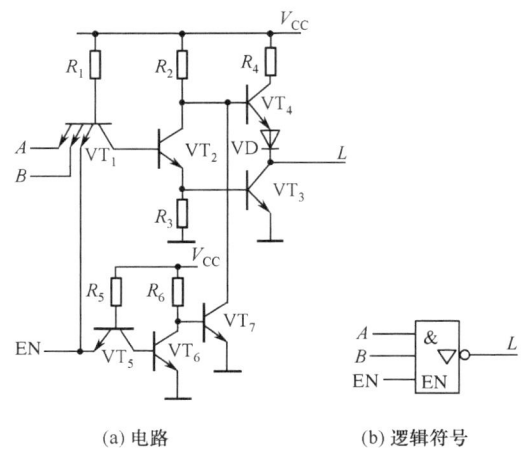

图 2.36　三态输出与非门

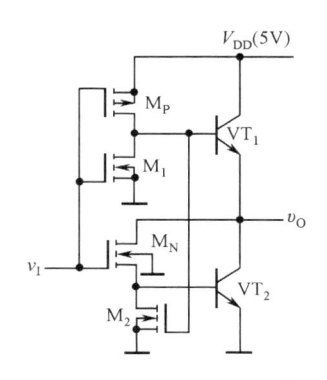

图 2.37　Bi-CMOS 反相器的基本电路

6．肖特基 TTL 电路

前面介绍的 TTL 系列电路的速度主要受限于三极管基区的电容充电时间。三极管的基本工作状态为截止或饱和,当晶体管饱和时,基区充电;当晶体管截止时,存储的电荷必须释放,这就产生了传输延时。

肖特基逻辑电路通过在三极管的发射极加入肖特基二极管,很好地克服了饱和与存储电荷的问题,如图 2.38 所示。由于肖特基二极管的存在,基极多余的电荷被传送到集电极,三极管保持刚好饱和的状态。肖特基二极管具有特殊的金属引线,最大限度地减小了自身的电容,提高了开关速率。使用肖特基钳位二极管降低了电阻值,同时在功率损耗上升 2 倍的同时,

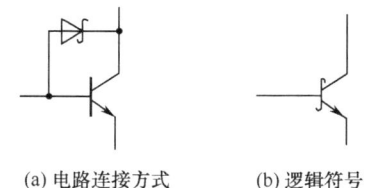

图 2.38　肖特基三极管

将延时降低为 1/4,因此,74S××TTL 系列电路的功耗-延时积与 74××TTL 系列电路相比降了近一半。其他一些类型的肖特基 TTL 电路,如低功耗的肖特基用 LS 表示,高级肖特基用 AS 表示,高级低功耗肖特基用 ALS 表示,快速肖特基用 F 表示。

2.3.4　使用 TTL 芯片的注意事项

1．电源电压及电源干扰的消除

电源电压的变化对 54 系列应满足 5V±10% 的要求,对 74 系列应满足 5V±5% 的要求,电源的正负极性和接地不可接错。为了防止外来干扰通过电源串入电路,需要对电源进行滤波,通常在印制电路板的电源输入端接入 10～100μF 的电容进行滤波,在印制电路板上,每隔 6～8 个门加接一个 0.01～0.1μF 的电容对高频进行滤波。

2．多余输入端的连接

TTL 集成门电路使用时，多余的输入端一般不悬空，主要是防止干扰信号从悬空输入端引入电路。对于多余输入端的处理，以不改变电路逻辑状态及工作稳定性为原则。

对于 TTL 与非门多余输入端，可直接接电源或通过 1～10kΩ 的电阻接电源；若前级驱动能力允许，则可将多余输入端和有用输入端并联使用。对于 TTL 或非门多余输入端，可接地处理。

3．输出端的连接

具有推拉式输出结构的 TTL 门电路的输出端不允许直接并联使用。输出端不允许直接接电源或地。使用时，输出电流应小于产品手册上规定的最大值。三态输出门的输出端可以并联使用，但在同一时刻只能有一个门工作，其他门的输出处于高阻态。集电极开路门的输出端可并联使用（即"线与"），但公共输出端和电源之间应接上拉电阻 R_P。

4．电路安装接线和焊接应注意的问题

连线要尽量短，最好用绞合线；整体接地要好，地线要粗、短；焊接用的烙铁功率最好不大于 25W；由于集成电路外引线间的距离很近，焊接时焊点要小，不得将相邻引线短路，焊接时间要短；印制电路板焊接完毕后，不得浸泡在有机溶液中清洗，只能用少量酒精擦去外引线上的助焊剂和污垢。

2.3.5　CMOS 和 TTL 的性能比较

与 CMOS 电路相比，TTL 电路有相对较高的速度和较大输出电流的能力，在教育应用方面，由于静电放电（ESD）的缘故，在使用 CMOS 时有所限制，所以通常选用 TTL 集成芯片。但是 CMOS 在许多领域通常与 TTL 相当或比 TTL 更出众，这一点使得 TTL 应用已经减少，因此，CMOS 电路在工业和商业应用领域中成为占主导地位的集成芯片。表 2.1 给出了 CMOS 和 TTL 各系列门电路带同类门负载时的性能参数。

表 2.1　CMOS 及 TTL 各系列门电路带同类门负载时的性能参数

参数＼系列	CMOS					TTL			
	4000	74HC	74HCT	74LVC	74AUC	74	74LS	74AS	74ALS
V_CC/V	5	5	5	3.3	1.8	5	5	5	5
$V_\text{IH(min)}$/V	3.33	3.5	2.0	2.0	1.2	2.0	2.0	2.0	2.0
$V_\text{IL(max)}$/V	1.67	1.5	0.8	0.8	0.63	0.8	0.8	0.8	0.8
$V_\text{OH(min)}$/V	4.95	4.9	4.9	3.1	1.7	2.4	2.7	2.7	2.7
$V_\text{OL(max)}$/V	0.05	0.1	0.1	0.2	0.2	0.4	0.5	0.5	0.5
$I_\text{IH(max)}$/μA	0.1	0.1	0.1	0.1	0.1	40	20	200	20
$I_\text{IL(max)}$/μA	−0.1	−0.1	−0.1	−0.1	−0.1	−1.6×10³	−0.4×10³	−2×10³	−0.2×10³
$I_\text{OH(max)}$/mA	−0.51	−4	−4	−32	−2.2	−0.4	−0.4	−2.0	−0.4
$I_\text{OL(max)}$/mA	−0.51	4	4	32	2.2	16	8	20	8
t_PD/ns	75	10	13	4.2	1.8	10	9.5	1.7	4
P_D/mW	1	1.5	1	0.2	0.1	10	2	8	1
DP/pJ	75	15	13	0.84	0.18	100	19	13.6	4

2.4 集成逻辑门电路的应用

前面重点讨论了 CMOS 和 TTL 门电路的工作原理、逻辑符号及外部特性。在具体应用中，可以根据传输延时、功耗、噪声容限、带负载能力等要求，选择合理的器件类型和技术参数。有时在设计需要的情况下，需要将两种逻辑系列的器件混合使用，因此就出现了不同逻辑门电路的接口问题、门电路与负载之间的匹配问题，以及安装和抗干扰措施等。

2.4.1 TTL 与 CMOS 器件之间的接口问题

在数字系统中，各电路都有各自不同的要求，例如需要使用分立元器件，如二极管、三极管、场效应晶体管、继电器等元器件时，要保证整个系统的正常工作，需用接口电路，使这些不同的电路之间能符合电平匹配和功率驱动等要求。无论是 CMOS 电路驱动 TTL 电路还是 TTL 电路驱动 CMOS 电路，驱动门电路必须要给负载门提供一个符合要求的高电平、低电平和足够大的驱动电流，即必须满足以下的连接条件：

驱动门　　负载门
$V_{\text{OH(min)}} \geqslant V_{\text{IH(min)}}$
$V_{\text{OL(max)}} \leqslant V_{\text{IL(max)}}$
$I_{\text{OL(max)}} \geqslant I_{\text{IL(total)}}$
$I_{\text{OH(max)}} \geqslant I_{\text{IH(total)}}$

式中，$I_{\text{IL(total)}} = nI_{\text{IL(max)}}$，$n$ 指的是负载门的个数；$I_{\text{IH(total)}} = mI_{\text{IH(max)}}$，$m$ 指的是负载门中所有输入端的个数。

根据上述 CMOS 和 TTL 电路的连接条件和表 2.1，可知以下器件是可以直接相互连接的：

(1) TTL 电路与 74HCT 系列的 CMOS 电路完全兼容，相互之间可以直接连接。
(2) 74HC 系列的 CMOS 电路可以直接驱动 74 系列或 74LS 系列的 TTL 电路。
(3) 4000 系列的 CMOS 电路可直接驱动 1~2 个 74LS 系列的 TTL 电路。

除此之外，其他电路之间的连接则需要采用接口电路进行电平转换。

1. CMOS 电路驱动 TTL 电路

由表 2.1 可知，使用 CMOS 电路驱动 TTL 电路时，主要考虑电流问题。CMOS 电路的输出高电平和低电平都能满足 TTL 电路输入高电平和低电平的要求，而 4000 系列的 CMOS 电路不能直接驱动 74 系列的 TTL 电路的问题，在于不能满足连接条件 $I_{\text{OL(max)}} \geqslant I_{\text{IL(total)}}$。因此，需要扩大 CMOS 门电路输出低电平时的负载能力。

(1) 并联使用 CMOS 电路驱动 TTL 电路，两个 CMOS 与非门并联电路如图 2.39 所示。负载能力提高为原来的 2 倍。

(2) 加 CMOS 驱动器，其电路如图 2.40 所示。CMOS 驱动器可选用漏极开路的电路，其负载能力更强。

(3) 加电流放大器，其电路如图 2.41 所示。加电流放大器既可以提高负载能力，又可以解决电平匹配的问题。

例 2.3 一个 74HC00 与非门电路，驱动一个 74 系列的 TTL 反相器和 8 个 74LS 系列的 TTL 反相器。试计算此时的 CMOS 门电路是否过载。

解：通过表 2.1 可知，驱动门 74HC 系列的参数为
$V_{\text{OH(min)}} = 4.9\text{V}$，$V_{\text{OL(max)}} = 0.1\text{V}$，$I_{\text{OL(max)}} = 4\text{mA}$，$I_{\text{OH(max)}} = 4\text{mA}$

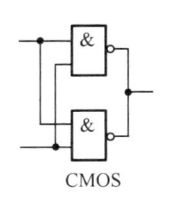

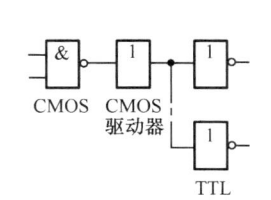

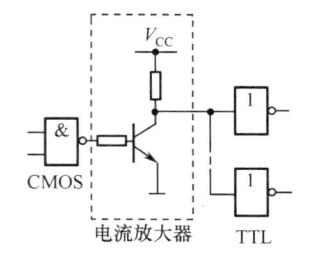

图 2.39 并联的 CMOS 电路　　图 2.40 用驱动器驱动电路　　图 2.41 用电流放大器驱动电路

负载门 74 系列的参数为

$V_{\text{IH(min)}} = 2\text{V}$，$V_{\text{IL(max)}} = 0.8\text{V}$，$I_{\text{IL(max)}} = 1.6\text{mA}$，$I_{\text{IH(max)}} = 0.04\text{mA}$

负载门 74LS 系列的参数为

$V_{\text{IH(min)}} = 2\text{V}$，$V_{\text{IL(max)}} = 0.8\text{V}$，$I_{\text{IL(max)}} = 0.4\text{mA}$，$I_{\text{IH(max)}} = 0.02\text{mA}$

由上述参数可以看出，CMOS 驱动 TTL 电路满足 $V_{\text{OH(min)}} \geqslant V_{\text{IH(min)}}$ 和 $V_{\text{OL(max)}} \leqslant V_{\text{IL(max)}}$，也就是电平兼容。

负载门中 $I_{\text{IL(total)}} = 1.6\text{mA} + 8 \times 0.4\text{mA} = 4.8\text{mA}$，不满足条件 $I_{\text{OL(max)}} \geqslant I_{\text{IL(total)}}$；$I_{\text{IH(total)}} = 0.04\text{mA} + 8 \times 0.02\text{mA} = 0.2\text{mA}$，满足条件 $I_{\text{OH(max)}} \geqslant I_{\text{IH(total)}}$。

因此，CMOS 电路有过载的现象，在实际电路中要考虑电压和电流兼容的问题，也要考虑留出一定的余量，即增加驱动电流的能力。可以在驱动门和负载门之间增加一个驱动器，或者增加一个电流放大器，以提高带负载的能力。

2. TTL 电路驱动 CMOS 电路

由表 2.1 可知，当 TTL 电路驱动 CMOS 电路时，由于 CMOS 电路是电压驱动，输入端电流很小，几乎不取前级电流，电流是兼容的。而 TTL 电路中的 $V_{\text{OL(max)}}$ 均小于 CMOS 电路中的 $V_{\text{IL(max)}}$，所以低电平输出驱动不存在问题。而不能驱动的主要问题在于不能满足连接条件 $V_{\text{OH(min)}} \geqslant V_{\text{IH(min)}}$，因此必须提高 TTL 门电路的输出高电平的值，常见的方法有如下三种。

(1) 加上拉电阻

加上拉电阻的方法如图 2.42 所示，图中 R_P 为上拉电阻。当 TTL 门电路的输出为高电平时，由于上拉电阻的存在，使得输出级的驱动管和负载管同时截止，故输出高电平约为 V_{CC}。

(2) 加 OC 门

当 V_{CC} 太高时，有可能超过 TTL 输出端能够承受的电压，此时可改用 OC 门，电路如图 2.43 所示。OC 门的负载能力强，输出的高电平约为 V_{CC}。

(3) 加电平偏移器

可采用专用的 CMOS 电平偏移器（如 40109），如图 2.44 所示。它用两种直流电源供电，可以接收 TTL 电平（对应于 V_{CC}），并输出 CMOS 电平（对应于 V_{DD}）。

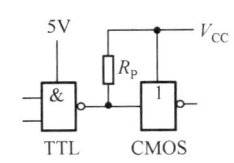

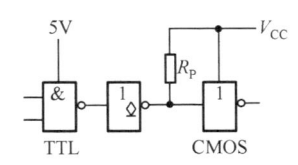

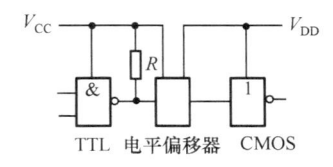

图 2.42 用上拉电阻提高输出高电平　　图 2.43 加 OC 门提高输出高电平　　图 2.44 加电平偏移器实现电平转换

2.4.2 用门电路驱动 LED 显示器件

数字电路中,经常需要用发光二极管来显示信息,例如简单的逻辑器件的状态、七段数码管显示、图形符号显示等。

在许多特殊的应用中,利用一个驱动门驱动发光二极管(LED)。驱动门可以是普通的门电路,也可以是具有更高驱动能力的 OD 开路门或 OC 开路门。利用门电路驱动 LED 显示器件的电路如图 2.45 所示,电路中串联了一个限流电阻 R_P 以保护 LED 显示器。图 2.45(a)为灌电流负载电路图,限流电阻 $R_P = \dfrac{V_{CC} - V_F - V_{OL}}{I_D}$;图 2.45(b)为拉电流负载电路图,限流电阻 $R_P = \dfrac{V_{OH} - V_F}{I_D}$,式中 I_D 为 LED 的工作电流,V_F 为 LED 的正向压降,V_{OH} 和 V_{OL} 为门电路的输出高、低电平电压。

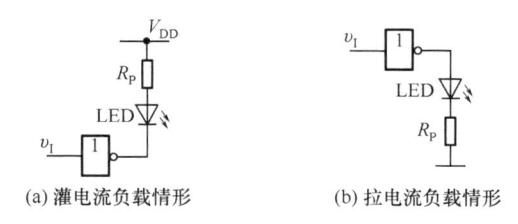

(a) 灌电流负载情形　　　(b) 拉电流负载情形

图 2.45　驱动发光二极管的电路图

例 2.4　求图 2.45 中限流电阻 R_P 的阻值,假设 LED 的电流为 20mA,正向压降是 1.5V。门电路输出电压在低电平状态时为 0.1V,电源电压为 5V。

解:由题意可知 $I_D = 20\text{ mA}$,$V_F = 1.5\text{V}$,$V_{OL} = 0.1\text{V}$,若将 LED 接为灌电流负载,则可求得限流电阻 R_P 的阻值为

$$R_P = \frac{V_{CC} - V_F - V_{OL}}{I_D} = \frac{5\text{V} - 1.5\text{V} - 0.1\text{V}}{20\text{mA}} = 170\,\Omega$$

2.4.3 电源去耦合和接地方法

在数字系统中,主电源需要提供很大的电流,在逻辑门电路的 V_{CC} 主线上,很容易产生毛刺,尤其是在逻辑电平转换时(低电平变为高电平,高电平变为低电平)。在逻辑电平转换时,TTL 电路中推拉式输出电路的上、下两个三极管交替导通,电流 I_C 的剧烈变化将导致 V_{CC}(电源)线上产生高频尖脉冲,该尖脉冲将使连接该电源的其他器件切换失败,同时产生电磁干扰。

为了去除主电源线上的尖脉冲,可以在系统中每个集成芯片的电源 V_{CC} 和地之间直接连接一个 0.01~0.1 μF 的电容,电容可以使每个器件的 V_{CC} 电平保持为正常值,进而减小系统的电磁干扰。在集成芯片附近加入这些小电容,可以确保电流尖脉冲被抑制掉,而不是传向整个系统,然后再返回电源。

实施电路系统的安装时,正确处理电路各处的接地点对于降低电路噪声是十分重要的。一般采用的方法是:强电地和弱电地分开、电源地和信号地分开、数字地和模拟地分开。也就是说,若系统中同时具有强电部分和弱电部分,则应尽可能将其两者远离,同时两者的地线各自独立连在一起,最后用最短的粗导线将两个地线接点连在一起。若系统中同时具有电源部分和信号部分、数字部分和模拟部分,则也应做同样的处理,即先将各部分的地线独立连接起来,然后找到适当的位置,用最短的粗导线将各部分的地线相连。必要时可以设计模拟和数字两块电路板,各自备有直流电源,然后将两者的地线通过一点连接在一起。

※2.5 Proteus 电路仿真例题

【Proteus 例 2.1】试用分立元件组成 DTL、TTL 和三态与非门电路，并测试其逻辑功能。

1．创建电路

(1) 从库文件中选取电阻 RES、三极管 NPN、二极管 DIODE、开关 SW-SPDT，在工作区组建 DTL（二极管组成的门电路）、TTL（三极管组成的门电路）和三态与非门电路，如图 2.46、图 2.47、图 2.48 所示。

(2) 分别加入逻辑探针（Logic Probe）A, B, C 和 E，电压源 VCC 和接地符号。

(3) 在三极管集电极输出端连接一个输出电平逻辑探针。

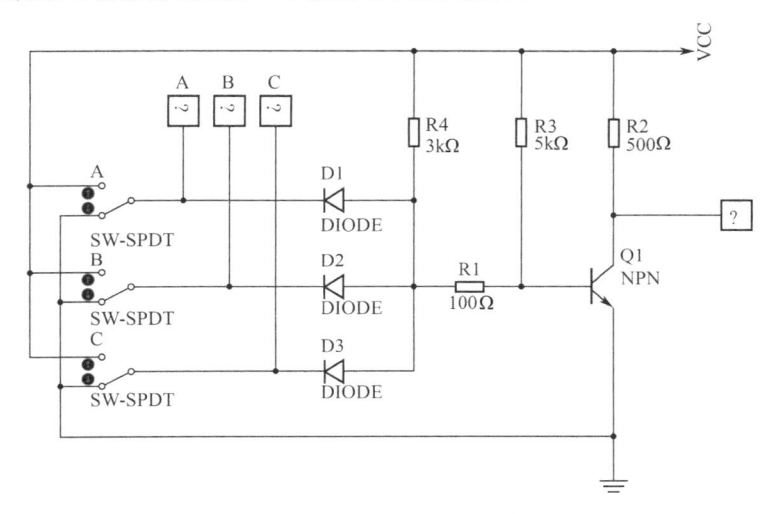

图 2.46 DTL 与非门电路

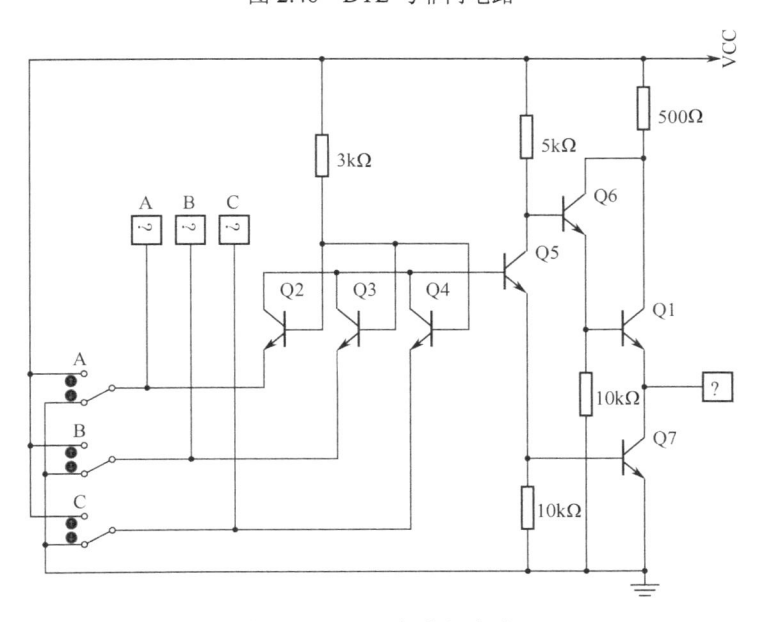

图 2.47 TTL 与非门电路

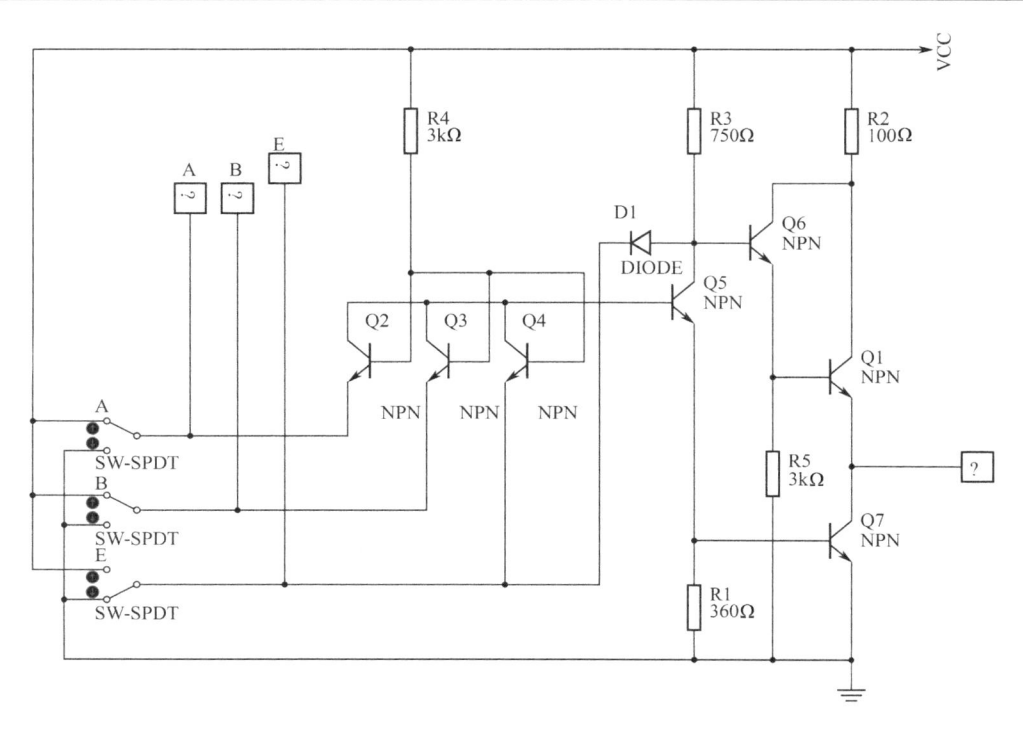

图 2.48 三态与非门电路

2. 仿真设置

(1) DTL、TTL 与非门的输入量由逻辑电平开关 A, B, C 给定，输入和输出状态均由逻辑探针显示，1 为高电平状态，0 为低电平状态。

(2) 三态与非门输入量由逻辑电平开关 A, B 给定，三态控制端由 E 控制。E 端为高电平时，输入-输出具有与非逻辑功能，E 端为低电平时，输出为高阻态。

(3) 单击仿真工具栏上的运行仿真（play）按钮，实现对该电路的仿真，仿真结果如图 2.49、图 2.50、图 2.51 所示。

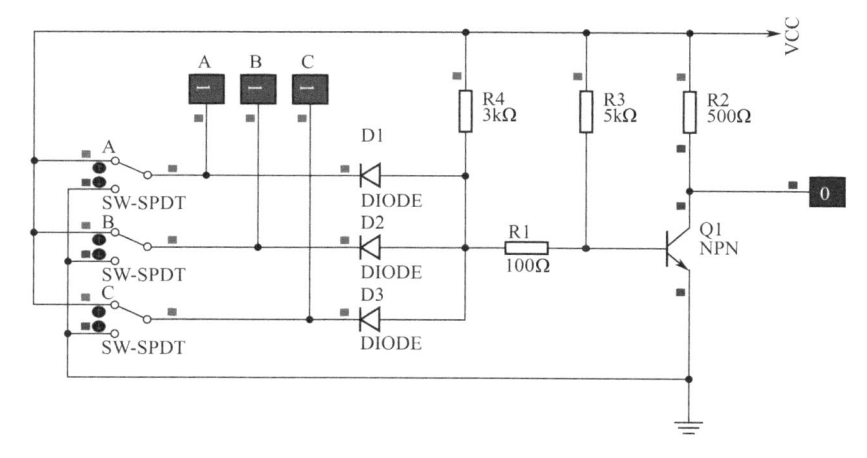

图 2.49 三态与非门电路仿真结果

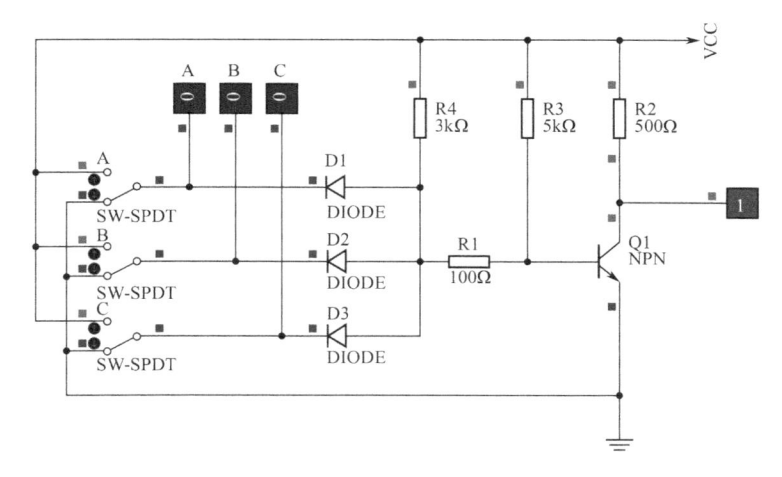

图 2.49 三态与非门电路仿真结果（续）

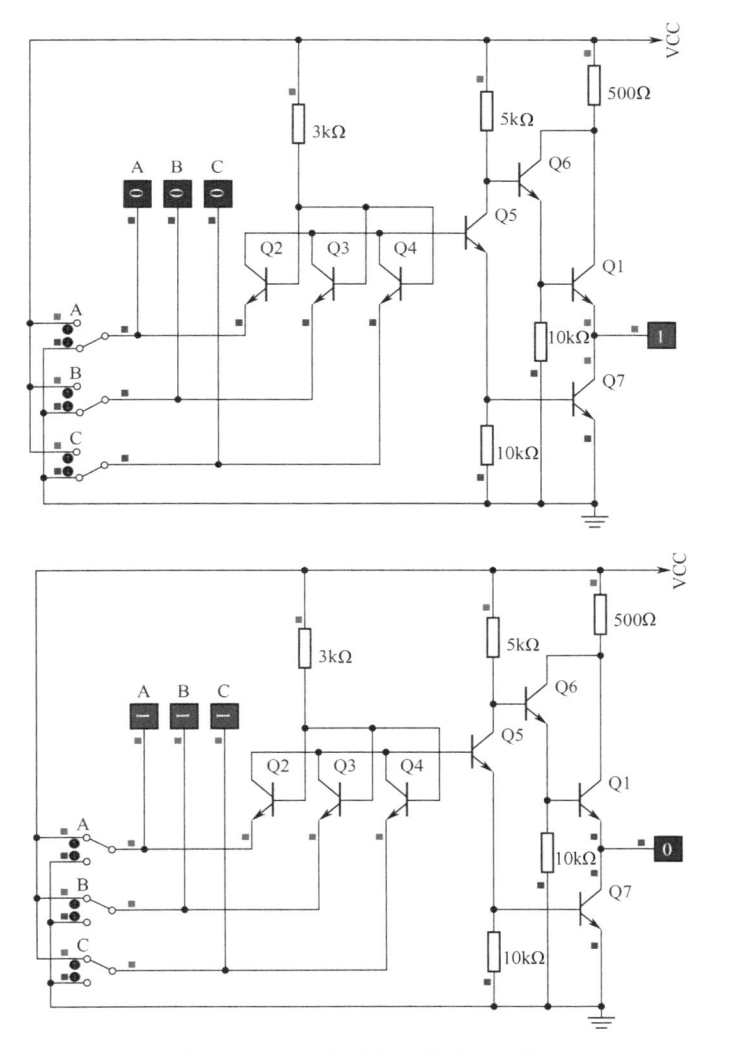

图 2.50 TTL 与非门电路仿真结果

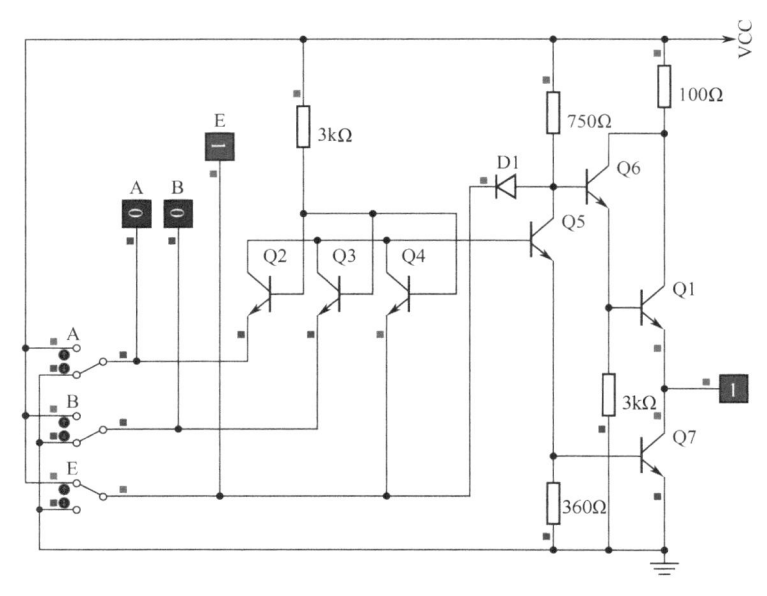

图 2.51 三态与非门电路仿真结果

3. 结果分析

对仿真测试结果分析可知，DTL、TTL 与非门的输入量由逻辑电平开关 A，B，C 给定，输入和输出状态均由逻辑探针显示，仿真测试结果表明，实现了与非逻辑功能。三态与非门输入量由逻辑电平开关 A，B 给定，三态控制端由 E 控制，E 端高电平时，输入-输出具有与非功能，E 端低电平时，输出为高阻态，实现了三态与非门的逻辑功能。

本 章 小 结

1. 逻辑门电路的外部特性和参数有逻辑电平、噪声容限、功耗-延时积、扇入和扇出数等，集成逻辑门电路可以根据制造工艺、输出方式、逻辑功能、技术参数和集成度等多个方面进行分类。
2. 利用 MOS 管或三极管的开关特性，可以构成与门、或门、与非门、或非门等基本逻辑电路，也可以构成具有特殊功能的 OD 门、OC 门、三态门、传输门。
3. CMOS 电路具有静态功耗低、输入电阻大、抗干扰能力强、电源电压范围大等特点。根据 CMOS 逻辑门的电路结构，要注意预防静电的一些措施。
4. TTL 电路利用三极管的发射极作为输入端，输出级采用推拉式电路结构，所以具有噪声容限小、功耗大、输入电阻小的特点。
5. 在逻辑门电路的实际应用中，经常会遇到不同类型的门电路之间、门电路与负载之间的接口电路的设计问题，本章对此进行了介绍。

第 2 章 逻辑门电路

思考题和习题 2

2.1 根据所采用的半导体器件不同，集成逻辑门电路可分为哪两大类？各自主要的优缺点是什么？

2.2 一个逻辑门电路的 $V_{OH(min)} = 2.1V$，它驱动一个 $V_{IH(min)} = 2.5V$ 的门电路。请问这两个电路在高电平状态下工作是否兼容？为什么？

2.3 一个逻辑门电路的 $V_{OL(max)} = 0.4V$，它驱动一个 $V_{IL(max)} = 0.75V$ 的门电路。请问这两个电路在低电平状态下工作是否兼容？为什么？

2.4 表 2.2 中给出了 3 种类型的逻辑门的电压参数，请问各门电路在高电平和低电平状态下的噪声容限是多少？请选择最适合在高噪声工业环境中使用的门电路。

2.5 为什么在工业控制系统中使用的 CMOS 逻辑电路，大都采用较高的直流电源电压？

2.6 一个 CMOS 门电路从电源上获得+5V 的直流电源，在低电平状态下电流为 0.01mA，在高电平状态下电流为 4mA。请问在高电平和低电平状态下的功耗是多少？假如输出电压波形的占空比为 50%，请问平均功耗是多少？

2.7 假设一个 TTL 门电路中，$t_{PLH} = 5ns$，$t_{PHL} = 4ns$。请问其平均传输延时是多少？

2.8 表 2.3 给出了 3 种类型的逻辑门电路参数。请计算每个门电路的功耗-延时积，并确定哪个门电路具有最佳的性能。

表 2.2　逻辑门电路的电压参数表

	$V_{OH(min)}$	$V_{OL(max)}$	$V_{IH(min)}$	$V_{IL(max)}$
逻辑门 A	2.4V	0.4V	2V	0.8V
逻辑门 B	3.6V	0.1V	2.6V	0.6V
逻辑门 C	4.3V	0.1V	3.3V	0.8V

表 2.3　逻辑门电路的技术参数表

	t_{PHL}	t_{PLH}	P_D
逻辑门 A	1ns	1.2ns	15mW
逻辑门 B	5ns	4ns	8mW
逻辑门 C	10ns	10ns	0.5mW

2.9 假设一个 TTL 门电路中，$I_{IH} = 20\mu A$，$I_{IL} = 1.6mA$，$I_{OH} = 400\mu A$，$I_{OL} = 16mA$。试求其门电路的扇出数。

2.10 确定图 2.52 中每个 MOS 管的工作状态（导通或截止）。

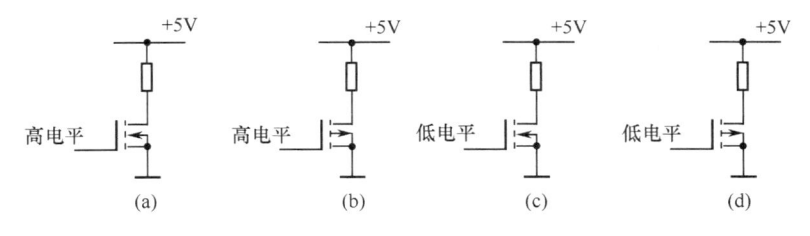

图 2.52　题 2.10 电路图

2.11 CMOS 门电路如图 2.53 所示，试分析电路的逻辑功能，写出输出逻辑函数表达式。

2.12 74HC 系列与非门输入端可以有 4 种接法：(1)输入端接地；(2)输入端接低于 0.8V 的电源；(3)输入端接同类与非门的输出低电压 0.1V；(4)输入端接10kΩ的电阻到地。试说明这 4 种接法都属于输入低电平（逻辑 0）。

2.13 图 2.54 所示电路均为 CMOS 电路，试写出 $L_1 \sim L_3$ 的逻辑函数表达式。

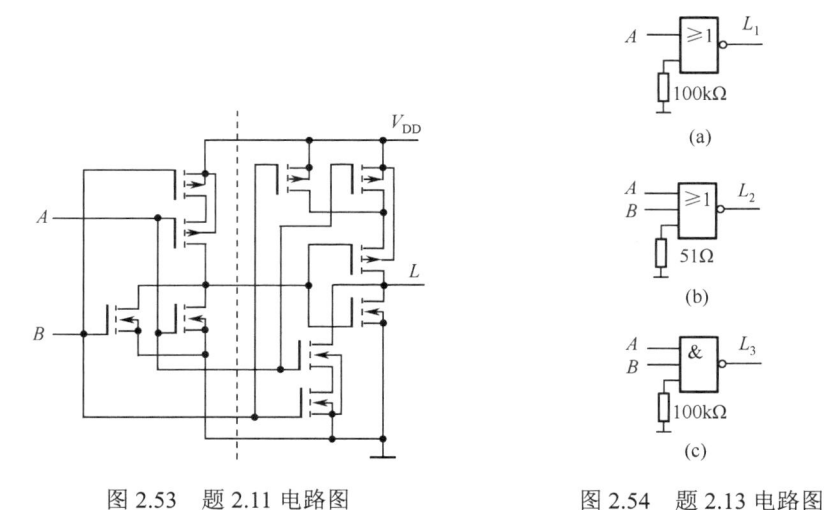

图 2.53　题 2.11 电路图　　　　图 2.54　题 2.13 电路图

2.14　图 2.55 所示电路均为 CMOS 电路，试判断图 2.55(a)~(f)所示各电路能否按照各电路图要求的逻辑关系正常工作。若电路接法错误，请修改电路；若电路正确但给出的逻辑关系不对，请写出正确的逻辑函数表达式。

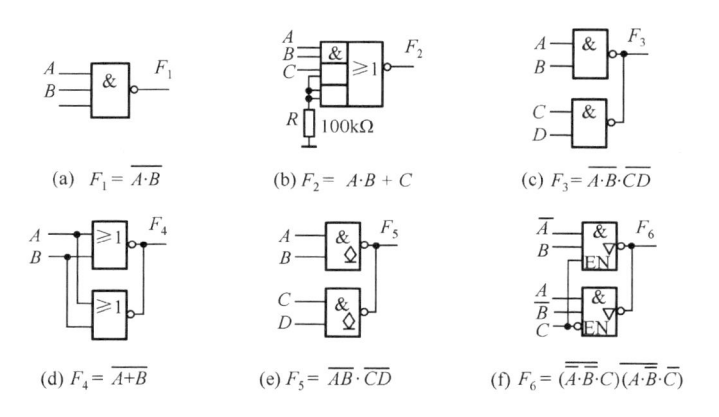

(a) $F_1 = \overline{A \cdot B}$　　(b) $F_2 = A \cdot B + C$　　(c) $F_3 = \overline{A \cdot B \cdot CD}$

(d) $F_4 = \overline{A+B}$　　(e) $F_5 = \overline{AB} \cdot \overline{CD}$　　(f) $F_6 = \overline{(\overline{A \cdot \overline{B} \cdot C})(\overline{A \cdot \overline{B} \cdot C})}$

图 2.55　题 2.14 电路图

2.15　CMOS 电路如图 2.56(a)和(b)所示，已知输入 A, B, C 的波形如图 2.56(c)所示，试写出 $F_1 \sim F_2$ 的逻辑函数表达式，并画出它们的输出波形。

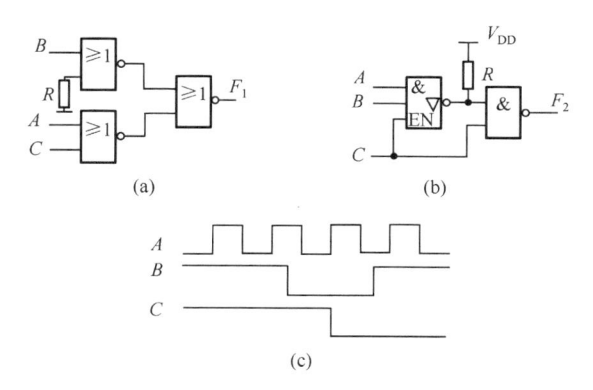

图 2.56　题 2.15 电路图和波形图

2.16 CMOS 电路如图 2.57(a)所示，已知输入 A, B 及控制端 C 的波形如图 2.57(b)所示，试画出输出端 L 的波形。

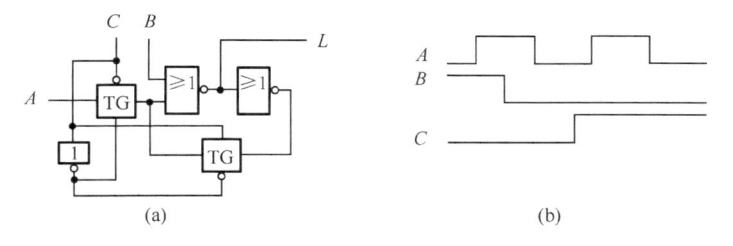

图 2.57 题 2.16 电路图

2.17 确定图 2.58 中每个三极管的工作状态（导通或截止）。

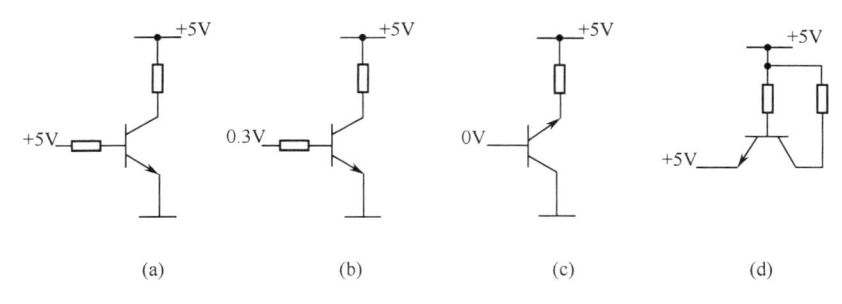

图 2.58 题 2.17 电路图

2.18 试分析图 2.59 所示电路的逻辑功能，写出输出 L_1, L_2 的逻辑函数表达式，画出逻辑符号。

2.19 TTL74 系列与非门输入端可以有 4 种接法：(1) 输入端悬空；(2) 输入端接高于 2V、低于 5V 的电源；(3) 输入端接同类与非门的输出高电压 3.6V；(4) 输入端接大于10kΩ的电阻到地。试说明这 4 种接法都属于输入高电平（逻辑 1）。

2.20 图 2.60 所示电路均为 TTL 电路，试写出 $L_1 \sim L_3$ 的逻辑函数表达式。

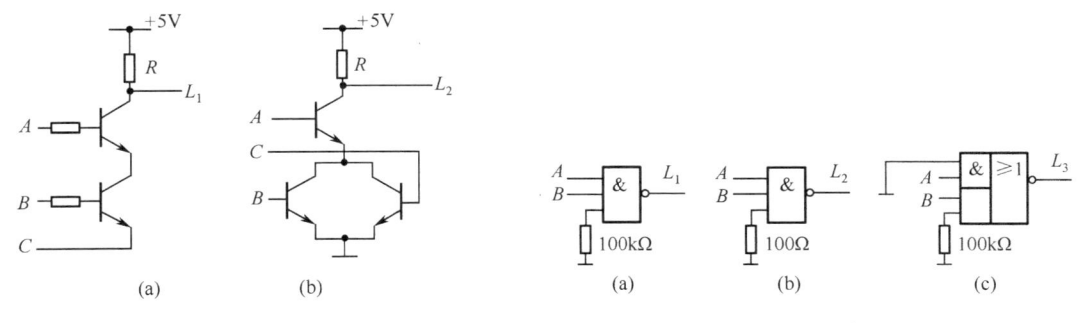

图 2.59 题 2.18 电路图

图 2.60 题 2.20 电路图

2.21 试说明下列各种门电路中哪些可以将输出端并联使用（输入端的状态不一定相同）。
   (1) 具有推拉式输出级的 TTL 电路。
   (2) TTL 电路的 OC 门。
   (3) TTL 电路的三态输出门。
   (4) 普通的 CMOS 门。
   (5) CMOS 电路的 OD 门。
   (6) CMOS 电路的三态输出门。

2.22 逻辑函数 $L(A,B,C,D) = \overline{\sum m(3,7,11,12,13,14,15)}$，试用开路门（OD 门或 OC 门）实现。

2.23 图 2.61 所示各电路均为 TTL 门电路，试问图中各电路能否依次实现对应表达式所示的逻辑功能？若有连接错误，请加以改正。

(a) $F_1 = \overline{A+B}$ (b) $F_2 = A+B$ (c) $F_3 = \overline{A \cdot B}$

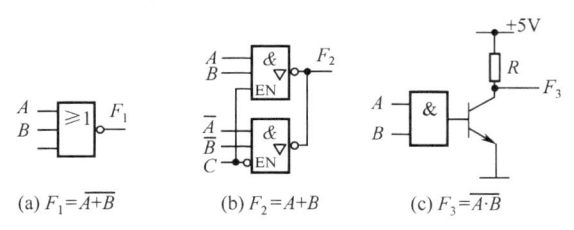

图 2.61　题 2.23 电路图

2.24 试分析如图 2.62 所示电路的逻辑功能，写出输出逻辑函数表达式。

2.25 电路如图 2.63 所示，2 个 74HC 系列的 OD 门驱动 3 个 74LS 系列的三输入与非门，已知与非门 $I_{IL(max)} = 0.4\text{mA}$，$I_{IH(max)} = 0.02\text{mA}$，$V_{IH(min)} = 2\text{V}$，$V_{IL(max)} = 0.8\text{V}$；OD 门截止时的漏电流 $I_{OZ} = 5\mu\text{A}$，$I_{OL(max)} = I_{OH(max)} = 4\text{mA}$，$V_{OH(min)} = 3.84\text{V}$，$V_{OL(max)} = 0.33\text{V}$。试求电路中上拉电阻 R_P 的取值范围。

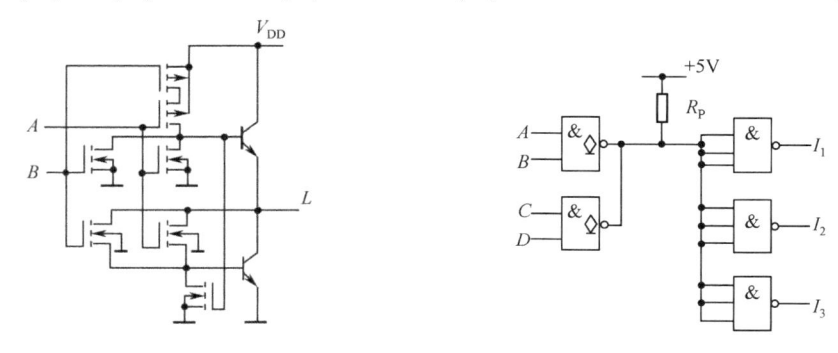

图 2.62　题 2.24 电路图

图 2.63　题 2.25 电路图

2.26 电路如图 2.64 所示，一个 74LS 系列的二输入与非门驱动两个 74HC 系列的二输入或非门，已知或非门的 $I_{IL(max)} = 0.001\text{mA}$，$I_{IH(max)} = 0.001\text{mA}$，$V_{IH(min)} = 3.5\text{V}$，$V_{IL(max)} = 1.5\text{V}$；与非门截止时的漏电流 $I_{OZ} = 50\mu\text{A}$，$I_{OL(max)} = 8\text{mA}$，$I_{OH(max)} = 0.4\text{mA}$，$V_{OH(min)} = 2.7\text{V}$，$V_{OL(max)} = 0.5\text{V}$。试求电路中上拉电阻 R_P 的取值范围。

2.27 门电路驱动发光二极管的电路如图 2.65 所示，已知发光二极管的导通压降 $V_F = 1.5\text{V}$。正常发光时，$10\text{mA} \leqslant I_D \leqslant 15\text{mA}$，$V_F = 1.8\text{V}$。图 2.65(a) 中非门的 $I_{OL(max)} = 8\text{mA}$，$I_{OH(max)} = 0.4\text{mA}$，$V_{OH(min)} = 2.7\text{V}$，$V_{OL(max)} = 0.5\text{V}$。图 2.65(b) 中 OD 门的 $I_{OL(max)} = 4\text{mA}$，$I_{OH(max)} = 0.2\text{mA}$，$V_{OH(min)} = 3.84\text{V}$，$V_{OL(max)} = 0.33\text{V}$。试问：

(1) 两个门电路处于何种状态时发光二极管发光？

(2) 电阻 R_1 和 R_2 的取值范围是多少？

(3) 若将图 2.65(b) 中 OD 门换成具有推拉式输出级的普通 TTL 非门，电路的状态会如何变化？

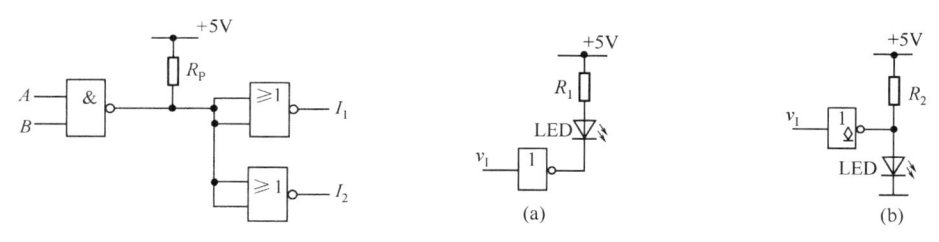

图 2.64　题 2.26 电路图

图 2.65　题 2.27 电路图

第 3 章 组合逻辑电路

本章首先介绍组合逻辑电路的结构特点、分析方法、设计方法；然后重点介绍数字系统中常用的组合逻辑电路，包括编码器、译码器、数据选择器、数值比较器、加法器、数据分配器，并通过实例说明基于中规模组合逻辑集成电路的组合逻辑电路设计方法；最后对逻辑电路中的竞争冒险现象进行简要介绍。

3.1 组合逻辑电路的概念

根据电路的结构和工作原理的不同,通常将数字电路分为组合逻辑电路和时序逻辑电路两大类。若一个逻辑电路在任何时刻的稳定输出只取决于这一时刻各输入变量的取值,而与电路以前的状态无关,则该电路称为组合逻辑电路。

组合逻辑电路可以有一个或多个输入端,也可以有一个或多个输出端,其示意框图如图3.1所示。在组合逻辑电路中，数字信号是单向传递的，即只有从输入端到输出端的传递，而没有从输出端到输入端的反传递，所以各输出仅与各输入的即时状态有关，其函数表达式的形式如下所示:

$$\begin{cases} Z_1 = f_1(x_1, x_2, \cdots, x_n) \\ Z_2 = f_2(x_1, x_2, \cdots, x_n) \\ \quad \vdots \\ Z_m = f_m(x_1, x_2, \cdots, x_n) \end{cases} \tag{3.1}$$

研究组合逻辑电路的任务有 3 个方面:
(1) 对已给定的组合逻辑电路分析其逻辑功能。
(2) 根据逻辑命题的要求,设计组合逻辑电路。
(3) 掌握常用组合单元电路（中规模器件）的逻辑功能,选择和应用到工程实际中。

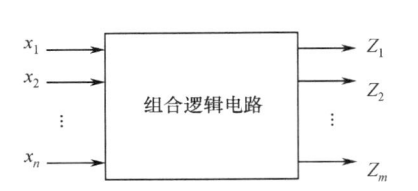

图 3.1 组合逻辑电路的示意框图

3.2 组合逻辑电路的分析设计方法

3.2.1 组合逻辑电路的分析方法

组合逻辑电路的分析,是对已经给出的组合逻辑电路（图或实体),用逻辑代数的原理研究它的特性,从而得出其逻辑功能的过程。目的是了解电路的工作特性、逻辑功能、设计思想、器件的可替代性或评价电路的技术经济指标等。在下面的分析中,我们假设电路器件是理想的,即电路的信号传递是无延时的,输出与输入同时产生。

组合逻辑电路分析的一般步骤如下:

(1) 根据逻辑电路图，按各种门的功能递推出每个输出端的逻辑函数表达式。
(2) 将输出端的逻辑函数表达式转换成最简表达式。
(3) 根据输出端的表达式列真值表。
(4) 根据真值表，分析电路的逻辑功能。

下面举例说明组合逻辑电路的分析方法。

例 3.1 组合逻辑电路图如图 3.2 所示，试分析其逻辑功能。

解：(1) 由逻辑电路图写出逻辑表达式：

$$L = \overline{\overline{AB} \cdot \overline{BC} \cdot \overline{AC}}$$

(2) 利用反演律得到最简"与或"表达式：

$$L = AB + BC + AC$$

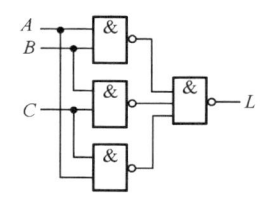

图 3.2　例 3.1 的组合逻辑电路图

(3) 列真值表，如表 3.1 所示。

表 3.1　例 3.1 的真值表

输	入		输出
A	B	C	L
0	0	0	0
0	0	1	0
0	1	0	0
0	1	1	1
1	0	0	0
1	0	1	1
1	1	0	1
1	1	1	1

(4) 电路逻辑功能的描述。

由表 3.1 可知，各输入两个或两个以上的 1，输出 L 为 1，此电路在实际应用中可作为三人表决电路。

例 3.2　分析图 3.3 所示逻辑电路图的逻辑功能。

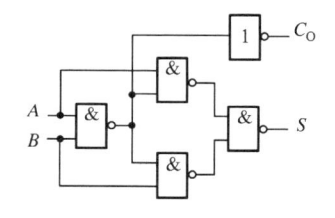

图 3.3　例 3.2 的逻辑电路图

解：(1) 由逻辑电路图写出逻辑表达式：

$$S = \overline{\overline{\overline{AB} \cdot B} \cdot \overline{\overline{AB} \cdot A}}, \quad C_O = \overline{\overline{A \cdot B}}$$

(2) 利用代数法化简得到最简表达式：

$$S = \overline{A}B + A\overline{B} = A \oplus B, \quad C_O = A \cdot B$$

(3) 列真值表，如表 3.2 所示。

表 3.2　例 3.2 的真值表

输	入	输	出
A	B	S	C_O
0	0	0	0
0	1	1	0
1	0	1	0
1	1	0	1

(4) 电路逻辑功能的描述。

由真值表可以看出，这是一个带进位输出的 1bit 二进制加法电路，S 是 A 和 B 的算术和，C_O 是它们的进位。

3.2.2　组合逻辑电路的设计方法

组合逻辑电路的设计是其分析的逆过程，即根据给出的实际逻辑问题设计要求，设计出能够实现其逻辑功能的最佳逻辑电路。

这里所说的"最佳"包含以下几方面的含义：

(1) 所选用的逻辑器件数量及种类最少，而且器件之间的连线最简单。
(2) 级数尽量少，以便提高数字系统的工作速度。

(3) 降低功耗，使系统工作状态稳定。

组合逻辑电路设计的基本步骤如下：

(1) 对实际问题进行逻辑抽象，并定义输入变量和输出变量。分析逻辑命题所给定的因果关系，把引起事件的原因作为输入逻辑变量，把事件的结果作为输出逻辑变量，并分别以逻辑 0 和逻辑 1 给予赋值。

(2) 列出逻辑真值表。根据逻辑问题的因果关系列出真值表。

(3) 写出逻辑函数表达式。根据所列的真值表写出逻辑函数表达式。

(4) 简化或变换逻辑函数表达式。根据逻辑的命题要求、器件的功能以及逻辑器件资源情况，对逻辑函数表达式进行相应的化简或变换。

(5) 画出逻辑电路图。根据化简或变换后的逻辑函数表达式以及所选用的逻辑器件，画出逻辑电路图。

除以上原则性的逻辑设计任务外，实际的设计工作还包括集成电路芯片的选择、工艺设计、安装、调试等内容。下面举例说明组合逻辑电路的设计方法。

例 3.3 举重比赛中有三名裁判：主裁判 A、副裁判 B 和 C。每人面前有一个按键，当三名裁判，或者一名主裁判和一名副裁判同时按下按键时，显示"试举成功"的灯就会亮。试用与非门设计能实现此功能的逻辑电路。

解：(1) 逻辑抽象，并列出真值表。

设 A,B,C 裁判按下按键为 1，不按按键为 0；设灯为 F，且灯亮为 1，灯灭为 0。按题意列出真值表，如表 3.3 所示。

表 3.3　例 3.3 的真值表

输入			输出
A	B	C	F
0	0	0	0
0	0	1	0
0	1	0	0
0	1	1	0
1	0	0	0
1	0	1	1
1	1	0	1
1	1	1	1

(2) 根据真值表得到逻辑表达式，并用逻辑代数化简。

$$\begin{aligned}F &= A\overline{B}C + AB\overline{C} + ABC \\ &= (A\overline{B}C + ABC) + (AB\overline{C} + ABC) \\ &= AC(\overline{B}+B) + AB(\overline{C}+C) \\ &= AC + AB\end{aligned}$$

(3) 根据题意，将最简逻辑表达式变换成"与非-与非"的形式。

$$F = AC + AB = \overline{\overline{AC + AB}} = \overline{\overline{AC} \cdot \overline{AB}}$$

(4) 由上述逻辑表达式可知，逻辑电路图中需要 3 个"二输入与非门"，其逻辑电路图如图 3.4 所示。

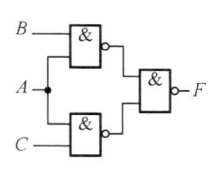

图 3.4　例 3.3 的逻辑电路图

例 3.4 设计一个将 8421BCD 码转换为余 3 码的代码转换电路。

解：(1) 由题意可知，要设计一个 4 输入、4 输出的组合逻辑电路。

设输入的 8421BCD 码为 $B_3B_2B_1B_0$，输出的余 3 码为 $Y_3Y_2Y_1Y_0$，其真值表如表 3.4 所示。

(2) 8421BCD 码的有效代码是 0000~1001，而 1010~1111 为无关项，所以由真值表画出输出函数的卡诺图，如图 3.5 所示。

表 3.4 例 3.4 的真值表

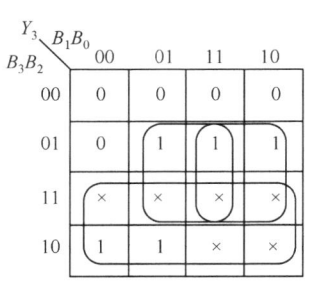

十进制数	输入（8421BCD 码）				输出（余 3 码）			
	B_3	B_2	B_1	B_0	Y_3	Y_2	Y_1	Y_0
0	0	0	0	0	0	0	1	1
1	0	0	0	1	0	1	0	0
2	0	0	1	0	0	1	0	1
3	0	0	1	1	0	1	1	0
4	0	1	0	0	0	1	1	1
5	0	1	0	1	1	0	0	0
6	0	1	1	0	1	0	0	1
7	0	1	1	1	1	0	1	0
8	1	0	0	0	1	0	1	1
9	1	0	0	1	1	1	0	0

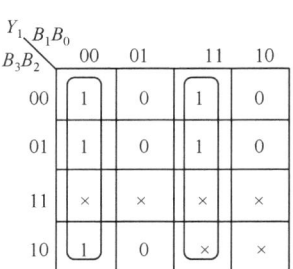

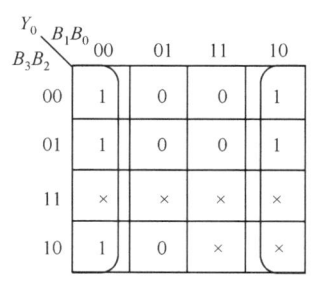

图 3.5 例 3.4 的卡诺图

化简得到函数的最简逻辑表达式为

$$Y_3 = B_3 + B_2 B_1 + B_2 B_0$$
$$Y_2 = B_2 \overline{B_1}\, \overline{B_0} + \overline{B_2} B_1 + \overline{B_2} B_0$$
$$Y_1 = \overline{B_1}\, \overline{B_0} + B_1 B_0$$
$$Y_0 = \overline{B_0}$$

(3) 根据最简逻辑表达式画出逻辑电路图，如图 3.6 所示。

3.3 常用组合逻辑电路

组合逻辑电路的种类很多，常见的有编码器（encoder）、译码器（decoder）、数据选择器（multiplexer，简称 MUX）、

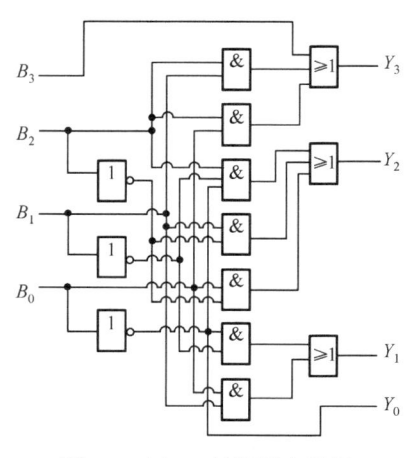

图 3.6 例 3.4 的逻辑电路图

数据分配器（demultiplexer）、数字比较器（digital comparator）、加法器（adder）等。由于这些电路应用很广泛，因此有专用的中规模集成电路（Medium-Scale Integration，MSI）器件。采用 MSI 实现逻辑函数不仅可以缩小体积，而且可以大大提高电路的可靠性，使设计更为简单。

中规模集成电路器件一般有如下几个特点：

(1) 通用性。电路既能用于数字计算机，又能用于控制系统、数字仪表等，其功能往往超过本身名称所表示的功能。

(2) 能"自扩展"。器件通常设置有一些控制端（使能端）、功能端和级联端等，在不用或少用附加电路的情况下，就能将若干功能部件扩展成位数更多、功能更复杂的电路。

(3) 电路内部一般设置有缓冲门。需用到的互补信号均能在内部产生，这样就减少了外围辅助电路和封装引脚，使电路更简洁。

下面分别介绍几种实用性强、应用较广泛的组合逻辑电路。

3.3.1 编码器

把符号、文字或数字转换成一种代码形式的过程，称为编码。编码器可以对各种不同的符号进行编码，编码器接收输入端的有效电平，每个输入表示一个数，例如十进制数或八进制数，并把这个数转换为代码输出，如 BCD 码或二进制码。图 3.7 所示为典型十进制-BCD 编码器和八进制-二进制编码器的方框图。常见的十进制-BCD 编码器芯片有 CD40147、74HC147 等，常见的八进制-二进制编码器芯片有 CD4532、74HC148、74LS348 等。

(a) 十进制-BCD 编码器　　(b) 八进制-二进制编码器

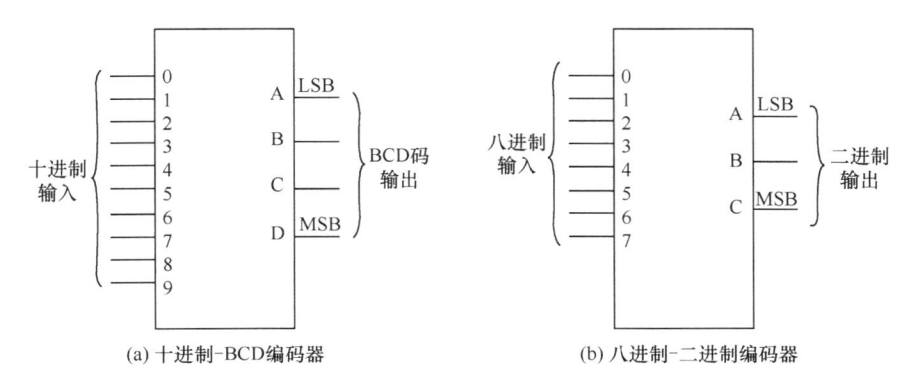

图 3.7　典型十进制-BCD 编码器和八进制-二进制编码器的方框图

1. 十进制-BCD 编码器

将十进制数 0~9 转换成二进制代码的电路，称为十进制-BCD 编码器。根据 $2^n \geqslant m$，可知 $n = 4$，所以十进制-BCD 编码器的输出是 4bits BCD 码。十进制-BCD 编码器是一个 10 线-4 线编码器。

用 $DCBA$ 表示十进制数的 4bits 8421BCD 码，因为 10 个被编码信号中每次只能输入一个有效信号（编码器每次只对一个输入信号进行编码），列出 $Y_0 \sim Y_9$ 与 $DCBA$ 的真值表如表 3.5 所示。

根据表 3.5，写出输出函数的逻辑表达式如下：

$$D = Y_8 + Y_9$$
$$C = Y_4 + Y_5 + Y_6 + Y_7$$
$$B = Y_2 + Y_3 + Y_6 + Y_7$$
$$A = Y_1 + Y_3 + Y_5 + Y_7 + Y_9$$

表 3.5 十进制-BCD 编码器的真值表

Y	十进制	D	C	B	A
Y_0	0	0	0	0	0
Y_1	1	0	0	0	1
Y_2	2	0	0	1	0
Y_3	3	0	0	1	1
Y_4	4	0	1	0	0
Y_5	5	0	1	0	1
Y_6	6	0	1	1	0
Y_7	7	0	1	1	1
Y_8	8	1	0	0	0
Y_9	9	1	0	0	1

根据上述输出函数表达式，画出逻辑电路图，如图 3.8 所示。

在图 3.8 中，Y_0 不需要输入，因为当输入 $Y_1 \sim Y_9$ 都是低电平时，BCD 码输出为 0000，对应 Y_0 的 BCD 编码。电路的基本操作如下：当某个十进制输入端为高电平时，在 BCD 输出端上会产生相应的编码输出。例如，若输入 Y_5 为高电平（其他输入端为低电平），则输出 C 和 A 为高电平，D 和 B 为低电平，这就是十进制数 5 的 BCD 码（0101）。但是，若输入 Y_5 和 Y_9 都为高电平（也就是输入端有两个或两个以上的有效电平输入），则从输出端不能获得正确的 BCD 编码。

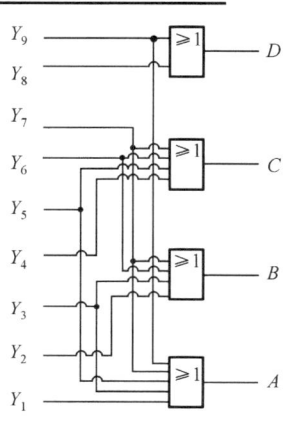

图 3.8 十进制-BCD 编码器的逻辑电路图

2．优先编码器

上述的十进制-BCD 编码器，在任何时候都只能输入一个有效编码信号，否则将产生错误输出。在数字系统中，特别是在计算机系统中，常常要控制几个工作对象，如计算机主机要控制打印机、磁盘驱动器、键盘等，这就要求编码器能根据事先安排好的优先次序，对优先输入的信号进行编码。这种能根据优先顺序进行编码的电路称为优先编码器。

74LS147 是十进制-BCD 优先编码器，图 3.9 是 74LS147 的引脚图和逻辑符号，表 3.6 是 74LS147 芯片的功能表。由功能表可知，$\overline{I_9} \sim \overline{I_1}$ 是 9 个待编码的十进制数，$\overline{I_9}$ 的优先级最高，$\overline{I_1}$ 的优先级最低。$\overline{Y_3} \sim \overline{Y_0}$ 是输出的 4bits BCD 编码。$\overline{I_9} \sim \overline{I_1}$ 上的"非"符号表示输入端低电平有效，$\overline{Y_3} \sim \overline{Y_0}$ 上的"非"符号表示输出端也是低电平有效，输出是反码形式的 BCD 码。

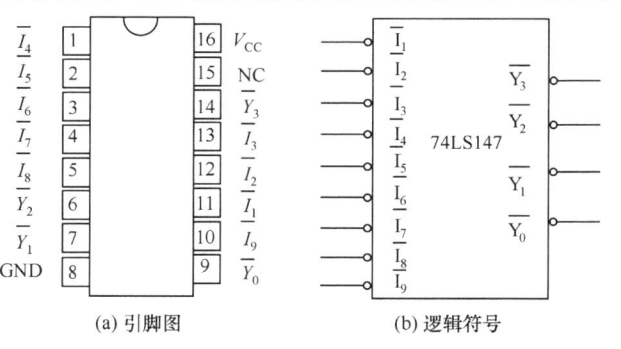

图 3.9 74LS147 优先编码器的引脚图和逻辑符号

表 3.6　74LS147 芯片功能表

输入									输出			
$\overline{I_9}$	$\overline{I_8}$	$\overline{I_7}$	$\overline{I_6}$	$\overline{I_5}$	$\overline{I_4}$	$\overline{I_3}$	$\overline{I_2}$	$\overline{I_1}$	$\overline{Y_3}$	$\overline{Y_2}$	$\overline{Y_1}$	$\overline{Y_0}$
1	1	1	1	1	1	1	1	1	1	1	1	1
0	×	×	×	×	×	×	×	×	0	1	1	0
1	0	×	×	×	×	×	×	×	0	1	1	1
1	1	0	×	×	×	×	×	×	1	0	0	0
1	1	1	0	×	×	×	×	×	1	0	0	1
1	1	1	1	0	×	×	×	×	1	0	1	0
1	1	1	1	1	0	×	×	×	1	0	1	1
1	1	1	1	1	1	0	×	×	1	1	0	0
1	1	1	1	1	1	1	0	×	1	1	0	1
1	1	1	1	1	1	1	1	0	1	1	1	0

74LS148 是 8 线-3 线优先编码器，图 3.10 是 74LS148 的引脚图和逻辑符号，表 3.7 是 74LS148 芯片的功能表。由功能表可知，$\overline{I_7} \sim \overline{I_0}$ 是 8 个要编码的输入信号，输入低电平有效。其中 $\overline{I_7}$ 的优先级最高，$\overline{I_0}$ 的优先级最低。$\overline{Y_2} \sim \overline{Y_0}$ 为编码输出端。$\overline{I_7} \sim \overline{I_0}$ 上的"非"符号表示输入端低电平有效，$\overline{Y_2} \sim \overline{Y_0}$ 上的"非"符号表示输出端低电平有效，并以反码形式输出。

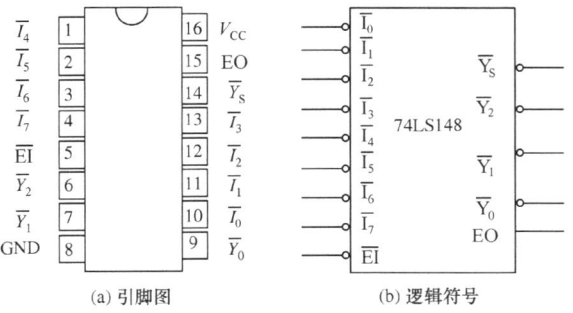

图 3.10　74LS148 芯片的引脚图和逻辑符号

表 3.7　74LS148 芯片的功能表

输入									输出				
$\overline{EI}$	$\overline{I_7}$	$\overline{I_6}$	$\overline{I_5}$	$\overline{I_4}$	$\overline{I_3}$	$\overline{I_2}$	$\overline{I_1}$	$\overline{I_0}$	$\overline{Y_2}$	$\overline{Y_1}$	$\overline{Y_0}$	$\overline{Y_S}$	EO
1	×	×	×	×	×	×	×	×	1	1	1	1	1
0	1	1	1	1	1	1	1	1	1	1	1	1	0
0	0	×	×	×	×	×	×	×	0	0	0	0	1
0	1	0	×	×	×	×	×	×	0	0	1	0	1
0	1	1	0	×	×	×	×	×	0	1	0	0	1
0	1	1	1	0	×	×	×	×	0	1	1	0	1
0	1	1	1	1	0	×	×	×	1	0	0	0	1
0	1	1	1	1	1	0	×	×	1	0	1	0	1
0	1	1	1	1	1	1	0	×	1	1	0	0	1
0	1	1	1	1	1	1	1	0	1	1	1	0	1

$\overline{EI}$ 为使能输入信号，低电平有效。$\overline{EI}=1$ 时，禁止编码，输出信号 $\overline{Y_2}$，$\overline{Y_1}$，$\overline{Y_0}$，$\overline{Y_S}$ 和 EO 全部输出高电平 1；$\overline{EI}=0$ 时，允许编码。

EO 为扩展输出端。若 EO=1，则表示有输入信号，且有编码输出；若 EO=0，则表示没有输入信号。EO 主要用于级联和扩展。

$\overline{Y_S}$ 是输出标志端，$\overline{EI}=0$ 且有输入信号时，$\overline{Y_S}=0$，否则 $\overline{Y_S}=1$。

3．编码器的扩展功能

在许多应用场合，编码输入信号比较多，这时可采用扩展的方法来满足需要。将两片 8 线-3 线优先编码器 74LS148 级联起来，便可以构成 16 线-4 线优先编码器，如图 3.11 所示是电路级联连接图，其具体分析如下。

(1) 74LS148 有 8 个输入端，为了实现 16 个输入端，将 $\overline{A_0} \sim \overline{A_7}$ 和 $\overline{A_8} \sim \overline{A_{15}}$ 分别接到优先级别低的芯片（Ⅰ）和优先级别高的芯片（Ⅱ）的相应输入端。

(2) 芯片（Ⅱ）应总处于工作状态，所以芯片（Ⅱ）的引脚 $\overline{EI}$ 接地。而芯片（Ⅰ）只有在芯片（Ⅱ）无信号输入（EO = 0）时才工作，所以芯片（Ⅰ）的引脚 $\overline{EI}$ 应连接到芯片（Ⅱ）的引脚 EO。

(3) 芯片不编码时输出端全为 1，所以可把两个芯片的相应输出端用"与"门连接作为编码输出的低三位；芯片（Ⅱ）的输出扩展端 $\overline{Y_S}$ 接同相缓冲器，因为芯片（Ⅱ）有编码信号输入时 $\overline{Y_S}=0$，无编码输入时 $\overline{Y_S}=1$，所以可以用 $\overline{Y_S}$ 作为输出编码的最高位，以区分两个芯片的编码。

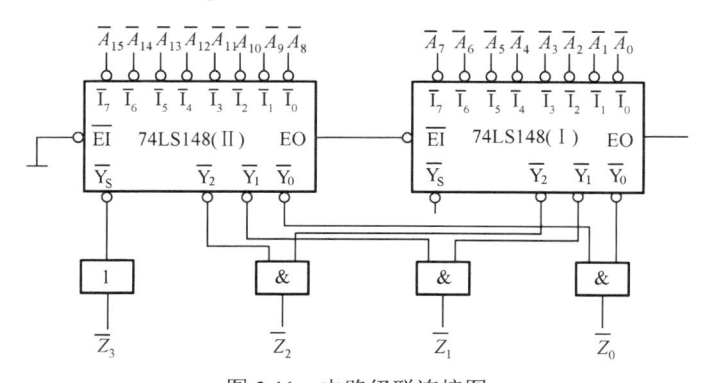

图 3.11 电路级联连接图

3.3.2 译码器

译码是编码的逆过程。译码将编码的原意"翻译"出来，还原成有特定意义的输出信息。译码可以将二进制代码翻译成十进制数、字符。实现译码功能的逻辑电路称为译码器（或解码器）。译码器在数字技术中有着广泛的应用，如用来驱动数字显示器的显示译码器、用译码器实现的数据分配器，以及存储器中的地址译码器和控制器中的指令译码器等。

假设译码器有 n 个输入信号和 N 个输出信号，若 $N=2^n$，则称为全译码器，常见的全译码器有 2 线-4 线译码器、3 线-8 线译码器、4 线-16 线译码器等。若 $N<2^n$，则称为部分译码器，如 BCD-十进制译码器、显示译码器等。常见的全译码器集成电路芯片有 2 线-4 线译码器 74HC139、3 线-8 线译码器 74HC138、4 线-16 线译码器 74154 等。常见的部分译码器集成电路芯片有 BCD-十进制译码器 74HC42、74HC145 等，显示译码器 74LS47、74LS48、CD4511 和 74HC4543 等。

1．2 线-4 线译码器

图 3.12 所示为 2 线-4 线译码器的逻辑电路图，其功能表如表 3.8 所示。图 3.12 中 A_1，A_0 为输入信号，其中 A_1 为高位，A_0 为低位。$\overline{Y_0} \sim \overline{Y_3}$ 为输出信号，$\overline{Y_i}$ 上的"非"符号表示输出端低电

平有效。$\overline{E}$ 为使能端（或称为选通控制端），$\overline{E}$ 上的"非"符号表示低电平有效。当 $\overline{E}=0$ 时，允许译码器工作，$\overline{Y_0} \sim \overline{Y_3}$ 中有一个为低电平输出；当 $\overline{E}=1$ 时，禁止译码器工作，输出 $\overline{Y_0} \sim \overline{Y_3}$ 均为高电平。

典型的 2 线-4 线译码器有 74HC139 和 74LS139，两者在逻辑功能上没有区别，只是电性能参数不同。一片 74HC139 译码器集成了两个 2 线-4 线译码器，74HC139 译码器的引脚图和逻辑符号如图 3.13 所示。

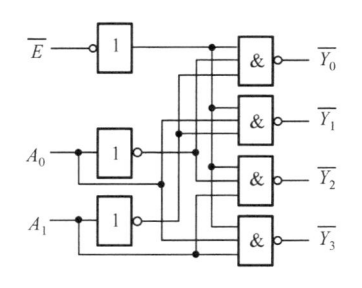

图 3.12 2 线-4 线译码器的逻辑电路图

表 3.8 2 线-4 线译码器的功能表

输 入			输 出			
$\overline{E}$	A_1	A_0	$\overline{Y_0}$	$\overline{Y_1}$	$\overline{Y_2}$	$\overline{Y_3}$
1	×	×	1	1	1	1
0	0	0	0	1	1	1
0	0	1	1	0	1	1
0	1	0	1	1	0	1
0	1	1	1	1	1	0

2．3 线-8 线译码器

3 线-8 线译码器的典型芯片为 74HC138，图 3.14 所示为 74HC138 译码器的引脚图和逻辑符号。

图 3.13 74HC139 译码器的引脚图和逻辑符号

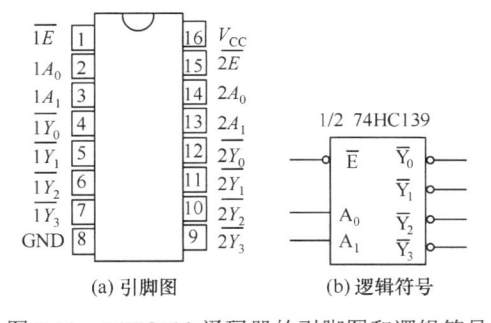

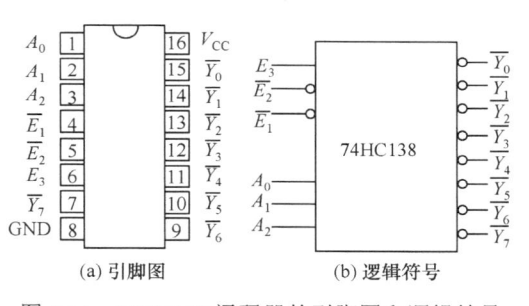

图 3.14 74HC138 译码器的引脚图和逻辑符号

74HC138 译码器的功能表如表 3.9 所示。该译码器有 3 个输入端，用 $A_2 \sim A_0$ 表示，其中 A_2 为最高位，A_0 为最低位。8 个输出端用 $\overline{Y_0} \sim \overline{Y_7}$ 表示，$\overline{Y_i}$ 上的"非"符号表示输出端低电平有效，输出为低电平时表示译码中。E_3，$\overline{E_2}$ 和 $\overline{E_1}$ 为输入使能端，当 $E_3=1$，$\overline{E_2}=\overline{E_1}=0$ 时，译码器处于工作状态。使能端还可以用来扩展输入变量数（功能扩展）。

表 3.9 74HC138 译码器的功能表

输 入						输 出							
E_3	$\overline{E_2}$	$\overline{E_1}$	A_2	A_1	A_0	$\overline{Y_0}$	$\overline{Y_1}$	$\overline{Y_2}$	$\overline{Y_3}$	$\overline{Y_4}$	$\overline{Y_5}$	$\overline{Y_6}$	$\overline{Y_7}$
×	1	×	×	×	×	1	1	1	1	1	1	1	1
×	×	1	×	×	×	1	1	1	1	1	1	1	1
0	×	×	×	×	×	1	1	1	1	1	1	1	1
1	0	0	0	0	0	0	1	1	1	1	1	1	1
1	0	0	0	0	1	1	0	1	1	1	1	1	1

（续表）

输入						输出							
E_3	$\overline{E_2}$	$\overline{E_1}$	A_2	A_1	A_0	$\overline{Y_0}$	$\overline{Y_1}$	$\overline{Y_2}$	$\overline{Y_3}$	$\overline{Y_4}$	$\overline{Y_5}$	$\overline{Y_6}$	$\overline{Y_7}$
1	0	0	0	1	0	1	1	0	1	1	1	1	1
1	0	0	0	1	1	1	1	1	0	1	1	1	1
1	0	0	1	0	0	1	1	1	1	0	1	1	1
1	0	0	1	0	1	1	1	1	1	1	0	1	1
1	0	0	1	1	0	1	1	1	1	1	1	0	1
1	0	0	1	1	1	1	1	1	1	1	1	1	0

由表 3.9 可知，若 $E_3 = 1$，$\overline{E_2} = \overline{E_1} = 0$，则其输出的逻辑表达式为

$$\overline{Y_0} = \overline{\overline{A_2} \cdot \overline{A_1} \cdot \overline{A_0}}$$

$$\overline{Y_1} = \overline{\overline{A_2} \cdot \overline{A_1} \cdot A_0}$$

$$\overline{Y_2} = \overline{\overline{A_2} \cdot A_1 \cdot \overline{A_0}}$$

$$\overline{Y_3} = \overline{\overline{A_2} \cdot A_1 \cdot A_0}$$

$$\overline{Y_4} = \overline{A_2 \cdot \overline{A_1} \cdot \overline{A_0}}$$

$$\overline{Y_5} = \overline{A_2 \cdot \overline{A_1} \cdot A_0}$$

$$\overline{Y_6} = \overline{A_2 \cdot A_1 \cdot \overline{A_0}}$$

$$\overline{Y_7} = \overline{A_2 \cdot A_1 \cdot A_0}$$

若把 A_2, A_1, A_0 视为输入端的三变量，则上述逻辑表达式也可以写成最小项的形式：

$$\overline{Y_0}(A_2, A_1, A_0) = \overline{\overline{A_2} \cdot \overline{A_1} \cdot \overline{A_0}} = \overline{m_0}$$

$$\overline{Y_1}(A_2, A_1, A_0) = \overline{\overline{A_2} \cdot \overline{A_1} \cdot A_0} = \overline{m_1}$$

$$\overline{Y_2}(A_2, A_1, A_0) = \overline{\overline{A_2} \cdot A_1 \cdot \overline{A_0}} = \overline{m_2}$$

$$\overline{Y_3}(A_2, A_1, A_0) = \overline{\overline{A_2} \cdot A_1 \cdot A_0} = \overline{m_3}$$

$$\overline{Y_4}(A_2, A_1, A_0) = \overline{A_2 \cdot \overline{A_1} \cdot \overline{A_0}} = \overline{m_4}$$

$$\overline{Y_5}(A_2, A_1, A_0) = \overline{A_2 \cdot \overline{A_1} \cdot A_0} = \overline{m_5}$$

$$\overline{Y_6}(A_2, A_1, A_0) = \overline{A_2 \cdot A_1 \cdot \overline{A_0}} = \overline{m_6}$$

$$\overline{Y_7}(A_2, A_1, A_0) = \overline{A_2 \cdot A_1 \cdot A_0} = \overline{m_7}$$

由上述表达式可见，译码器的每个输出函数对应输入变量的一组取值。当使能端为有效电平时，它正好是输入变量最小项的反函数。因此只要控制好输出端，就能实现给定的组合逻辑函数。

例 3.5 试用两片 74HC138 构成 4 线-16 线译码器。

解：4 线-16 线译码器的真值表如表 3.10 所示。由真值表可知构成的新译码器有 4 个输入端，分别为 $B_3 \sim B_0$；输出端有 16 个，分别为 $\overline{L_0} \sim \overline{L_{15}}$，$\overline{L_i}$ 上的非符号表示输出低电平有效。输出端输出有效电平的情况下，两片 74HC138 中只有一片处于工作状态。因此当 $B_3 = 0$ 时芯片(1)工作，$B_3 = 1$ 时芯片(2)工作。因此让芯片(1)的 $E_3 = 1$，$\overline{E_2} = \overline{E_1} = B_3$，而芯片(2)的 $E_3 = B_3$，$\overline{E_2} = \overline{E_1} = 0$。扩展电路的线路连接如图 3.15 所示。

当然，还可以有另外的扩展方法，上述扩展方法的优点是不需要增加任何门电路。

表 3.10 4线-16线译码器真值表

输入				输出								
B_3	B_2	B_1	B_0	$\overline{L_0}$	$\overline{L_1}$	$\overline{L_2}$	$\overline{L_3}$	...	$\overline{L_{12}}$	$\overline{L_{13}}$	$\overline{L_{14}}$	$\overline{L_{15}}$
0	0	0	0	0	1	1	1	...	1	1	1	1
0	0	0	1	1	0	1	1	...	1	1	1	1
0	0	1	0	1	1	0	1	...	1	1	1	1
0	0	1	1	1	1	1	0	...	1	1	1	1
⋮	⋮	⋮	⋮	⋮	⋮	⋮	⋮		⋮	⋮	⋮	⋮
1	1	0	0	1	1	1	1	...	0	1	1	1
1	1	0	1	1	1	1	1	...	1	0	1	1
1	1	1	0	1	1	1	1	...	1	1	0	1
1	1	1	1	1	1	1	1	...	1	1	1	0

3．BCD-十进制译码器

下面以 74HC42 为例，介绍 BCD-十进制译码器。它有 4 个输入端，10 个输出端，又称 4 线-10 线译码器，是一种部分译码器。其引脚图和逻辑符号如图 3.16 所示，功能表如表 3.11 所示。由功能表可见，输入端 $A_3 \sim A_0$ 是 BCD 码，输出端 $\overline{Y_0} \sim \overline{Y_9}$ 上的"非"符号表示输出低电平有效，当输入无效码 1010～1111 时，输出全为高电平 1（无效电平）。该译码器无使能端。

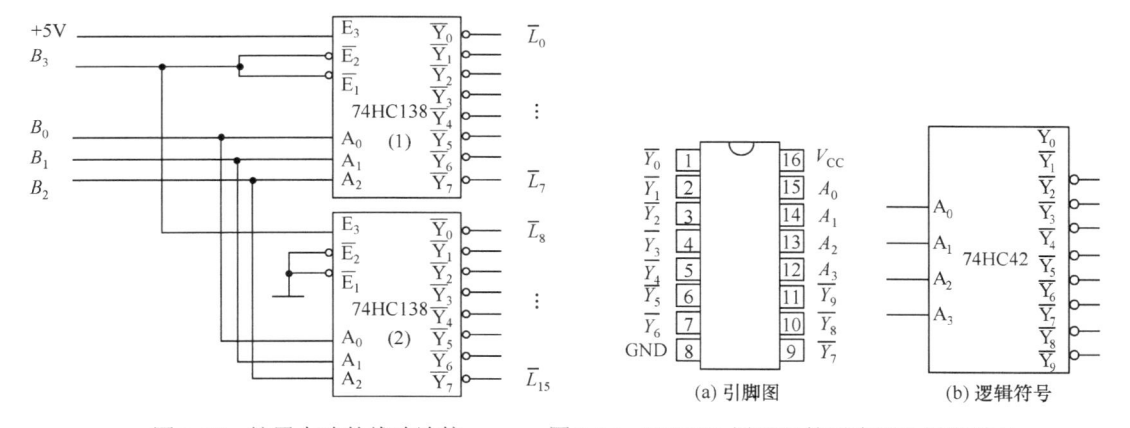

图 3.15 扩展电路的线路连接　　图 3.16 74HC42 译码器的引脚图和逻辑符号

表 3.11 74HC42 译码器的功能表

输入				输出									
A_3	A_2	A_1	A_0	$\overline{Y_0}$	$\overline{Y_1}$	$\overline{Y_2}$	$\overline{Y_3}$	$\overline{Y_4}$	$\overline{Y_5}$	$\overline{Y_6}$	$\overline{Y_7}$	$\overline{Y_8}$	$\overline{Y_9}$
0	0	0	0	0	1	1	1	1	1	1	1	1	1
0	0	0	1	1	0	1	1	1	1	1	1	1	1
0	0	1	0	1	1	0	1	1	1	1	1	1	1
0	0	1	1	1	1	1	0	1	1	1	1	1	1
0	1	0	0	1	1	1	1	0	1	1	1	1	1
0	1	0	1	1	1	1	1	1	0	1	1	1	1
0	1	1	0	1	1	1	1	1	1	0	1	1	1

（续表）

输入				输出									
A_3	A_2	A_1	A_0	$\overline{Y_0}$	$\overline{Y_1}$	$\overline{Y_2}$	$\overline{Y_3}$	$\overline{Y_4}$	$\overline{Y_5}$	$\overline{Y_6}$	$\overline{Y_7}$	$\overline{Y_8}$	$\overline{Y_9}$
0	1	1	1	1	1	1	1	1	1	1	0	1	1
1	0	0	0	1	1	1	1	1	1	1	1	0	1
1	0	0	1	1	1	1	1	1	1	1	1	1	0
1	0	1	0	1	1	1	1	1	1	1	1	1	1
1	0	1	1	1	1	1	1	1	1	1	1	1	1
1	1	0	0	1	1	1	1	1	1	1	1	1	1
1	1	0	1	1	1	1	1	1	1	1	1	1	1
1	1	1	0	1	1	1	1	1	1	1	1	1	1
1	1	1	1	1	1	1	1	1	1	1	1	1	1

4．BCD-七段显示译码器

BCD-七段显示译码器的输入端接收 BCD 代码，产生用来驱动七段数字显示器的输出，数字显示器显示一个十进制数。在实际工作中，一般把数字显示器和译码器配合使用，或者说可以直接利用 BCD-七段显示译码器驱动七段数字显示器。因此，把数字量翻译成数字显示器所能识别信号的这类译码器称为显示译码器。

常用的数字显示器有多种类型，按显示方式分，有字形重叠式、点阵式、分段式等。按发光物质分，有 LED 数码管、荧光显示器、液晶显示器、气体放电管显示器等。目前应用最广泛的是由发光二极管构成的 LED 数码管。

(1) LED 数码管

LED 数码管由若干发光二极管组成，当发光二极管导通时，相应的一点或一段发光，控制不同组合的发光二极管导通，就能显示出各种字符。通常，一个 LED 数码管由 8 个发光二极管组成，其中 7 个发光二极管构成字形"8"的各个笔画（段）$a\sim g$，另一个发光二极管 dp 为小数点。

通常使用的 LED 数码管有共阴极和共阳极两种，如图 3.17 所示。发光二极管的阳极连在一起的（公共端 COM）称为共阳极 LED 数码管；阴极连在一起的（公共端 COM）称为共阴极 LED 数码管。当在某段发光二极管上施加一定的正向电压时，该段笔画即亮；不加电压则暗。为了保护各段 LED 不被损坏，需外加限流电阻。以共阴极 LED 数码管为例，公共阴极 COM 接地，若向各控制端 $a,b,\cdots,g,$dp 顺次送入 11100001 逻辑信号，则该 LED 数码管显示"7."字形。图 3.18 所示为 LED 数码管的引脚配置图（顶视图）。

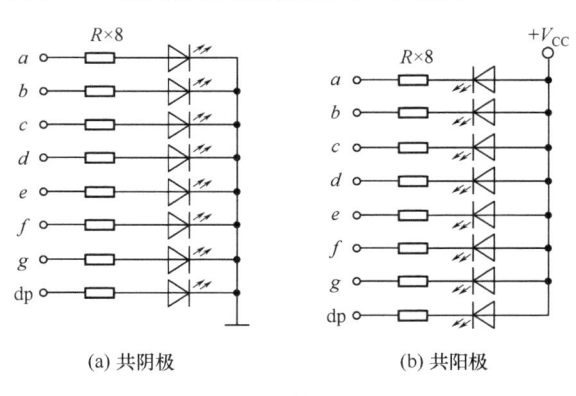

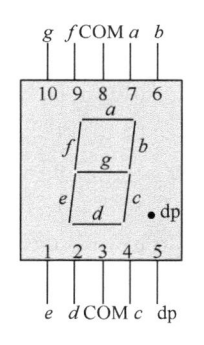

(a) 共阴极　　(b) 共阳极

图 3.17　LED 数码管　　　　　图 3.18　LED 数码管的引脚配置图（顶视图）

(2) BCD-七段显示译码器 74LS48

BCD-七段显示译码器 74LS48 是一种与共阴极 LED 数码管配合使用的集成译码器，它的功能是将输入的 4bits 二进制代码转换成 LED 数码管所需要的七个段信号 $a \sim g$，但不控制小数点。图 3.19 为它的引脚图和逻辑符号，表 3.12 为显示译码器 74LS48 的功能表。其中，$A_3 A_2 A_1 A_0$ 为译码器的译码输入端，其中 A_3 为 BCD 码的最高位，A_0 为 BCD 码的最低位。$a \sim g$ 为译码输出端，所有的输出端高电平有效。另外，3 个控制端也是低电平输入有效，其中 $\overline{LT}$ 为灯测试输入端、$\overline{RBI}$ 为灭零输入端、$\overline{BI}/\overline{RBO}$ 为灭灯输入端和灭零输出端。下面结合功能表介绍 74LS48 的工作情况及其控制信号的作用。

① 译码显示功能。当 $\overline{LT}=1$，$\overline{BI}/\overline{RBO}=1$ 时，就可对译码输入为十进制数 1~15 的 BCD 码（0001~1111）进行译码，产生显示器显示 1~15 所需的七段显示码（10~15 用特殊符号显示）。

② 灯测试功能。当 $\overline{LT}=0$，$\overline{BI}/\overline{RBO}=1$ 时，七段显示器的每一段都被点亮。灯测试用来检测是否有发光段被烧坏。

③ 灭零功能。当 $\overline{LT}=1$，$\overline{RBI}=1$ 且输入端 $A_3 A_2 A_1 A_0 = 0000$ 时，七段数码管显示数字 0；当 $\overline{LT}=1$，$\overline{RBI}=0$ 且输入端 $A_3 A_2 A_1 A_0 = 0000$ 时，输出 $a \sim g$ 均为逻辑 0，七段均熄灭，不显示数字 0，故称为"灭零"。灭零用于取消多位数中不必要 0 的显示。

④ 灭灯输入端和灭零输出端 $\overline{BI}/\overline{RBO}$。$\overline{BI}/\overline{RBO}$ 可作为输入端，也可作为输出端。作为输入端使用，且 $\overline{BI}/\overline{RBO}=0$ 时，不管其他输入端为何值，$a \sim g$ 均输出逻辑 0，显示器全灭。$\overline{BI}/\overline{RBO}$ 作为输出端使用时，受控于 $\overline{LT}$ 和 $\overline{RBI}$。当 $\overline{LT}=1$ 且 $\overline{RBI}=0$，输入为 0 的 BCD 码 0000 时，$\overline{BI}/\overline{RBO}=0$，用以指示该片正处于灭零状态。$\overline{BI}/\overline{RBO}$ 和 $\overline{RBI}$ 引脚配合，用于级联灭零控制。

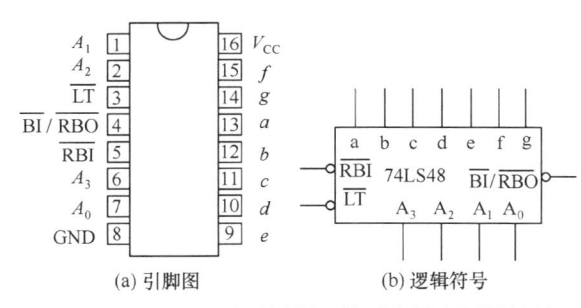

图 3.19 74LS48 显示译码器的引脚图和逻辑符号

表 3.12 显示译码器 74LS48 的功能表

功能	输入						输入/输出	输出							显示字形
	$\overline{LT}$	$\overline{RBI}$	A_3	A_2	A_1	A_0	$\overline{BI}/\overline{RBO}$	a	b	c	d	e	f	g	
0	1	1	0	0	0	0	1	1	1	1	1	1	1	0	0
1	1	×	0	0	0	1	1	0	1	1	0	0	0	0	1
2	1	×	0	0	1	0	1	1	1	0	1	1	0	1	2
3	1	×	0	0	1	1	1	1	1	1	1	0	0	1	3
4	1	×	0	1	0	0	1	0	1	1	0	0	1	1	4
5	1	×	0	1	0	1	1	1	0	1	1	0	1	1	5
6	1	×	0	1	1	0	1	0	0	1	1	1	1	1	6
7	1	×	0	1	1	1	1	1	1	1	0	0	0	0	7
8	1	×	1	0	0	0	1	1	1	1	1	1	1	1	8
9	1	×	1	0	0	1	1	1	1	1	0	0	1	1	9
10	1	×	1	0	1	0	1	0	0	0	1	1	0	1	c
11	1	×	1	0	1	1	1	0	0	1	1	0	0	1	ɔ
12	1	×	1	1	0	0	1	0	1	0	0	0	1	1	u
13	1	×	1	1	0	1	1	1	0	0	1	0	1	1	c

(续表)

功能	输入					输入/输出	输出							显示字形
	$\overline{LT}$	$\overline{RBI}$	A_3	A_2	A_1	A_0	$\overline{BI}/\overline{RBO}$	a	b	c	d	e	f	g	
14	1	×	1	1	1	0	1	0	0	0	1	1	1	1	ᴛ
15	1	×	1	1	1	1	1	0	0	0	0	0	0	0	熄灭
灭灯	×	×	×	×	×	×	0	0	0	0	0	0	0	0	熄灭
灭零	1	0	0	0	0	0	0	0	0	0	0	0	0	0	熄灭
灯测试	0	×	×	×	×	×	1	1	1	1	1	1	1	1	8

　　在图 3.20(a)中，给出了一个整数的头部灭零逻辑电路图。当显示译码器的 BCD 输入为 0 时，最高有效位（最左边）的输出 0 总是被熄灭，因为最高有效位译码器的 $\overline{RBI}$ 接地为低电平。每个显示译码器的 $\overline{BI}/\overline{RBO}$ 作为输出端接低一级显示译码器的 $\overline{RBI}$，这样从第一个非零数字开始，左边的零全部熄灭。例如，图 3.20(a)中两个最高位的数字是零，因此全部熄灭。剩下的两个数字 2 和 5 显示在七段数码管上。

　　在图 3.20(b)中，给出了一个小数的尾部灭零逻辑电路图。当显示译码器的 BCD 输入为 0 时，最低有效位（最右边）的输出 0 总是被熄灭，因为最低有效位译码器的 $\overline{RBI}$ 接地为低电平。每个显示译码器的 $\overline{BI}/\overline{RBO}$ 作为输出端接高一级显示译码器的 $\overline{RBI}$，这样从第一个非零数字开始，右边的零全部熄灭。例如，图 3.20(b)中两个最低位的数字是零，因此全部熄灭。剩下的两个数字 3 和 9 显示在七段数码管上。为了在同一显示器上使头部和尾部灭零合在一起，以及能够显示十进制的小数点，还需要附加一些逻辑功能。

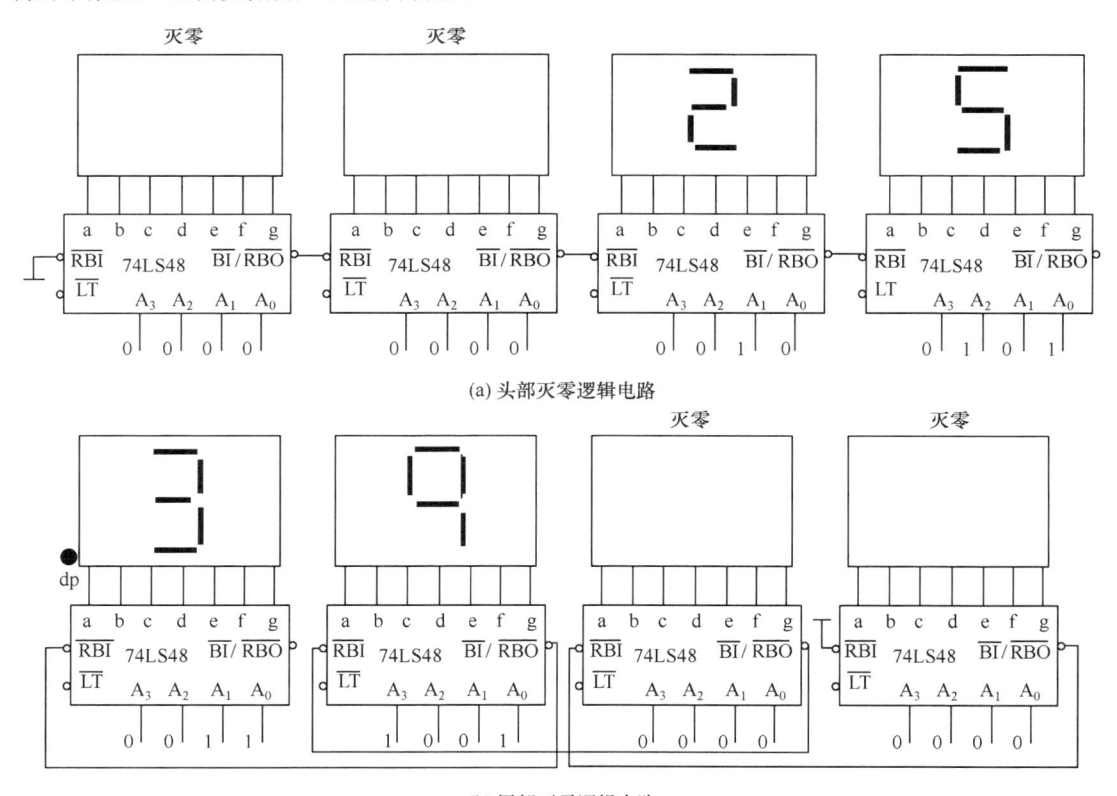

(a) 头部灭零逻辑电路

(b) 尾部灭零逻辑电路

图 3.20 有灭零控制的数码显示系统

3.3.3 数据选择器

数据选择器又称多路复用器，它的功能是把多路数据中的某一路数据传送到公共数据线上。数据选择器由多条数据输入线和一条输出线以及数据选择输入线构成，数据选择输入线用于把输入线中任何一条线上的数据和输出线连通。常用的数据选择器有四 2 选 1 数据选择器 74HC157、双 4 选 1 数据选择器 74HC153、8 选 1 数据选择器 74HC151 等。

1. 4 选 1 数据选择器

4 选 1 数据选择器的功能表如表 3.13 所示。表中 D_3, D_2, D_1, D_0 为数据输入，D_3 为最高位，D_0 为最低位。A_1, A_0 为地址选择信号，A_1 为高位，A_0 为低位。$\overline{E}$ 为低电平有效的输入使能信号，Y 为数据输出信号。由功能表可见，根据地址选择信号的不同，可选择对应的一路输入数据输出。例如，当地址选择信号 $A_1A_0 = 10$ 时，$Y = D_2$，即将 D_2 送到输出端（$D_2 = 0, Y = 0$；$D_2 = 1, Y = 1$）。

表 3.13 4 选 1 数据选择器的功能表

输入							输出
$\overline{E}$	A_1	A_0	D_3	D_2	D_1	D_0	Y
1	×	×	×	×	×	×	0
0	0	0	×	×	×	0	0
0	0	0	×	×	×	1	1
0	0	1	×	×	0	×	0
0	0	1	×	×	1	×	1
0	1	0	×	0	×	×	0
0	1	0	×	1	×	×	1
0	1	1	0	×	×	×	0
0	1	1	1	×	×	×	1

根据功能表，当使能端 $\overline{E} = 0$ 时，输出逻辑表达式可以写为

$$Y = \overline{A_1}\,\overline{A_0}D_0 + \overline{A_1}A_0D_1 + A_1\overline{A_0}D_2 + A_1A_0D_3 = \sum_{i=0}^{3} m_i D_i$$

式中，m_i 是地址变量 A_1, A_0 所对应的最小项，称为地址最小项。

由逻辑表达式画出逻辑电路图，如图 3.21 所示。

2. 数据选择器 74HC151

74HC151 是 8 选 1 数据选择器，其引脚图和逻辑符号如图 3.22 所示。其中，$D_7 \sim D_0$ 为数据输入信号，D_7 为最高位，D_0 为最低位。S_2, S_1, S_0 为地址选择信号，S_2 为最高位，S_0 为最低位。$\overline{E}$ 为低电平有效的使能端，Y 和 $\overline{Y}$ 为互补的数据输出端。74HC151 数据选择器的功能表

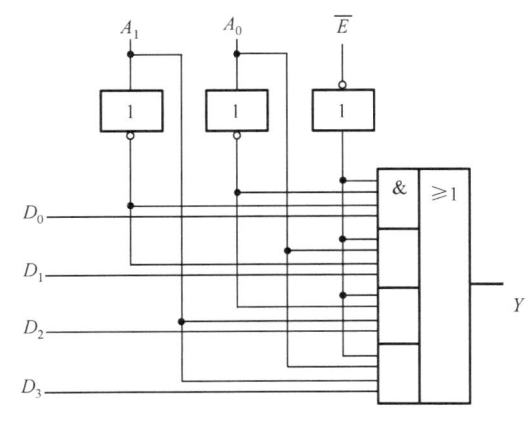

图 3.21 4 选 1 数据选择器的逻辑电路图

如表 3.14 所示。

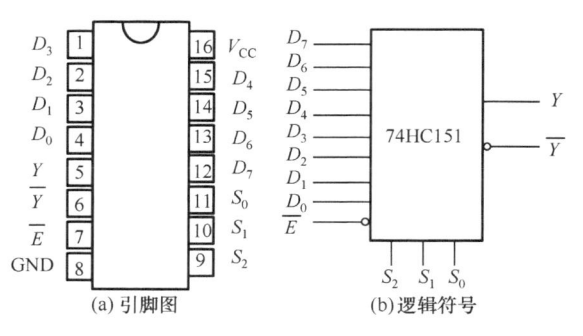

图 3.22 数据选择器 74HC151 的引脚图和逻辑符号

表 3.14 74HC151 数据选择器的功能表

输入				输出	
使能	地址选择			Y	$\overline{Y}$
$\overline{E}$	S_2	S_1	S_0		
1	×	×	×	0	1
0	0	0	0	D_0	$\overline{D_0}$
0	0	0	1	D_1	$\overline{D_1}$
0	0	1	0	D_2	$\overline{D_2}$
0	0	1	1	D_3	$\overline{D_3}$
0	1	0	0	D_4	$\overline{D_4}$
0	1	0	1	D_5	$\overline{D_5}$
0	1	1	0	D_6	$\overline{D_6}$
0	1	1	1	D_7	$\overline{D_7}$

根据功能表 3.14，当使能端 $\overline{E}=0$ 时，输出逻辑表达式可以写为

$$Y = \sum_{i=0}^{7} m_i D_i \qquad (3.2)$$

式中，m_i 是地址变量 S_2, S_1, S_0 所对应的最小项。根据最小项的性质，当 $m_2=1$，其余最小项为 0 时，$Y=D_2$，即将 D_2 的数据传送到输出端。

3．数据选择器的功能扩展

若将 74HC151 扩展为 16 选 1 数据选择器，则需要由两片 74HC151 和三个门电路构成，其连接图如图 3.23 所示。将低位片 74HC151(0) 的使能端 $\overline{E}$ 经过一个非门与高位片 74HC151(1) 的使能端 $\overline{E}$ 相连，作为最高位的地址选择信号 D。若 $D=0$，则 74HC151(0) 工作，根据 CBA 从 $D_7 \sim D_0$ 中选择一路输出；若 $D=1$，则 74HC151(1) 工作，根据 CBA 从 $D_{15} \sim D_8$ 中选择一路输出。

3.3.4 数值比较器

在各种数字系统中，经常需要比较两个数的大小或比较是否相等。数值比较器具有判决两个二进制数大小的逻辑功能。

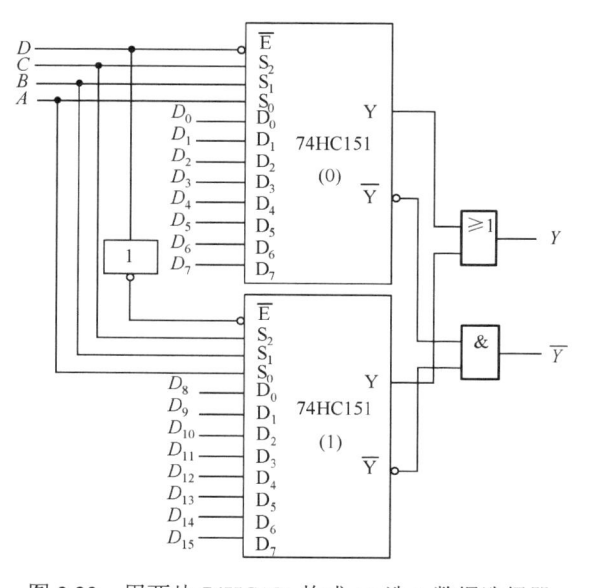

图 3.23 用两片 74HC151 构成 16 选 1 数据选择器

1．1bit 数值比较器

两个 1bit 数的大小比较，输出结果有三种情况：$A>B$，$A<B$，$A=B$，所以这个比较器应当有两个输入信号（A 和 B），三个输出端。若以 $Z_1=1$ 表示 $A>B$，$Z_2=1$ 表示 $A<B$，$Z_3=1$ 表示 $A=B$，则可列出真值表，如表 3.15 所示。

通过真值表可写出三个输出逻辑表达式：

$$Z_1 = A\overline{B}$$
$$Z_2 = \overline{A}B$$
$$Z_3 = \overline{A}\,\overline{B} + AB = \overline{A\overline{B} + \overline{A}B}$$

其逻辑电路如图 3.24 所示。

表 3.15　1bit 数值比较器真值表

输入		输出		
A	B	$Z_1=1\ (A>B)$	$Z_2=1\ (A<B)$	$Z_3=1\ (A=B)$
0	0	0	0	1
0	1	0	1	0
1	0	1	0	0
1	1	0	0	1

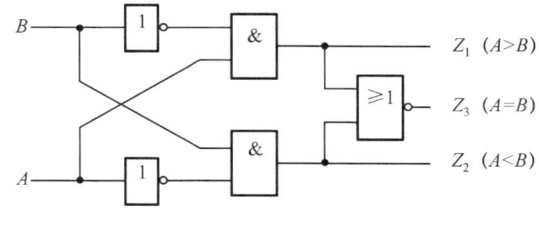

图 3.24　1bit 数值比较器的逻辑电路

2. 集成 4bits 数值比较器 74LS85

多位二进制数进行比较时，先从高位比较，若高位能比较出数值大小，则比较结束，输出结果；若高位数值相等，则依次比较低位数值，直至比较出结果为止，并输出结果。

以 4bits 比较器 74LS85 为例，图 3.25 所示为芯片的引脚图和逻辑符号，其功能表如表 3.16 所示。由功能表可知，输入信号包括 $A_3 \sim A_0, B_3 \sim B_0$ 及扩展输入信号 $I_{A>B}, I_{A<B}$ 和 $I_{A=B}$，输出端为 $F_{A>B}, F_{A<B}$ 和 $F_{A=B}$。扩展输入端与其他数值比较器的输出端连接，可组成位数更多的数值比较器。

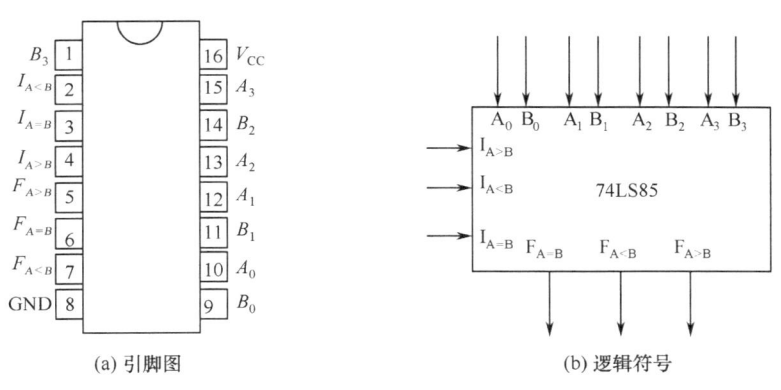

(a) 引脚图　　　　　　　　　　　　(b) 逻辑符号

图 3.25　74LS85 数值比较器的引脚图和逻辑符号

表 3.16　4bits 数值比较器 74LS85 的功能表

比较输入				扩展输入			输出		
$A_3\ B_3$	$A_2\ B_2$	$A_1\ B_1$	$A_0\ B_0$	$I_{A>B}$	$I_{A<B}$	$I_{A=B}$	$F_{A>B}$	$F_{A<B}$	$F_{A=B}$
$A_3 > B_3$	×	×	×	×	×	×	1	0	0
$A_3 < B_3$	×	×	×	×	×	×	0	1	0
$A_3 = B_3$	$A_2 > B_2$	×	×	×	×	×	1	0	0
$A_3 = B_3$	$A_2 < B_2$	×	×	×	×	×	0	1	0
$A_3 = B_3$	$A_2 = B_2$	$A_1 > B_1$	×	×	×	×	1	0	0
$A_3 = B_3$	$A_2 = B_2$	$A_1 < B_1$	×	×	×	×	0	1	0
$A_3 = B_3$	$A_2 = B_2$	$A_1 = B_1$	$A_0 > B_0$	×	×	×	1	0	0
$A_3 = B_3$	$A_2 = B_2$	$A_1 = B_1$	$A_0 < B_0$	×	×	×	0	1	0
$A_3 = B_3$	$A_2 = B_2$	$A_1 = B_1$	$A_0 = B_0$	1	0	0	1	0	0
$A_3 = B_3$	$A_2 = B_2$	$A_1 = B_1$	$A_0 = B_0$	0	1	0	0	1	0
$A_3 = B_3$	$A_2 = B_2$	$A_1 = B_1$	$A_0 = B_0$	×	×	1	0	0	1
$A_3 = B_3$	$A_2 = B_2$	$A_1 = B_1$	$A_0 = B_0$	1	1	0	0	0	0
$A_3 = B_3$	$A_2 = B_2$	$A_1 = B_1$	$A_0 = B_0$	0	0	0	1	1	0

由功能表可以看出，两个 4bits 二进制数进行比较时，首先比较最高位 A_3 和 B_3，若 $A_3 > B_3$，则结果为 $A > B$；若 $A_3 < B_3$，则结果为 $A < B$；若 $A_3 = B_3$，则需通过比较下一位 A_2 和 B_2 来判断 A 和 B 的大小。以此类推，得到比较结果。若两数的各数值均相等，输出则决定于扩展输入端的状态。若仅对 4bits 二进制数进行比较，则应对 $I_{A>B}$，$I_{A<B}$ 和 $I_{A=B}$ 进行适当的赋值，即 $I_{A>B} = I_{A<B} = 0$ 和 $I_{A=B} = 1$。

3. 数值比较器的位数扩展

利用扩展输入端可以扩展数值比较器的位数。图 3.26 为两片 4bits 数值比较器 74LS85 扩展为 8bits 数值比较器的逻辑电路图。片(1)的输入端接 A，B 的低位 4bits（$A_3A_2A_1A_0$ 和 $B_3B_2B_1B_0$），扩展输入端 $I_{A>B} = I_{A<B} = 0$，$I_{A=B} = 1$；片(2)的输入端接 A，B 的高位 4bits（$A_7A_6A_5A_4$ 和 $B_7B_6B_5B_4$），片(1)的输出端 $F_{A>B}$，$F_{A<B}$ 和 $F_{A=B}$ 分别接片(2)的扩展输入端 $I_{A>B}$，$I_{A<B}$ 和 $I_{A=B}$。若 $A_7A_6A_5A_4 = B_7B_6B_5B_4$，则 A，B 两数的大小由低位片比较结果决定，此时高位片输出和其扩展输入端的状态一致；若 $A_7A_6A_5A_4 \neq B_7B_6B_5B_4$，则无论 $A_3A_2A_1A_0$ 和 $B_3B_2B_1B_0$ 的大小关系如何，均由 $A_7A_6A_5A_4$ 和 $B_7B_6B_5B_4$ 的比较结果决定，此时，高位片的输出与扩展输入端的状态无关。

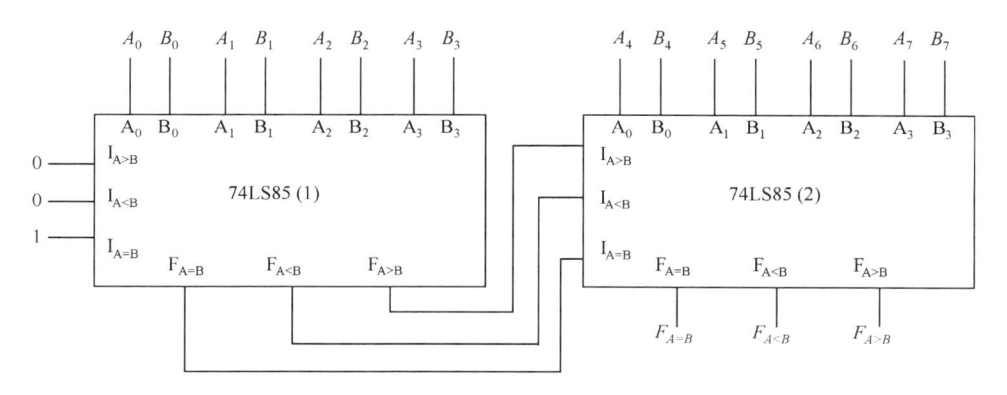

图 3.26 两片 4bits 数值比较器 74LS85 扩展为 8bits 数值比较器的逻辑电路图

3.3.5 加法器

在数字计算机中，两个二进制数之间的算术运算，无论加、减、乘、除，都由若干加法运算来完成，加法器是构成运算器的基本单元。

1. 1bit 半加器

只考虑两个 1bit 二进制数的相加，而不考虑来自低位进位数的运算电路，称为 1bit 半加器。根据两个 1bit 二进制数 A 和 B 相加的运算规律可以得到半加器真值表，如表 3.17 所示。表中 A 和 B 分别表示加数和被加数，S 表示半加器的和，C 表示进位。

表 3.17 1bit 半加器真值表

输	入	输	出
A	B	S	C
0	0	0	0
0	1	1	0
1	0	1	0
1	1	0	1

由真值表可得和 S 与进位 C 的逻辑表达式分别为

$$S = \overline{A}B + A\overline{B} = A \oplus B$$

$$C = AB$$

可见，半加器可由一个异或门和一个与门组成，图 3.27 是半加器的逻辑电路图和逻辑符号。

2. 1bit 全加器

全加器是指两个多位二进制数相加时,第 i 位的被加数 A_i 和加数 B_i 以及来自相邻低位的进位数 C_{i-1} 三者相加,其结果是和 S_i 及向相邻高位的进位数 C_i。这种实现全加运算的电路称为全加器。表 3.18 是全加器的真值表。

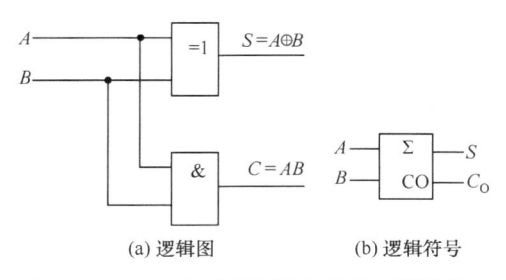

图 3.27 1bit 半加器的逻辑电路图和逻辑符号

表 3.18 全加器真值表

输		入	输	出
A_i	B_i	C_{i-1}	S_i	C_i
0	0	0	0	0
0	0	1	1	0
0	1	0	1	0
0	1	1	0	1
1	0	0	1	0
1	0	1	0	1
1	1	0	0	1
1	1	1	1	1

由真值表可得和 S_i 和进位 C_i 的逻辑表达式为

$$S_i = \overline{A_i}\,\overline{B_i}C_{i-1} + \overline{A_i}B_i\overline{C_{i-1}} + A_i\overline{B_i}\,\overline{C_{i-1}} + A_iB_iC_{i-1}$$
$$= (\overline{A_i}B_i + A_i\overline{B_i})\overline{C_{i-1}} + (\overline{A_i}\,\overline{B_i} + A_iB_i)C_{i-1}$$
$$= (A_i \oplus B_i)\overline{C_{i-1}} + (\overline{A_i \oplus B_i})C_{i-1}$$
$$= A_i \oplus B_i \oplus C_{i-1}$$

$$C_i = \overline{A_i}B_iC_{i-1} + A_i\overline{B_i}C_{i-1} + A_iB_i\overline{C_{i-1}} + A_iB_iC_{i-1}$$
$$= (\overline{A_i}B_i + A_i\overline{B_i})C_{i-1} + A_iB_i(\overline{C_{i-1}} + C_{i-1})$$
$$= (A_i \oplus B_i)C_{i-1} + A_iB_i$$

图 3.28 是全加器的逻辑电路图和逻辑符号。

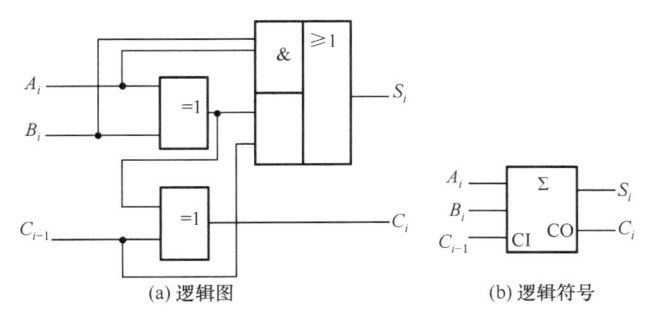

图 3.28 全加器的逻辑电路图和逻辑符号

3. 串行进位加法器

要进行多位数相加,最简单的方法是将多个全加器级联,称为串行进位加法器。图 3.29 所示是 4bits 串行进位加法器。从图 3.29 可见,两个 4bits 相加数 $A_3A_2A_1A_0$ 和 $B_3B_2B_1B_0$ 的每一位同时送到相应全加器的输入端,进位信号则串行传送。全加器的个数等于相加数的位数。最低位全加器的 C_{i-1} 端应接逻辑 0。

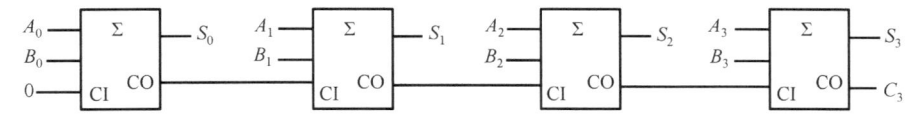

图 3.29 4bits 串行进位加法器

由于进位信号是串行传递的,因此,图 3.29 中最后一位的进位输出 C_3 要经过 4 个全加器传递之后才能形成。可见,串行进位加法器虽然电路比较简单,但是速度比较慢。

4. 集成 4bits 超前进位加法器 74HC283

为了提高速度,人们设计了一种超前进位加法器。超前进位是指在加法运算过程中,各级进位信号同时送到各位全加器的进位输入端。下面先介绍超前进位的原理。

全加器的和 S_i 及进位 C_i 的逻辑表达式为

$$S_i = A_i \oplus B_i \oplus C_{i-1} \tag{3.3}$$

$$C_i = (A_i \oplus B_i)C_{i-1} + A_iB_i \tag{3.4}$$

定义中间变量 $G_i = A_i B_i$, $P_i = A_i \oplus B_i$：

当 $A_i = B_i = 1$ 时，有 $A_i B_i = 1$，得 $C_i = 1$，即产生进位，因此 G_i 称为产生变量。

当 $A_i \oplus B_i = 1$ 时，有 $A_i B_i = 0$，得 $C_i = C_{i-1}$，即低位的进位信号能传送到高位的进位输出端，因此 P_i 称为传输变量。G_i 和 P_i 都只与被加数 A_i 和加数 B_i 有关，而与进位信号无关。将 G_i 和 P_i 代入式（3.3）和式（3.4）得

$$S_i = P_i \oplus C_{i-1} \tag{3.5}$$
$$C_i = G_i + P_i C_{i-1} \tag{3.6}$$

由式（3.6）通过迭代运算给出进位信号的逻辑表达式如下：

$$C_0 = G_0 + P_0 C_{-1} \tag{3.7}$$
$$C_1 = G_1 + P_1 C_0 = G_1 + P_1 G_0 + P_1 P_0 C_{-1} \tag{3.8}$$
$$C_2 = G_2 + P_2 C_1 = G_2 + P_2 G_1 + P_2 P_1 G_0 + P_2 P_1 P_0 C_{-1} \tag{3.9}$$
$$C_3 = G_3 + P_3 C_2 = G_3 + P_3 G_2 + P_3 P_2 G_1 + P_3 P_2 P_1 G_0 + P_3 P_2 P_1 P_0 C_{-1} \tag{3.10}$$

由式（3.7）至式（3.10）可以看出，各位的进位信号只与 G_i，P_i 和 C_{-1} 有关，而 C_{-1} 是最低位的进位输入信号，其值为 0，所以各位的进位信号都只与两个加数有关，且并行产生，从而实现超前进位。

根据以上思路构成的 4bits 超前进位加法器 74HC283 的引脚图和逻辑符号如图 3.30 所示，图 3.31 所示为 74HC283 的逻辑电路图。

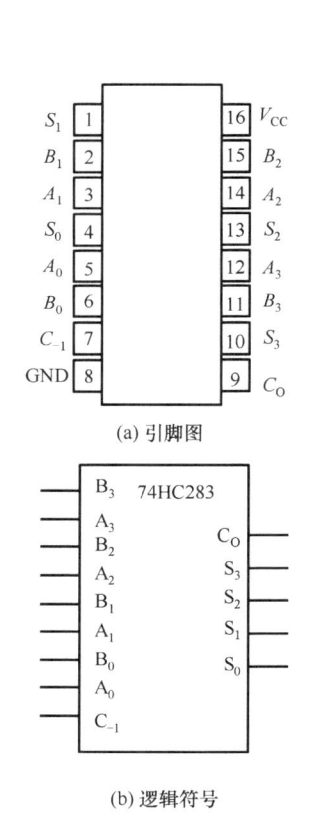

图 3.30 4bits 超前进位加法器 74HC283 的引脚图和逻辑符号

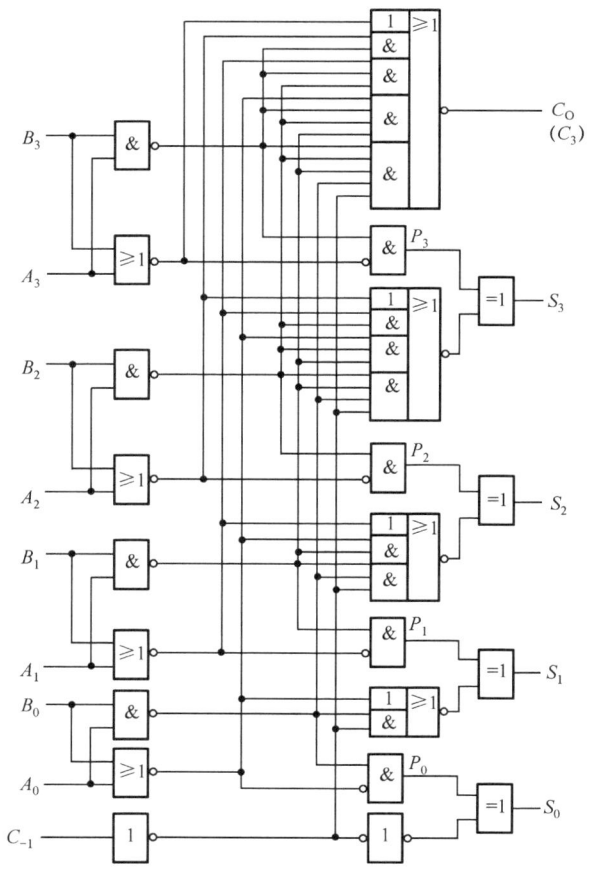

图 3.31 4bits 超前进位加法器 74HC283 的逻辑电路图

5．加法器的扩展

当运算位数较多时，可将多片 4bits 加法器级联起来，扩展运算的位数。如图 3.32 所示，用两个 4bits 全加器构成 8bits 加法器。尽管它们之间的进位也是串行传输的，但比完全采用单个全加器串行相连的运算要快得多。为了提高工作速度，片与片之间也可采用超前进位方式。

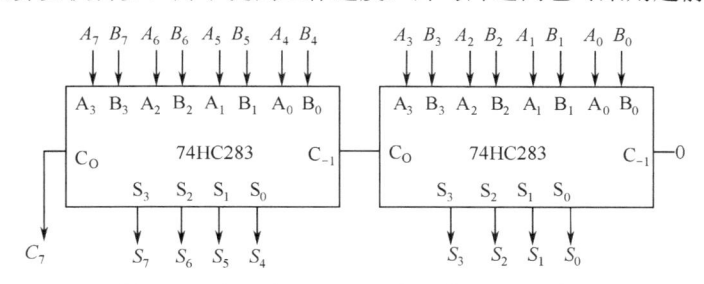

图 3.32　由两片 74HC283 构成的 8bits 加法器

3.3.6　组合逻辑集成电路应用举例

在前面介绍组合逻辑电路的设计方法时，所用器件主要是各种门电路，而门电路属于小规模集成电路（SSI）。在已知逻辑功能的情况下，使用中规模集成电路（MSI）或大规模集成电路（LSI）来设计和实现组合逻辑电路，不仅可以提高逻辑电路的可靠性，而且可以减小电路的体积、降低成本。本节通过一些实例来说明这种设计方法。

1．用译码器设计组合逻辑电路

任一组合逻辑电路的输出逻辑函数均可写成最小项之和的形式。根据表 3.9 得到的 74HC138 译码器的各个输出表达式可以发现，译码器的输出提供了其输入变量最小项的反函数。因此，可以利用译码器和必要的门电路来设计组合逻辑电路。

用二进制译码器设计组合逻辑电路的一般步骤如下：

(1) 确定组合逻辑电路的输入和输出变量，并与译码器的输入端和输出端进行对应。
(2) 让译码器处于使能状态。
(3) 根据译码器输出特点，将要实现的逻辑函数转换成最小项之和的形式。
(4) 将相应的输出端信号进行"与非"逻辑运算，得到组合逻辑电路的输出。

例 3.6　用译码器 74HC138 设计 1bit 二进制数全加器。

解：根据表 3.18 所示全加器的真值表可知，全加器的输入变量为 A_i，B_i 和 C_{i-1}，输出变量为 S_i 和 C_i。其逻辑表达式为

$$S_i = \overline{A_i}\,\overline{B_i}C_{i-1} + \overline{A_i}B_i\overline{C_{i-1}} + A_i\overline{B_i}\,\overline{C_{i-1}} + A_iB_iC_{i-1}$$
$$C_i = \overline{A_i}B_iC_{i-1} + A_i\overline{B_i}C_{i-1} + A_iB_i\overline{C_{i-1}} + A_iB_iC_{i-1}$$

将逻辑表达式转换成 A_i，B_i 和 C_{i-1} 三个变量的最小项之和形式：

$$S_i = \overline{A_i}\,\overline{B_i}C_{i-1} + \overline{A_i}B_i\overline{C_{i-1}} + A_i\overline{B_i}\,\overline{C_{i-1}} + A_iB_iC_{i-1}$$
$$= m_1 + m_2 + m_4 + m_7$$
$$C_i = \overline{A_i}B_iC_{i-1} + A_i\overline{B_i}C_{i-1} + A_iB_i\overline{C_{i-1}} + A_iB_iC_{i-1}$$
$$= m_3 + m_5 + m_6 + m_7$$

因为译码器的输出端为最小项的反函数，所以要把最小项之和的形式变换成"与非"表达式：

$$S_i = m_1 + m_2 + m_4 + m_7 = \overline{\overline{m_1 \cdot m_2 \cdot m_4 \cdot m_7}}$$

$$C_i = m_3 + m_5 + m_6 + m_7 = \overline{\overline{m_3 \cdot m_5 \cdot m_6 \cdot m_7}}$$

用译码器 74HC138 实现 1bit 二进制数全加器的逻辑电路如图 3.33 所示，其输入变量 A_i，B_i 和 C_{i-1} 对应译码器的输入端 A_2，A_1 和 A_0，使能端置为有效电平，输出端 S_i 和 C_i 通过与非门输出。

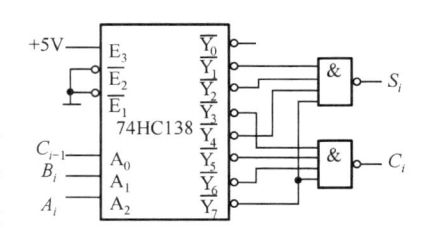

图 3.33 例 3.6 的逻辑电路图

例 3.7 用译码器和与非门实现逻辑函数 $F(A,B,C,D) = \sum m(2,4,6,8,10,12,14)$。

解：题目给定的逻辑函数有 4 个逻辑变量，因此可采用两个 74HC138 译码器和必要的与非门实现。

首先，将给定逻辑函数变换为最小项之和的形式：

$$F(A,B,C,D) = \sum m(2,4,6,8,10,12,14) = \overline{\overline{m_2} \cdot \overline{m_4} \cdot \overline{m_6} \cdot \overline{m_8} \cdot \overline{m_{10}} \cdot \overline{m_{12}} \cdot \overline{m_{14}}}$$

将逻辑变量 B，C，D 分别接至片(1)和片(2)的输入端 A_2，A_1 和 A_0，将逻辑变量 A 接至片(1)的使能端 $\overline{E_2}$，$\overline{E_1}$ 和片(2)的使能端 E_3。这样，当输入变量 $A=0$ 时，片(1)工作，片(2)禁止，由片(1)产生 $\overline{m_0} \sim \overline{m_7}$；当 $A=1$ 时，片(2)工作，片(1)禁止，由片(2)产生 $\overline{m_8} \sim \overline{m_{15}}$。将译码器输出端与函数相关的项进行与非运算，即可实现逻辑函数，如图 3.34 所示。

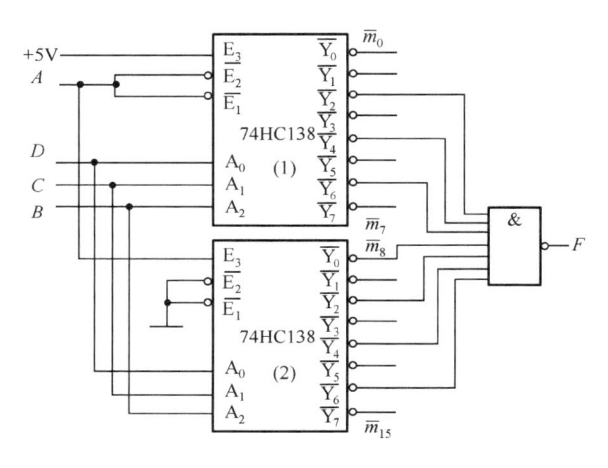

图 3.34 例 3.7 的逻辑电路图

2. 用数据选择器设计组合逻辑电路

由 8 选 1 数据选择器 74HC151 的功能表 3.14 可知，当使能端 $\overline{E}=0$ 时，输出逻辑表达式可以写为

$$Y = \sum_{i=0}^{7} m_i D_i \qquad (3.11)$$

式中，m_i 是地址变量 C，B，A 对应的最小项。数据输入端作为控制信号，当 $D_i = 1$ 时，其对应的最小项 m_i 在表达式中出现；当 $D_i = 0$ 时，其对应的最小项 m_i 不出现。利用这一点将逻辑函数变换成最小项表达式，函数的变量接到地址选择输入端，控制数据输入端 D_i，将使能端置为有效电平，就可以实现组合逻辑电路的设计。

例 3.8 用数据选择器 74HC151 实现 3 变量多数表决逻辑电路。

解：不妨设输入变量为 A_2，A_1 和 A_0，表决同意为 1，不同意为 0；输出变量设为 Z，通过为 1，否则为 0。根据以上设定，列出表 3.19 所示的真值表。

由真值表可写出 Z 的逻辑表达式：

$$Z = \overline{A_2} A_1 A_0 + A_2 \overline{A_1} A_0 + A_2 A_1 \overline{A_0} + A_2 A_1 A_0$$

表 3.19 例 3.8 的真值表

输入			输出	输入			输出
A_2	A_1	A_0	Z	A_2	A_1	A_0	Z
0	0	0	0	1	0	0	0
0	0	1	0	1	0	1	1
0	1	0	0	1	1	0	1
0	1	1	1	1	0	1	1

将 A_2，A_1 和 A_0 视为 Z 的三个变量，其逻辑表达式可变换为最小项之和的形式：

$$Z = \overline{A_2}A_1A_0 + A_2\overline{A_1}A_0 + A_2A_1\overline{A_0} + A_2A_1A_0 = m_3 + m_5 + m_6 + m_7$$

根据式（3.11），上述逻辑表达式可以变换为

$$Z = m_3 + m_5 + m_6 + m_7 = m_0 \cdot 0 + m_1 \cdot 0 + m_2 \cdot 0 + m_3 \cdot 1 + m_4 \cdot 0 + m_5 \cdot 1 + m_6 \cdot 1 + m_7 \cdot 1$$

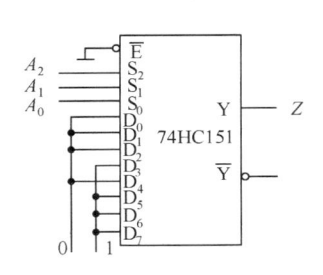

因此在设计逻辑电路时，可将 A_2，A_1 和 A_0 分别接入地址选择输入端 S_2，S_1 和 S_0；将数据输入端 D_0，D_1，D_2 和 D_4 置为 0，将 D_3，D_5，D_6 和 D_7 置为 1；并将使能端置为有效电平。其逻辑电路图如图 3.35 所示。

例 3.9 用 8 选 1 数据选择器 74HC151 设计逻辑电路，该逻辑电路的逻辑函数为

$$F = \overline{A}B\overline{C}D + A\overline{B}D + BC + \overline{B}C\overline{D}$$

图 3.35 例 3.8 的逻辑电路图

解：8 选 1 数据选择器 74HC151 只有 3 个地址选择输入端 S_2，S_1 和 S_0，而函数 F 有 A，B，C，D 共 4 个变量。其中 3 个变量可以接地址选择输入端，另外一个变量接数据选择器的数据输入端。

当 A，B，C 分别接入地址选择输入端 S_2，S_1 和 S_0 时，D 接数据输入端，首先把逻辑函数写成变量 A，B，C 的最小项表达式，即

$$\begin{aligned}
F &= \overline{A}B\overline{C}D + A\overline{B}D + BC + \overline{B}C\overline{D} \\
&= \overline{A}B\overline{C}D + A\overline{B}(C+\overline{C})D + (A+\overline{A})BC + (A+\overline{A})\overline{B}C\overline{D} \\
&= \overline{A}B\overline{C}D + A\overline{B}CD + A\overline{B}\overline{C}D + ABC + \overline{A}BC + A\overline{B}C\overline{D} + \overline{A}\overline{B}C\overline{D} \\
&= \overline{A}B\overline{C}D + A\overline{B}C(D+\overline{D}) + A\overline{B}\overline{C}D + ABC + \overline{A}BC + \overline{A}\overline{B}C\overline{D} \\
&= (m_2+m_4)D + m_1\overline{D} + m_3 + m_5 + m_7
\end{aligned}$$

从最小项的表达式可以看出，当 $D_2 = D_4 = D$，$D_1 = \overline{D}$，$D_3 = D_5 = D_7 = 1$，$D_0 = D_6 = 0$ 时，将使能端置为有效电平，数据选择器就可以实现逻辑电路，其逻辑电路图如图 3.36 所示。

3. 用中规模集成电路（MSI）实现数据分配器

数据分配器能把一个输入端信号根据需要分配给多路输出中的某一路输出，相当于单刀多掷开关，其示意图如图 3.37 所示。

应当注意的是，厂家并不生产专门的数据分配器电路，数据分配器可以是译码器（显示译码器除外）的一种特殊应用。作为数据分配器使用的译码器必须具有使能端，其使能端作为数据输入端使用，译码器的输入端作为地址选择输入端，其输出端则作为数据分配器的输出端。图 3.38 是由译码器 74HC138 构成的 8 路数据分配器的逻辑电路图。

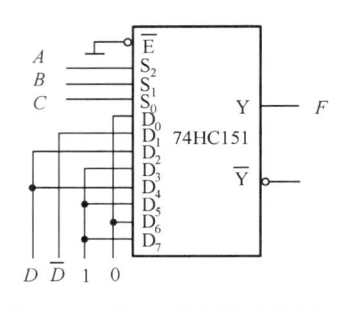

图3.36 例3.9的逻辑电路图 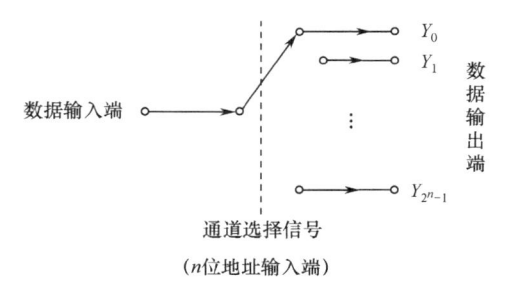　　　　　图3.37 数据分配器的示意图

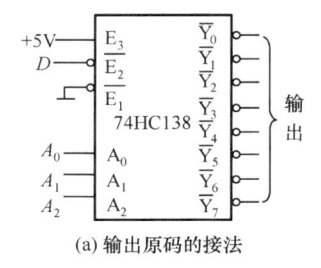

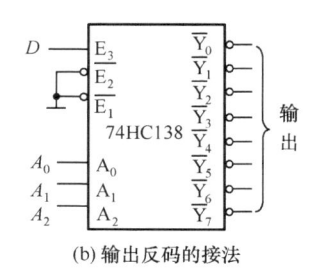

(a) 输出原码的接法　　　　　　　(b) 输出反码的接法

图3.38 由74HC138译码器构成的8路数据分配器的逻辑电路图

由图3.38(a)可知，数据输入端D接使能端$\overline{E_2}$，A_2，A_1和A_0为地址选择输入端。当$D=0$，$A_2A_1A_0=010$时，$\overline{Y_2}$输出有效电平0；当$D=1$，$A_2A_1A_0=010$时，$\overline{Y_2}$输出高电平1。因此当$A_2A_1A_0=010$时，D信号被分配在输出端$\overline{Y_2}$输出，$\overline{Y_2}=D$。

由图3.38(b)可知，数据输入端D接使能端E_3，A_2，A_1和A_0为地址选择输入端。当$D=0$，$A_2A_1A_0=010$时，$\overline{Y_2}$输出高电平；当$D=1$，$A_2A_1A_0=010$时，$\overline{Y_2}$输出有效电平0。因此当$A_2A_1A_0=010$时，D信号被分配在输出端$\overline{Y_2}$反相输出，$\overline{Y_2}=\overline{D}$。

4. 用加法器设计组合逻辑电路

例3.10 设计一个代码转换器电路，将输入的8421BCD码转换成余3码输出。

解：设输入的8421BCD码为$DCBA$，输出的余3码为$Y_1Y_2Y_3Y_4$，由表1.3可知$Y_1Y_2Y_3Y_4$和$DCBA$所代表的二进制数始终相差0011，即相差3，则

$$Y_1Y_2Y_3Y_4 = DCBA + 0011$$

显然，用一片4bits加法器74HC283可以设计所需电路，D,C,B,A接输入端$B_3 \sim B_0$，二进制码0011接输入端$A_3 \sim A_0$，$Y_3 \sim Y_0$接输出端$S_3 \sim S_0$，如图3.39所示。

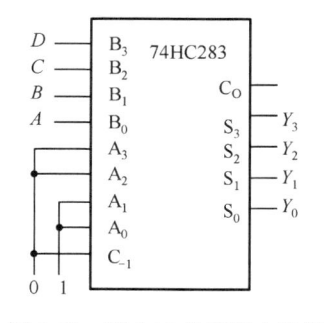

例3.11 设计一个4bits二进制并行加法/减法器。

解：设A和B分别为4bits二进制数，其中$A=a_4a_3a_2a_1$为被加数（或被减数），$B=b_4b_3b_2b_1$为加数（或减数），$S=s_4s_3s_2s_1$为和数（或差数）。令M为功能选择输入端，当$M=0$时，执行$A+B$；当$M=1$时，执行$A-B$，减法采用补码运算。

图3.39 例3.10的逻辑电路图

可用一片 74HC283 和 4 个异或门实现上述逻辑功能。具体实现方法是,将 4bits 二进制数 A 直接加到并行加法器 74HC283 的 A_4,A_3,A_2,A_1 输入端,4bits 二进制数 B 通过异或门接到并行加法器的 B_4,B_3,B_2,B_1 输入端。将功能选择变量 M 作为异或门的另一个输入且同时加到 74HC283 的 C_{-1} 进位输入端。因此,当 $M = 0$ 时,$C_{-1} = 0$,$b_i \oplus M = b_i \oplus 0 = b_i$,加法器实现 $S = A + B$;当 $M = 1$ 时,$C_{-1} = 1$,$b_i \oplus M = b_i \oplus 1 = \overline{b_i}$,加法器实现 $A + \overline{B} + 1$,即 $S = A - B$。其逻辑电路如图 3.40 所示。

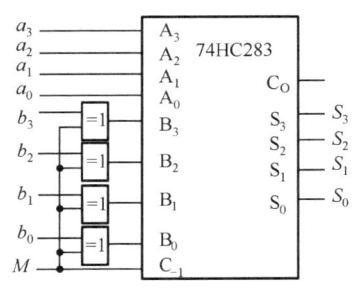

图 3.40 例 3.11 的逻辑电路图

3.4 组合逻辑电路中的竞争冒险

前面分析组合逻辑电路时,考虑的都是电路在稳态时的工作状态,而并未考虑门电路的延时对电路产生的影响。实际上,从信号输入到稳定输出需要一定的时间。由于从输入到输出存在不同的通路,而这些通路上门的级数不同,或者门电路的平均延时有差异,从而使信号经不同通路传输到输出级所需的时间不同,可能会使电路输出干扰脉冲(电压毛刺),造成系统中某些环节错误输出,通常把这种现象称为竞争冒险。

3.4.1 竞争冒险的产生原因

下面通过两个简单电路的工作情况,说明产生竞争冒险的原因。图 3.41(a)所示的"与"门在稳定状态下,当 $A = 0, B = 1$ 或 $A = 1, B = 0$ 时,输出 L 始终为 0。若信号 A, B 的变化同时发生,则能满足要求。若前级门电路的延时差异或其他原因,致使 B 从 1 变为 0 的时刻,滞后于 A 从 0 变为 1 的时刻,则在很短的时间间隔内,"与"门的两个输入端均为 1,其输出端出现一个高电平窄脉冲(干扰脉冲),如图 3.41(b)所示,图中考虑了"与"门的延时。同理,图 3.42(a)所示的"或"门在稳态下,当 $A = 0, B = 1$ 或 $A = 1, B = 0$ 时,输出 L 始终为 1。A 从 0 变为 1 的时刻,滞后于 B 从 1 变为 0 的时刻,则在很短的时间间隔内,"或"门的两个输入端均为 0,使输出出现一个低电平窄脉冲,如图 3.42(b)所示。

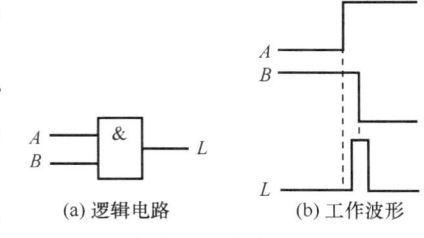

图 3.41 产生正跳变脉冲的竞争冒险

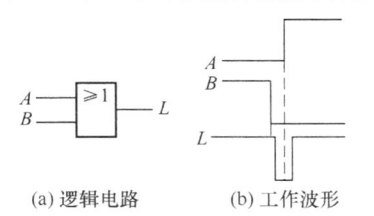

图 3.42 产生负跳变脉冲的竞争冒险

对于速度不是很快的数字系统,窄脉冲不会使之紊乱;但是对于高速工作的数字系统,窄脉冲将使系统逻辑混乱,不能正常工作,是必须克服的一种现象。为此应当识别电路是否存在竞争冒险,并采取措施加以解决。

3.4.2 竞争冒险的消除方法

1. 修改逻辑设计

(1) 增加多余项法

在逻辑表达式中添加多余项,消除冒险现象。

例 3.12 判断 $L = A \cdot C + \overline{A} \cdot B + \overline{A} \cdot C$ 是否存在冒险,若有则消除之。

解：分析 L 的表达式可知，在 $B=C=1$ 时，$L=A+\overline{A}$，可以产生竞争冒险现象。若在逻辑表达式中增加多余项 BC，则当 $B=C=1$ 时，L 恒为 1，即消除了冒险。

L 表达式的卡诺图如图 3.43 所示。分析卡诺图可见，添加多余项意味着在相切处多画一个包围圈 BC，使相切变为相交，从而消除了冒险现象。在化简时，为了简化逻辑电路，多余项通常会被舍去。在图 3.43 中，为了保证逻辑电路能够可靠地工作，又需要添加多余项消除冒险现象，这说明最简设计并不一定是最可靠的设计。

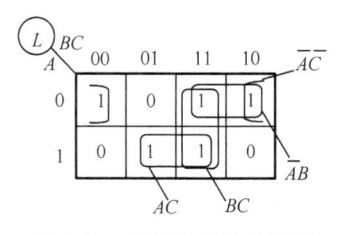

图 3.43 L 表达式的卡诺图

(2) 消除互补变量法

对逻辑表达式进行逻辑变换，以便消掉互补变量。

例 3.13 消除 $L=(\overline{A}+\overline{C})\cdot(A+B)\cdot(B+C)$ 中的冒险现象。

解：在 $B=0,C=1$ 时，$L=A\cdot\overline{A}$，可以引起冒险现象；在 $B=0,A=1$ 时，$L=C\cdot\overline{C}$，可以引起冒险现象。对逻辑表达式进行变换：

$$L=(\overline{A}+\overline{C})\cdot(A+B)\cdot(B+C)=\overline{A}B+AB\overline{C}+B\overline{C}+\overline{A}BC=\overline{A}B+B\overline{C}$$

在上述逻辑变换过程中，消去了表达式中隐含的 $A\cdot\overline{A}$ 和 $C\cdot\overline{C}$ 项。由表达式 $\overline{A}B+B\overline{C}$ 组成的逻辑电路，就不会出现冒险现象。

2. 加滤波电路

由于冒险现象产生的电压毛刺一般都很窄，所以只要在逻辑电路的输出端并联一个很小的滤波电容，就可以把电压毛刺的尖峰脉冲的幅度削弱至门电路的阈值以下。

在实现逻辑函数 $L=A\cdot C+\overline{A}\cdot B+\overline{A}\cdot\overline{C}$ 电路的输出端，并联一个很小的电容 C，如图 3.44(a) 所示。由于小电容的作用，使冒险现象的尖峰幅度变得很小，削弱了冒险现象对逻辑电路的影响，如图 3.44(b) 所示，但同时也使得输出信号上升沿的变化较缓，波形变差。

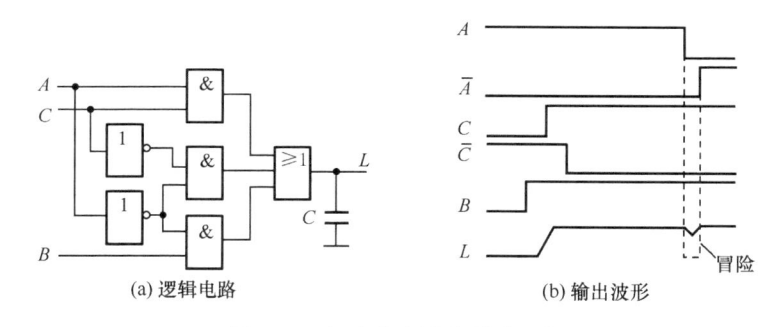

(a) 逻辑电路   (b) 输出波形

图 3.44 加小电容消除冒险现象

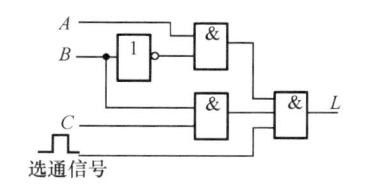

图 3.45 利用选通信号消除冒险现象

3. 引入选通电路

在组合逻辑电路中引入选通脉冲，使电路在输入信号变化时处于禁止状态，待输入信号稳定后，令选通信号有效使电路输出正常结果。这样可以有效地消除任何冒险现象。图 3.45 所示电路就是利用选通信号消除冒险现象的一个例子，但此电路输出信号的有效时间与选通脉冲的宽度相同。

4. 三种消除冒险方法的比较

(1) 修改逻辑设计的方法简便,但局限性较大,不适用于输入变量较多及较复杂的电路。

(2) 加入小电容滤波的方法简单易行,但输出电压的波形边沿会随之变形,因此仅适用于对输出波形前沿、后沿要求不高的电路。

(3) 引入选通电路的方法简单且不需要增加电路元件,但要求选通脉冲与输入信号同步,而且对选通脉冲的宽度、极性、作用时间均有严格要求。

※3.5 Proteus 电路仿真例题

【Proteus 例 3.1】将两片 3 线-8 线译码器扩展成 4 线-16 线译码电路,并测试其功能。

1. 创建电路

(1) 从库文件 TTL 74LS 中选取 74LS138,连接成 4 线-16 线译码电路,如图 3.46 所示。

(2) 从库文件 Debugging Tools 中加入逻辑电平输入端(Logic State)D3D2D1D0。

(3) 在输出端加入逻辑探针(Logic Probe)Y0~Y15,其输出低电平有效。

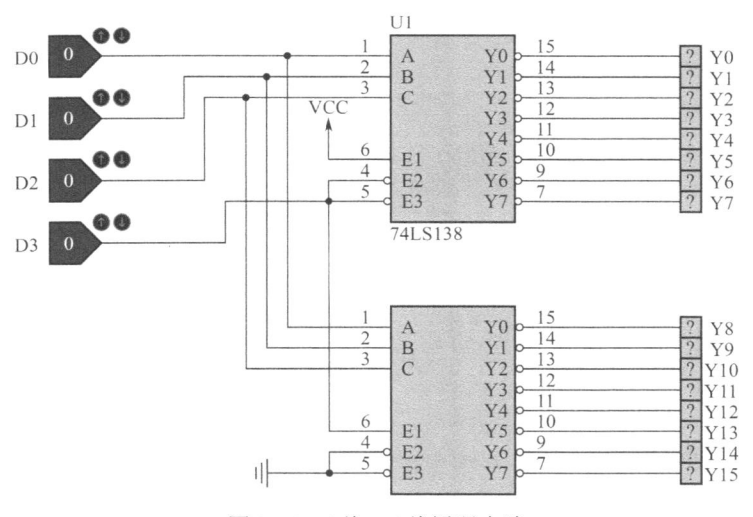

图 3.46 4 线-16 线译码电路

2. 仿真设置

(1) 单击逻辑电平输入端,将 D3D2D1D0 输入逻辑值从 0000~1111 进行自由设定。

(2) 单击仿真工具栏上的运行仿真(play)按钮,即可实现对该电路的仿真,其输入为 0010,仿真结果如图 3.47 所示。

3. 结果分析

通过对 D3D2D1D0 完整的输入逻辑值 0000~1111 仿真分析可知,图 3.46 所示电路为一种由 74LS138 扩展成的 4 线-16 线译码电路。

【Proteus 例 3.2】全加器电路功能测试。

用 74LS138 译码器和 74 LS20 与非门实现全加器电路。从库文件中选取 74LS138、74LS20、

SW-SPDT，加入逻辑电平输入端（Logic State）$A_i B_i C_{i-1}$、输出逻辑探针（Logic Probe）$S_i C_i$，连接成全加器电路，如图 3.48 所示。

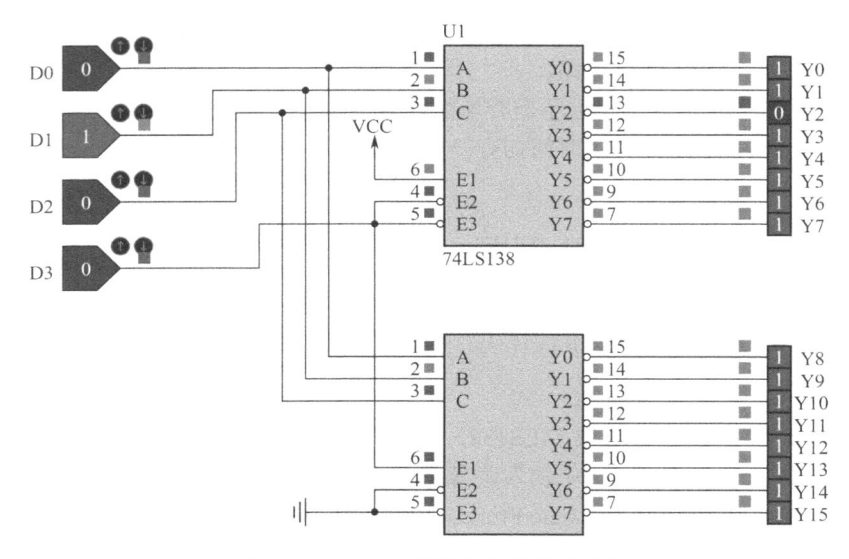

图 3.47　4 线-16 线译码电路仿真结果

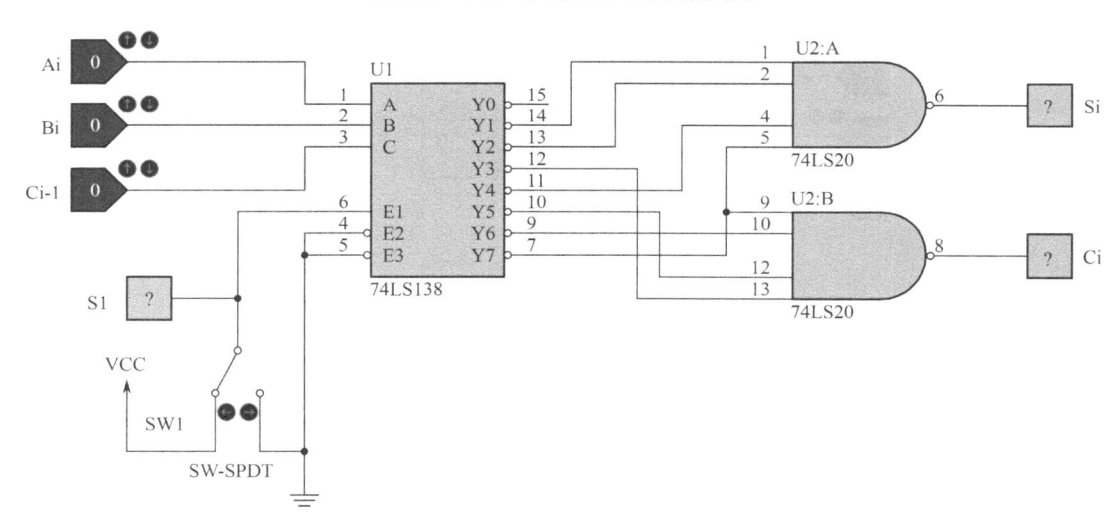

图 3.48　译码器和与非门实现的全加器电路

单击逻辑电平输入端，对 $A_i B_i C_{i-1}$ 输入逻辑值进行自由设定，可获得相应的输出 S_i, C_i，单击仿真工具栏上的运行仿真（play）按钮，即可实现对该电路的仿真，其仿真结果如图 3.48 所示。通过对该电路完整的逻辑值仿真可知，本电路用译码器和门电路实现了 1bit 二进制数全加器的功能。

本 章 小 结

1. 组合逻辑电路的特点是，电路在任意时刻的输出状态只取决于该时刻的输入信号，而与电路的原状态无关。

2. 组合逻辑电路的分析方法是根据逻辑电路图，分析得到该图的逻辑功能。分析步骤如下：根据逻辑电路图写出各输出端的逻辑表达式→化简和变换逻辑表达式→列出真值表→确定组合逻辑电路的功能。
3. 组合逻辑电路的设计方法是根据设计要求，设计出符合要求的最佳逻辑电路。设计步骤如下：根据设计要求列出真值表→写出逻辑表达式→化简和变换逻辑表达式→画出逻辑电路图。
4. 本章介绍了几种常用的中规模集成组合逻辑电路：编码器、译码器、数据选择器、数值比较器和加法器等，重点介绍了这些集成芯片的电路原理、逻辑符号、功能表及使用方法。
5. 本章还介绍了竞争冒险的基本概念、产生的原因及一般的消除方法。

思考题和习题 3

3.1 组合逻辑电路如图 3.49 所示，分析该电路的逻辑功能。

3.2 组合逻辑电路如图 3.50 所示，分析该电路的逻辑功能。

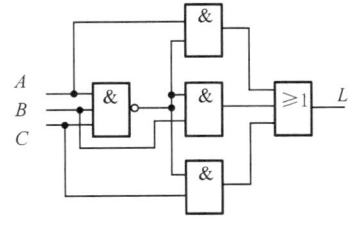

图 3.49 题 3.1 电路图

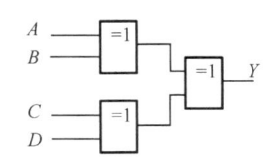

图 3.50 题 3.2 电路图

3.3 组合逻辑电路如图 3.51 所示，分析该电路的逻辑功能。

3.4 图 3.52 所示逻辑电路是一个多功能函数发生器，其中 S_3, S_2, S_1, S_0 作为控制信号，A, B 作为数据输入。试写出 S_3, S_2, S_1, S_0 为不同的取值组合时，输出 Y 的逻辑函数式。

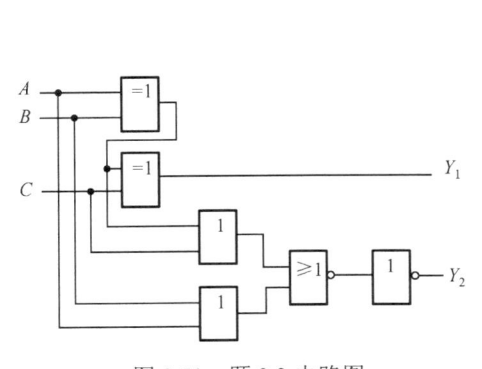

图 3.51 题 3.3 电路图

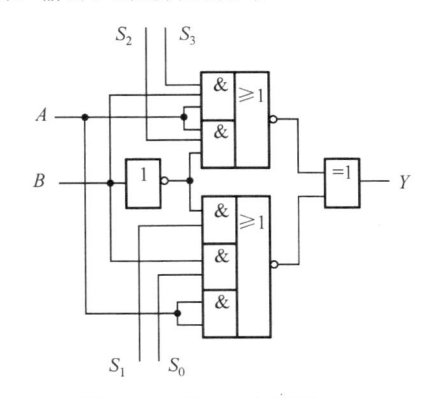

图 3.52 题 3.4 电路图

3.5 试设计一个 4bits 奇偶校验器。当 4bits 二进制数中有奇数个 1 时，输出为 0，否则输出为 1。用"与非"门来实现。

3.6 试设计一个 4 输入、4 输出的组合逻辑电路。当控制信号 $c = 0$ 时，输出状态与输入状态相反；当 $c = 1$ 时，输出状态与输入状态相同。

3.7 用逻辑门设计一个受光、声和触摸控制的电灯开关逻辑电路，分别用 A, B, C 表示光、声和触摸信号，用 F 表示电灯。灯亮的条件是：无论有无光、声信号，只要有人触摸开关，灯就亮；无人触摸开关时，只有当无光、有声音时灯才亮。试列出真值表，写出输出函数表达式，并画出最简逻辑电路图。

3.8 用逻辑门设计一个多输出逻辑电路，其输入为 8421BCD 码，输出为 3 个检查信号，要求：
(1) 检测到输入数字能被 4 整除时，$F_1 = 1$。
(2) 检测到输入数字大于等于 3 时，$F_2 = 1$。
(3) 检测到输入数字小于 7 时，$F_3 = 1$。

3.9 用逻辑门设计一个 2bits 二进制数的乘法器。

3.10 十进制-BCD 编码器的逻辑电路图如图 3.8 所示。假设输入端 Y_9 和 Y_3 都为高电平，其输出代码是什么？是否为一个有效的 8421BCD 码？

3.11 试用与非门设计 3 人表决电路，表决的原则是少数服从多数。不妨用 A, B, C 表示参加表决的 3 个人，用 F 表示表决结果。请给出设计过程，画出逻辑电路图。

3.12 若 74LS147 编码器的输入引脚 2、5 和 12 都为低电平，其他的输入引脚都为高电平，则其输出产生的 BCD 代码是什么？

3.13 用 74LS148（功能见表 3.7）优先编码器和其他门电路构成一个 10 线-4 线 8421BCD 编码器。

3.14 用一片 74HC138 和必要的门电路实现下列逻辑函数：
(1) $F(A,B,C) = \sum m(2,3,5,7)$
(2) $F(A,B,C) = A\overline{B} + \overline{A}C + B\overline{C}$
(3) $F(A,B,C,D) = AB\overline{C} + ACD$

3.15 用译码器 74HC139 和 74HC138 实现 5 线-32 线译码器。

3.16 利用 74HC138 实现数据分配，把数据 D 分配到 $\overline{Y_5}$ 输出。

3.17 图 3.53 所示为 4 线-16 线译码器 74HC154，图中 $\overline{E_1}$, $\overline{E_0}$ 为使能输入端，芯片译码时 $\overline{E_1}$, $\overline{E_0}$ 应同时接逻辑 0，芯片输出端低电平有效（即选中时为 0）。试用该译码器及少量的门电路实现两个 2bits 二进制数 $X = x_1 x_0$ 和 $Y = y_1 y_0$ 的大小比较电路。$X > Y$ 时，$F_1 = 1$；$X < Y$ 时，$F_2 = 1$；$X = Y$ 时，$F_3 = 1$。请画出接线图。

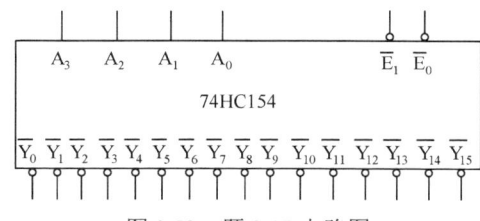

图 3.53 题 3.17 电路图

3.18 试用 8 选 1 数据选择器 74HC151 实现下列逻辑函数（允许反变量输入，但不能附加门电路）：
(1) $F = A \oplus B \oplus AC \oplus BC$
(2) $F(A,B,C) = \sum m(0,2,3,6,7)$
(3) $F(A,B,C,D) = \sum m(1,5,6,7,9,11,12,13,14)$

3.19 试用 8 选 1 数据选择器 74HC151 产生 10110011 序列信号。

3.20 试用 8 选 1 数据选择器 74HC151 和必要的门电路，设计一个 4bits 二进制码偶校验电路。有偶数输入时，输出为 1，否则输出为 0。

3.21 用 4 选 1 数据选择器和 3 线-8 线译码器 74HC138，设计一个 20 选 1 数据选择器。

3.22 设有一个 4bits 二进制数 X，送到一个判别电路，要求当 $4 \leq X \leq 7$ 时，输出 $Y_1 = 1$；当 $X \leq 3$ 时，输出 $Y_2 = 1$；当 $X \geq 8$ 时，输出 $Y_3 = 1$。试用两片 4bits 数字比较器 74LS85 与若干逻辑门实现此判别电路。

3.23 用一个 4bits 数值比较器 74LS85 和逻辑门电路实现两个 5 位二进制数的并行比较。

3.24 试用一片 4bits 数值比较器 74LS85 和一片 4bits 二进制加法器 74HC283 设计一个 4bits 二进制数到 8421BCD 码的转换电路。

3.25 试用一片 4bits 数值比较器 74LS85 和一片 4bits 二进制加法器 74HC283 设计一个 8421BCD 码到 5421BCD 码的转换电路。

3.26 判断下列函数是否存在冒险现象。若有，试消除之。

(1) $F_1(A,B,C) = \sum m(0,1,5,7)$

(2) $F_2(A,B,C,D) = \sum m(4,6,8,9,12,14)$

(3) $F_3(A,B,C,D) = \sum m(5,7,8,9,10,11,13,15)$

3.27 画出逻辑函数 $F(A,B,C) = \overline{A}C + AB + \overline{B}C + A\overline{C}$ 的电路图。试说明电路在什么情况下产生竞争冒险，怎样修改电路消除竞争冒险。

第4章 锁存器和触发器

一般来说，数字系统中除需要具有逻辑运算和算术运算的组合电路外，还需要具有存储功能的电路，组合电路与存储电路相结合可以构成时序逻辑电路，简称时序电路。本章讨论最简单的时序电路——锁存器和触发器，着重讨论它们的电路结构、工作原理、逻辑功能。

4.1 双稳态存储单元电路

双稳态存储单元电路具有维持两个不同的稳定状态的能力，从而具有存储 1bit 二进制数的功能。

4.1.1 电路双稳态的概念

所谓电路的**稳定状态**，是指电路可以长期稳定在某个状态，只在一定的外部信号作用下才发生状态的转换。电路若具有两个不同的稳定状态，比如在不掉电的情况下，则电路输出保持为高电平，这是电路的稳定状态之一；在不掉电的情况下，电路输出保持为低电平，这是电路的稳定状态之二。在一定的外部信号作用下，电路输出状态可以由低电平转变为高电平，也可以由高电平转变为低电平。

由前述可知，在正逻辑体制下，电路输出高电平可以用来表示"数字 1"，也可以用来表示"逻辑 1"，电路输出低电平可以用来表示"数字 0"，也可以用来表示"逻辑 0"。这样，具有双稳态的电路就能够存储或记忆 1bit 二进制数，也能够存储或记忆一个逻辑变量的两种取值。

4.1.2 双稳态存储单元电路

1．电路结构

如图 4.1 所示，两个非门 G_1 和 G_2 首尾交叉连接，构成了最基本的双稳态存储单元电路。不妨假设非门 G_1 的输出信号为 Q，非门 G_2 的输出信号为 $\bar{Q}$，下面分析该电路的逻辑状态。

2．电路逻辑状态分析

由非门的逻辑关系可知，若 $Q=0$ 被送到非门 G_2 的输入端，由于非门 G_2 的作用，则有 $\bar{Q}=1$，$\bar{Q}$ 再反馈到非门 G_1 的输入端，又保证了 $Q=0$。由于两个非门首尾相接的逻辑锁定，该电路能自行保持在 $Q=0$，$\bar{Q}=1$ 的状态，从而形成了第一种稳定状态。同理，若 $Q=1$，则电路能自行保持在 $Q=1$，$\bar{Q}=0$ 的状态，从而形成了第二种稳定状态。在两种稳定状态下，输出信号 Q 和 $\bar{Q}$ 总是互补的。

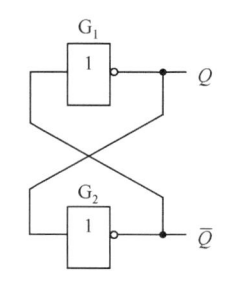

图 4.1 双稳态存储单元电路

由于该电路只存在这两个可以长期保持的稳定状态，因此被称为双稳态存储单元电路，简称双稳态电路。可以定义 $Q=0$ 时为电路的 0 状态，$Q=1$ 时为电路的 1 状态。电路接通电源后，可能随机进入其中的某种状态,并能长期保持不变,因此该电路具有存储或记忆 1bit 二进制数的能力。但是,由于没有控制信号输入,所以无法确定该电路在上电时究竟进入哪种状态,也无法在运行过程中改变它的状态。

若在图 4.1 中将非门改为或非门,或改为与非门,从而引入输入控制信号,则在一定的输入控制信号作用下,可使电路能从一种状态转换到另一种状态,从而实现对电路逻辑状态的控制。下一节讨论的 RS 锁存器就是利用这个原理设计的。

4.2 锁存器

锁存器和触发器的共同特点是都具有 0 和 1 两种稳定状态,能够存储或记忆 1bit 二进制数,是构成时序电路的存储单元电路。在一定的外部信号作用下,锁存器和触发器可以由一种稳定状态转换到另一种稳定状态。

锁存器是一种对脉冲电平敏感的存储单元电路,它可以在特定输入脉冲电平(高电平或低电平)的作用下,改变电路的状态。由不同锁存器构成的触发器则是一种对脉冲边沿敏感的存储单元电路,它只在被称为触发信号脉冲边沿(上升沿或下降沿)到来的瞬间,才改变电路的状态。

4.2.1 RS 锁存器

RS 锁存器有基本 RS 锁存器和同步 RS 锁存器两种,它们既可以由与非门组成,又可以由或非门组成。下面主要讨论由与非门组成的 RS 锁存器。

1. 基本 RS 锁存器

(1) 电路结构

由与非门组成的基本 RS 锁存器的逻辑电路图如图 4.2(a)所示,逻辑符号如图 4.2(b)所示。该基本 RS 锁存器由两个与非门的输入端/输出端交叉连接而成,电路有两个输入信号 R, S,两个输出信号 Q($=\overline{S\overline{Q}}$),$\overline{Q}$($=\overline{RQ}$)。一般情况下,$Q, \overline{Q}$ 是互补的,当 $Q = 1$ 时 $\overline{Q} = 0$,称为锁存器的 1 状态;当 $Q = 0$ 时 $\overline{Q} = 1$,称为锁存器的 0 状态。

(2) 逻辑功能

① 当 $R = 1, S = 0$ 时,称锁存器被**置 1**(置位)。由于 $S = 0$,可得 $Q = 1$。再由 $R = 1$,$Q = 1$ 导出 $\overline{Q} = 0$。由于 $\overline{Q}$ 接回到与非门 G_2 的一个输入端,在 S 由低电平变为高电平后,锁存器仍能维持 1 状态。因为使锁存器为 1 状态的关键信号是 $S = 0$,所以 S 称为置 1 输入端,也称置位端,并且是低电平有效,可以认为 S 是 Set 的缩写。

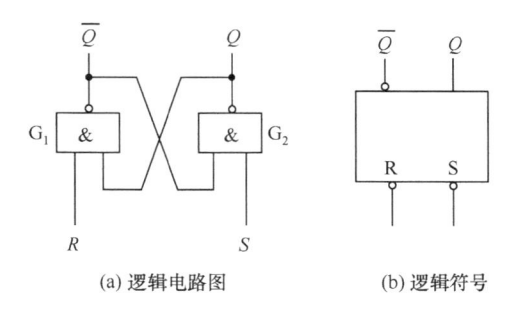

(a) 逻辑电路图　　(b) 逻辑符号

图 4.2　基本 RS 锁存器的逻辑电路图和逻辑符号

② 当 $R = 0, S = 1$ 时,称锁存器被**置 0**(清 0、复位)。由于 $R = 0$,可得 $\overline{Q} = 1$。再由 $S = 1$,$\overline{Q} = 1$ 导出 $Q = 0$。由于 Q 端接回到与非门 G_1 的一个输入端,在 R 由低电平变为高电平后,锁存器仍能维持 0 状态。因为使锁存器为 0 状态的关键信号是 $R = 0$,所以 R 被称为置 0 输入端,也称复位端或清 0 端,并且是低电平有效,可以认为 R 是 Reset 的缩写。

③ 当 $R=S=1$ 时，电路状态保持原态不变。不妨假设锁存器的原态为 $Q=0$，$\bar{Q}=1$，由于 $Q=0$ 通过与非门 G_1 的作用，将使得 $\bar{Q}=1$，而 $\bar{Q}=1$ 且 $S=1$ 通过与非门 G_2 的作用，又能维持 $Q=0$，所以锁存器将维持原态不变；同理，若假设锁存器的原态为 $Q=1$，$\bar{Q}=0$，则也能维持原态不变。这体现了锁存器的"记忆"功能。

④ 当 $R=S=0$ 时，$Q=\bar{Q}=1$，这就破坏了两个输出信号电平互补的原则。当 R 和 S 同时由低电平 0 变为高电平 1 后，由于两个与非门的延时存在差别，使得锁存器的输出状态不能确定，可能是 1 状态，也可能是 0 状态，这种情况是不允许的。因此，在正常使用锁存器时，应遵守 $R+S=1$ 的约束条件，即避免同时加入 $R=0,S=0$ 的输入信号。

综上所述，由与非门组成的基本 RS 锁存器的功能表如表 4.1 所示。

(3) 动作特点

输入信号 R,S 在全部作用时间内都能直接改变 Q 和 $\bar{Q}$ 的状态，能够直接置 1 或直接置 0。R 为复位输入端，S 为置位输入端，并且是低电平有效，在逻辑符号的输入端处用小圆圈表示低电平有效。

表 4.1 基本 RS 锁存器的功能表

R	S	Q	$\bar{Q}$	锁存器状态
0	0	1	1	不确定
0	1	0	1	置0（复位）
1	0	1	0	置1（置位）
1	1	不变	不变	保持原态

例 4.1 在由与非门组成的基本 RS 锁存器中，设初始状态为 0，并且已知输入信号 R,S 的波形图如图 4.3 所示，试画出输出端信号 Q 和 $\bar{Q}$ 的波形图。

解： 由前述可知，由与非门组成的基本 RS 锁存器的逻辑功能可概括如下：① 当 $RS=10$ 时，锁存器被置 1；② 当 $RS=11$ 时，锁存器维持原态；③ 当 $RS=01$ 时，锁存器被置 0；④ 当 $RS=00$ 时，锁存器的 Q 和 $\bar{Q}$ 同时为 1，当 R 和 S 的低电平信号同时消失后，状态不能确定。在图 4.3 中 R 先回到高电平，可视为 $RS=10$ 的情况，故锁存器的状态可以确定。输出信号 Q 和 $\bar{Q}$ 的波形也画在图 4.3 中。

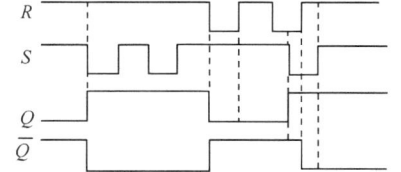

图 4.3 输入/输出信号的波形图

2. 基本 RS 锁存器的应用举例

基本 RS 锁存器具有电路简单的特点，被广泛应用于防抖动电路、键盘输入电路等电路中。

例 4.2 机械开关切换时，由于机械触点的弹性振颤，使得电压或电流波形产生"毛刺"，其电压波形如图 4.4(b)所示。机械开关的触点振颤延续时间取决于开关的结构、几何形状、尺寸和材料，一般为几毫秒到几十毫秒不等。在电子电路中，开关的抖动会导致电路产生误动作，通常需要采用硬件方法或软件方法来消除其不良影响。图 4.4(a)所示为消抖电路，是一种硬件去抖动方案，试分析其工作原理，并画出输出信号 Q 的波形。

解： 下面讨论单刀双掷开关 K 由 R 端拨向 S 端的情况。

(1) 不妨假设单刀双掷开关 K 开始时与 R 端接通，这时锁存器的输入为 $S=1$，$R=0$，则由分析可知 $Q=0$，锁存器处于 0 状态。

(2) 当开关 K 开始由 R 端拨向 S 端时，R 端的电压波形出现前沿抖动现象，若 $S=1$，$R=0$，则由分析可知锁存器处于 0 状态；若 $S=1$，$R=1$，则由分析可知锁存器维持在 0 状态。在开关 K 由 R 端拨向 S 端的过程中，若开关 K 既没有与 R 端接通，又没有与 S 端接通，这时锁存器的输入为 $S=1$，$R=1$，则由分析可知，锁存器维持原态即 0 状态不变。

第4章 锁存器和触发器

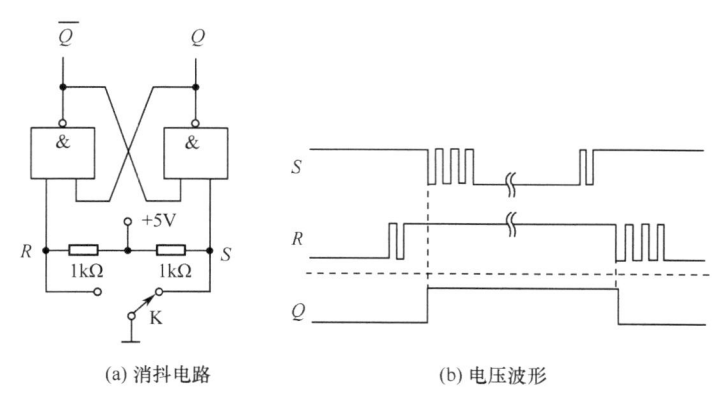

(a) 消抖电路　　　(b) 电压波形

图4.4　消抖电路和电压波形

(3) 当开关 K 开始与 S 端接通时，S 端的电压波形出现前沿抖动现象，由波形可知，若 $S=0$，$R=1$，则由分析可知 $Q=1$，锁存器由 0 状态翻转为 1 状态；若 $S=1$，$R=1$，则由分析可知锁存器维持 1 状态。当开关 K 与 S 端接通时，由于 R 端维持在高电平且 $S=0$，这时锁存器的输入为 $S=0$，$R=1$，所以锁存器将保持 1 状态不变。

同理，对于单刀双掷开关 K 由 S 端拨向 R 端的情况，S 端的电压波形将出现后沿抖动，R 端的电压波形也将出现后沿抖动。输出信号 Q 的波形如图 4.4(b)所示，由输出信号 Q 的电压波形可见，该电路消除了机械开关抖动的影响——输出信号 Q 的电压波形没有"毛刺"。

3．同步 RS 锁存器

(1) 电路结构

同步 RS 锁存器的逻辑电路图如图 4.5(a)所示，它在由与非门 G_1，G_2 组成的基本 RS 锁存器的基础上，增加了与非门 G_3，G_4，并且引入了锁存使能输入控制信号 E。

基本 RS 锁存器的输出状态是由输入信号 R，S 直接控制的，同步 RS 锁存器只在锁存使能输入控制信号 E 为高电平时由输入信号 R，S 确定输出状态。通过控制 E 端的电平，可以实现多个锁存器同步进行数据锁存。

同步 RS 锁存器的逻辑符号如图 4.5(b)所示，方框内部用 C1，1R 和 1S 表达内部逻辑信号之间的关联关系。C 表示这种关联属于控制类型，其后缀标识序号"1"表示该输入信号的逻辑状态对所有以"1"作为前缀的输入信号起作用，所以输入信号 1R 和 1S 受 C1 的控制。两个输出端的信号 Q 和 $\overline{Q}$ 是互补输出信号，一般将 Q 端的输出状态说成是锁存器的状态。这样，不通过图 4.5(a)所示的逻辑电路图，仅从抽象的逻辑符号，也能够理解同步 RS 锁存器各输入、输出信号之间的逻辑关系。

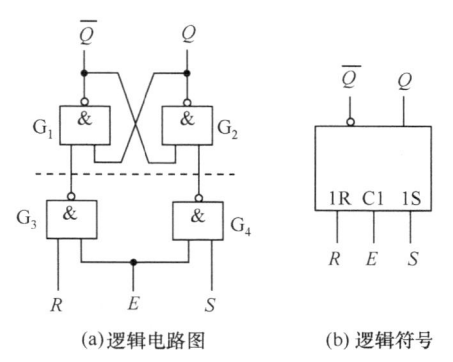

(a)逻辑电路图　　　(b)逻辑符号

图 4.5　同步 RS 锁存器的逻辑电路图和逻辑符号

(2) 逻辑功能

当 $E=0$ 时，与非门 G_3，G_4 的输出都为 1，G_3 和 G_4 被封锁。这时，不管 R 端和 S 端的信号如何变化，锁存器的状态都保持不变。

当 $E=1$ 时，G_3 和 G_4 打开，R，S 端的输入信号通过这两个与非门反相后，传送到基本 RS 锁存器的输入端，电路输出状态由输入信号 R，S 决定。若这时输入信号 $R=S=1$，则 $Q=\overline{Q}=1$，

但是当 E 由 1 变为 0 后，锁存器的输出状态不确定，因为当 E 恢复为低电平 0 时，由于 G_3 和 G_4 的输出同时回到高电平 1，由与非门 G_1，G_2 组成的基本 RS 锁存器不能确定其输出状态，因此，这种锁存器必须严格遵守 $RS=0$ 的约束条件，也就是说，输入信号 R, S 不能同时为 1。

综上所述，当 $E=1$ 时，输入信号端 R 是置 0 端，高电平有效；输入信号端 S 是置 1 端，高电平有效。当 $E=0$ 时，输入信号 R, S 的电平不影响锁存器的输出状态。由与非门组成的同步 RS 锁存器的逻辑功能如表 4.2 所示。

表 4.2 同步 RS 锁存器的逻辑功能表

E	R	S	Q	$\overline{Q}$	锁存器的状态
0	×	×	不变	不变	保持
1	0	0	不变	不变	保持
1	0	1	1	0	置 1（置位）
1	1	0	0	1	置 0（复位）
1	1	1	1	1	输出状态不能确定

由于约束条件 $RS=0$ 的限制，实际中很少直接应用这种同步 RS 锁存器。但是，许多集成电路触发器、集成电路锁存器都是由这种锁存器构成的，所以它仍是重要的基本时序逻辑单元电路。

4.2.2 D 锁存器

D 锁存器的电路结构有逻辑门控制的和传输门控制的两种，下面介绍逻辑门控制的 D 锁存器。传输门控制的 D 锁存器请读者参见参考文献[2]。

1. 电路结构

消除同步 RS 锁存器输出状态不确定的最简单的方法，是在图 4.5(a)所示的电路中增加一个非门 G_5，从而保证满足约束条件"输入信号 R, S 不同时为 1"，D 锁存器的逻辑电路图如图 4.6(a)所示，它只有两个输入端：数据输入端 D 和使能输入端 E。D 锁存器的逻辑符号如图 4.6(b)所示，C1 和 1D 二者是相关联的，表示 C1 控制着输入信号 1D。

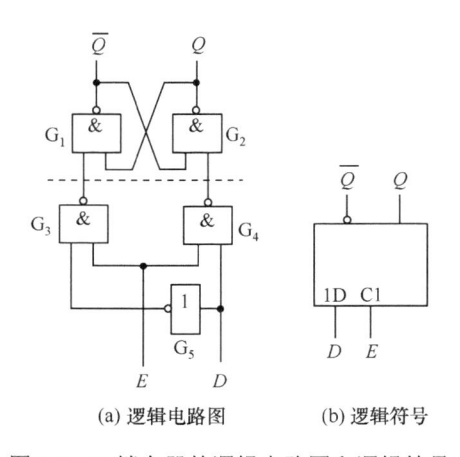

(a) 逻辑电路图 (b) 逻辑符号

图 4.6 D 锁存器的逻辑电路图和逻辑符号

2. 逻辑功能

当 $E=0$ 时，与非门 G_3，G_4 的输出都为 1，G_3 和 G_4 被封锁。这时，由与非门 G_1，G_2 构成的基本 RS 锁存器处于保持状态，无论输入信号 D 如何变化，输出信号 Q 和 $\overline{Q}$ 均保持不变。需要更新状态时，可将使能信号 E 变为 1，电路将根据此时输入信号 D 的取值，将锁存器置为新的状态：若 $D=0$，则无论基本 RS 锁存器的原态如何，都将使 $Q=0$，$\overline{Q}=1$，电路被置为 0 状态；同理，若 $D=1$，则无论基本 RS 锁存器的原态如何，电路都将被置为 1 状态。若输入信号 D 在 $E=1$ 时发生变化，则电路的输出信号 Q 将跟随 D 而变化。但是，在 E 由 1 跳变为 0 后，电路将锁存 E 跳变前瞬间 D 的逻辑值，可以暂时存储 1bit 二进制数据。D 锁存器的逻辑功能表如表 4.3 所示。

表 4.3　D 锁存器的逻辑功能表

E	D	Q	$\overline{Q}$	功能说明
0	×	不变	不变	保持
1	0	0	1	置 0
1	1	1	0	置 1

例 4.3　图 4.6(a)所示 D 锁存器逻辑电路的输入信号波形如图 4.7 中虚横线的上边所示，已知 D 锁存器的初始状态 $Q=0$，试画出输出信号 Q 和 $\overline{Q}$ 的波形。

解：根据前述 D 锁存器的功能可知，当 $E=1$ 时，输出信号 Q 的波形跟随输入信号 D 变化，当 E 由 1 跳变为 0 时，锁存器保持 E 跳变前瞬间输入信号 D 的状态，因此可以画出 Q 和 $\overline{Q}$ 的波形如图 4.7 中虚横线的下边所示。

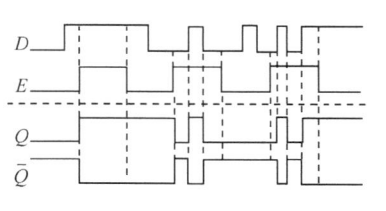

图 4.7　例 4.3 的波形图

4.2.3　8D 锁存器 74HC573 芯片介绍

8D 锁存器 74HC573 芯片广泛应用于数字系统（如单片机应用系统）[①]。

1．芯片内部逻辑电路图

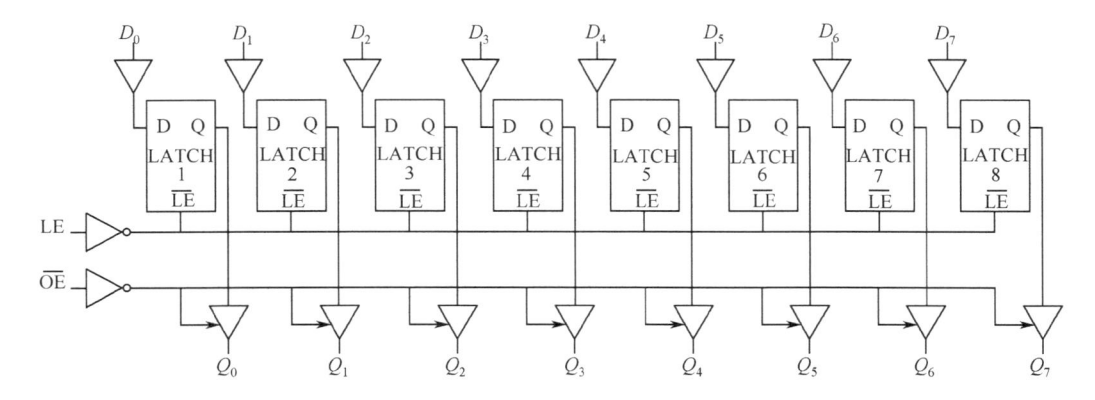

CMOS 8D 锁存器 74HC573 芯片的内部逻辑电路图如图 4.8 所示，其核心电路是 8 个 D 锁存器。这 8 个 D 锁存器共用一个锁存使能信号 LE，当 LE 为高电平时允许所有 D 锁存器动作，更新它们的状态；当 LE 为低电平时，电路保持 8bits 数据不变。8 个 D 锁存器的输出端 Q 都带有三态门，当输出使能信号 $\overline{OE}$ 为低电平时，三态门有效，输出已经锁存的信号；当 $\overline{OE}$ 为高电平时，74HC573 芯片的输出信号 $Q_7 \sim Q_0$ 处于高阻态。这种三态输出电路使 D 锁存器与输出负载得到有效隔离，更重要的是使得 74HC573 芯片可以作为 8bits 总线驱动器使用，因而广泛应用在微控制器或计算机的总线传输电路中。

图 4.8　8D 锁存器 74HC573 芯片的内部逻辑电路图

2．74HC573 的引脚图

从应用的角度看，使用者只有在知道集成电路芯片的引脚图后，才能真正使用它。8D 锁存

---

① 本书引用的典型集成电路芯片资料主要来自 NXP Semiconductors 公司网站（www.nxp.com）上提供的 Data Sheet，谨此致谢。

器 74HC573 芯片的引脚图如图 4.9 所示。74HC573 芯片一般有双列直插式封装形式和贴片式封装形式，双列直插式封装如图 4.10(a)所示，封装名称为 DIP-20；贴片式封装如图 4.10(b)所示，封装名称为 SOIC-20。74HC573 芯片共有 20 个引脚，各引脚的功能描述如表 4.4 所示。

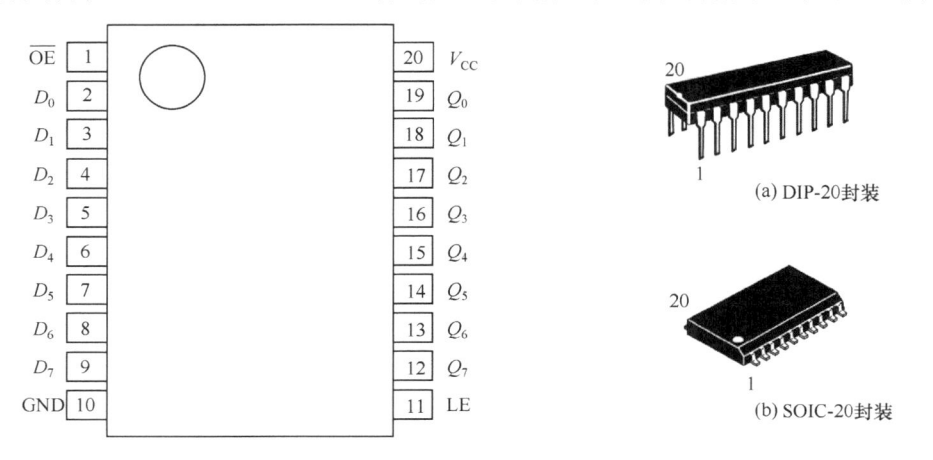

图 4.9　74HC573 芯片的引脚图

图 4.10　74HC573 的封装

表 4.4　74HC573 芯片的引脚功能描述

符　号	引　脚　号	描　　述
$\overline{OE}$	1	三态输出使能输入（低电平有效）
$D[0:7]$	2, 3, 4, 5, 6, 7, 8, 9	数据输入
GND	10	地（0V）
LE	11	锁存使能输入（高电平有效）
$Q[0:7]$	19, 18, 17, 16, 15, 14, 13, 12	三态锁存输出
V_{CC}	20	电源（2.0～6.0V，典型值为 5.0V）

3．74HC573 芯片的逻辑功能

根据 LE 和 $\overline{OE}$ 的不同电平，74HC573 芯片有三种工作模式，即使能和读锁存器、锁存和读锁存器、锁存和禁止输出，表 4.5 所示为 74HC573 芯片的功能表。在绘制数字系统的逻辑电路图时，一般使用集成电路芯片的逻辑符号，图 4.11 所示为 74HC573 芯片的逻辑符号。

表 4.5　74HC573 芯片的功能表

工作模式	输　入			内部锁存器状态	输　出
	$\overline{OE}$	LE	D_n		Q_n
使能和读锁存器（传送模式）	L	H	L	L	L
	L	H	H	H	H
锁存和读锁存器	L	L	L*	L	L
	L	L	H*	H	H
锁存和禁止输出	H	×	×	×	高阻
	H	×	×	×	高阻

注：L* 和 H* 表示锁存使能信号 LE 由高变低之前瞬间 D_n 的逻辑电平。

4. D 锁存器的动态特性

时序图是表达时序电路动态特性的工具之一，它表示电路在动作过程中，对各输入信号的时间要求，以及输出对输入信号的响应时间。图 4.12 所示是 D 锁存器的时序图，下面对其中给出的参数进行说明。

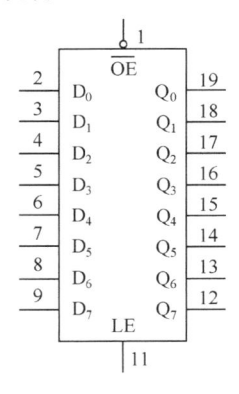

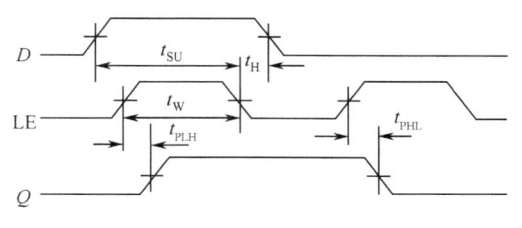

图 4.11　74HC573 芯片的逻辑符号　　　　图 4.12　D 锁存器的时序图

(1) 建立时间 t_{SU}

数据输入信号 D 应在锁存使能信号 LE 下降沿到来之前建立，才能保证正确地锁存。t_{SU} 表示信号 D 对 LE 下降沿的最少时间提前量。

(2) 保持时间 t_H

在锁存使能信号 LE 下降沿到来后，输入信号 D 不允许立即撤除，否则不能确保数据的锁存。t_H 表示输入信号 D 的电平在 LE 下降沿到来后需要继续保持的最少时间。

(3) 脉冲宽度 t_W

为保证输入信号 D 正确地传送到输出端 Q，要求锁存使能信号 LE 为高电平脉冲的最小宽度。

(4) 传输延时 t_{PLH} 和 t_{PHL}

传输延时是指信号 D 和 LE 共同作用后，输出端 Q 响应的最大延时。t_{PLH} 是指输出从低电平到高电平的延时，t_{PHL} 是指输出从高电平到低电平的延时。一般来说，对 TTL 数字集成电路系列而言，t_{PLH} 大于 t_{PHL}；而对 CMOS 数字集成电路系列而言，二者相差无几或相同。

参数 t_{SU}，t_H，t_W 是对输入信号的要求，参数 t_{PLH} 和 t_{PHL} 是输出信号的响应时间。对 8D 锁存器 74HC573 芯片而言，当 $V_{CC}=4.5V$，$T=25℃$ 时，要求 $t_W \geqslant 16ns$，$t_{SU} \geqslant 13ns$，$t_H \geqslant 9ns$，而 t_{PLH} 和 t_{PHL} 的典型值为 18ns。

在数字系统的设计工作中，必须对电路的动态特性予以足够重视，若不遵守对输入信号的时间要求，则可能得到错误的逻辑输出；而电路输出响应的延时将对后面被驱动电路的时间特性产生影响。对上述时序要求，通常要留有充分的余地，当电路工作在接近时序极限的高频条件下时更要注意，否则电路在长期工作中会发生原因难以查明的偶发性逻辑问题，或当环境条件改变如温度变化时出现工作不稳定的情况。

4.3　触发器的电路结构

由前述可知，D 锁存器在锁存使能信号 LE = 1 期间，输出信号 Q 会随输入信号 D 的变化而变化，并且可以维持两种稳态。也就是说，锁存器是一种对脉冲电平敏感的存储单元电路，D 锁存器在锁存使能信号 LE = 1 期间,可能多次改变电路的状态,这种特性会使得时序电路的某些功能不能实现,例如第 5 章讨论的计数器和移位寄存器。要实现这些功能,就要求存储单元电路只对时钟信号的某一边沿敏感,在其他时间保持状态不变,不受输入信号变化的影响。这种在时钟脉冲边沿作用下的状态刷新称为**触发**,具有这种特性的存储单元电路被称为**触发器**。不同电路结构的触发器对时钟脉冲的敏感边沿可能不同,有上升沿触发的和下降沿触发的两种。

目前,实际使用的触发器主要有三种电路结构:主从触发器、维持阻塞触发器、利用传输延时的触发器。下面介绍前两种电路结构的触发器,关于利用传输延时的触发器,有兴趣的读者可以参见参考文献[2]。

4.3.1 主从触发器

1. 主从 RS 触发器

(1) 电路结构

主从 RS 触发器的逻辑电路图如图 4.13(a) 所示。由逻辑电路图可见,它由两级同步 RS 锁存器构成。$G_5 \sim G_8$ 组成主锁存器,直接接收输入信号 R 和 S,$G_1 \sim G_4$ 组成从锁存器,接收主锁存器的输出信号。G_9 的作用是将 CP 脉冲反相,形成与 CP 互补的脉冲 CP′,使两级锁存器分别工作在两个不同的时间区域内,从而有效地克服多次翻转的问题。

图 4.13(b) 所示为其逻辑符号,逻辑符号方框内侧的"∧"符号表示触发器对 CP 信号的脉冲边沿敏感,CP 输入端的小圆圈表示该主从 RS 触发器对时钟信号 CP 的下降沿敏感;C1 与 1R,1S 相关联,C1 控制着输入信号 1R 和 1S。

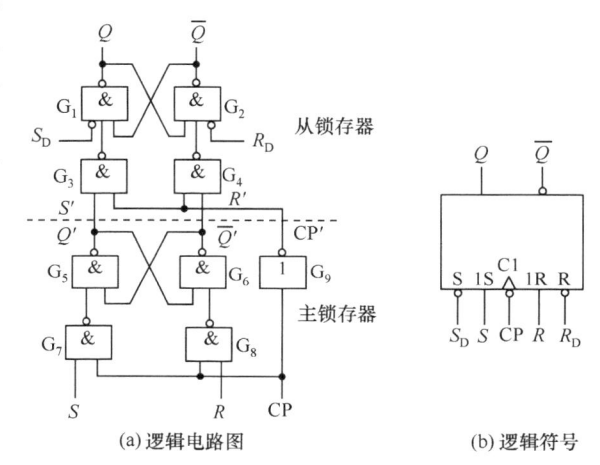

图 4.13 主从 RS 触发器的逻辑电路图和逻辑符号

(2) 逻辑功能

图 4.13(a) 中主从触发器的工作过程分为以下两个步骤。

① 当 CP = 1 时,CP′ = 0,从锁存器被封锁,保持原态不变。这时,G_7,G_8 打开,主锁存器工作,接收输入信号 R 和 S,相当于暂存输入信号。也就是说,输入信号 R,S 的状态决定了主锁存器的输出状态,当然,输入信号 R,S 应该满足约束条件 $RS = 0$。若 $R = 0$,$S = 1$,则由同步 RS 锁存器的逻辑功能可知主锁存器翻转到 $Q' = 1$,$\overline{Q'} = 0$ 的状态。

② 当 CP 由 1 变为 0 时,有 CP = 0,CP′ = 1,这时主锁存器被封锁,输入信号 R,S 不再影响主锁存器的状态。由于这时 CP′ = 1,G_3,G_4 打开,从锁存器接收主锁存器输出端的状态,也就是说,主锁存器的输出状态决定了从锁存器的输出状态。因为这时主锁存器的输出为 $Q' = 1$,$\overline{Q'} = 0$,所以从锁存器也翻转到 $Q = 1$,$\overline{Q} = 0$ 的状态。

由此可见,在工作过程中从锁存器的状态总是跟随主锁存器的状态而变化,触发器的输出状态转换发生在 CP 信号下降沿到来后的瞬间,触发器的状态仅取决于 CP 信号下降沿到达前瞬间的输入信号 R,S。从功能上考虑,我们称之为 RS 触发器,触发器的状态用 Q 表示,从概念上讲,

我们用 Q^{n+1} 表示时钟信号 CP 下降沿到来后触发器的状态，称为次态；Q^n 表示时钟信号 CP 下降沿到达前触发器的状态，称为原态（现态、初态）。将 Q^n 作为输入状态变量时，我们把含有状态变量和输入信号的真值表称为特性表。主从 RS 触发器的特性表如表 4.6 所示。

表 4.6 主从 RS 触发器的特性表

CP	R	S	Q^n	Q^{n+1}	功能说明
0	×	×	0	0	保持原态
1	×	×	1	1	
↴	0	0	0	0	保持原态
	0	0	1	1	
↴	0	1	0	1	置 1（置位）
	0	1	1	1	
↴	1	0	0	0	置 0（复位）
	1	0	1	0	
↴	1	1	0	×	输出状态不能确定
	1	1	1	×	

触发器次态 Q^{n+1} 与输入信号 R, S 及现态 Q^n 之间关系的逻辑表达式称为 RS 触发器的特性方程。根据表 4.6 可画出主从 RS 触发器次态 Q^{n+1} 的卡诺图，如图 4.14 所示。

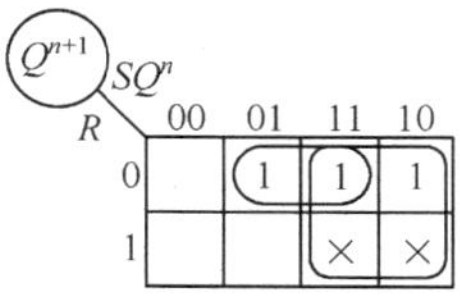

化简卡诺图后，可得主从 RS 触发器的特性方程为

$$\begin{cases} Q^{n+1} = S + \overline{R}Q^n \\ RS = 0 \quad \text{（约束条件）} \end{cases}$$

图 4.14 主从 RS 触发器次态 Q^{n+1} 的卡诺图

(3) 异步清 0 和异步置 1

由图 4.13 可见，主从 RS 触发器还有异步清 0 输入端 R_D、异步置 1 输入端 S_D，由于异步清 0 信号和异步置 1 信号是直接加在从锁存器上的，所以只要有异步清 0 信号或异步置 1 信号（低电平有效），触发器的状态将立即被清 0 或置 1，而不受时钟信号 CP 和输入信号 R, S 的制约，具有最高的优先级。但是要注意，在任何时刻信号 R_D 和 S_D 中只能有一个低电平有效，而不能同时有效。

信号 R_D 和 S_D 主要用来给触发器设置初始状态，或对触发器的状态进行特殊的控制。在使用时要注意的是，当触发器在 CP 脉冲信号控制下正常工作时，若信号 R_D 和 S_D 为低电平有效，则应使信号 R_D 和 S_D 都为高电平；若信号 R_D 和 S_D 为高电平有效，则应使信号 R_D 和 S_D 都为低电平。

2．主从 D 触发器

(1) 电路结构

主从 D 触发器的逻辑电路图如图 4.15(a)所示，它由两个基于传输门的 D 锁存器级联而成。主锁存器和从锁存器的逻辑电路相同，但主锁存器的锁存使能信号正好与从锁存器的反相，利用两个锁存器的交互锁存可以实现存储数据与输入信号之间的隔离。

图 4.15(b)所示为主从 D 触发器的逻辑符号，逻辑符号方框内侧的"^"符号表示触发器对时钟信号 CP 的脉冲边沿敏感，CP 输入端无小圆圈，表示该主从 D 触发器对时钟信号 CP 的上升沿敏感；C1 与 1D 相关联，C1 控制着输入信号 1D。

(a) 逻辑电路图　　　　　　　　(b) 逻辑符号

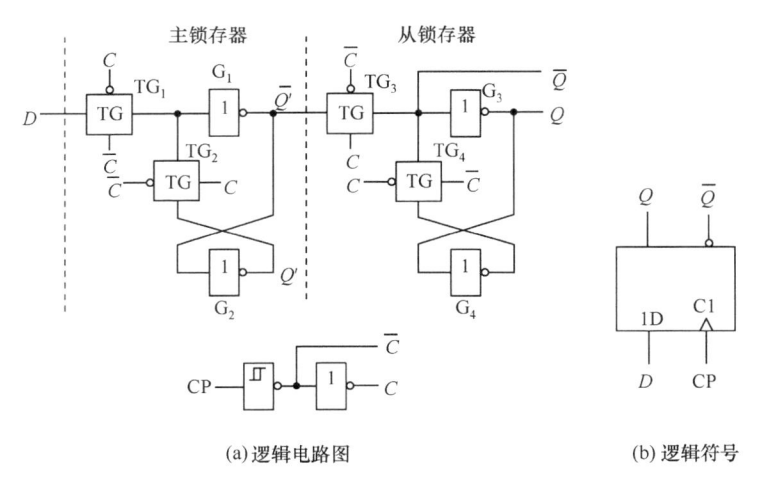

图 4.15　主从 D 触发器的逻辑电路图和逻辑符号

(2) 逻辑功能

主从 D 触发器的工作过程分为以下两个步骤。

① 当输入时钟信号 CP = 0 时，$\overline{C}=1$，$C=0$，主锁存器的传输门 TG_1 导通，TG_2 截止，输入信号 D 送入主锁存器，经 TG_1 传到非门 G_1 的输入端，使得 $Q'=D$。同时，从锁存器的传输门 TG_3 截止，切断了主、从两个锁存器间的联系，TG_4 导通，G_3 的输入端和 G_4 的输出端经 TG_4 连通，从锁存器保持原态不变。

② 输入时钟信号 CP 由 0 跳变到 1 后，$\overline{C}=0$，$C=1$，TG_1 截止，切断了输入信号 D 与主锁存器的联系，使输入信号不再影响触发器的状态。由于 G_1 的输入电容存储效应，G_1 输入端的电压不会立刻消失，而 TG_2 导通，将 G_1 的输入端与 G_2 的输出端连通，于是 Q' 在 TG_1 切断前的状态被保存下来，$Q'=D$。与此同时，从锁存器的 TG_3 导通，TG_4 截止，主锁存器的输出状态 $\overline{Q'}=\overline{D}$ 送入从锁存器，使得 $\overline{Q}=\overline{D}$，经 G_3 反相后，输出 $Q=D$。至此，就完成了整个触发器的工作过程。

由此可见，在工作过程中从锁存器总是跟随主锁存器的状态变化，触发器的输出状态转换发生在时钟信号 CP 上升沿到来的时刻，触发器的输出状态仅取决于时钟信号 CP 上升沿到达前一瞬间的输入信号 D。从功能上考虑，称之为 D 触发器，若以 Q^{n+1} 表示时钟信号 CP 上升沿到来后触发器的状态，则主从 D 触发器的特性方程为

$$Q^{n+1} = D$$

3．主从 JK 触发器

(1) 电路结构

主从 JK 触发器的逻辑电路图如图 4.16(a)所示，它是在主从 RS 触发器的基础上增加两根反馈线构成的，一根从 Q 端引回到 G_8 的输入端，一根从 $\overline{Q}$ 端引回到 G_7 的输入端，原来的 S 端改为 J 端，原来的 R 端改为 K 端。从电路结构上看，主从 JK 触发器由两个同步 RS 锁存器级联而成，主锁存器和从锁存器的逻辑电路相同，但主锁存器的锁存使能信号正好与从锁存器的反相，利用两个锁存器的交互锁存可以实现存储数据与输入信号之间的隔离。

图 4.16(b)所示为主从 JK 触发器的逻辑符号，逻辑符号方框内侧的"∧"符号表示触发器对 CP 时钟信号的脉冲边沿敏感，CP 输入端的小圆圈表示该主从 JK 触发器对时钟信号 CP 的下降沿敏感；C1 与 1J、1K 相关联，C1 控制着输入信号 1J 和 1K。

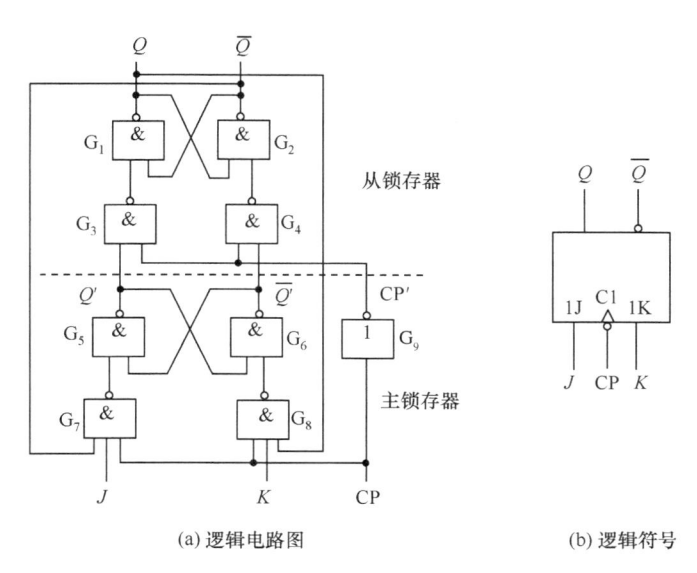

图 4.16 主从 JK 触发器的逻辑电路图和逻辑符号

(2) 逻辑功能

① 若 $J = K = 0$，则 G_7，G_8 被封锁，触发器保持原态不变，即 $Q^{n+1} = Q^n$。

② 若 $J = 0$，$K = 1$，则 G_7 被封锁；若初态为 $Q^n = 0$，有 $K \cdot Q^n = 0$，则 G_8 也被封锁，于是触发器的状态保持初态 0 不变；若初态为 $Q^n = 1$，有 $K \cdot Q^n = 1$，在 CP = 1 期间主锁存器类似于同步 RS 锁存器的 $R(K \cdot Q^n) = 1$，$S(J \cdot \overline{Q^n}) = 0$ 的情况，主锁存器被置 0，待 CP = 0 后从锁存器也随之置 0，所以 $Q^{n+1} = 0$。

③ 若 $J = 1$，$K = 0$，则 G_8 被封锁，在 CP = 1 期间，若 Q^n 为 0，则 $J \cdot \overline{Q^n} = 1$，此时主锁存器类似于同步 RS 锁存器的 $R(K \cdot Q^n) = 0$，$S(J \cdot \overline{Q^n}) = 1$ 的情况，主锁存器被置 1，待 CP = 0 后从锁存器也随之置 1，即 $Q^{n+1} = 1$；若 Q^n 为 1，则 $J \cdot \overline{Q^n} = 0$，$G_7$ 被封锁，触发器保持原态不变，所以 $Q^{n+1} = 1$。

④ 若 $J = K = 1$，在 CP = 1 期间，若 Q^n 为 0，则 G_8 被封锁，G_7 打开，触发器被置 1；若 Q^n 为 1，G_8 打开，G_7 被封锁，触发器被置 0。由此可知，无论是 $Q^n = 0$ 还是 $Q^n = 1$，触发器的次态都可表示为 $Q^{n+1} = \overline{Q^n}$。

由以上分析可知，主从 JK 触发器的逻辑功能与主从 RS 触发器的逻辑功能基本相同，不同之处是，主从 JK 触发器没有约束条件，在 $J = K = 1$ 时，每输入一个时钟脉冲，触发器就向相反的状态翻转一次。主从 JK 触发器的逻辑功能表如表 4.7 所示。

根据主从 JK 触发器的功能表 4.7，可以画出次态 Q^{n+1} 的卡诺图如图 4.17 所示，由此可得 JK 触发器的特性方程为

$$Q^{n+1} = J\overline{Q^n} + \overline{K}Q^n$$

根据表 4.7，可得主从 JK 触发器的状态转换图如图 4.18 所示。根据表 4.7，还可得到主从 JK 触发器的驱动表如表 4.8 所示。

表 4.7 主从 JK 触发器的逻辑功能表

J	K	Q^n	Q^{n+1}	功能说明
0	0	0	0	保持原态
0	0	1	1	
0	1	0	0	次态与输入 J 相同
0	1	1	0	
1	0	0	1	次态与输入 J 相同
1	0	1	1	
1	1	0	1	每来一个 CP 脉冲下降沿,输出状态翻转一次
1	1	1	0	

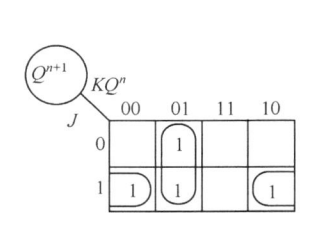

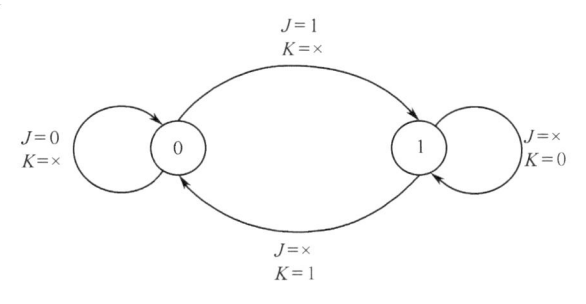

图 4.17 主从 JK 触发器次态 Q^{n+1} 的卡诺图

图 4.18 主从 JK 触发器的状态转换图

例 4.4 设图 4.16(a)中主从 JK 触发器的初始状态为 0,已知输入信号 J,K 的波形如图 4.19 所示,试画出输出信号 Q 的波形图。

表 4.8 主从 JK 触发器的驱动表

Q^n	Q^{n+1}	J	K
0	0	0	×
0	1	1	×
1	0	×	1
1	1	×	0

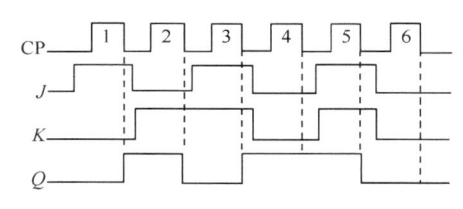

图 4.19 例 4.4 中输入/输出信号的波形

解:如图 4.19 所示,在第 1 个 CP 高电平期间,$J = 1$,$K = 0$,所以在时钟信号 CP 由 1 跳变到 0 后,$Q^{n+1} = 1$;在第 2 个 CP 高电平期间,$J = 0$,$K = 1$,于是 $Q^{n+1} = 0$;在第 3 个 CP 高电平期间,$J = K = 1$,则在时钟信号 CP 由 1 跳变到 0 后,触发器向相反的方向翻转一次,所以 $Q^{n+1} = 1$;在第 4 个 CP 高电平期间,$J = K = 0$,触发器维持原态,即 $Q^{n+1} = Q^n = 1$;在第 5 个 CP 高电平期间,$J = K = 1$,在时钟信号 CP 由 1 跳变到 0 后,触发器又向相反的方向翻转,$Q^{n+1} = 0$;在第 6 个 CP 高电平期间,$J = K = 0$,触发器维持原态,即 $Q^{n+1} = Q^n = 0$。最后得到输出信号 Q 的波形如图 4.19 所示。

4.3.2 维持阻塞 D 触发器

1. 维持阻塞 D 触发器的电路结构

维持阻塞 D 触发器的逻辑电路图如图 4.20(a)所示,它由 3 个与非门构成的基本 RS 锁存器组成,其中由 G_3,G_5 和 G_4,G_6 构成的两个基本 RS 锁存器响应外部输入信号 D 和时钟信号 CP,

它们的输出信号 Q_3 和 Q_4 控制着由 G_1, G_2 构成的第三个基本 RS 锁存器的状态，即整个触发器的状态。电路中的 3 根反馈线分别用序号①、②、③标识。

图 4.20(b)所示为维持阻塞 D 触发器的逻辑符号，逻辑符号方框内侧的"^"符号表示触发器对 CP 时钟信号的脉冲边沿敏感，在 CP 输入端没有小圆圈，表示该维持阻塞 D 触发器对时钟信号 CP 的上升沿敏感；C1 与 1D 相关联，C1 控制着输入信号 1D；在逻辑符号方框外侧，异步清 0 输入端 R_D、异步置 1 输入端 S_D 的小圆圈表示异步清 0 信号、异步置 1 信号低电平有效。下面分析维持阻塞 D 触发器的工作原理。

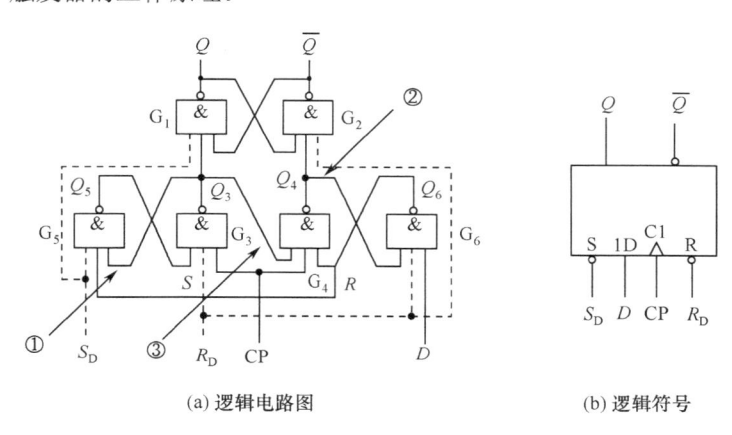

(a) 逻辑电路图　　　　　　　　(b) 逻辑符号

图 4.20　维持阻塞 D 触发器的逻辑电路图和逻辑符号

2. 维持阻塞 D 触发器的工作原理

(1) 输入信号 $D = 1$ 的情况

当 CP = 0 时，G_3, G_4 被封锁，$Q_3 = 1$, $Q_4 = 1$，由 G_1, G_2 组成的基本 RS 锁存器保持原态不变。由于 G_6 的输入全部为 1（$D = 1$，正常工作时 R_D, S_D 亦为 1），因而 $Q_6 = 0$（$R = 0$），于是 $Q_4 = 1$, $Q_5 = 1$（$S = 1$）。当 CP 由 0 变为 1 时，G_3 的输入全部为 1，则 Q_3 变为 0。于是，Q 翻转为 1，$\overline{Q}$ 翻转为 0，完成了触发器翻转为 1 状态的全过程。与此同时，一旦 Q_3 变为 0，就通过反馈线①封锁 G_5，这时若 D 信号由 1 变为 0，则它只会影响 G_6 的输出，而不会影响 G_5 的输出，于是维持了触发器的 1 状态。因此，称①线为"置 1 维持线"。另外，Q_3 变为 0 后，通过反馈线③也封锁了 G_4，从而阻塞了置 0 信号输入，故称③线为"置 0 阻塞线"。

(2) 输入信号 $D = 0$ 的情况

在 CP = 0 时，G_3, G_4 被封锁，$Q_3 = 1$, $Q_4 = 1$，由 G_1, G_2 组成的基本 RS 锁存器保持原态不变。由于 $D = 0$，使 $Q_6 = 1$，故 G_5 的输入全部为 1，则有 $Q_5 = 0$，$Q_3 = 1$ 不变。当 CP 由 0 变为 1 时，G_4 的输入全部为 1，则 Q_4 由 1 变为 0，于是 Q 翻转为 0，$\overline{Q}$ 翻转为 1，完成了触发器翻转为 0 状态的全过程。与此同时，一旦 Q_4 变为 0，就通过反馈线②封锁 G_6，这时无论 D 信号怎么变化，也不会影响 G_6 的输出，从而维持了触发器的 0 状态，因此称②线为"置 0 维持线"。

维持阻塞 D 触发器的逻辑功能与主从 D 触发器的逻辑功能完全相同，其特性方程为

$$Q^{n+1} = D$$

由以上分析可知，维持阻塞 D 触发器利用维持线和阻塞线使得触发翻转被控制在 CP 脉冲上升沿到来的那一瞬间，触发器的次态取决于时钟信号 CP 上升沿到达前那一瞬间的输入信号 D，而在时钟信号 CP 上升沿到来之后，输入信号 D 的变化对触发器的输出状态没有影响，这样就增

强了触发器工作的稳定性和可靠性。

例 4.5 维持阻塞 D 触发器的逻辑电路图如图 4.20(a)所示,设初始状态为 0,已知输入信号 D 的波形图如图 4.21 所示,试画出输出信号 Q 的波形图。

解:对于维持阻塞触发器,在画波形图时应注意以下两点。

(1) 触发器的触发翻转发生在时钟脉冲的触发沿(这里是上升沿)。

(2) 判断触发器次态的依据是,时钟脉冲触发沿前的那一瞬间(这里是上升沿前的那一瞬间)输入信号的状态。

根据 D 触发器的特性方程可画出输出信号 Q 的波形,如图 4.21 所示。

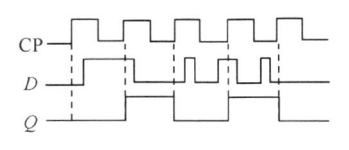

图 4.21 例 4.5 的波形图

4.3.3 双 D 触发器 74HC74 芯片介绍

数字系统中经常使用双 D 触发器 74HC74 芯片。

1. 芯片内部逻辑电路图

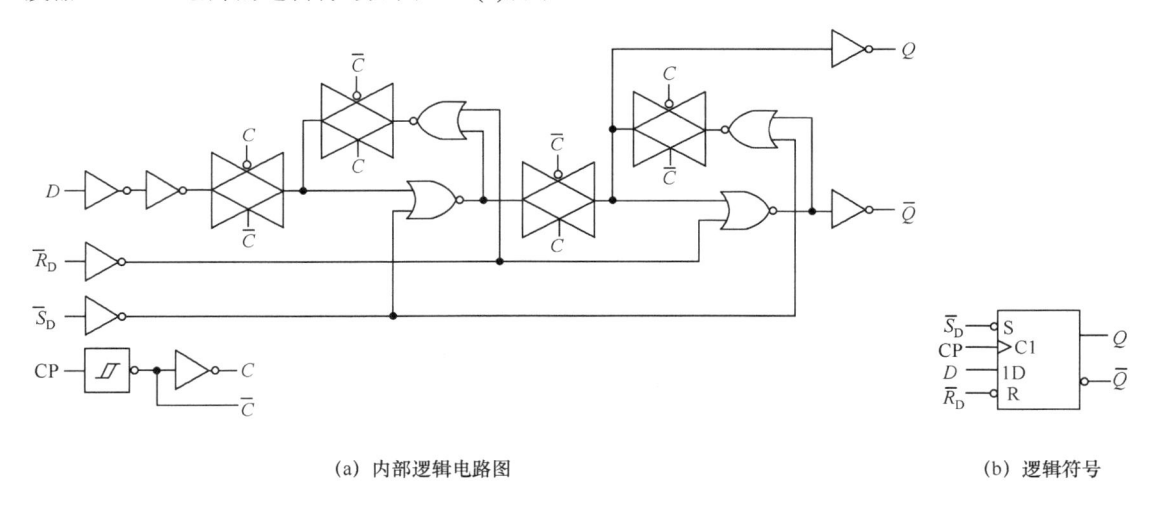

CMOS 双 D 触发器 74HC74 芯片的内部逻辑电路图如图 4.22(a)所示,其内部包含两个基于传输门的主从 D 触发器,它在图 4.15(a)所示电路的基础上,增加了低电平有效的异步置 0 端 $\overline{R}_D$ 和异步置 1 端 $\overline{S}_D$。值得提醒的是,在图 4.22(a)中,逻辑门符号采用的是欧美国际符号。双 D 触发器 74HC74 芯片的逻辑符号如图 4.22(b)所示。

(a) 内部逻辑电路图   (b) 逻辑符号

图 4.22 双 D 触发器 74HC74 芯片的内部逻辑电路图和逻辑符号

2. 74HC74 芯片的引脚图

从应用的角度看,使用者只有在知道集成电路芯片的引脚图后,才能够真正使用它。双 D 触发器 74HC74 芯片的引脚图如图 4.23 所示。74HC74 芯片一般有双列直插式封装形式和贴片式封装形式,双列直插式封装如图 4.24(a)所示,封装名称为 DIP-14;贴片式封装如图 4.24(b)所示,封装名称为 SOIC-14。

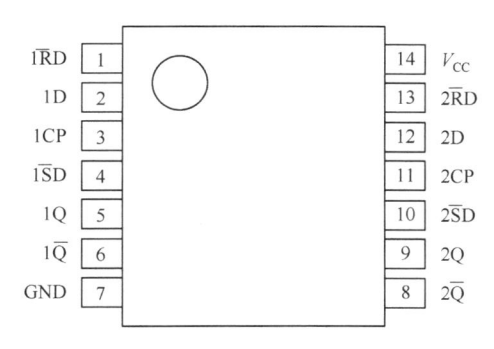

图 4.23　74HC74 芯片的引脚图

(a) DIP-14封装　　(b) SOIC-14封装

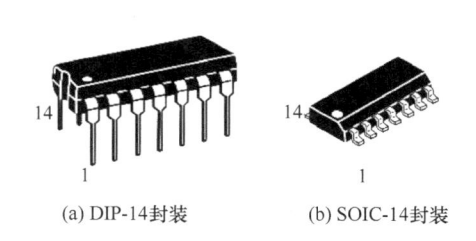

图 4.24　74HC74 芯片的封装

3．74HC74 芯片的逻辑功能

CMOS 双 D 触发器 74HC74 芯片是在时钟信号 CP 上升沿触发的，表 4.9 所示为其功能表。

表 4.9　74HC74 芯片的功能表

$\overline{S_D}$	$\overline{R_D}$	CP	D	Q^{n+1}
0	1	×	×	1
1	0	×	×	0
1	1	↑	0	0
1	1	↑	1	1

在 TTL 数字集成电路系列中，74LS74 和 74F74 芯片也是双 D 触发器，但其内部电路结构是两个如图 4.20(a)所示的维持阻塞 D 触发器。74LS74 和 74F74 的逻辑功能、逻辑符号、引脚图与 CMOS 双 D 触发器 74HC74 的完全相同。74F 系列数字集成电路是高速 TTL 数字集成电路，目前 74HC74 芯片已经基本取代了 74LS74 芯片。

4.3.4　触发器的动态性能技术指标

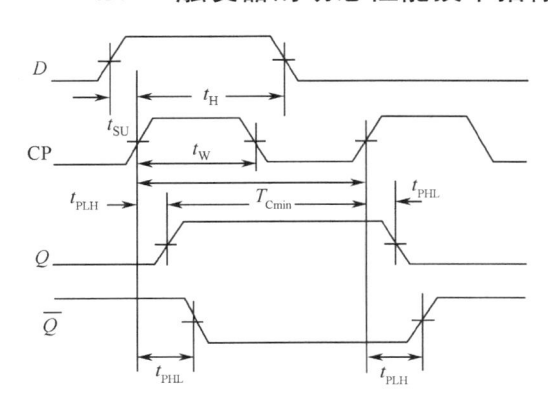

图 4.25　D 触发器的时序图

触发器的动态性能是指触发器在工作过程中，其输入信号与时钟信号之间的时序要求，以及输出信号对时钟信号响应的延时。下面以 CMOS 双 D 触发器 74HC74 芯片为例，对触发器的动态性能技术参数进行说明。图 4.25 所示是 D 触发器的时序图。

（1）建立时间 t_{SU}

输入信号 D 的变化会引起触发器内部电路的一系列变化，它必须在时钟信号 CP 的上升沿（对上升沿触发的触发器而言）到来之前的某一时刻跳变到某一逻辑电平并保持不变，以保证与输入信号 D 有关的电路建立稳定的状态，使触发器状态得到正确转换。t_{SU} 表示输入信号 D 对 CP 上升沿的最少时间提前量。

（2）保持时间 t_H

在时钟信号 CP 上升沿到来后，输入信号 D 不允许立即撤除，只有这样才能保证信号 D 的状态被可靠地传送到输出端 Q 和输出端 $\overline{Q}$。t_H 表示时钟信号 CP 上升沿到来后输入信号 D 需要继续保持的最少时间。由于半导体生产技术的进步，已有多种触发器可把保持时间降到 0。这种特性在高速移位寄存器或高速计数器中是十分重要的。

(3) 脉冲宽度 t_W

为保证可靠触发，要求时钟信号 CP 的脉冲宽度不小于 t_W，保证内部各逻辑门正确地翻转。

(4) 传输延时 t_{PLH} 和 t_{PHL}

从时钟信号 CP 上升沿到输出端的新状态稳定建立的时间，称为传输延时。t_{PLH} 是指输出从低电平到高电平的延时，t_{PHL} 是指输出从高电平到低电平的延时。实际应用中，一般取其平均传输延时 $t_{PD} = \dfrac{t_{PLH} + t_{PHL}}{2}$。

(5) 最高触发频率 f_{Cmax}

最高触发频率 f_{Cmax} 是指触发器所能响应的时钟信号 CP 的最高频率，即 $f_{Cmax} = 1/T_{Cmin}$。因为在时钟信号 CP 的高电平和低电平期间，触发器内部电路都要完成一系列动作，需要一定的延时，所以对时钟信号 CP 的工作频率有一个最高频率的限制。

对于 CMOS 双 D 触发器 74HC74 芯片而言，在 $V_{CC} = 6V$，$T = -40℃ \sim +85℃$ 的工作条件下，上述参数的典型值为 $t_W = 6ns$，$t_{SU} = 2ns$，$t_H = 0ns$，$t_{PLH} = t_{PHL} = 14ns$，$f_{Cmax} = 82MHz$。

4.4 不同逻辑功能的触发器

4.3 节中介绍了主从结构的 D 触发器，也介绍了维持阻塞结构的 D 触发器，还介绍了主从结构的 JK 触发器，以及主从结构的 RS 触发器。需要指出的是，电路结构与逻辑功能是两个不同的概念。由前述可知，同一逻辑功能的触发器可以采用不同的逻辑电路，由同一基本逻辑电路可以构成不同逻辑功能的触发器。

触发器在每次时钟信号触发沿到来之前的状态称为现态，而时钟信号触发沿到来之后的状态称为次态。所谓触发器的逻辑功能，是指次态与现态、输入信号之间的逻辑关系，这种逻辑关系可以用特性方程、特性表、状态转换图、驱动表来描述。

从逻辑功能的角度看，有 5 种不同逻辑功能的触发器：D 触发器、JK 触发器、RS 触发器、T 触发器、T′ 触发器。

从应用的角度看，我们要非常清楚触发器的逻辑功能，其中 D 触发器是应用最为广泛的，而 JK 触发器是逻辑功能最为全面的。5 种不同逻辑功能触发器的逻辑符号如图 4.26 所示，它们都是对时钟信号上升沿敏感的，而且逻辑符号方框内标明了时钟信号与输入信号的关联关系。若触发器是对时钟信号下降沿敏感的，则只需在逻辑符号方框外侧的时钟信号输入端加一个小圆圈。

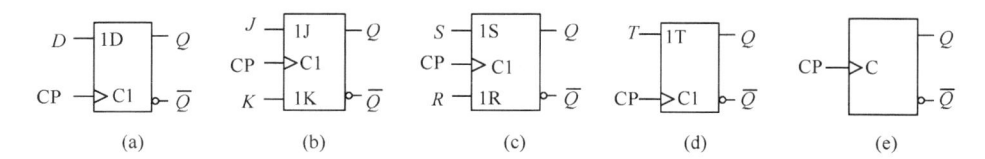

图 4.26　5 种不同逻辑功能触发器的逻辑符号

4.4.1 D 触发器

1. 特性表

以触发器的输入信号和现态为变量,以次态为函数,描述它们之间逻辑关系的真值表,称为触发器的特性表。D 触发器的特性表如表 4.10 所示。

2. 特性方程

以触发器的输入信号和现态为变量,以次态为函数,描述它们之间逻辑关系的逻辑表达式,称为触发器的特性方程。根据表 4.10,可以写出 D 触发器的特性方程为

$$Q^{n+1} = D \tag{4.1}$$

这与由逻辑电路导出的逻辑关系表达式完全相同。

3. 状态图

触发器的逻辑功能还可以用状态转换图来描述。状态转换图描述逻辑功能时更加形象和直观,而且这种描述方式在时序电路设计时尤为有用。同样,根据表 4.10 也可以画出 D 触发器的状态转换图,如图 4.27 所示。在图 4.27 中,两个圆圈内标有 1 和 0,表示触发器的两个稳定状态,4 条方向线表示状态转换的方向,正好分别对应特性表中的 4 行,方向线的起点为触发器的现态 Q^n,箭头指向相应的次态 Q^{n+1},方向线旁边标出了状态转换的条件,即输入信号 D 的逻辑值。

表 4.10　D 触发器的特性表

Q^n	D	Q^{n+1}
0	0	0
0	1	1
1	0	0
1	1	1

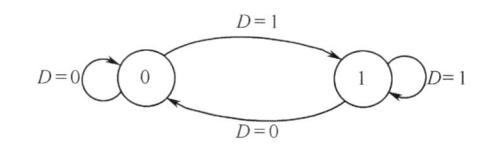

图 4.27　D 触发器的状态转换图

4.4.2 JK 触发器

1. 特性表

JK 触发器的特性表如表 4.11 所示,表中列出了输入信号 J, K 和现态 Q^n 在不同组合条件下次态 Q^{n+1} 的值。

表 4.11　JK 触发器的特性表

Q^n	J	K	Q^{n+1}
0	0	0	0
0	0	1	0
0	1	0	1
0	1	1	1
1	0	0	1
1	0	1	0
1	1	0	1
1	1	1	0

2. 特性方程

根据表 4.11,可以写出 JK 触发器的特性方程为

$$Q^{n+1} = J\overline{Q^n} + \overline{K}Q^n \tag{4.2}$$

这与由逻辑电路导出的逻辑关系表达式完全相同。

3. 状态图

根据表 4.11,也可以画出 JK 触发器的状态转换图,如图 4.28 所示。在图 4.28 中,两个圆圈内标有 1 和 0,表示 JK 触发器的两个稳定状态,4 条方向线表示状态转换的方向,方向线的起点为触发器的现态 Q^n,箭头指向相应的次态 Q^{n+1},方向线旁边标出了状态转换的条件,即输入信号 J 和 K 的逻辑值,转换条件中存在无关变量(用×表示,既可以取逻辑 0,又可以取逻辑 1)。

从 JK 触发器的特性方程、特性表、状态转换图都可以看出：

(1) 当 $J=1, K=0$ 时，触发器的下一状态将被置 1，$Q^{n+1}=1$。

(2) 当 $J=0, K=1$ 时，触发器的下一状态将被置 0，$Q^{n+1}=0$。

(3) 当 $J=0, K=0$ 时，触发器的状态保持不变，$Q^{n+1}=Q^n$。

(4) 当 $J=1, K=1$ 时，触发器的状态发生翻转，$Q^{n+1}=\overline{Q^n}$。

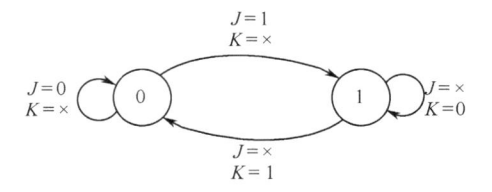

图 4.28 JK 触发器的状态转换图

4.4.3 RS 触发器

1．特性表

RS 触发器的特性表如表 4.12 所示，表中列出了输入信号 R, S 和现态 Q^n 在不同组合条件下次态 Q^{n+1} 的值。由于输入信号 R 是置 0 信号，输入信号 S 是置 1 信号，都为高电平有效，所以不允许同时为高电平，RS 触发器必须遵循 $RS=0$ 的约束条件。

2．特性方程

根据表 4.12，可以写出 RS 触发器的特性方程为

$$\begin{cases} Q^{n+1} = S + \overline{R}Q^n \\ RS = 0 \quad \text{（约束条件）} \end{cases} \tag{4.3}$$

这与由逻辑电路导出的逻辑关系表达式完全相同。

3．状态图

根据表 4.12，也可以画出 RS 触发器的状态转换图，如图 4.29 所示。在图 4.29 中，两个圆圈内标有 1 和 0，表示 RS 触发器的两个稳定状态，4 条方向线表示状态转换的方向，方向线的起点为触发器的现态 Q^n，箭头指向相应的次态 Q^{n+1}，方向线旁边标出了状态转换的条件，即输入信号 R 和 S 的逻辑值，转换条件中存在无关变量（用×表示，既可以取逻辑 0，也可以取逻辑 1）。

表 4.12　RS 触发器的特性表

Q^n	R	S	Q^{n+1}
0	0	0	0
0	0	1	1
0	1	0	0
0	1	1	不确定
1	0	0	1
1	0	1	1
1	1	0	0
1	1	1	不确定

图 4.29　RS 触发器的状态转换图

4.4.4 T 触发器和 T′ 触发器

1．特性表

T 触发器的特性表如表 4.13 所示，表中列出了输入信号 T 和现态 Q^n 在不同组合条件下次态 Q^{n+1} 的值。

2. 特性方程

根据表 4.13，可以写出 T 触发器的特性方程为

$$Q^{n+1} = T\overline{Q^n} + \overline{T}Q^n \tag{4.4}$$

3. 状态图

根据 T 触发器的特性表 4.13，也可以画出 T 触发器的状态转换图，如图 4.30 所示。

表 4.13 T 触发器的特性表

Q^n	T	Q^{n+1}
0	0	0
0	1	1
1	0	1
1	1	0

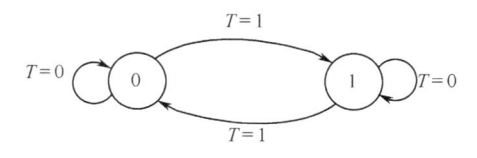

图 4.30 T 触发器的状态转换图

从 T 触发器的特性方程、特性表、状态转换图都可以看出：
(1) 当 $T = 0$ 时，触发器的状态保持不变，$Q^{n+1} = Q^n$。
(2) 当 $T = 1$ 时，触发器的状态发生翻转，$Q^{n+1} = \overline{Q^n}$。

4. T′ 触发器

若固定 T 触发器的输入信号 $T = 1$，则每来一个时钟信号的触发沿，触发器就翻转一次。这种特定的 T 触发器称为 T′ 触发器。因此，T′ 触发器的特性方程为

$$Q^{n+1} = \overline{Q^n} \tag{4.5}$$

值得提醒的是，在标准数字集成电路系列中，实际上没有专门的 T 触发器和 T′ 触发器集成电路芯片。有需要时，可以由其他逻辑功能的触发器通过逻辑功能转换得到。然而，在时序电路的设计工作中，会经常遇到将现有触发器的逻辑功能转换为其他逻辑功能的情形。下面介绍触发器逻辑功能的转换问题。

4.4.5 触发器逻辑功能的转换

前面提到 D 触发器是应用最为广泛的，下面讨论怎样将 D 触发器转换为其他逻辑功能的触发器。

1. D 触发器构成 JK 触发器

比较 D 触发器和 JK 触发器的特性方程，即式（4.1）和式（4.2），不妨令

$$D = J\overline{Q} + \overline{K}Q \tag{4.6}$$

根据上式，可以画出逻辑电路如图 4.31 所示，该电路符合 JK 触发器的特性方程，于是用 D 触发器实现了 JK 触发器的逻辑功能。

2. D 触发器构成 T 触发器

采用与构成 JK 触发器相同的方法，不妨令

$$D = T\overline{Q} + \overline{T}Q = T \oplus Q \tag{4.7}$$

根据上式，可以画出逻辑电路如图 4.32 所示，该逻辑电路由异或门和 D 触发器组成，符合 T 触发器的特性方程，于是用 D 触发器实现了 T 触发器的逻辑功能。

3. D 触发器构成 T′ 触发器

比较 D 触发器和 T′ 触发器的特性方程，可得

$$D = \overline{Q^n} \tag{4.8}$$

根据上式，可以画出逻辑电路如图 4.33 所示，于是用 D 触发器实现了 T′ 触发器的逻辑功能。

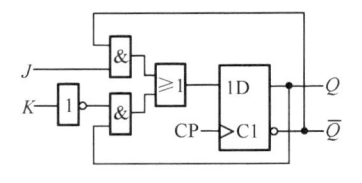

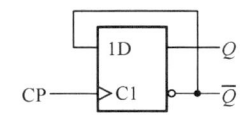

图 4.31　用 D 触发器实现 JK 触发器逻辑功能的逻辑电路

图 4.32　用 D 触发器实现 T 触发器逻辑功能的逻辑电路

图 4.33　用 D 触发器实现 T′触发器逻辑功能的逻辑电路

※4.5　Proteus 电路仿真例题

【Proteus 例 4.1】用 Proteus 仿真 8D 锁存器 74HC573 芯片的逻辑功能。

1．创建电路

(1) 从库文件 TTL 74HC 中，选取 74HC573。

(2) 从库文件 Debugging Tools 中，加入逻辑电平输入端（Logic State）D0～D7 及逻辑开关（Logic Toggle）LE、$\overline{\text{OE}}$。

(3) 在输出端 Q0～Q7 加入逻辑探针（Logic Probe），如图 4.34 所示。

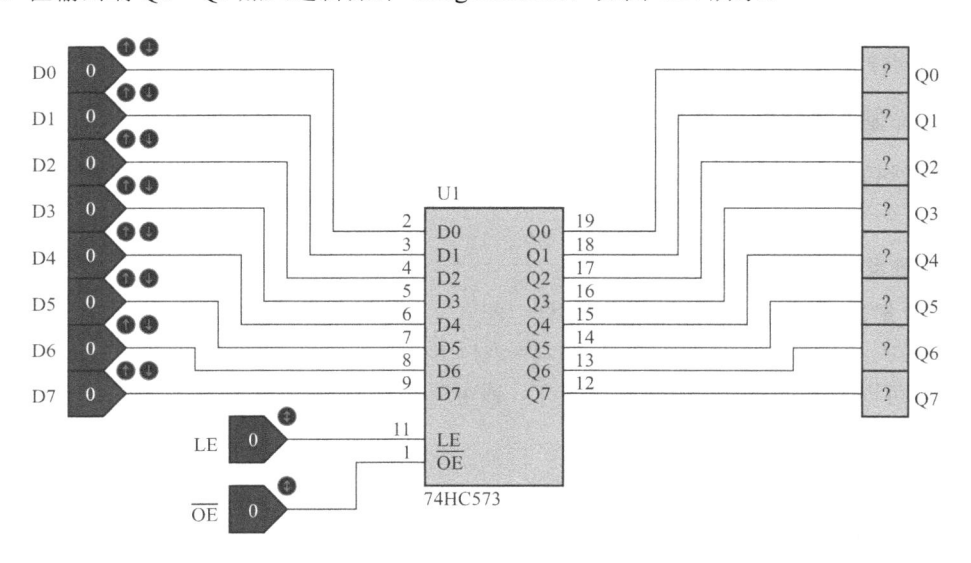

图 4.34　8D 锁存器 74HC573 芯片仿真电路

2．仿真设置

(1) 单击逻辑电平输入端，对输入逻辑值 D0～D7 进行设定。将 LE 设置为 1，将 $\overline{\text{OE}}$ 设置为 0。

(2) 单击仿真工具栏上的运行仿真（play）按钮，即可实现对该电路的仿真，其仿真结果如图 4.35 所示。

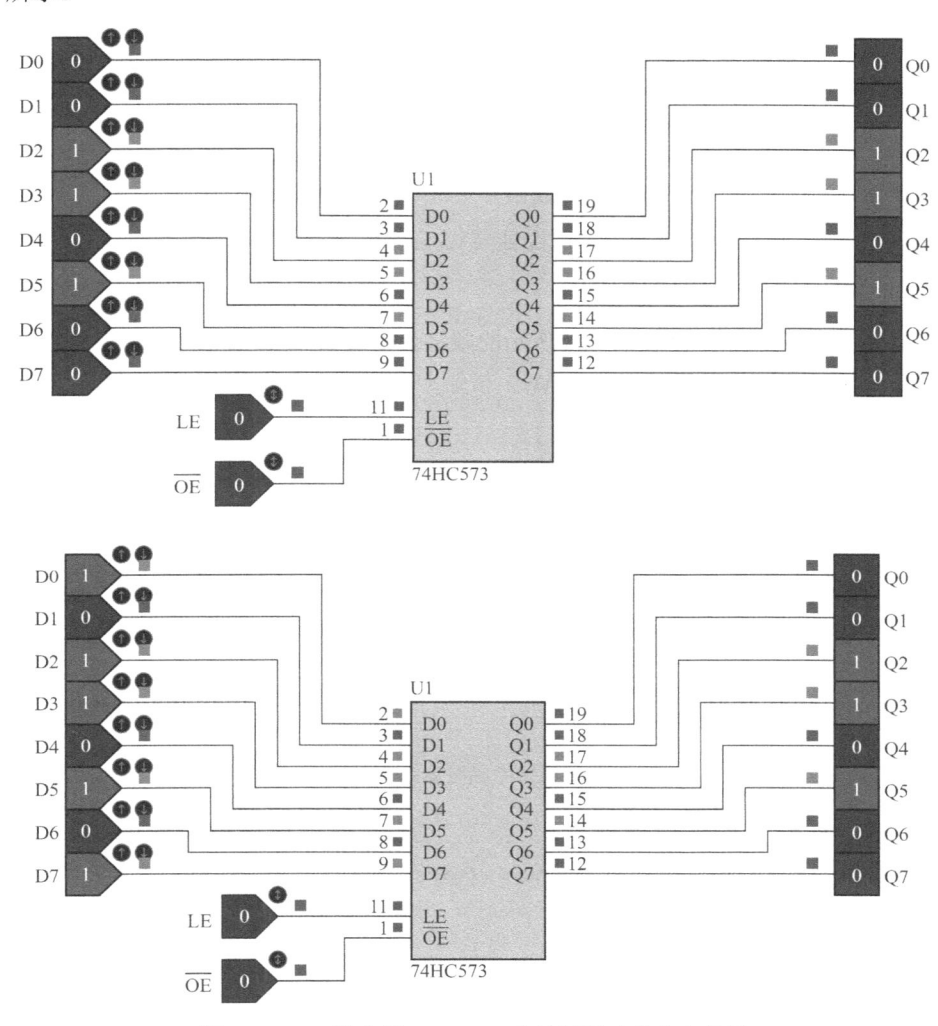

图 4.35 8D 锁存器 74HC573 芯片逻辑功能仿真结果

(3) 将 LE 设置为 0，改变输入逻辑值 D0~D7 时，输出 Q0~Q7 不变。将 $\overline{OE}$ 设置为 1 时，Q0~Q7 无输出。将 LE 设置为 1、将 $\overline{OE}$ 设置为 0 时，输出 Q0~Q7 为 D0~D7 改变后的值。

3．结果分析

分析仿真结果可知，根据 LE 和 $\overline{OE}$ 的不同电平，8D 锁存器 74HC573 芯片可分为 3 种工作模式：① 使能和读锁存器（传送模式）；② 锁存和读锁存器；③ 锁存和禁止输出。

【Proteus 例 4.2】将 D 触发器转换成 JK 触发器，并验证其逻辑功能。

1．创建电路

(1) 选取 D 触发器、逻辑门电路，并按图 4.36 连接电路。

(2) 在 D 触发器的触发输入端 CLK 加入数字时钟信号激励源（DCLOCK），在输入端 J、K 分别加入数字模式信号激励源（DPATTERN），并按图 4.36 设定激励源激励信号。

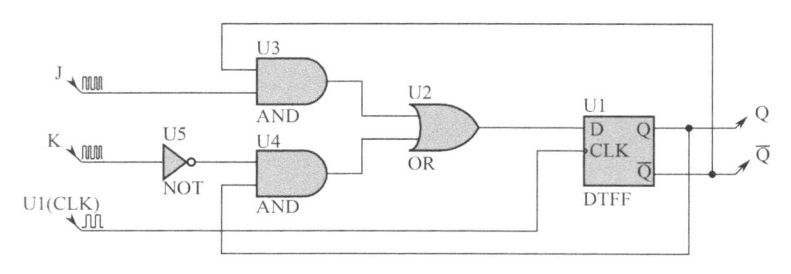

图 4.36 D 触发器转换成 JK 触发器电路图

(3) 在输出端 Q 和 $\overline{Q}$ 上分别加入电压探针（Voltage Probe）。

2．仿真设置

(1) 在设计界面中放置一个如图 4.37 所示的数字分析图表，将激励信号和探针加入数字图表。
(2) 单击仿真工具栏上的运行仿真（play）按钮即可实现对该电路的仿真，仿真结果如图 4.37 所示。

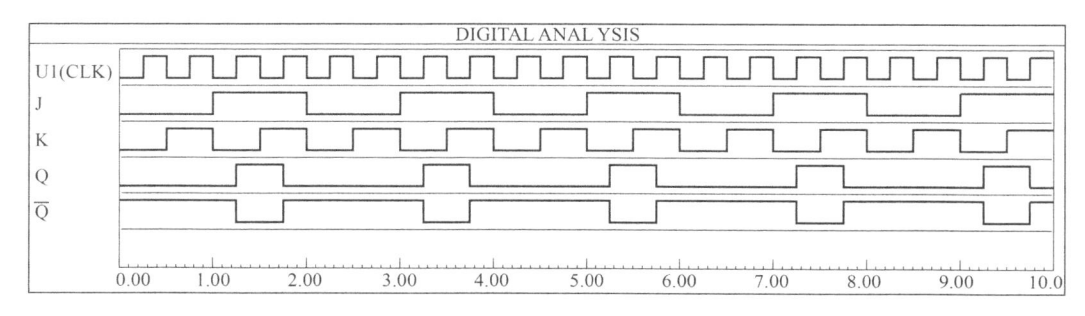

图 4.37 JK 触发器仿真结果

3．结果分析

分析仿真波形可知，本电路的逻辑功能与 JK 触发器的逻辑功能一致，因此可以使用 D 触发器、逻辑门电路构成 JK 触发器。

【**Proteus 例 4.3**】由 D 触发器组成的时序电路如图 4.38 所示，用 Proteus 测试其输入/输出波形。

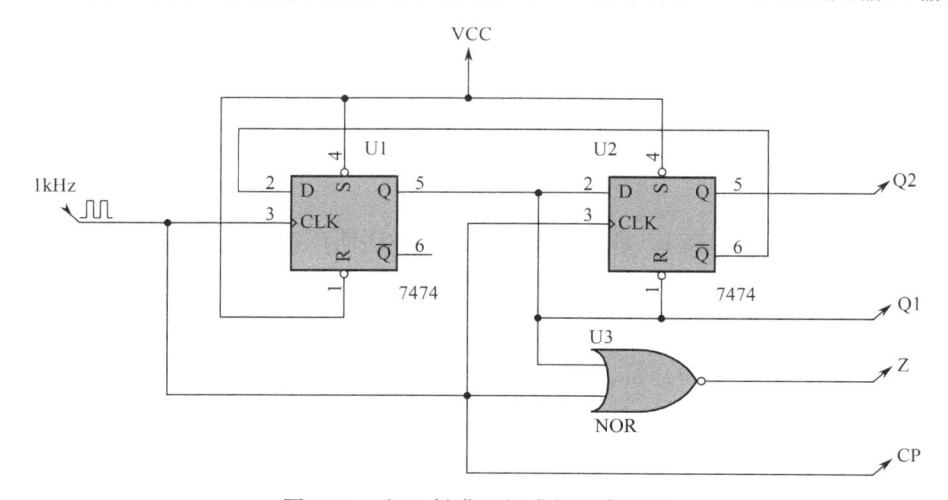

图 4.38 由 D 触发器组成的时序电路

1．创建电路

(1) 选取 D 触发器、逻辑门电路，并按图 4.38 连接电路。
(2) 加入数字时钟信号激励源（DCLOCK），频率为 1kHz。
(3) 在输出端分别加入电压探针（Voltage Probe），如图 4.38 所示。

2．仿真设置

(1) 在设计界面中放置一个如图 4.39 所示的数字分析图表，将激励信号和探针加入数字图表。
(2) 右键单击数字分析图表，运行仿真（play 按钮）按钮即可实现对该电路的仿真，仿真结果如图 4.39 所示。

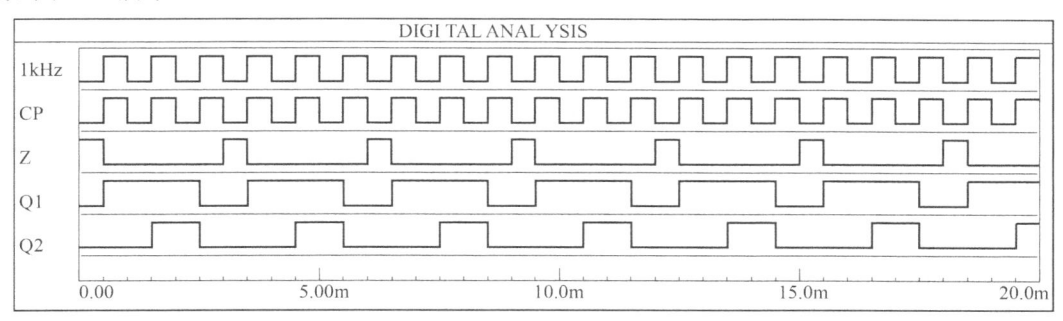

图 4.39　由 D 触发器组成的时序电路仿真结果

3．结果分析

分析仿真波形可知，此电路具有对输入时钟信号分频的功能，而 D 触发器是组成该时序逻辑电路的基本电路单元。

本 章 小 结

1. 锁存器和触发器是时序电路中最简单的两种基本逻辑单元电路，二者的共同点是具有两个稳定状态——0 态和 1 态，能存储或记忆 1bit 二进制数。
2. 锁存器是对脉冲电平敏感的电路，在一定电平作用下其状态会改变。基本 RS 锁存器的状态由输入信号 R 和 S 的电平直接控制。同步 RS 锁存器及基于传输门的锁存器，在使能信号电平作用下由输入信号决定其状态，并且在使能信号有效电平作用期间，锁存器的输出跟随输入信号的变化而变化。
3. 触发器是对脉冲边沿敏感的电路，根据不同的电路结构，它们在时钟脉冲的上升沿或下降沿改变状态。触发器的电路结构主要有 3 种，即主从结构、维持阻塞结构、利用传输延时的电路结构。
4. 触发器的逻辑功能是指次态与现态、输入信号之间的逻辑关系，这种逻辑关系可以用特性方程、特性表、状态转换图、波形图、驱动表等来描述。
5. 从逻辑功能的角度看，有 5 种不同逻辑功能的触发器，即 D 触发器、JK 触发器、RS 触发器、T 触发器、T′ 触发器，其中 D 触发器是应用最广泛的，而 JK 触发器是逻辑功能最全面的。
6. 触发器的动态特性是指触发器在工作过程中，其输入信号与时钟信号之间的时序要求，以及输出信号对时钟信号响应的延时。为了保证触发器能可靠地工作，输入信号、时钟信号应满足一定的时序要求。

思考题和习题 4

4.1 同步 RS 锁存器和基本 RS 锁存器的主要区别是什么?

4.2 同步 RS 锁存器与主从结构 RS 触发器的主要区别是什么?

4.3 请归纳总结 D 锁存器与 D 触发器的异同点,并画出它们的逻辑符号图。

4.4 由与非门构成的基本 RS 锁存器的输入信号 R, S 的波形如图 4.40 所示。

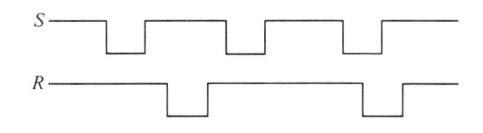

图 4.40 题 4.4 输入信号波形

(1) 设锁存器的初态为 0,请画出对应输出 Q 和 $\bar{Q}$ 的波形。

(2) 指出哪些时间段波形是锁存器正常工作所不允许的。

4.5 由与或非门组成的同步 RS 锁存器如图 4.41 所示,试分析其工作原理。已知输入信号 CP, R, S 的波形如图 4.41 所示,试画出输出信号 Q 和 $\bar{Q}$ 的波形,不妨设锁存器的初态为 0。

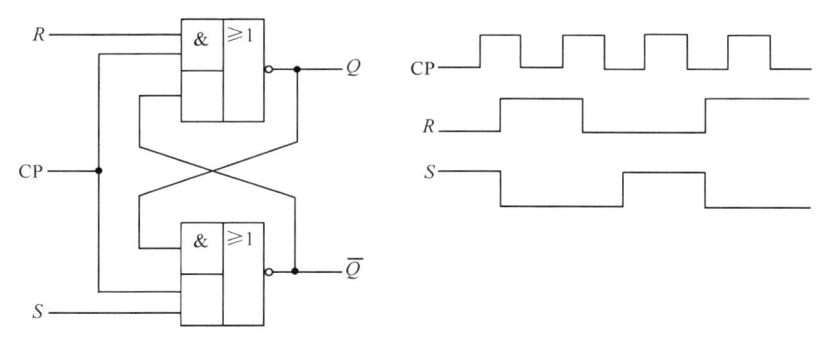

图 4.41 题 4.5 电路图和输入信号的波形

4.6 主从结构 RS 触发器的逻辑符号图和输入信号 CP, R, S 的电压波形如图 4.42 所示,试画出输出信号 Q 和 $\bar{Q}$ 的波形,不妨设触发器的初态为 0。

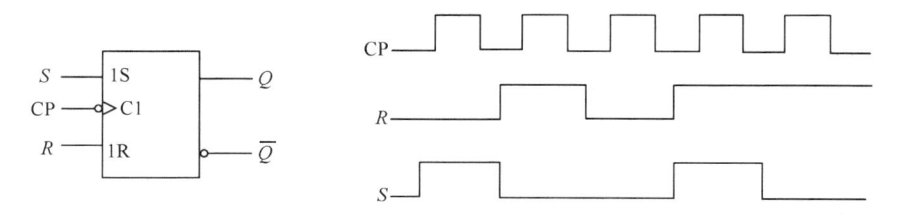

图 4.42 题 4.6 逻辑符号图和输入信号的电压波形

4.7 主从结构 JK 触发器的逻辑符号图和输入信号 CP, J, K 的电压波形如图 4.43 所示,试画出输出信号 Q 和 $\bar{Q}$ 的波形,不妨设触发器的初态为 0。

4.8 主从结构 JK 触发器的逻辑符号图和输入信号波形如图 4.44 所示,试画出输出信号 Q 和 $\bar{Q}$ 的波形。

4.9 维持阻塞 D 触发器的逻辑符号图和输入信号波形如图 4.45 所示，试画出输出信号 Q 的波形。

图 4.43 题 4.7 逻辑符号图和输入信号波形

图 4.44 题 4.8 逻辑符号图和输入信号波形

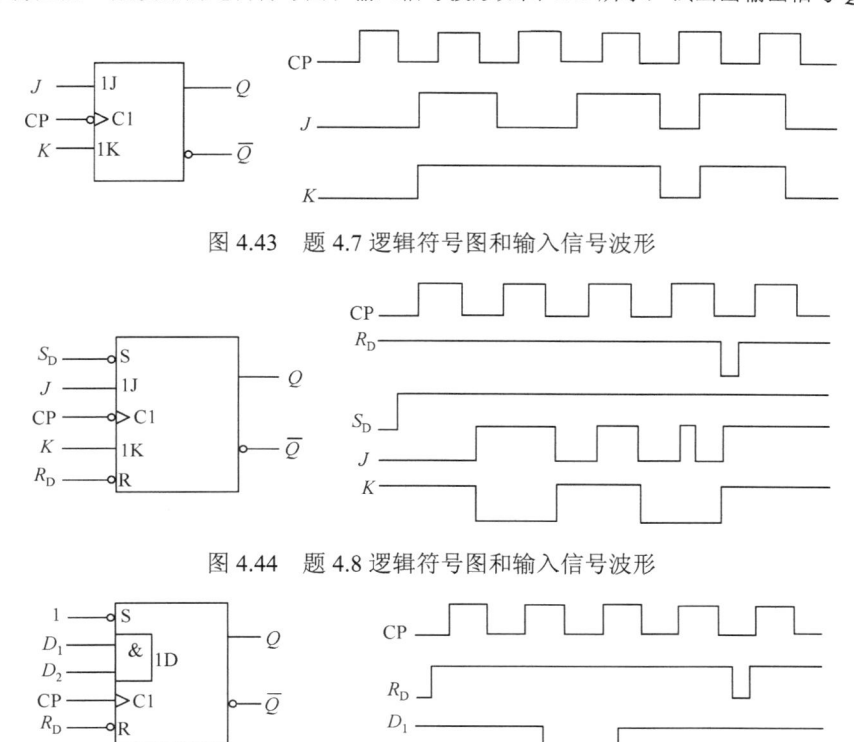

图 4.45 题 4.9 逻辑符号图和输入信号波形

4.10 CMOS 电路 D 触发器的逻辑符号图和输入信号波形如图 4.46 所示，试画出输出信号 Q 的波形，已知初态 $Q=0$。

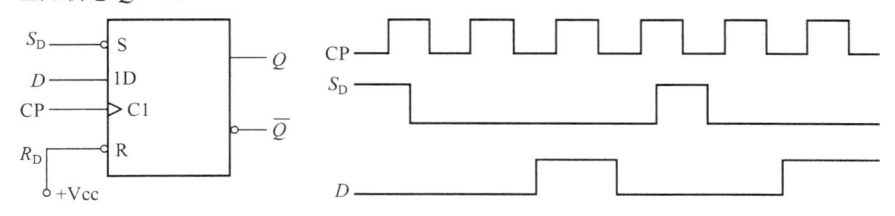

图 4.46 题 4.10 逻辑符号图和输入信号波形

4.11 由下降沿触发的 JK 触发器与反相器组成的电路图及输入信号波形如图 4.47 所示，试画出输出信号 Q 的波形，不妨设触发器的初态为 1。

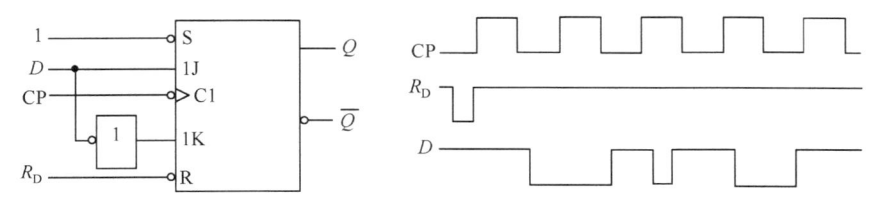

图 4.47 题 4.11 电路图和输入信号波形

4.12 电路如图 4.48 所示，写出各电路的特性方程，并指出各电路实现的是哪种触发器的逻辑功能。

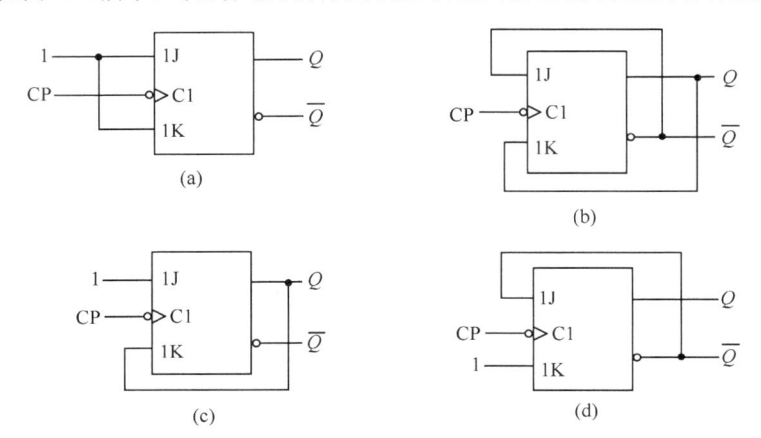

图 4.48 题 4.12 电路图

4.13 电路如图 4.49(a)所示，试根据图 4.49(b)中给出的输入波形，画出输出信号 Q_1, Q_2 的波形。

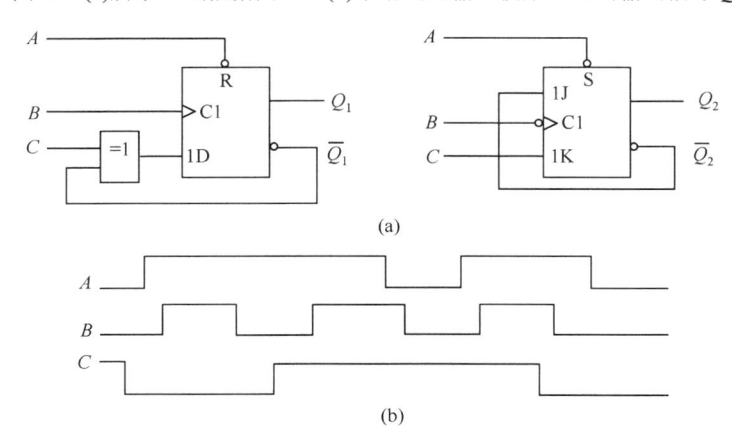

图 4.49 题 4.13 电路图和输入波形

4.14 电路如图 4.50 所示，试列出电路的功能表，并说明它与同步 RS 锁存器的不同。

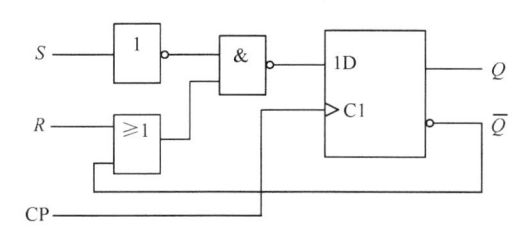

图 4.50 题 4.14 电路图

4.15 电路如图 4.51 所示，试画出输出信号 F_1, F_2 的波形。不妨设触发器的初态为 $Q_1Q_2 = 00$。

4.16 电路如图 4.52(a)所示，试根据图 4.52(b)中给出的输入波形，画出输出信号 Q_1, Q_2 的波形。不妨设触发器的初态为 $Q_1Q_2 = 00$。

4.17 电路如图 4.53 所示，试画出输出信号 F 的波形，并指出输出信号 F 的频率与时钟脉冲 CP 的频率的关系。

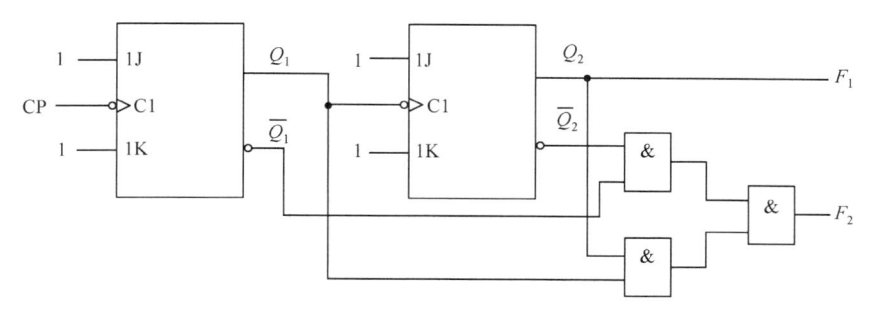

图 4.51 题 4.15 电路图

(a)

(b)

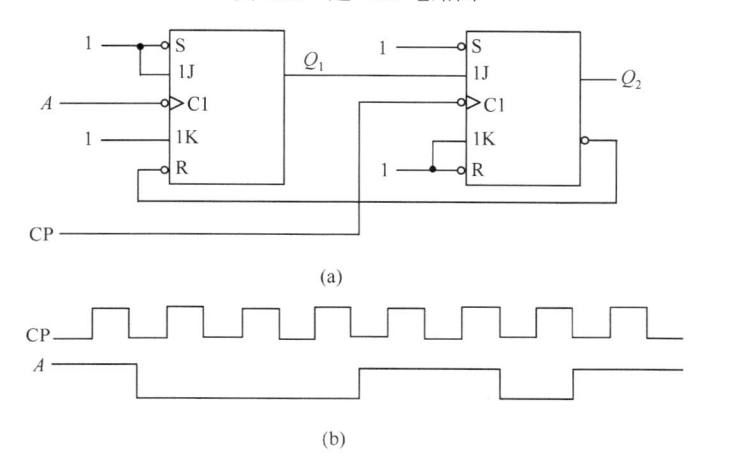

图 4.52 题 4.16 电路图和输入波形

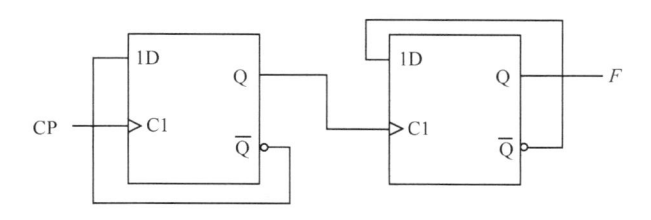

图 4.53 题 4.17 电路图

4.18 设计一个 3 人抢答电路。具体要求如下:
(1) 3 人各控制一个按钮和一个发光二极管,通过按动按钮发出抢答信号。
(2) 竞赛开始后,谁先按下按钮,谁的发光二极管亮,同时使其他人的抢答信号无效。

4.19 某种触发器的特性方程为 $Q^{n+1} = X \oplus Y \oplus Q^n$,试分别用下列两种触发器实现逻辑功能:(1) JK 触发器;(2) D 触发器。

第5章 时序逻辑电路

逻辑电路可分为组合逻辑电路和时序逻辑电路两大类,前一章介绍了时序逻辑电路的基本单元——锁存器和触发器。本章首先介绍时序逻辑电路的基本概念;然后介绍时序逻辑电路的一般分析步骤,通过例题对同步时序逻辑电路和异步时序逻辑电路分析方法的差异加以说明,对常用的计数器和寄存器的组成、工作原理及应用进行详细介绍;最后,简要介绍同步时序逻辑电路的设计方法,并给出 Proteus 时序逻辑电路仿真实例。

5.1 时序逻辑电路概念

我们在前面学习了组合逻辑电路,任意时刻的输出信号仅仅取决于当前时刻的输入信号,而与上一时刻的电路状态无关,这一特点充分体现了组合逻辑电路控制的实时性。本章要介绍另一种类型的逻辑电路,在这一类逻辑电路中,任意时刻的输出信号不仅取决于当前时刻的输入信号,而且取决于电路原来的状态,或者说还跟原来的输入有关,具备这一特点的逻辑电路就称为时序逻辑电路。

5.1.1 时序逻辑电路的结构及特点

时序逻辑电路的结构主要由两部分构成:一部分是进行逻辑运算的组合逻辑电路,另一部分是具有记忆功能的存储电路。存储电路主要由触发器或锁存器构成。本章着重研究由触发器构成存储电路的时序逻辑电路。

一般来说,我们可以将时序逻辑电路用图 5.1 所示的框图表示,图中各组变量分别是输入信号 $X=(X_1,X_2,\cdots,X_i)$、输出信号 $Y=(Y_1,Y_2,\cdots,Y_j)$、激励信号 $Z=(Z_1,Z_2,\cdots,Z_k)$ 和状态信号 $Q=(Q_1,Q_2,\cdots,Q_m)$。其中,输入信号是指整个时序逻辑电路的输入变量;输出信号是指时序逻辑电路的输出变量;激励信号是指时序逻辑电路中存储电路的输入变量或驱动变量;状态信号是指存储电路的状态变量。

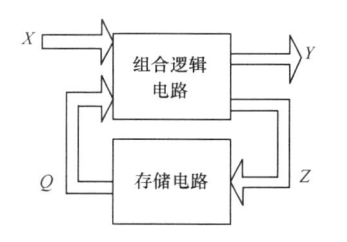

图 5.1 时序逻辑电路的框图表示

同时,上述 4 组变量的逻辑关系可以用下面 3 个向量函数形式的方程来表述:

$$Y = f_1(X,Q) \tag{5.1}$$

$$Z = f_2(X,Q) \tag{5.2}$$

$$Q^{n+1} = f_3(Z,Q^n) \tag{5.3}$$

式(5.1)表示输出信号与输入信号、状态变量的关系,称为输出方程。式(5.2)表示激励信号与输入信号、状态变量的关系,称为激励方程或驱动方程。式(5.3)表示存储电路从现态到次态的转换,称为状态方程。其中需要注意的是,式(5.1)和式(5.2)中的状态变量都是电路的现态,式(5.3)中等号的左边是电路的次态,右边括号内是电路的现态,在后面实际使用时一定不能混淆。

由上面的时序逻辑电路的构成可以得到其主要特点：
(1) 时序逻辑电路由组合逻辑电路和存储电路组成。
(2) 时序逻辑电路任一时刻的状态变量不仅是当前输入信号的函数，而且是电路上一时刻状态的函数，时序逻辑电路的输出信号应该由输入信号和电路的状态共同决定。

5.1.2 时序逻辑电路分类

时序逻辑电路按存储电路中触发器的时钟信号是否一致，可以分为同步时序逻辑电路和异步时序逻辑电路。若电路中触发器的时钟信号来自同一个时钟源，触发器状态能够同时刷新，则这样的时序逻辑电路就称为同步时序逻辑电路；若电路中触发器的时钟信号没有统一的时钟源，或者电路中干脆没有时钟信号（如锁存器），电路的状态不能同时刷新，则这样的时序逻辑电路就称为异步时序逻辑电路。

按输出信号取决于哪个变量，我们还可以将时序逻辑电路分为 Mealy 型和 Moore 型。输出信号不仅取决于存储电路的状态，而且取决于电路的输入信号，这样的时序逻辑电路称为 Mealy 型电路；输出信号仅取决于存储电路的状态，而与电路的输入信号没有直接联系，甚至没有输入信号，这样的时序逻辑电路称为 Moore 型电路。Mealy 型和 Moore 型电路框图如图 5.2 所示。

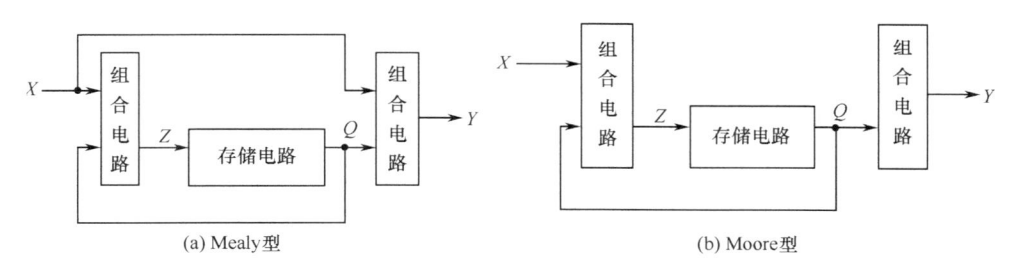

图 5.2 Mealy 型和 Moore 型电路框图

5.1.3 时序逻辑电路功能描述方法

我们在描述组合逻辑电路的逻辑功能时，可以用逻辑表达式、真值表及波形图来表达。但是在描述时序逻辑电路的逻辑功能时，我们需要用到的表达方式却是逻辑方程组（包括输出方程组、激励方程组和状态方程组）、状态表、状态图及时序图。其实，只要确定了时序逻辑电路的逻辑方程组，电路的逻辑功能就被唯一地确定。但是，在分析一些时序逻辑电路时，只根据逻辑方程组往往很难直接判断出电路的逻辑功能，而在设计时序逻辑电路时，也很难根据给定逻辑要求（功能）直接写出电路的逻辑方程组，所以在方程组和逻辑功能之间，往往需要增加一些中间转换部分来将两者联系起来，例如逻辑方程组与状态表直接相关，状态表与状态图和时序图直接相关，而状态图或时序图能直接描述逻辑功能。因此，只用逻辑方程组表达逻辑功能是绝对不够的，还需要用到状态表、状态图，甚至时序图。

1．逻辑方程组

逻辑方程组主要包括时序逻辑电路的输出方程组、激励方程组和状态方程组。它直接由时序逻辑电路得到，或者可以直接由它得到时序逻辑电路。根据之前对三大方程组的介绍，输出方程组取自于整个时序逻辑电路的输出端，激励方程组取自于存储电路中各个触发器的激励信号的构成，状态方程组则取自于各个触发器的特性方程与激励方程组的组合。

2. 状态表

状态表也称状态转换表，它反映了时序逻辑电路的输出信号及触发器的次态在输入信号和触发器的现态共同作用下发生怎样的改变，或者说是输出信号和触发器的次态与输入信号和触发器的现态之间对应的取值关系。列表的方式通常是将触发器的现态作为一栏，将其所有可能的取值一一列出，然后将触发器的次态和输出信号作为一栏，并且在输入信号所有可能取值的作用下，对应所有现态的取值，根据电路状态方程组得到其取值，如表 5.1 所示。

表 5.1　状态表示例

$Q_1^n Q_0^n$	$Q_1^{n+1} Q_0^{n+1}/Y$	
	$X = 0$	$X = 1$
00	00/0	01/0
01	01/0	10/0
10	10/0	11/0
11	11/0	00/1

3. 状态图

状态图也称状态转换图，是反映时序逻辑电路状态转换规律与相应输入信号、输出信号取值关系的图形。状态图比其他表达方式更形象，一般由状态表可以直接得到。

在状态图中，一般用圆圈及圆圈内的字母或数字表示时序逻辑电路的各个状态，连线及箭头表示状态转换及转换的方向（现态到次态）。当箭头起点和终点都在同一个圆圈上时，表示经过一个时钟脉冲有效沿作用后电路状态不变。标在连线一侧的数字表示状态转换前输入信号的取值和在输入信号作用下得到对应的输出信号的取值，用符号"/"分开。一般将输入信号取值写在符号"/"的左侧，将输出信号取值写在符号"/"的右侧。它表明在该输入取值作用下将产生相应的输出值，并且电路将发生箭头方向所指的状态转换，如图 5.3 所示。

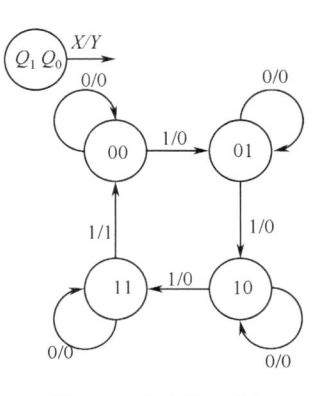

图 5.3　状态图示例

4. 时序图

时序图实际上就是时序逻辑电路的波形图，它能直观地描述时序逻辑电路的输入信号、时钟脉冲、输出信号以及电路的状态在时间上对应的关系。它最大的特点就是直观，能够展现我们在之前无法发现的一些细节上的问题。因为前面的几种表达方式主要表现为离散状态的变化，方程组虽然不只表示离散状态，但是仍然不够直观。因此，时序图既能体现状态的转换，又能发现细节的问题，在发现时序逻辑电路问题的过程中，时序图是很有必要的。一般画时序图时不必全部画出，而只需要画出有代表性的一部分。

5.2　时序逻辑电路的分析方法

时序逻辑电路的分析是指根据给定逻辑电路图，找出电路的输出变量及状态变量在输入变量和时钟脉冲的作用下如何发生变化的规律，并且归纳总结出电路的逻辑功能，同时充分理解电路的工作特性。下面首先介绍分析时序逻辑电路的一般步骤，然后通过例题加深对分析方法的理解。

5.2.1　分析时序逻辑电路的一般步骤

时序逻辑电路有同步时序逻辑电路和异步时序逻辑电路之分，它们的分析步骤有相同的地方,也有不同的地方。

(1) 根据给定的逻辑电路图,列出电路的逻辑方程组。对于每个组合电路的输出变量,可以列出输出方程组;对于每个触发器的激励输入,可以列出激励方程组;对于每个触发器的状态输出,可以结合第 4 章学习的触发器的特性方程列出状态方程组。同步时序逻辑电路一般不需要考虑时钟信号的影响。如果是异步时序逻辑电路,因为其异步主要体现在时钟的不一致上,那么必须加上一组时钟方程,而且时钟方程还需要在状态方程中得以体现:我们通常在状态方程中增加时钟变量 cp_n,cp_n 的取值来自时钟方程,用 $cp_n=1$ 表示时钟信号起作用,也就是提供了时钟信号的有效沿,触发器的输出状态可以根据激励的变化发生状态改变;用 $cp_n=0$ 表示时钟信号不起作用,触发器的输出状态将保持原有状态不变。

(2) 由状态方程组和输出方程组建立状态表,进而画出状态图和时序图。对于异步时序逻辑电路,在建立状态表时一定要考虑时钟变量 cp_n;对于同步时序逻辑电路,由于时钟变化一致,所以不用考虑时钟变量 cp_n。

(3) 分析并确定电路的逻辑功能,可以用文字详细说明。

5.2.2 同步时序逻辑电路的分析举例

例 5.1 分析图 5.4 所示的同步时序逻辑电路。

解:(1) 根据逻辑电路图,列出方程组。

输出方程:$Y=Q_1Q_0X$。

激励方程:$T_0=X$,$T_1=Q_0X$。

状态方程:由于逻辑电路图中触发器由 T 触发器构成,根据 T 触发器的特性方程 $Q^{n+1}=Q^n \oplus T$,将上面的激励方程代入,就可以得到状态方程:

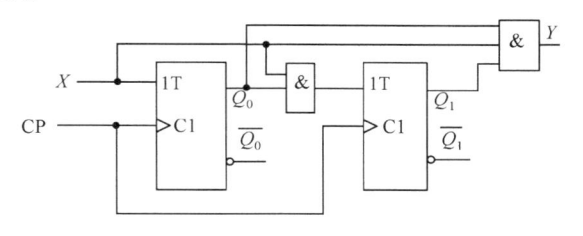

图 5.4 例 5.1 的逻辑电路图

$$Q_0^{n+1}=Q_0^n \oplus T_0=Q_0^n \oplus X, \quad Q_1^{n+1}=Q_1^n \oplus T_1=Q_1^n \oplus Q_0^n X$$

(2) 由方程组列出状态表

在状态表中,我们首先把所有可能出现的现态全部按顺序列出来,然后根据所有的输入取值情况,结合前述方程组,将次态和输出信号的取值一一列出,如表 5.2 所示。

表 5.2 例 5.1 的状态表

$Q_1^n Q_0^n$	$Q_1^{n+1}Q_0^{n+1}/Y$	
	$X=0$	$X=1$
00	00/0	01/0
01	01/0	10/0
10	10/0	11/0
11	11/0	00/1

(3) 由状态表画出状态图

根据状态表描述的状态变化,我们可以直接画出状态图,如图 5.5 所示。

(4) 画出时序图

假设电路初始状态为 00,根据状态表和状态图可以画出电路在对应时钟信号和输入信号作用下的时序图,如图 5.6 所示。

最后,我们可以根据状态图和时序图得出该时序逻辑电路的逻辑功能,为可控模 4 的二进制计数器,其中输入信号 X 作为控制端,控制电路对时钟信号 CP 脉冲进行计数。当 $X=0$ 时,停止计数,当 $X=1$ 时,每来一个 CP 有效沿,计数值加 1,当计数值达到 11 时,输出信号 Y 输出逻辑"1",再来一个 CP 有效沿时,计数值回到 00。输出信号 Y 作为进位控制信号,可以用其下降沿触发进位操作。

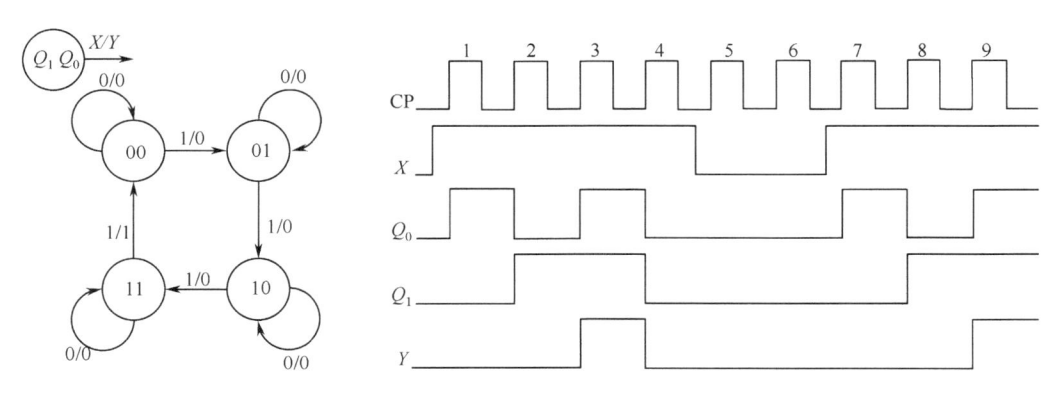

图 5.5　例 5.1 的状态图　　　　　图 5.6　例 5.1 的时序图

例 5.2　分析图 5.7 所示的同步时序逻辑电路。

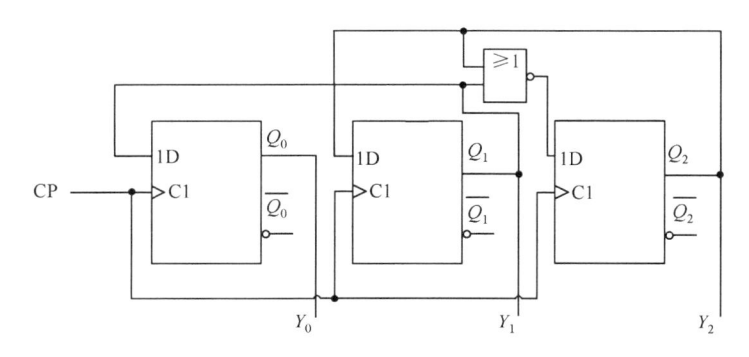

图 5.7　例 5.2 的逻辑电路图

解：(1) 根据逻辑电路图，列出方程组。
输出方程：$Y_0 = Q_0$，$Y_1 = Q_1$，$Y_2 = Q_2$。
激励方程：$D_0 = Q_1$，$D_1 = Q_2$，$D_2 = \overline{Q_1 + Q_2}$。
状态方程：D 触发器的特性方程为 $Q^{n+1} = D$，将上述激励方程代入可得状态方程：
$$Q_0^{n+1} = D_0 = Q_1^n,\quad Q_1^{n+1} = D_1 = Q_2^n,\quad Q_2^{n+1} = D_2 = \overline{Q_1^n + Q_2^n}$$

(2) 根据方程组，列出状态表

由于该电路中输出 Y_0, Y_1, Y_2 就是一个触发器的输出状态，所以状态表不必额外列出输出信号，并且电路没有输入信号，所以状态表最终可化为表 5.3。

(3) 由状态表画出状态图

根据表 5.3 所示的状态变化，我们可以直接画出电路的状态转换图，如图 5.8 所示。从图中可以看到，100，010，001 这三个状态形成一个闭合圈，在电路正常工作时，其状态总是按照箭头方向循环变化，这三个状态称为有效状态，其他五个状态则称为无效状态。因为涉及电路是否能够正常运行的问题，所以含有无效状态的时序逻辑电路必须具有从无效状态自动进入有效状态的能

表 5.3　例 5.2 的状态表

$Q_2^n Q_1^n Q_0^n$	$Q_2^{n+1} Q_1^{n+1} Q_0^{n+1}$
000	100
001	100
010	001
011	001
100	010
101	010
110	011
111	011

力,我们称之为自启动能力。例如,在本例的状态图中可以看到,无论处于哪个无效状态,在一个或几个时钟周期后电路都能进入有效状态,所以该电路具有自启动能力,同时也必须具有自启动能力,否则电路将无法正常运行。

(4) 画出时序图

假设电路初始状态为 000,根据状态图,可画出其时序图,如图 5.9 所示。

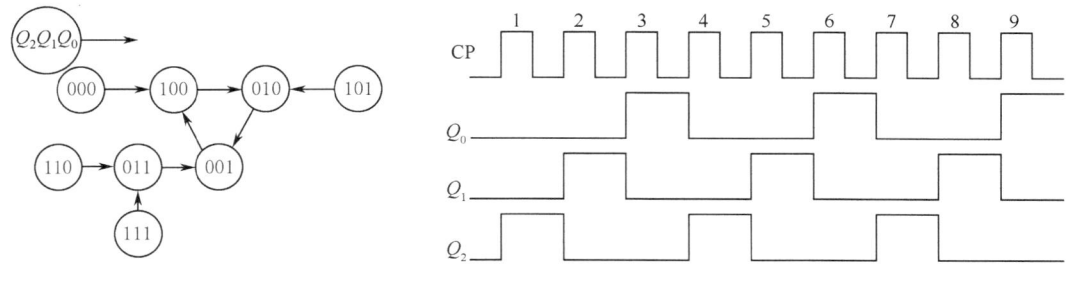

图 5.8 例 5.2 的状态图　　　　　　　　图 5.9 例 5.2 的时序图

根据电路的时序图,我们可以归纳出电路的逻辑功能为脉冲分配器或节拍脉冲产生器。电路在正常工作时,各触发器的输出端轮流产生一个脉冲信号,其宽度为一个 CP 周期,循环周期为 3 个 CP 周期。这个动作可以视为在 CP 脉冲的作用下,电路把一个 CP 周期的脉冲依次分配给 Y_0, Y_1, Y_2。

仔细观察例 5.1 和例 5.2,我们还能发现它们是两种不同的时序逻辑电路,图 5.4 所示为 Mealy 型逻辑电路,输入信号通过与门直接传送给输出信号,也就是说,输入信号不管是发生正常变化还是发生非正常变化(如干扰、噪声等),都将引起输出信号立即变化;在该例中输出信号的下降沿作为进位触发信号,只要 Y 出现下降沿,就表示向高位进 1。这就说明,当计数过程中未到向高位进位时,若由于噪声引起输入信号变化而直接导致输出信号出现下降沿,则进位属于错误输出,它将影响整个电路的结果。而图 5.7 所示的 Moore 型逻辑电路,不存在这样的情况。

5.2.3 异步时序逻辑电路的分析举例

例 5.3 分析图 5.10 所示异步时序逻辑电路。

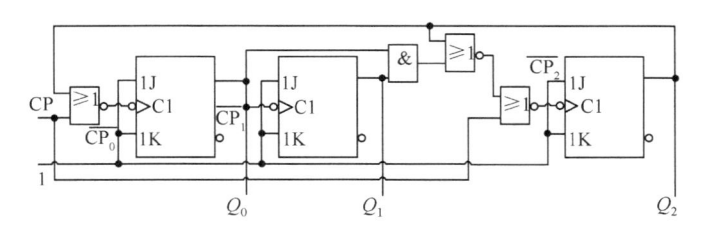

图 5.10 例 5.3 的异步时序逻辑电路

解:观察图 5.10 可知,由于各个触发器的 J, K 都接高电平"1",所以都是作为 T′ 触发器使用的,不需要列出激励方程。各触发器的时钟脉冲不是同一个,所以必须列出时钟方程。

(1) 列出方程组

时钟方程:
$$\overline{cp_0} = \overline{CP + Q_2} = \overline{CP} \cdot \overline{Q_2}$$
$$\overline{CP_1} = Q_0$$
$$\overline{cp_2} = \overline{\overline{Q_2 + Q_1 Q_0} + CP} = \overline{CP} \cdot (Q_2 + Q_1 Q_0)$$

输出方程：3 个输出变量就是 3 个触发器的输出状态 Q_2, Q_1, Q_0。

状态方程：前面介绍异步时序逻辑电路分析步骤时，在状态方程中必须体现时钟信号的影响，可以用 cp_n 结合 T′ 触发器的特性方程 $Q^{n+1} = \overline{Q^n}$ 来得到状态方程，并且触发器接收到时钟脉冲有效沿时 cp_n 为逻辑 1，否则 cp_n 为逻辑 0。

$$Q_0^{n+1} = \overline{Q_0^n}\,cp_0 + Q_0^n\,\overline{cp_0}$$
$$Q_1^{n+1} = \overline{Q_1^n}\,cp_1 + Q_1^n\,\overline{cp_1}$$
$$Q_2^{n+1} = \overline{Q_2^n}\,cp_2 + Q_2^n\,\overline{cp_2}$$

(2) 列出状态表

根据上面列出的状态方程，我们可以列出电路的状态表，如表 5.4 所示，不过与同步时序逻辑电路不同的是，状态表中需要多列一栏 cp_n。

表 5.4 例 5.3 的状态表

$Q_2^n Q_1^n Q_0^n$	cp_2	cp_1	cp_0	$Q_2^{n+1} Q_1^{n+1} Q_0^{n+1}$
0 0 0	0	0	1	0 0 1
0 0 1	0	1	1	0 1 0
0 1 0	0	0	1	0 1 1
0 1 1	1	1	1	1 0 0
1 0 0	1	0	0	0 0 0
1 0 1	1	0	0	0 0 1
1 1 0	1	0	0	0 1 0
1 1 1	1	0	0	0 1 1

(3) 画出状态图

由表 5.4 可得电路的状态图，如图 5.11 所示。

(4) 画出时序图

假设初始状态为 $Q_2Q_1Q_0 = 000$，由状态图可以画出电路的时序图，如图 5.12 所示。图 5.12 中的时序波形考虑了触发器平均延时 t_{pd} 的影响，由于各触发器的翻转时间有延迟，状态刷新不一致，所以出现了"状态不确定"的情况，虽然这种"状态不确定"持续的时间是很短暂的，但是也可能出现瞬间逻辑错误。

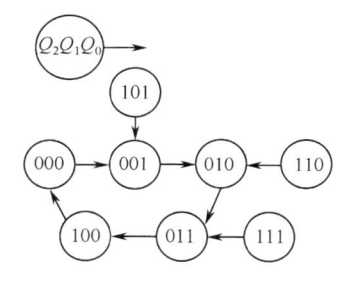

图 5.11 例 5.3 的状态图

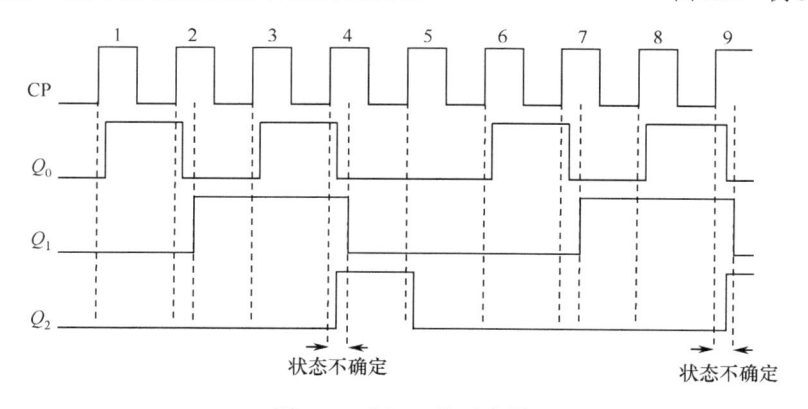

图 5.12 例 5.3 的时序图

由状态图可知，电路的逻辑功能为异步五进制加计数器，并且由图 5.12 还可以看出，由于时钟信号不一致导致触发器翻转时刻不统一，所以计数状态改变时会出现不确定且存在时间很短的中间过渡状态，从而容易引发计数错误。

5.3 计数器

计数器是一种典型的时序逻辑电路，其应用非常广泛。计数器的主要功能是累计输入脉冲的个数，同时还可以用于分频、定时、产生节拍脉冲及顺序控制等。计数器是一个周期性的时序逻辑电路，其状态图为一个闭合环，闭合环内各状态循环一次所需要的时钟脉冲个数称为计数器的模。

计数器种类繁多，按时钟控制方式可分为同步计数器和异步计数器，按计数进制可分为二进制计数器和非二进制计数器，其中非二进制计数器通常又可分为二-十进制计数器和任意进制计数器，按计数数值增减可分为加计数器、减计数器和可逆计数器。

5.3.1 二进制计数器

二进制计数器主要有异步二进制计数器和同步二进制计数器，其中异步二进制计数器具有结构简单的特点，但是时钟不同步导致状态刷新不同步，所以会有不确定状态出现；而同步二进制计数器状态刷新步调一致，不会出现不确定状态，但是电路结构相对异步电路来说要复杂一些。

1. 异步二进制计数器

图 5.13 所示电路是一个 4bits 异步二进制加计数器，它由 4 个 T′ 触发器构成，其中 MR 为清零端，高电平有效。

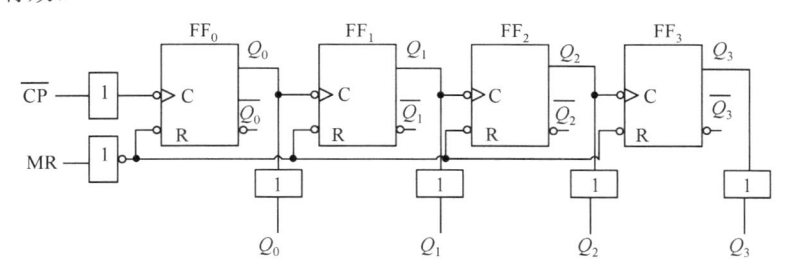

图 5.13 4bits 异步二进制加计数器逻辑电路图

由图 5.13 可知，触发器 FF_0 外接时钟脉冲 $\overline{CP}$，只要 $\overline{CP}$ 提供一个下降沿，根据 T′ 触发器特性，其输出 Q_0 就翻转一次。而后面的触发器 FF_1、FF_2 和 FF_3 都以前一级触发器的 Q 输出作为时钟触发信号，只有当 Q_0 由 1 变为 0 时，FF_1 才翻转，以此类推。由此我们很容易得到电路的时序图，如图 5.14 所示。

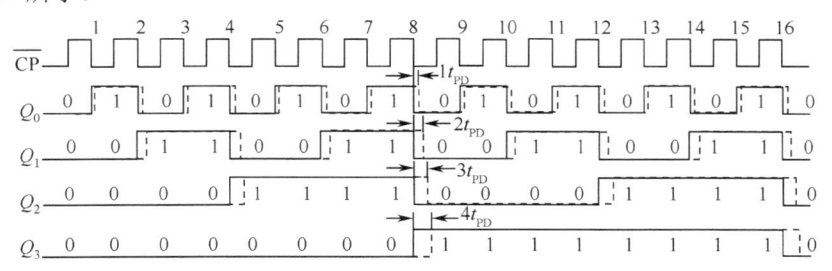

图 5.14 4bits 异步二进制加计数器的时序图

图 5.14 中的虚线部分是考虑触发器逐级翻转中的平均延时 t_{PD} 的波形。由于各触发器的翻转时间有延迟，状态刷新不一致，若用该计数器驱动逻辑电路，则有可能出现瞬间逻辑错误。例如，当计数值从 0111 加 1 时，理论上应该进入 1000，但实际上从图中可以看出，中间出现了 0110，0100，0000 三个状态，然后才进入 1000。若是对 0110，0100，0000 译码，因为其存在时间非常短暂，则这时译码输出端会出现毛刺状波形。同时，当计数脉冲的频率很高时，还有可能会出现 CP 脉冲一个时钟周期结束时计数器还有触发器仍未刷新的情况，这样就会使得整个计数器得不到正确的次态，也就是说，每个状态都是不确定的。所以，对于一个 N bits 异步二进制计数器来说，从一个计数脉冲开始作用到第 N 个触发器翻转达到稳定状态，需要的时间为 Nt_{PD}。为了保证正确地输出计数值，时钟脉冲的周期必须远远大于 Nt_{PD}。因此，异步二进制计数器的计数速度被计数器总的延时限制，速度一般不高。

常用的异步二进制计数器集成电路主要有 74HC/HCT393，其内部包含两个如图 5.13 所示的 4bits 异步二进制加计数器逻辑电路，每级触发器的传输延时典型值为 6ns。

2．同步二进制计数器

要想提高计数器的计数速度，可以采用同步计数器。因为同步计数器中的每个触发器都接到同一个时钟源，其状态翻转是同时的，所以不受异步计数器传输延时的限制，而且不会有中间瞬时状态的产生，从而不会出现不确定状态。

对于同步二进制加计数器的原理，我们采用设计 4bits 同步二进制计数器的方式来进行介绍。根据逻辑功能，我们可以得到如表 5.5 所示的 4bits 同步二进制计数器的状态表。

由表 5.5 可以看出，只要 CP 提供有效沿，Q_0 就会发生翻转；当 $Q_0 = 1$ 时，只要 CP 提供有效沿，Q_1 就会发生翻转；当 $Q_0 = Q_1 = 1$ 时，只要 CP 提供有效沿，Q_2 就会发生翻转；当 $Q_0 = Q_1 = Q_2 = 1$ 时，只要 CP 提供有效沿，Q_3 就会发生翻转，按照这个规律还可以继续扩展位数。因此，我们可以用 T 触发器来实现该设计，并且用 D 触发器来实现 T 触发器的功能。

表 5.5 4bits 同步二进制计数器的状态表

计数顺序	计数器状态				进位输出
	Q_3	Q_2	Q_1	Q_0	
0	0	0	0	0	0
1	0	0	0	1	0
2	0	0	1	0	0
3	0	0	1	1	0
4	0	1	0	0	0
5	0	1	0	1	0
6	0	1	1	0	0
7	0	1	1	1	0
8	1	0	0	0	0
9	1	0	0	1	0
10	1	0	1	0	0
11	1	0	1	1	0
12	1	1	0	0	0
13	1	1	0	1	0
14	1	1	1	0	0
15	1	1	1	1	1
16	0	0	0	0	0

可以直接列出 T 触发器的激励方程组如下：

$$T_0 = \text{CE} \tag{5.4}$$

$$T_1 = \overline{\overline{Q_0} \cdot \overline{\text{CE}}} = Q_0 \cdot \text{CE} \tag{5.5}$$

$$T_2 = \overline{\overline{Q_1} \cdot \overline{Q_0} \cdot \overline{\text{CE}}} = Q_1 \cdot Q_0 \cdot \text{CE} \tag{5.6}$$

$$T_3 = \overline{\overline{Q_2} \cdot \overline{Q_1} \cdot \overline{Q_0} \cdot \overline{\text{CE}}} = Q_2 \cdot Q_1 \cdot Q_0 \cdot \text{CE} \tag{5.7}$$

由激励方程组可以画出逻辑电路图，如图 5.15 所示。其中，当 CE = 0 时，电路保持输出状态不变，当 CE = 1 时，电路完成表 5.5 所示的功能。图 5.16 是图 5.15 所示 4bits 同步二进制加计数器的时序图。

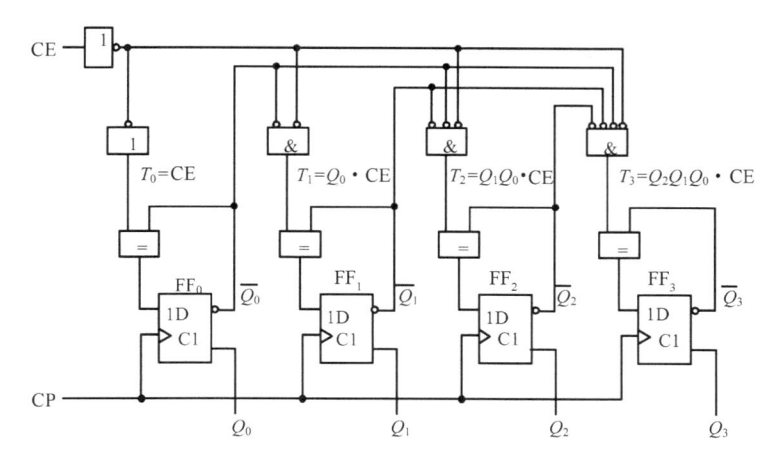

图 5.15　4bits 同步二进制计数器逻辑电路图

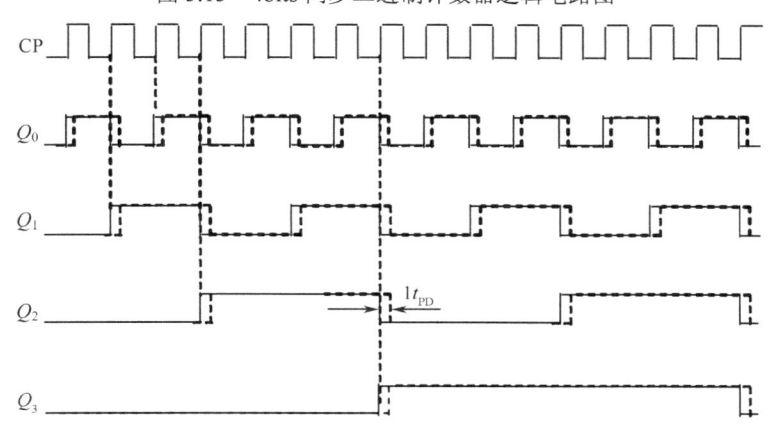

图 5.16　图 5.15 所示电路的时序图

图 5.16 中的虚线是考虑传输延时 t_{PD} 的波形。从图中可以看出，同步计数器的每个触发器接到同一个时钟源，所以状态刷新是在同一时刻，就算每个触发器都有传输延时，但延时也是同步的。所以，同步计数器的输出状态比异步的要稳定，工作速度一般高于异步计数器，但是其逻辑电路明显要复杂于异步计数器。将式（5.4）~式（5.7）改为式（5.8）~式（5.11），即可变为同步二进制减计数器：

$$T_0 = 1 \tag{5.8}$$

$$T_1 = \overline{Q_0} \tag{5.9}$$

$$T_2 = \overline{Q_1} \cdot \overline{Q_0} \tag{5.10}$$

$$T_3 = \overline{Q_2} \cdot \overline{Q_1} \cdot \overline{Q_0} \tag{5.11}$$

图 5.17 所示为集成 4bits 二进制同步加计数器 74LVC163 芯片的引脚图，它是一种高速低功耗 CMOS 集成电路，可以在 1.2~3.6V 电源电压范围内工作，且所有逻辑输入端都可以承受 5.5V 电压，因此，在电源电压为 3.3V 时可以直接与 5V 供电的 TTL 逻辑电路接口。它的工作速度很高，从输入时钟脉冲 CP 上升沿到 Q_N 输出的典型延时仅为 4.9ns，最高时钟工作频率可达

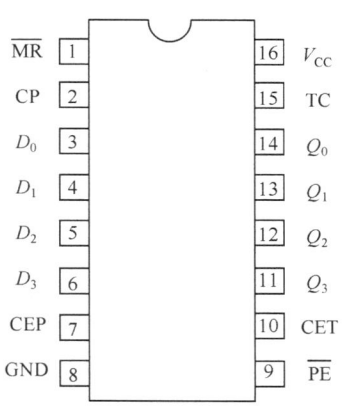

图 5.17　74LVC163 芯片的引脚图

200MHz。表 5.6 是 74LVC163 芯片的引脚功能描述。

表 5.6 74LVC163 芯片引脚功能描述

符 号	引 脚 号	描 述
$\overline{MR}$	1	复位输入端，低电平有效
CP	2	计数脉冲（时钟）输入端，上升沿触发
$D[0:3]$	3，4，5，6	4bits 并行二进制数据输入端
CEP	7	计数使能输入端，高电平有效
GND	8	地
$\overline{PE}$	9	并行置数使能端，低电平有效
CET	10	计数使能进位输入端，高电平有效
$Q[3:0]$	11，12，13，14	计数状态输出端
TC	15	进位信号输出端
V_{CC}	16	电源电压

图 5.18 为 74LVC163 芯片内部逻辑电路图，其中预置和计数功能的选择是通过在每个 D 触发器的输入端插入一个 2 选 1 数据选择器来实现的。由于 CMOS 与或非门的电路结构比与或门更为简单，所以这里不像标准数据选择器那样用与或结构实现，而使用了与或非门构成 2 选 1 数据选择器。相应地，D 触发器也取 $\overline{D}$ 作为输入。

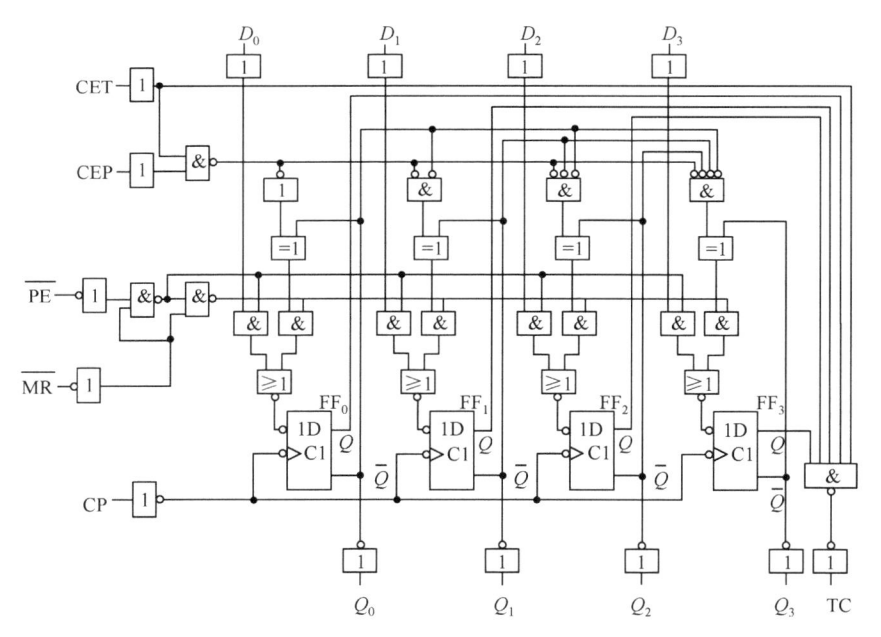

图 5.18 74LVC163 芯片内部逻辑电路图

其中 $\overline{MR}$ 为同步清零端，若 $\overline{MR}=0$，当时钟脉冲 CP 为上升沿时，则无论其他输入端是何种状态，计数器清零，在计数器正常工作时要确保 $\overline{MR}=1$。$\overline{PE}$ 为同步并行置数使能端，若 $\overline{PE}=0$，且 $\overline{MR}=1$，当时钟脉冲 CP 为上升沿时，则数据输入端信号 $D_3 \sim D_0$ 的逻辑值便能置入片内 4 个触发器中。由于该操作与 CP 上升沿同步，且 $D_3 \sim D_0$ 的数据同时置入计数器，所以也称同步并行数据预置。$D_3 \sim D_0$ 为预置数据输入端，在 CP 上升沿到来前需要提前将预置数据送到 $D_3 \sim D_0$ 输入端，且 $\overline{PE}=0$。CEP 和 CET 都是计数使能端，当 CEP·CET = 0 时，不管有无 CP 脉冲作用，

· 148 ·

计数器都将停止计数，保持原有状态；当 $\overline{\text{MR}} = \overline{\text{PE}} = \text{CEP} = \text{CET} = 1$ 时，计数器处于计数状态。其中 CET 还直接控制着进位输出信号 TC。$Q_3 \sim Q_0$ 为计数器中 4 个触发器的 Q 端输出状态。TC 为进位输出信号，只有当 CET = 1 且 $Q_3Q_2Q_1Q_0 = 1111$ 时，TC 才为 1，表明下一个 CP 上升沿到来时将会有进位产生。74LVC163 芯片的功能如表 5.7 所示。

表 5.7 74LVC163 芯片功能表

输入							输出	
清零	预置	使能		时钟	预置数据输入端	计数	进位
$\overline{\text{MR}}$	$\overline{\text{PE}}$	CEP	CET	CP	$D_3\ D_2\ D_1\ D_0$	$Q_3\ Q_2\ Q_1\ Q_0$	TC
L	×	×	×	↑	× × × ×	L L L L	L
H	L	×	×	↑	$D_3\ D_2\ D_1\ D_0$	$D_3\ D_2\ D_1\ D_0$	#
H	H	L	×	×	× × × ×	保持	#
H	H	×	L	×	× × × ×	保持	L
H	H	H	H	↑	× × × ×	计数	#

注：#表示只有当 CET 为高电平且计数器状态为 HHHH 时输出才为高电平，其余均为低电平。

综合功能表的描述，可以得到 74LVC163 芯片的时序图，如图 5.19 所示。其中，当清零信号 $\overline{\text{MR}} = 0$ 时，在下一个时钟脉冲上升沿到来后，各触发器置 0。当 $\overline{\text{MR}} = 1$，$\overline{\text{PE}} = 0$ 时，在下一个时钟脉冲上升沿到来后，各触发器的输出状态与预置的输入数据相同。当 $\overline{\text{MR}} = \overline{\text{PE}} = 1$ 时，若 CEP = CET = 1，则电路开始计数，计数器从预置的 1100 开始计数，直到 CEP·CET = 0 计数结束，此后电路处于禁止计数的保持状态，进位信号 TC 只有在 $Q_3Q_2Q_1Q_0 = 1111$ 且 CET = 1 时输出才为 1，其余时间均为 0。

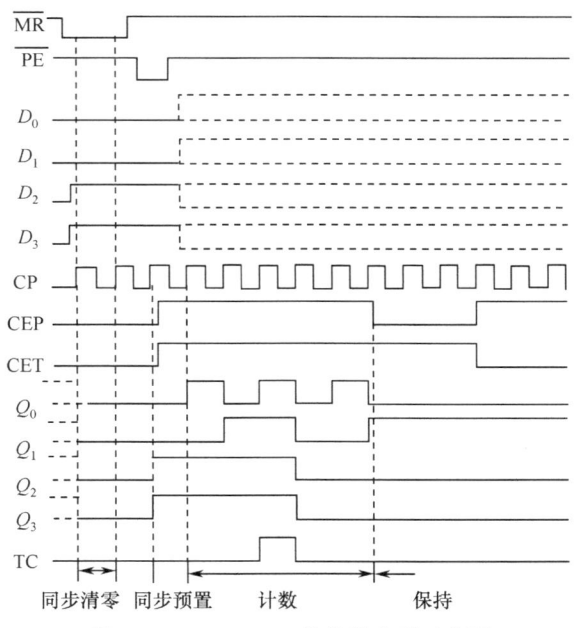

图 5.19 74LVC163 芯片的典型时序图

5.3.2 其他进制计数器

其他进制的计数器习惯上称为任意进制计数器，其中最常用的是二-十进制计数器。其他进制计数器包括同步和异步计数器，加、减计数器和可逆计数器等几种类型。这里首先介绍一款二-十进制异步加计数器。

在例 5.3 中，我们分析了一个异步五进制加计数器电路，若在其基础上再增加一级 T′ 触发器作为二进制计数器，则可以构成一个异步二-十进制加计数器，如图 5.20 所示。74HC/HCT390 芯片就是集成了两个图 5.20 所示逻辑电路的芯片。从图 5.20 可以看出，除清零信号（高电平有效）外，二进制计数器和五进制计数器的输入端、输出端都是独立引出的。

在图 5.20 中，外接时钟脉冲有两种方式：第一种是将 $\overline{\text{CP}_0}$ 直接外接时钟脉冲，而 Q_0 与 $\overline{\text{CP}_1}$ 相连，这样计数器状态表如表 5.8 所示，为 8421BCD 码；第二种是将 $\overline{\text{CP}_1}$ 直接外接时钟脉冲，而 Q_3 与 $\overline{\text{CP}_0}$ 相连，这样计数器状态表如表 5.9 所示，为 5421BCD 码。

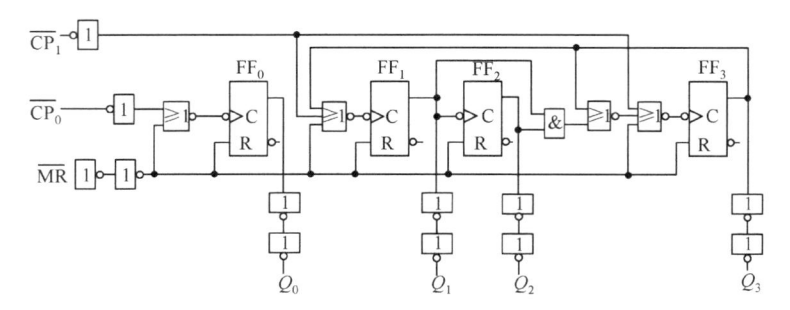

图 5.20 74HC/HCT390 中的一个异步二-十进制加计数器逻辑电路图

表 5.8 8421BCD 码状态表

计数顺序	输出			
	Q_3	Q_2	Q_1	Q_0
0	0	0	0	0
1	0	0	0	1
2	0	0	1	0
3	0	0	1	1
4	0	1	0	0
5	0	1	0	1
6	0	1	1	0
7	0	1	1	1
8	1	0	0	0
9	1	0	0	1

表 5.9 5421BCD 码状态表

计数顺序	输出			
	Q_3	Q_2	Q_1	Q_0
0	0	0	0	0
1	0	0	0	1
2	0	0	1	0
3	0	0	1	1
4	0	1	0	0
5	1	0	0	0
6	1	0	0	1
7	1	0	1	0
8	1	0	1	1
9	1	1	0	0

5.3.3 计数器集成电路的应用举例

计数器集成电路除完成本身所具备的计数功能外，一般还具有一些其他的实用功能。

1. 计数器位数的扩展

若将多个集成计数器采用级联方式连接起来，则可以获得计数容量更大的计数器。两个模 N 的计数器级联，可以实现 $N \times N$ 的计数器。计数器的级联一般是指将低位芯片的进位输出端与高位芯片的使能端（同步）或时钟端（异步）相连。

下面以 74LVC163 芯片为例，介绍计数器的级联，从而实现位数的扩展，如图 5.21 所示。

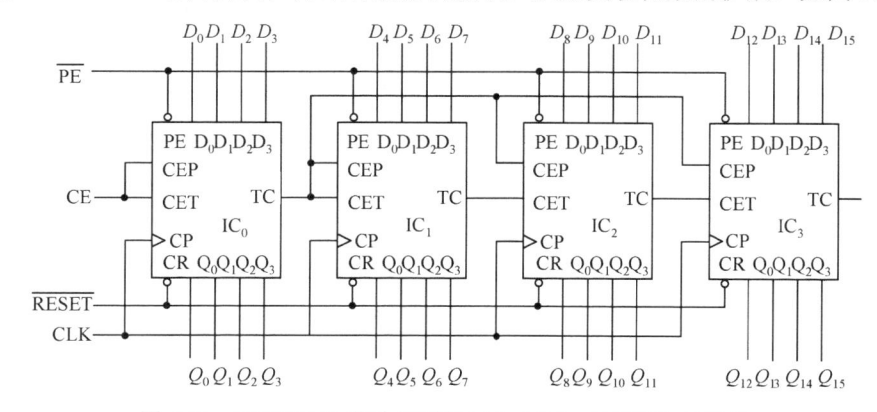

图 5.21 74LVC163 芯片级联扩展为 16bits 二进制加计数器

图 5.21 所示计数器的级联方式很简单,但是各计数器的计数使能输入端 CEP 和 CET 的接法很有特点。首先,电路中低位芯片的进位输出 TC 均与右邻高位芯片的 CET 相连,而 IC_0 的 TC 端与所有右邻芯片的 CEP 都相接。从图 5.19 可以看出,TC 为 1 的时间只有一个时钟周期,也就是说只有在低位芯片的 TC 处于高电平这一段时间内,才允许高位芯片受 CP 作用进行计数操作,而其余绝大部分时间均禁止计数,从而大大提高了多芯片级联电路的可靠性和抗干扰能力。其次,由于芯片内部 CET 直接控制着进位信号 TC,当 IC_1 和 IC_2 均为 1111 状态时,一旦 IC_0 的 TC 端输出高电平的进位信号,只需经过几个有限的门电路延迟就可将进位信号传递到最高位芯片 IC_3 的 CET 端,其 CEP 也因为与 IC_0 的 TC 直接相连而同时变为高电平,使 IC_3 迅速进入准备计数状态,在下一个时钟上升沿到来时完成进位计数操作。这种快速传递进位信号的连接方法,允许大幅度缩短计数脉冲周期,从而提高了级联计数器的工作频率上限。

2. 构成任意进制计数器

市场上能买到的集成计数器一般为二进制和二-十进制计数器,若需要其他进制的计数器,则可用现有的二进制或二-十进制计数器,利用其控制端外加适当的门电路构成。在用 M 进制集成计数器构成 N 进制计数器时,若 $M > N$,则只需要一个 M 进制集成计数器;若 $M < N$,则需要多个 M 进制集成计数器。

(1) 反馈清零法

反馈清零法适用于有清零端的集成计数器。假如需要实现九进制加计数器,可以用前面介绍的同步 4bits 二进制加计数器 74LVC163 来完成,但是 74LVC163 具有 16 个有效状态,而九进制计数器只有 9 个有效状态,所以需要 1 块 74LVC163 芯片,并且要对其控制端口进行处理,将多余的 7 个状态跳过。这里使用反馈清零的办法,如图 5.22 所示。

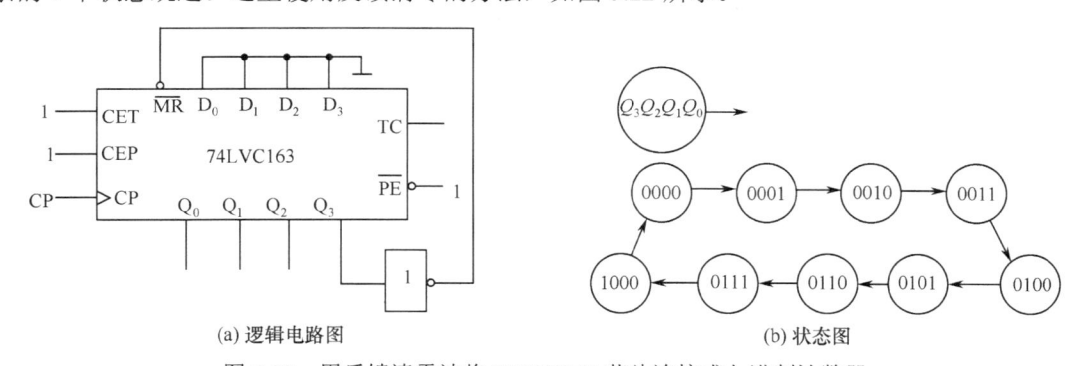

(a) 逻辑电路图　　　　　　　　　　　(b) 状态图

图 5.22　用反馈清零法将 74LVC163 芯片连接成九进制计数器

由图 5.22(b)可知,74LVC163 芯片状态从 0000 开始,经过 8 个时钟脉冲后就到达 1000,若再来一个时钟脉冲,按 74LVC163 芯片逻辑功能来变化,其状态应该是去到 1001,但是按九进制计数器来变化,其状态应该是去到 0000。因此,这里对 1000 进行译码,通过一个反相器输出低电平接到 74LVC163 芯片的清零端 $\overline{MR}$,因为 74LVC163 芯片是同步清零,所以当下一个时钟脉冲上升沿到来时,计数器状态由 1000 回到 0000,而到 0000 状态后,清零信号自动消失,这就是反馈清零法。由于 74LVC163 芯片采用同步清零,当 $\overline{MR}$ 接收到有效低电平时还要等下一个时钟脉冲到来才会清零计数器,而这时 $\overline{MR}$ 端口的清零信号已经稳定地建立,所以不存在清零信号不能维持的问题。

异步清零计数器芯片也可以采用反馈清零法。例如,计数器芯片 74 LVC161 芯片与 74 LVC163 芯片引脚图兼容,并且逻辑功能基本相同,唯一不同的是:74 LVC163 芯片为同步清零,而 74LVC161 芯片为异步清零,也就是说只要清零端为有效电平,就马上对计数器清零,不需要等待时钟脉冲 CP 有效沿。当用 74 LVC161 芯片完成九进制计数器时,逻辑电路图和状态图如

图 5.23 所示。

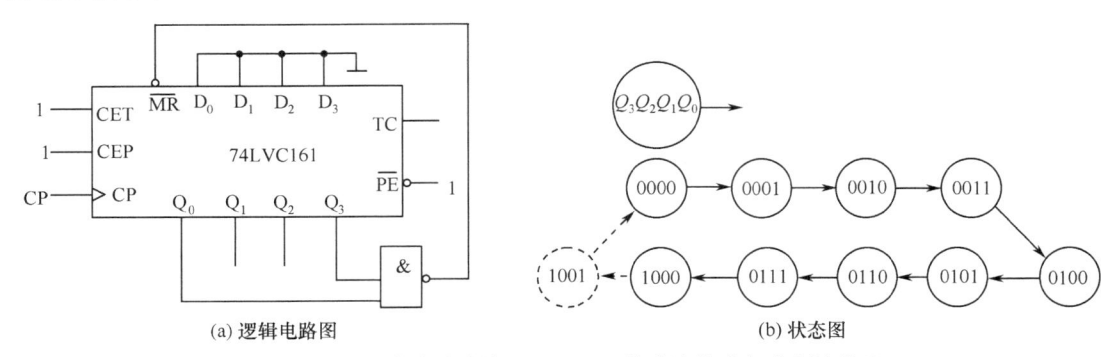

(a) 逻辑电路图　　(b) 状态图

图 5.23　用反馈清零法将 74LVC161 芯片连接成九进制计数器

由图 5.23 可知，因为是异步清零，为了获得清零信号，只能将计数器的状态 1001 通过一个与非门译码后，反馈给清零端 $\overline{MR}$，使得计数器从状态 1001 立刻回到状态 0000。此时产生清零信号的条件（$Q_3 = Q_0 = 1$）已经消失，$\overline{MR}$ 又恢复为高电平，74LVC161 芯片又从状态 0000 重新开始新的计数周期。

需要说明的是，电路是在进入 1001 状态后，才立即被置为 0000 状态的，即 1001 状态会在极短的瞬间出现，所以在状态图中用虚线表示。由于清零信号随着计数器被清零而立即消失，所以清零信号持续时间极短，若计数器中的触发器的复位速度有快有慢，则可能动作慢的触发器还未来得及复位，清零信号就已经消失，从而导致电路误动作。因此，这种接法的电路可靠性不高。

为克服这个缺点，我们可以对图 5.23(a) 所示逻辑电路进行修正，如图 5.24 所示。图中的与非门 G_1 仍然为译码电路，而由与非门 G_2、G_3 构成的基本 RS 锁存器起到保持清零信号的作用，清零信号（低电平）保持时间与被计数脉冲 CP 的高电平持续时间相同，从而保证计数器可靠地清零。

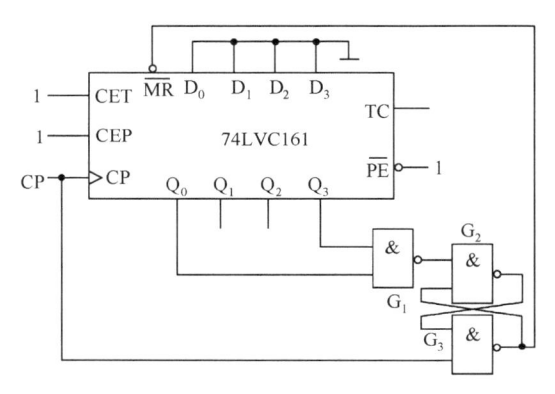

图 5.24　图 5.23 逻辑电路图的修正版

(2) 反馈置数法

反馈置数法适用于有预置数功能端的集成计数器。同样，为了实现九进制计数器，可以采用 74LVC163 芯片，通过反馈置数法来实现，如图 5.25 所示。

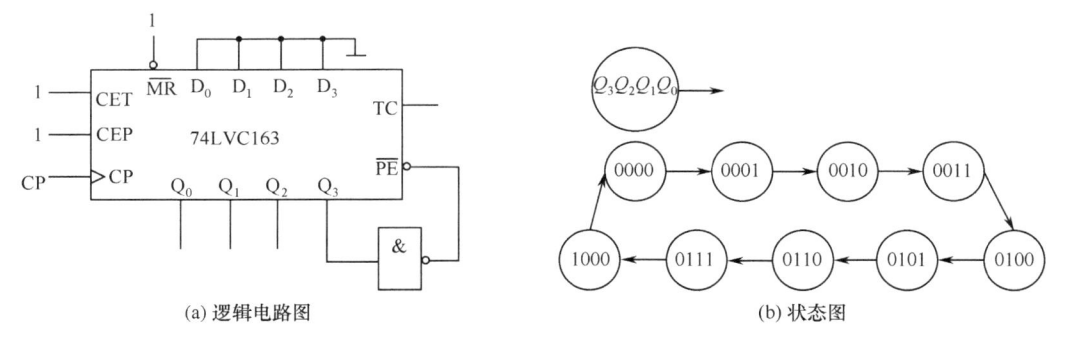

(a) 逻辑电路图　　(b) 状态图

图 5.25　用反馈置数法将 74LVC163 芯片接成九进制计数器

采用反馈置数法构成九进制计数器的原理,与反馈清零法基本相似,只是其中 $D_3 \sim D_0$ 都同样设置为接地,但是其意义不一样:反馈清零法中不需要用到预置输入端,将预置输入端接地是对不用端口的一种常用的处置方法,而反馈置数法将预置输入端接地却是为了能够在预置使能端接收到有效电平时,让计数器状态输出端从 0000 开始计数。反馈置数法还有另一种接法,如图 5.26 所示,详细原理请读者自行考虑。

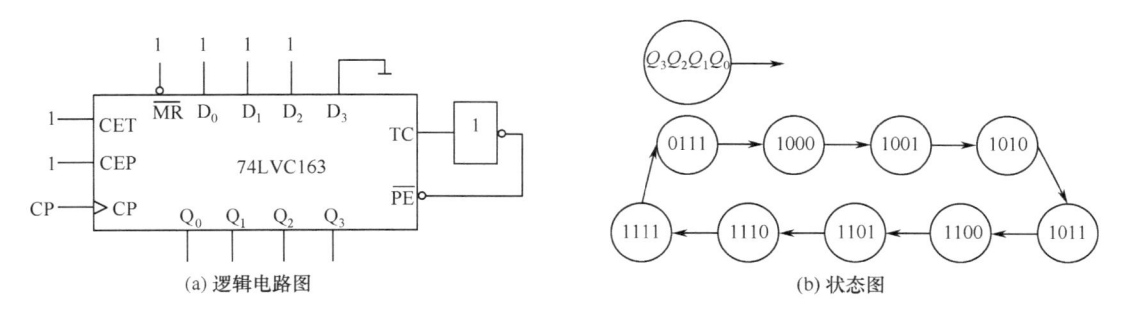

图 5.26 反馈置数法的另一种电路

具有异步置数功能的集成计数器也可以采用反馈置数法,为了保证电路可靠工作,可以参照图 5.24 处理。

(3) $M < N$ 时的反馈处理

前面介绍的反馈清零法和反馈置数法都是集成计数器在 $M > N$ 时的应用,当 $M < N$ 时,需要多块 M 进制集成计数器芯片。

下面以异步二-十进制计数器 74HC390 构成二十四进制计数器为例,来说明 $M < N$ 时反馈处理的原理。74HC390 芯片构成二十四进制计数器的逻辑电路图,如图 5.27 所示。

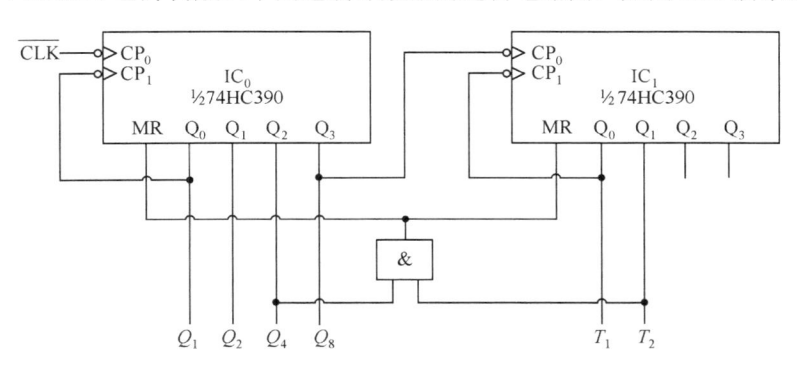

图 5.27 用一块 74HC390 芯片构成的二十四进制计数器

图 5.27 采用的反馈处理方式称为整体反馈清零法。图中的两组计数器都接成 8421BCD 码二-十进制计数器,然后级联,接成 100 进制计数器。也就是说,100 进制计数器能实现 100 个状态,而二十四进制计数器只需要 24 个状态,所以借用前面的反馈清零法跳过多余的 76 个状态即可。具体电路是借助与门译码给清零端输出一个有效高电平来实现的。由图 5.27 可知,正常工作时,出现第 24 个计数脉冲后,计数器输出为 00100100 状态(即十进制数的 24),IC_0 的 Q_2 和 IC_1 的 Q_1 同时为高电平"1",则与门输出高电平"1",它作用在两个计数器的清零端 MR(高电平有效),所以计数器立即返回 00000000 状态。其中 00100100 状态仅瞬间出现,是存在时间非常短的过渡状态,可以忽略,这样就构成了二十四进制计数器。

5.4 寄存器

寄存器是一种典型的时序逻辑电路,其基本功能是通过其内部的触发器存储二进制信息,按其功能不同可分为数码寄存器和移位寄存器。

5.4.1 数码寄存器

数码寄存器主要用于存储二进制数据。因为一个触发器可以存储 1bit 二进制数据,所以用 n 个触发器可以组成存储一组 n bits 二进制数据的数码寄存器。

图 5.28 所示是由 8 个触发器构成的 8bits CMOS 寄存器 74HC/HCT374 的逻辑电路图,与许多中规模集成电路一样,在所有的输入端、输出端都插入了缓冲电路,这是现代集成电路的特点之一,可以使芯片内部逻辑电路与外部电路得到有效隔离。

在图 5.28 中,$D_0 \sim D_7$ 是 8bits 数据输入端,在 CP 上升沿作用下,$D_0 \sim D_7$ 的数据同时存入相应的 D 触发器。$\overline{OE}$ 是输出使能控制端,当 $\overline{OE}=1$ 时,$Q_0 \sim Q_7$ 输出高阻态;当 $\overline{OE}=0$ 时,$Q_0 \sim Q_7$ 输出前面存入的数据。74HC/HCT374 的逻辑功能表如表 5.10 所示。

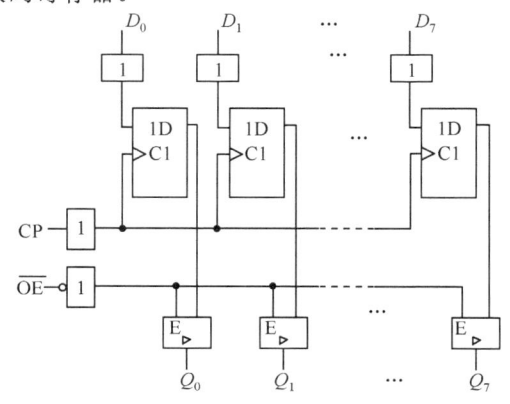

图 5.28 数码寄存器 74HC/HCT374 逻辑电路图

表 5.10 74HC/HCT374 的逻辑功能表

工作模式	输入			内部触发器 Q_N^{n+1}	输出
	$\overline{OE}$	CP	D_N		$Q_0 \sim Q_7$
存入和读出数据	L	↑	L	L	对应内部触发器状态
	L	↑	H	H	
存入数据,禁止输出	H	↑	L	L	高阻
	H	↑	H	H	高阻

从存储数据的角度来看,第 4 章 4.2.3 节中介绍的 74HC573(8bits 锁存器)与本节介绍的 74HC/HCT374(8bits 寄存器)具有类似的逻辑功能。两者的区别在于,前者是电平敏感电路,而后者是脉冲边沿敏感电路。它们有不同的应用场合,主要取决于控制信号与输入数据信号之间的时序关系,以及控制存储数据的方式。若输入数据的刷新可能出现在控制(使能)信号开始有效之后,则只能使用锁存器,它不能保证输出同时更新状态;若能确保输入数据的刷新在控制(时钟)信号敏感边沿出现之前稳定,或要求输出同时更新状态,则可以选择寄存器。一般来说,寄存器比锁存器具有更好的同步性能和抗干扰能力。

5.4.2 移位寄存器

移位寄存器不但可以寄存数码,而且在同一个移位脉冲的作用下,寄存器中的数据可以根据需要由低位向高位移动(右移)或由高位向低位移动(左移),显然,移位寄存器属于同步时序逻辑电路。因此,移位寄存器不但可以用来寄存数据,或者说寄存串行数据,而且可以用来实现数据的串行/并行转换、数值的运算以及数据处理等。移位寄存器也是数字系统和计算机中应用非常广泛的基本逻辑器件。

1．单向移位寄存器

图 5.29 所示电路是一个由 D 触发器构成的 4bits 单向移位寄存器。串行二进制数据从 D_I 输入，左边触发器的输出作为右边相邻触发器的 D 输入信号。

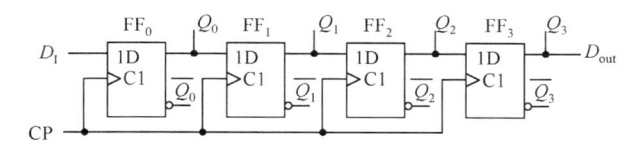

图 5.29 D 触发器构成的 4bits 单向移位寄存器

假设移位寄存器的初始状态为 $Q_3Q_2Q_1Q_0 = 0000$，串行输入数据 $D_I = 1101$ 从高位到低位依次输入。输入第一个数据"1"时，有 $D_0 = 1$，$D_1 = Q_0 = 0$，$D_2 = Q_1 = 0$，$D_3 = Q_2 = 0$，则在第一个时钟脉冲上升沿作用后，FF_0 输出 $Q_0 = 1$，其原来的状态 $Q_0 = 0$ 移到了 FF_1 中，4 个触发器中的数据全部往右移一位，这时 4 个触发器输出 $Q_3Q_2Q_1Q_0 = 0001$。第二个时钟脉冲上升沿作用后，D_I 的第二个"1"进入 FF_0，而 FF_0 之前的那个"1"则进入 FF_1，使得 $Q_3Q_2Q_1Q_0 = 0011$。第三个时钟脉冲上升沿作用后，FF_0 收到 D_I 的"0"，使得 $Q_3Q_2Q_1Q_0 = 0110$。最后，第四个时钟脉冲上升沿作用后，$Q_3Q_2Q_1Q_0 = 1101$，D_I 的 4bits 串行数据 1101 全部存入寄存器，此时若从 4 个触发器输出端输出，则就是并行输出。若还经历三个时钟脉冲，从 D_{out} 输出全部的 1101，则就是串行输出。电路状态表如表 5.11 所示，时序图如图 5.30 所示。

表 5.11 图 5.28 的状态表

CP	D_I	Q_0	Q_1	Q_2	Q_3
0		0	0	0	0
1	1	1	0	0	0
2	1	1	1	0	0
3	0	0	1	1	0
4	1	1	0	1	1

图 5.30 图 5.29 的时序图

2．多功能双向移位寄存器

为了便于扩展逻辑功能和增加使用的灵活性，在定型生产的移位寄存器集成电路中，有的还附加了左移右移控制、数据并行输入、保持、异步复位等功能，工作模式如图 5.31 所示。

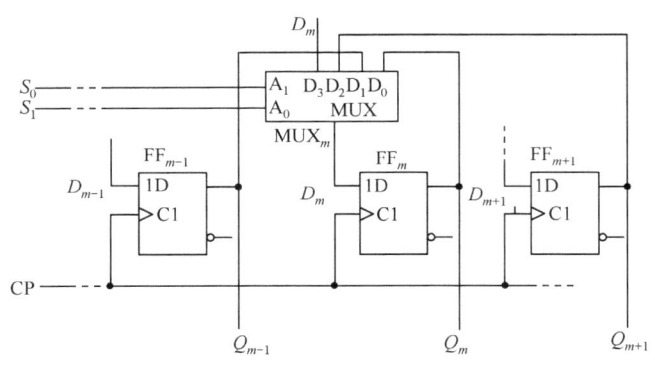

图 5.31 多功能双向移位寄存器工作模式图

图 5.31 所示的工作模式图实现了数据保持、右移、左移、并行输入和并行输出的工作模式。触发器 FF_m 是 n bits 移位寄存器中的第 m 位触发器，其数据输入端插入了一个 4 选 1 数据选择器 MUX_m，用 2bits 编码输入 S_1，S_0 作为选择器地址输入，来选择触发器输入信号的来源。当 $S_1=S_0=0$ 时，选择输出信号 Q_m 作为输入，有 $Q_m^{n+1}=Q_m^n$，触发器状态保持不变。当 $S_1=0$，$S_0=1$ 时，触发器 FF_{m-1} 的输出 Q_{m-1} 被选中，有 $Q_m^{n+1}=Q_{m-1}^n$，即实现右移功能。当 $S_1=1$，$S_0=0$ 时，触发器 FF_{m+1} 的输出 Q_{m+1} 被选中，有 $Q_m^{n+1}=Q_{m+1}^n$，即实现左移功能。当 $S_1=1$，$S_0=1$ 时，选择并行输入数据 D_m，有 $Q_m^{n+1}=D_m$，从而实现并行数据的置入功能。电路的完整功能表如表 5.12 表示。

表 5.12 图 5.31 电路的功能表

S_1	S_0	功 能	S_1	S_0	功 能
0	0	保 持	1	0	左 移
0	1	右 移	1	1	并行输入

5.4.3 74HC595 芯片介绍

74HC595 芯片属于标准中等规模集成电路 CMOS 器件，是 8bits 串行输入/串行或并行输出的移位寄存器，具有三态并行寄存输出功能。芯片内部具有一个 8bits 移位寄存器和一个 8bits 数码寄存器，而且移位寄存器和数码寄存器分别采用各自的时钟。目前，74HC595 芯片被广泛应用于 LED 显示屏控制系统中。

1．引脚图和引脚功能描述

74HC595 芯片的引脚图如图 5.32 所示，各引脚功能描述如表 5.13 所示。内部逻辑电路图如图 5.33 所示。

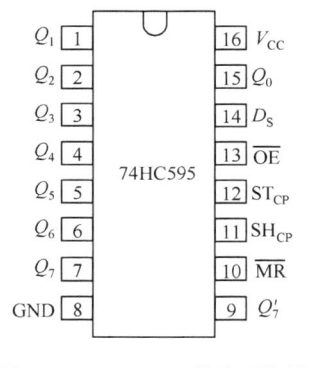

图 5.32 74HC595 芯片引脚图

表 5.13 74HC595 芯片引脚功能描述

符 号	引 脚 号	引脚功能描述
$Q_0 \sim Q_7$	15，1~7	并行数据输出
GND	8	地
Q_7'	9	串行数据输出
$\overline{MR}$	10	异步清零输入（低电平有效）
SH_{CP}	11	移位寄存器时钟输入（上升沿有效）
ST_{CP}	12	数码寄存器时钟输入（上升沿有效）
$\overline{OE}$	13	并行输出使能控制输入（低电平有效）
D_S	14	串行数据输入
V_{CC}	16	电源

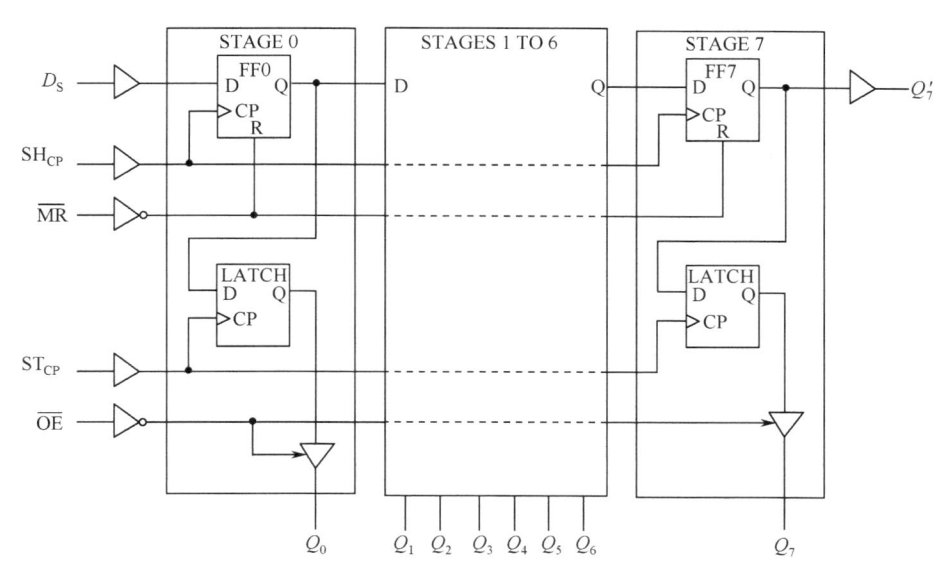

图 5.33 74HC595 芯片内部逻辑电路图

2．逻辑功能介绍

74HC595 芯片中的 8bits 移位寄存器和 8bits 数码寄存器有各自的时钟信号。移位寄存器有一个串行数据输入端 D_S、一个串行数据输出端 Q_7'，以及一个异步低电平复位端 $\overline{MR}$。8bits 数码寄存器的输出信号经过三态门后总线输出，当使能控制信号 $\overline{OE}$ 为低电平时，数码寄存器的数据输出到总线，当使能控制信号 $\overline{OE}$ 为高电平时，总线输出为高阻态。串行输入数据 D_S 在时钟信号 SH_{CP} 的上升沿时刻输入移位寄存器，并且移位寄存器中的数据依次右移；在时钟信号 ST_{CP} 的上升沿时刻，8bits 移位寄存器中的数据存入 8bits 数码寄存器。若两个时钟信号连接在一起，则移位寄存器总是比数码寄存器早一个脉冲。74HC595 芯片的功能表如表 5.14 所示。

表 5.14 74HC595 芯片功能表

输入					输出		功 能
SH_{CP}	ST_{CP}	$\overline{MR}$	$\overline{OE}$	D_S	Q_7'	Q_n	
×	×	L	L	×	L	NC	$\overline{MR}$ 为低电平时只清零移位寄存器，$Q_0 \sim Q_7$ 不变
×	↑	L	L	×	L	L	移位寄存器清零并送到数码寄存器
×	×	L	H	×	L	Z	清零移位寄存器，数码寄存器并行输出为高阻态
↑	×	H	L	H	Q_6'	NC	移位寄存器内容依次右移且 $Q_0' = D_S = H$
×	↑	H	L	×	NC	Q_n'	移位寄存器的内容送到数码寄存器并行输出
↑	↑	H	L	×	Q_6'	Q_n'	移位寄存器内容依次右移且 $Q_0' = D_S$，同时移位寄存器中之前的内容送到数码寄存器并行输出

注释：NC 表示无变化，Z 表示高阻态，$Q_0' \sim Q_7'$ 表示移位寄存器中的数据。

5.4.4 移位寄存器构成的移位型计数器

移位型计数器是以移位寄存器为主体构成的同步计数器。这类计数器具有电路连接简单、编码别具特色的特点，用途十分广泛。主要可以分为环形计数器和扭环形计数器。

1. 环形计数器

若将图 5.29 所示的 4bits 移位寄存器中的 D_{out} 和 D_1 直接相连，则在不断输入时钟脉冲时，寄存器里的数据将循环右移。假设我们将电路置入初始状态 $Q_3Q_2Q_1Q_0 = 0001$，则不断输入的时钟脉冲将使得电路状态发生如图 5.34 所示的循环变化。因此，用电路的不同状态能够表示输入时钟脉冲的数目，也就是说，可以把这个电路作为时钟脉冲的计数器，也就是环形计数器。

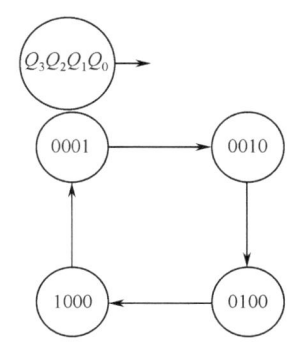

环形计数器最大的优点就是电路结构极其简单，而且在有效循环的每个状态只包含一个 1（或 0）时，可以直接将各个触发器输出端的 1 状态表示电路的一个状态，不需要额外再加译码电路。但是，很明显，它无法充分利用电路的所有状态，浪费很严重，用 n bits 移位寄存器组成的环形计数器只用了 n 个状态，而电路总共有 2^n 个不同的状态。

图 5.34 环形计数器状态图

2. 扭环形计数器

为了在不改变移位寄存器内部结构的条件下提高环形计数器的电路状态利用率，我们可以从改变反馈逻辑电路上想办法。任何一种移位寄存器型计数器的结构都可以表示为图 5.35 所示的一般形式，图中反馈逻辑电路的表达式为 $D_0 = f(Q_0, Q_1, \cdots, Q_{n-1})$。

环形计数器是图 5.35 所示一般形式中反馈逻辑电路逻辑表达式最简单的一种，其表达式为 $D_0 = Q_{n-1}$。若将反馈逻辑电路的表达式取为 $D_0 = \overline{Q_{n-1}}$，则可以得到如图 5.36 所示的扭环形计数器（约翰逊计数器），若将其初始状态置为 0000，则可以得到如图 5.37 所示的状态图。

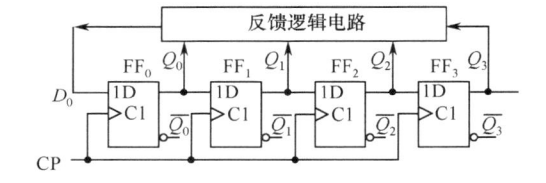

图 5.35 移位寄存器型计数器一般形式

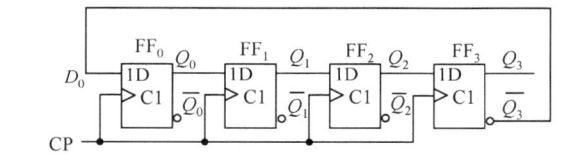

图 5.36 扭环形计数器

但是，该电路仍然有 8 个无效状态，而且可以证明，若电路处于 8 个无效状态时，则无法自动进入有效状态，也就是说，电路没有自启动能力。为了实现自启动，我们可以对图 5.36 所示电路的反馈逻辑电路稍做修改，如图 5.38 所示，其状态图如图 5.39 所示，能够实现自启动。

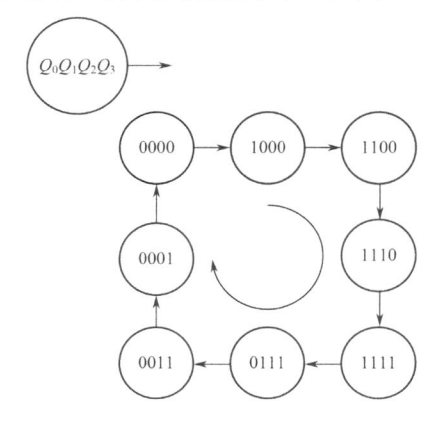

图 5.37 扭环形计数器的状态图

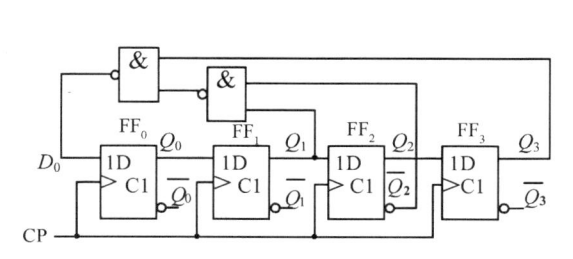

图 5.38 能自启动的扭环形计数器

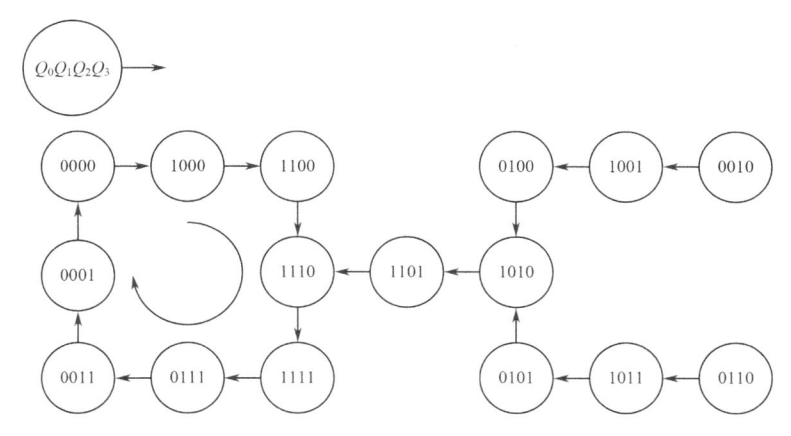

图 5.39 能自启动扭环形计数器的状态图

5.5 时序逻辑电路的设计方法

时序逻辑电路设计也称时序逻辑电路综合，其任务是根据给定的逻辑功能及要求，选择合适的逻辑器件，选取合适的设计方案，设计出符合逻辑功能要求的时序逻辑电路。一般来说需要设计最简电路，当选用小规模集成电路芯片实现设计时，电路最简的标准是所用的触发器和门电路数目最少，且触发器和门电路的输入端数目也最少；当使用中大规模集成电路芯片实现设计时，电路最简的标准则是使用的集成电路数目最少，种类最少，且互相的连线也最少。本节专门讨论用触发器和门电路设计同步时序逻辑电路，这是使用计算机和辅助软件设计复杂时序逻辑电路的设计基础。鉴于异步时序逻辑电路的复杂性，本书不讨论异步时序逻辑电路的设计。

5.5.1 同步时序逻辑电路的设计方法

同步时序逻辑电路设计的一般步骤如图 5.40 所示。

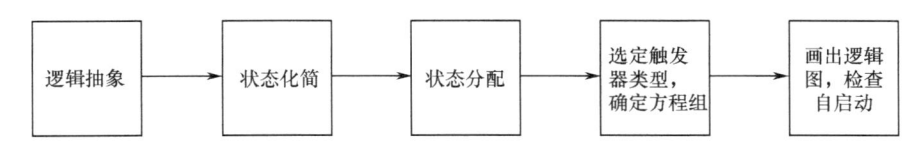

图 5.40 同步时序逻辑电路设计的一般步骤

(1) 逻辑抽象

逻辑抽象就是将逻辑功能转换为时序逻辑函数。因为一般给定逻辑功能都是用文字、图形或波形等描述给出的，所以必须先进行逻辑抽象，从逻辑问题描述中抽象出逻辑内容，变成状态图或状态表，但是这样得到的状态图或状态表不一定是最简的形式，所以称之为原始状态图或原始状态表。逻辑抽象的过程如下。

① 分析给定逻辑问题，确定输入/输出变量数目及符号。一般取原因（或条件）作为输入变量，取结果作为输出变量。同步时序逻辑电路中的时钟脉冲因为取自于同一时钟源，不需要作为输入变量考虑。

② 找出所有可能的状态及状态转换之间的关系，并将状态顺序编号。可以先假设一个初始

状态，以该状态作为现态，根据输入条件确定输出及次态。以此类推，当将所有状态关系都找出之后，就可以建立原始状态图。

③ 由原始状态图建立原始状态表。

(2) 状态化简

若两个电路状态在相同的输入条件下有相同的输出，并且有相同的次态，则称这两个状态为**等价状态**。仔细观察原始状态图或原始状态表，若其中出现了等价状态，则需要将等价状态合并，也就是去除其中一个，这称为状态化简，目的是减少电路中触发器及门电路的数目，但是要确保不改变其逻辑功能。

(3) 状态分配

状态分配也称状态编码，就是给每个状态赋予一个特定的二进制编码。因为之前得到的状态都是用符号表示的，要想用逻辑电路实现，必须用二进制来表示。编码方案有多种，方案不同，电路也就不同，方案选择合适，电路才会相对简单。

首先，需要确定触发器的数目。n 个触发器可以实现 2^n 个状态，所以为了获得时序逻辑电路所需的 M 个状态，必须满足如下关系：

$$2^{n-1} < M \leqslant 2^n$$

其次，要给每个电路状态规定对应的触发器状态组合。每组触发器的状态组合都是一组二进制代码，因而又将这项工作称为状态编码。从 2^n 个状态中选取 M 个状态，随着 n 的增加，方案会更多。一般来说，选取的方案应该有利于所选触发器的激励方程和输出方程的化简，以及电路的稳定可靠。

(4) 选定触发器类型，确定方程组

在我们之前了解的触发器类型中，D 触发器最简单，JK 触发器功能最齐全，而且它们都可以实现其他触发器的功能，所以很多时候对触发器的选择主要集中在这两种触发器。

选定触发器后，就可以根据具体触发器的特性方程及状态表，得到卡诺图，进而得到电路的激励方程组，以及输出方程组。

(5) 画出逻辑电路图，检查自启动

按照前一步的方程组，可以直接画出逻辑电路图。

因为在状态编码时，电路的状态数并不一定等于触发器的组合状态数，所以很有可能出现无效状态。一旦出现无效状态，要想电路仍然能正常工作，电路就必须具备自启动能力，即能够自动从无效状态进入有效状态的能力。否则，就需要改进逻辑电路图。若电路的零状态属于有效状态，且必须要从零状态启动，则可以在触发器部分增加复位电路，上电自动复位或手动复位都可以，这样的话，电路将直接进入有效状态，而不需要检查自启动。

5.5.2 时序逻辑电路的设计举例

例 5.4 设计一个串行数据检测电路，要求连续输入 3 个或 3 个以上的 1 时输出为 1，其他输入情况下输出为 0。

解：(1) 逻辑抽象，得到原始状态图和原始状态表

首先我们将输入数据表示为输入信号 X，将输出检测结果表示为输出信号 Y。同时假设没有输入逻辑"1"之前的状态为 a，输入了一个逻辑"1"之后的状态为 b，连续输入两个逻辑"1"之后的状态为 c，最后连续输入 3 个或 3 个以上逻辑"1"之后的状态为 d。

在此基础上，根据题意，假设电路初始状态为 a，当输入 $X = 0$ 时，则说明电路收到逻辑"0"，

电路应该仍然保持在 a 状态；当输入 $X=1$ 时，则说明电路收到逻辑"1"，电路应该转为 b 状态。若电路正处于状态 b，当输入 $X=0$ 时，则说明电路收到逻辑"0"，电路状态将回到 a 状态，重新开始检测；当输入 $X=1$ 时，则说明电路收到逻辑"1"，电路应该转为 c 状态。若电路正处于 c 状态，当输入 $X=0$ 时，则说明电路收到逻辑"0"，电路将回到 a 状态，重新开始检测；当输入 $X=1$ 时，则说明电路收到逻辑"1"，电路应该转为 d 状态，由于累计检测到了 3 个逻辑"1"，所以输出 $Y=1$。若电路正处于 d 状态，当输入 $X=0$ 时，则说明电路收到逻辑"0"，电路状态将回到 a 状态，重新开始检测；当输入 $X=1$ 时，则说明电路收到逻辑"1"，电路应该继续保持为 d 状态，同时仍然输出 $Y=1$。根据以上分析，可以得到电路的原始状态图，如图 5.41 所示。

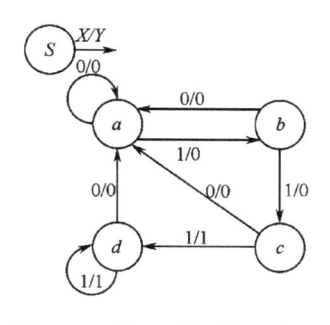

图 5.41 例 5.4 的原始状态图

根据图 5.41，我们能够得到原始状态表，如表 5.15 所示。

(2) 状态化简

仔细观察表 5.15 会发现，c,d 两行在相同的输入信号作用下的次态和得到的输出都是一样的，这就说明状态 c 和状态 d 属于等价状态，我们合并等价状态，去掉 d 状态，将其他行里的 d 都用 c 来代替，这样将得到一个最简的状态表，如表 5.16 所示。

表 5.15 例 5.4 的原始状态表

现 态	次态/输出	
	$X=0$	$X=1$
a	$a/0$	$b/0$
b	$a/0$	$c/0$
c	$a/0$	$d/1$
d	$a/0$	$d/1$

表 5.16 例 5.4 的最简状态表

现 态	次态/输出	
	$X=0$	$X=1$
a	$a/0$	$b/0$
b	$a/0$	$c/0$
c	$a/0$	$c/1$

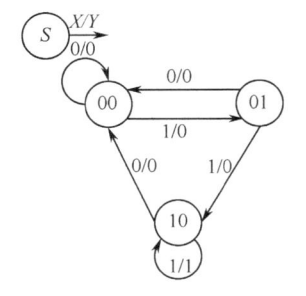

图 5.42 例 5.4 的最终状态图

(3) 状态分配

根据最简状态表，我们看到最后只剩三个状态，于是可以选择两个触发器实现状态编码。可以用 00, 01, 10 分别代表 a,b,c 三个状态，这样得到状态分配后的最终状态图，如图 5.42 所示。

(4) 选择触发器类型，确定方程组

我们选择 JK 触发器。在利用 JK 触发器来设计时序逻辑电路时，电路的激励方程需要间接得到。充分利用 JK 触发器的特性方程和特性表，再结合前面所得到的状态表，我们可以得到如表 5.17 所示的包含状态变量和激励变量的一个综合表。

表 5.17 例 5.4 的状态变量和激励变量表

Q_1^n	Q_0^n	X	Q_1^{n+1}	Q_0^{n+1}	Y	J_1	K_1	J_0	K_0
0	0	0	0	0	0	0	×	0	×
0	0	1	0	1	0	0	×	1	×
0	1	0	0	0	0	0	×	×	1
0	1	1	1	0	0	1	×	×	1
1	0	0	0	0	0	×	1	0	×
1	0	1	1	0	1	×	0	0	×

根据表 5.17，可以得到如图 5.43 所示的卡诺图，通过卡诺图化简（充分利用无关项），可以得到激励方程和输出方程。

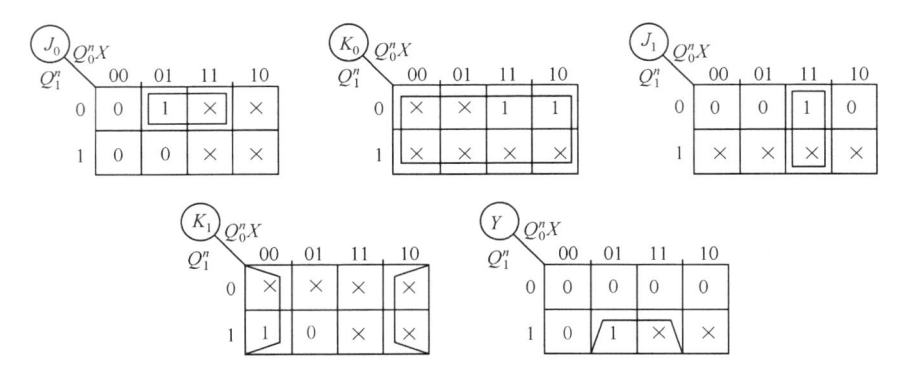

图 5.43 例 5.4 的卡诺图

激励方程：　　　$J_0 = \overline{Q_1}X$　　　$K_0 = 1$

　　　　　　　　$J_1 = Q_0 X$　　　　$K_1 = \overline{X}$

输出方程：　　　$Y = Q_1 X$

(5) 画出逻辑电路图，检查自启动能力

根据激励方程和输出方程，我们可以直接画出逻辑电路图，如图 5.44 所示。

最后检查自启动能力，结合前面得到的方程组，当电路处于无效状态 11 时，若输入 $X = 0$，则电路次态为 00；若输入 $X = 1$，则电路次态为 10，都能进入有效状态，因此，电路具有自启动能力。但是，我们还可发现，当电路处于无效状态 11 时，若输入 $X = 1$，则输出 $Y = 1$，这与电路的功能要求不符，属于输出错误，所以我们需要对输出方程进行修改。仔细分析可以看到，其根源在于我们在用卡诺图对输出方程化简时，不应该将无关项 $Q_1 Q_0 X$ 圈进来，即输出方程应改为 $Y = Q_1 \overline{Q_0} X$，根据此输出方程对逻辑电路图做出相应修改即可。

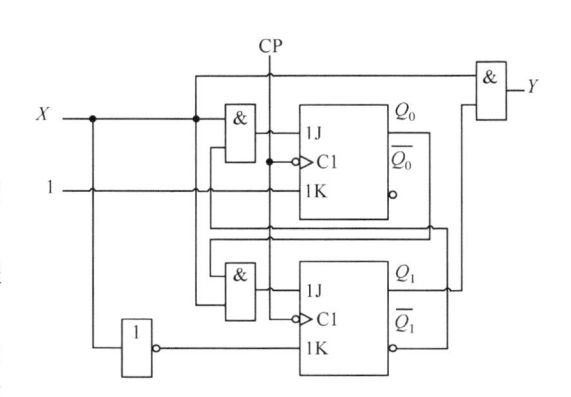

图 5.44 例 5.4 的逻辑电路图

例 5.5　用 D 触发器设计一个 8421BCD 码同步十进制加计数器。

解：题意已明确告知电路共有 10 个状态，即 0000～1001。因此，我们可以直接知道电路的最终状态表、状态编码、触发器数量及类型，而不需要完全按照前面所介绍的一般步骤来完成设计。

(1) 列出状态表

由题意可知选用 D 触发器，结合其特性方程可得电路状态表，如表 5.18 所示。

(2) 确定激励方程

由表 5.18 可直接得到每个激励信号的卡诺图，如图 5.45 所示。

表 5.18 例 5.5 的状态表

$Q_3^n Q_2^n Q_1^n Q_0^n$	$Q_3^{n+1} Q_2^{n+1} Q_1^{n+1} Q_0^{n+1} (D_3 D_2 D_1 D_0)$
0000	0001
0001	0010
0010	0011
0011	0100
0100	0101
0101	0110
0110	0111
0111	1000
1000	1001
1001	0000

根据图 5.45 所示的卡诺图，可得到激励方程：

$D_0 = \overline{Q_0^n}$

$D_1 = Q_1^n \overline{Q_0^n} + \overline{Q_3^n}\ \overline{Q_1^n} Q_0^n$

$D_2 = Q_2^n \overline{Q_1^n} + Q_2^n \overline{Q_0^n} + \overline{Q_2^n} Q_1^n Q_0^n$

$D_3 = Q_3^n \overline{Q_0^n} + Q_2^n Q_1^n Q_0^n$

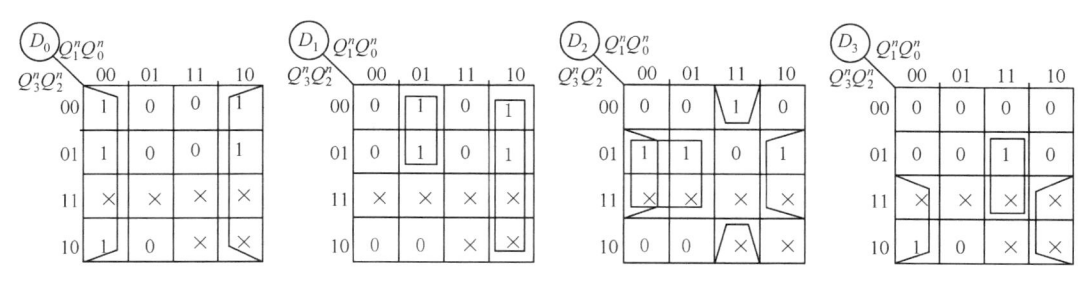

图 5.45 例 5.5 的卡诺图

(3) 画出逻辑电路图，检查自启动能力

根据激励方程组可以画出逻辑电路图，如图 5.46 所示。

最后检查自启动能力，我们只要将 6 个无效状态分别作为初始状态代入方程中，看最终是否能够进入有效状态。图 5.47 为完全状态图，图 5.47 表明该电路具有自启动能力。

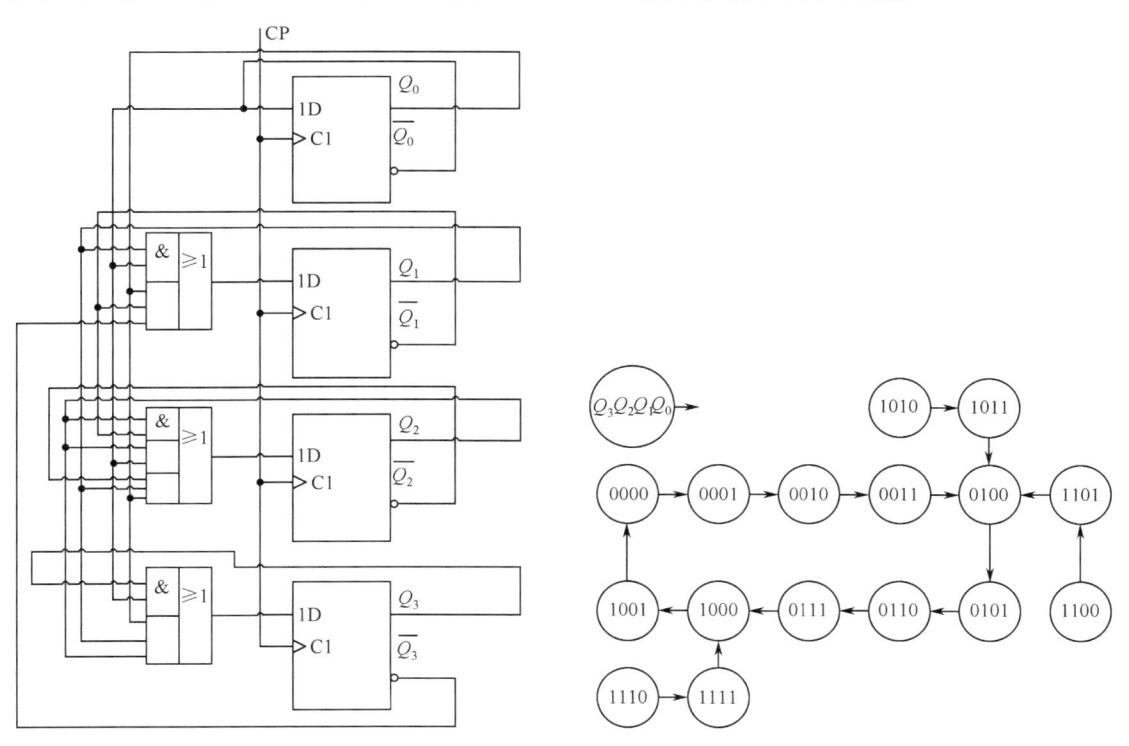

图 5.46 例 5.5 的逻辑电路图   图 5.47 例 5.5 的完全状态图

在时序逻辑电路的设计过程中，需要注意以下几点：

首先，在用卡诺图对方程进行化简时，不能盲目地利用卡诺图化简原则将输出变量结果化到最简，当电路存在无效状态时，这样做很容易导致功能出错。但是，也不能因为怕出错而不用卡诺图化简。具体做法应该是，首先用卡诺图将输出变量化到最简，然后对输出方程进行检验，若有问题，再回头对卡诺图进行修改。

其次，在电路状态图中出现无效状态时，必须严格检查电路自启动能力。但是，若电路的零状态属于有效状态时，则也可以采用上电自动复位或手动复位的方法，在触发器电路中加入复位电路，使其必然工作于有效状态，从而不需要检查自启动。

最后，我们这里对时序逻辑电路进行的设计都是基于理想情况下的设计，即不需要考虑具体门电路的延时、损耗及竞争冒险等，仅仅局限于逻辑功能的设计。若涉及具体电路的设计，则需要具体问题具体分析。

※5.6　Proteus 电路仿真例题

【Proteus 例 5.1】测试 4bits 双向移位寄存器的逻辑功能。

1．创建电路

(1) 从库文件 TTL 74 中选取 4bits 双向移位寄存器 74194。

(2) 从库文件 Debugging Tools 中加入逻辑电平输入端（Logic State）D0～D3，逻辑开关（Logic Toggle）S0, S1, SR, SL, CLR。

(3) 在输出端 Q0～Q3 加入逻辑探针（Logic Probe），电路连接如图 5.48 所示。

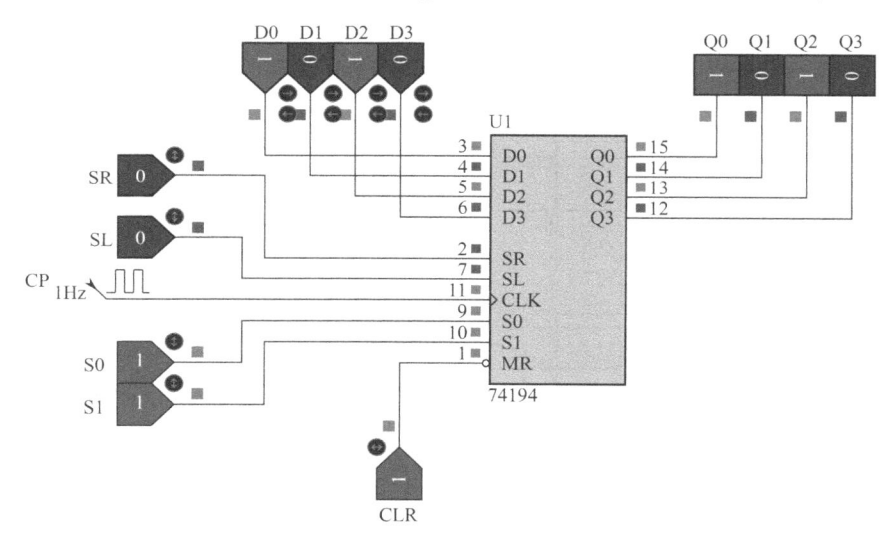

图 5.48　4bits 双向移位寄存器 74194 仿真电路

2．仿真设置

(1) 单击逻辑电平输入端，对 D0～D3 输入逻辑值进行设定。将 S1, S0 设置为 11，将 SR, SL 设置为 0，将 CLR 设置为高电平。

(2) 单击仿真工具栏上的运行仿真（play）按钮，即可实现对该电路的仿真。

(3) 电路中输入及控制信号由各控制开关（逻辑开关）给定，输入、输出及控制信号均由逻辑电平和逻辑探针显示。按 74194 功能表逐项测试，验证其双向移位功能。

3. 结果分析

通过对仿真测试结果分析可知，4bits 双向移位寄存器具有数据保持、右移、左移、并行置入和并行输出等功能。

【Proteus 例 5.2】 用 JK 触发器实现一个异步二-十进制计数器电路。

1. 创建电路

(1) 选取 JK 触发器、逻辑门、数码管，并按图 5.49 所示连接电路。

(2) 加入数字时钟信号激励源（DCLOCK）CP，逻辑开关（Logic Toggle）RD。

(3) 加入逻辑探针（Logic Probe）Q0~Q3，连接数码管。

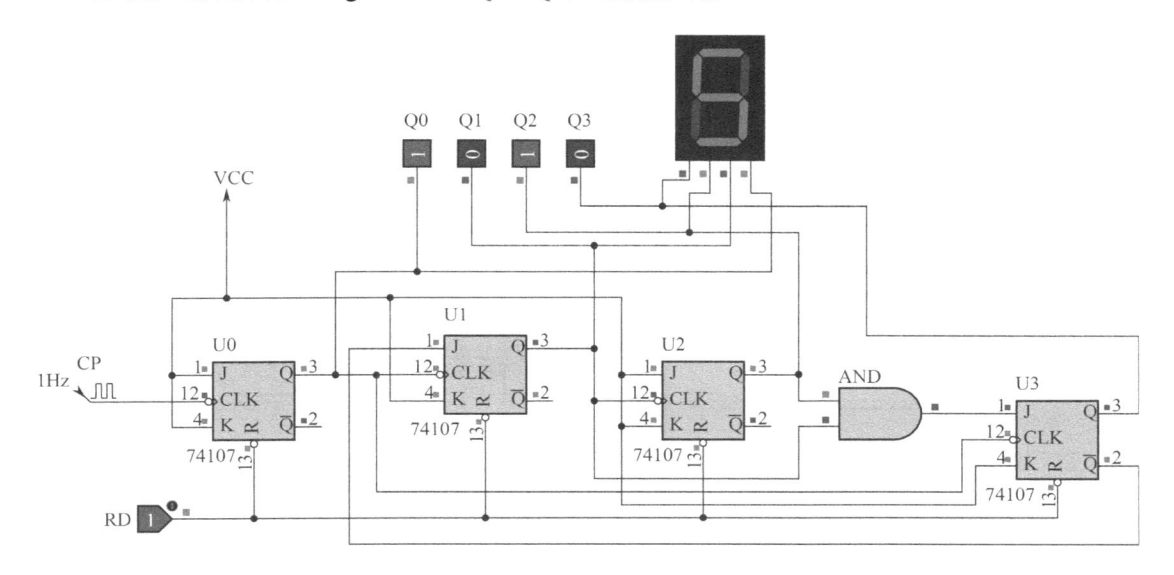

图 5.49 JK 触发器实现的异步二-十进制计数器电路

2. 仿真设置

(1) 将 RD 设置为 1，将 CP 设置为 1Hz。

(2) 单击仿真工具栏上的运行仿真（play）按钮，即可实现对该电路的仿真，其计数脉冲由时钟脉冲源给出，计数输出结果由 Q0~Q3 和 LED 数码管同时显示。

3. 结果分析

分析仿真结果可知，本电路能以 0~9 进行循环计数，为一个由 JK 触发器实现的异步二-十进制计数器电路。

【Proteus 例 5.3】 用触发器实现顺序脉冲发生器电路。

1. 创建电路

(1) 选取 JK 触发器，并按图 5.50 所示连接电路。

(2) 加入数字时钟信号激励源（DCLOCK）CP，逻辑开关（Logic Toggle）。

(3) 在输出端分别加入逻辑探针（Logic Probe）和电压探针（Voltage Probe），如图 5.50 所示。

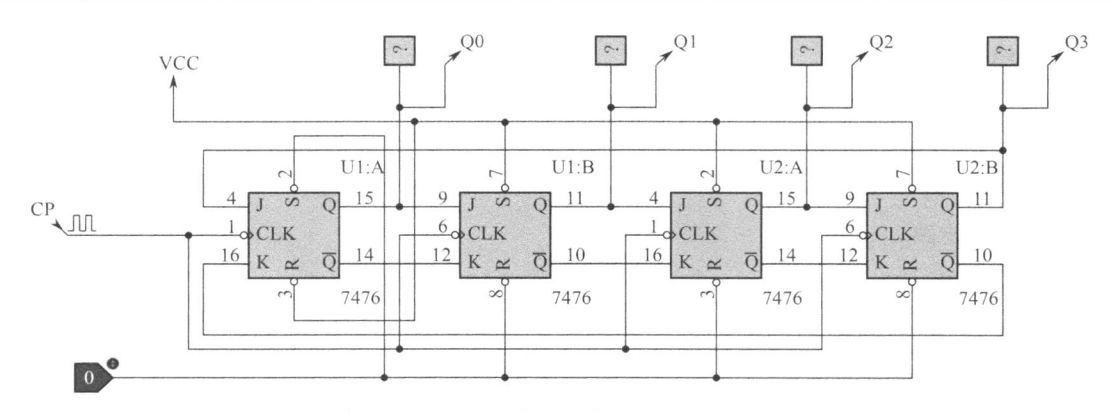

图 5.50 触发器实现顺序脉冲发生器电路

2. 仿真设置

(1) 设置 CP 为 1Hz，设置逻辑开关电平值。单击仿真工具栏上的运行仿真（play）按钮，切换逻辑开关电平，在逻辑探针（Logic Probe）上将显示输出顺序脉冲电平。

(2) 在设计界面中放置一个如图 5.50 所示的数字分析图表，将激励信号和探针加入数字图表。

(3) 右键单击数字分析图表，运行仿真（play）按钮，即可实现对该电路的波形仿真，其仿真结果如图 5.51 所示。

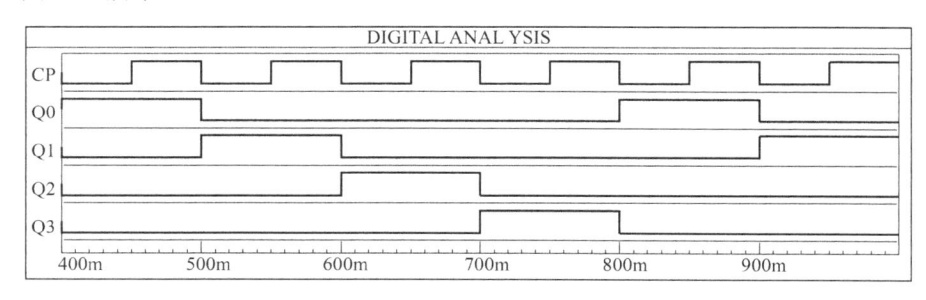

图 5.51 顺序脉冲发生器仿真波形

3. 结果分析

分析仿真结果可知，此电路是由 JK 触发器连接成的循环移位计数器形式，以实现顺序脉冲发生器电路。当脉冲信号到来后，该电路将在输出端得到顺序脉冲信号序列。

本 章 小 结

1. 时序逻辑电路一般由组合逻辑电路和存储电路两部分组成，其输出不仅取决于当前时刻的输入信号，而且与电路原来的状态有关。
2. 时序逻辑电路功能的描述方法主要有逻辑方程组、状态表、状态图和时序图等。
3. 分析时序逻辑电路时，首先按照给定逻辑电路写出逻辑方程组，然后得到状态表，画出状态图和时序图，最后确定电路的逻辑功能。异步时序逻辑电路还必须考虑时钟的影响，因而需要列出时钟方程组。
4. 时序逻辑电路的功能、结构和种类繁多，本章仅对计数器和寄存器等几种典型的时序逻辑电路进行了比较详细的介绍和讨论，并对典型集成电路芯片的应用进行了介绍。

5. 设计同步时序逻辑电路时，首先要根据逻辑功能的要求，得出原始状态图或原始状态表，然后进行状态化简，继而对状态进行编码，再后根据状态表及所选触发器的特性方程得出激励方程组和输出方程组，最后画出逻辑电路图并进行自启动校验。
6. 本章最后介绍了三个 Proteus 时序逻辑电路仿真例题。

思考题和习题 5

5.1 由 D 触发器和 JK 触发器组成的逻辑电路，如图 5.52 所示。设触发器初始状态均为 0，试画出触发器输出端 Q_1, Q_2 的波形。

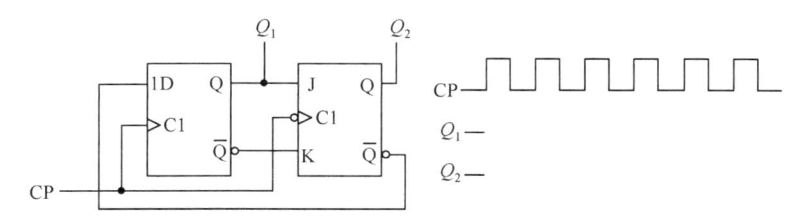

图 5.52 D 触发器和 JK 触发器组成的逻辑电路

5.2 同步时序逻辑电路如图 5.53 所示，设 JK 触发器的初始状态 $Q_1 = Q_2 = 0$，试画出在图 5.53 所示信号 CP 和 M 的作用下，Q_1，Q_2 和 Y 的波形。

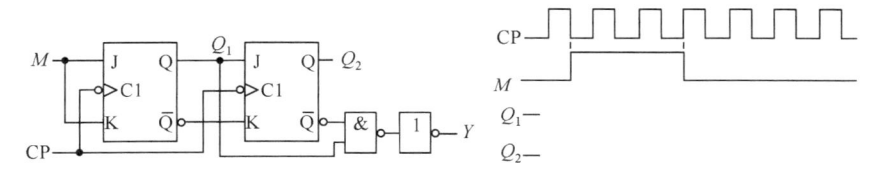

图 5.53 JK 触发器组成的同步时序逻辑电路

5.3 试分析图 5.54 所示同步时序逻辑电路，写出驱动方程、状态方程、输出方程，列出状态表，画出状态转换图。设初始状态 $Q_2Q_1 = 00$，且 $X = 01101110$ 序列，试画出时序波形图。

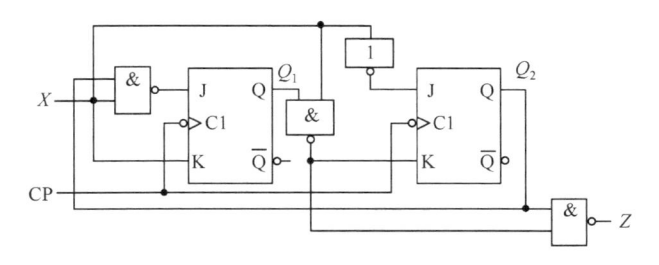

图 5.54 题 5.3 电路图

5.4 试分析图 5.55 所示同步时序逻辑电路，写出驱动方程、状态方程、输出方程，列出状态表，画出状态转换图。

5.5 试分析图 5.56 所示同步时序逻辑电路，确定其逻辑功能。

5.6 某计数器的输出波形如图 5.57 所示，试确定该计数器的模。

5.7 试分析图 5.58 所示同步时序逻辑电路，写出驱动方程、状态方程、输出方程，列出状态表，画出状态转换图。

图 5.55　题 5.4 电路图

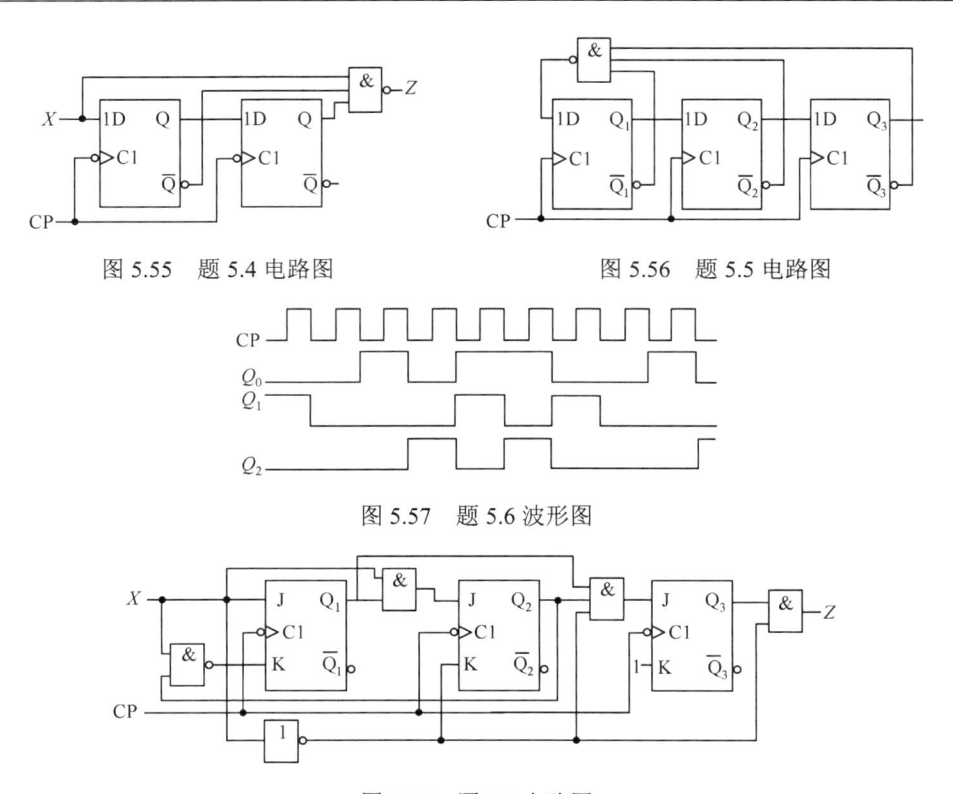

图 5.56　题 5.5 电路图

图 5.57　题 5.6 波形图

图 5.58　题 5.7 电路图

5.8　试分析图 5.59 所示异步时序逻辑电路，写出驱动方程、状态方程、输出方程，列出状态表，画出状态转换图。设触发器的初态均为 0，试画出在 CP 脉冲作用下，Q_1、Q_2、Q_3 和 Z 的波形。

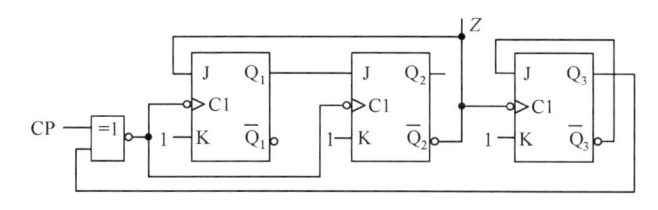

图 5.59　题 5.8 电路图

5.9　试分析图 5.60 所示异步时序逻辑电路，写出时钟方程、驱动方程、状态方程，列出状态表，画出状态转换图。画出在 CP 脉冲和清零信号 R_D 作用下，电路的时序波形图。

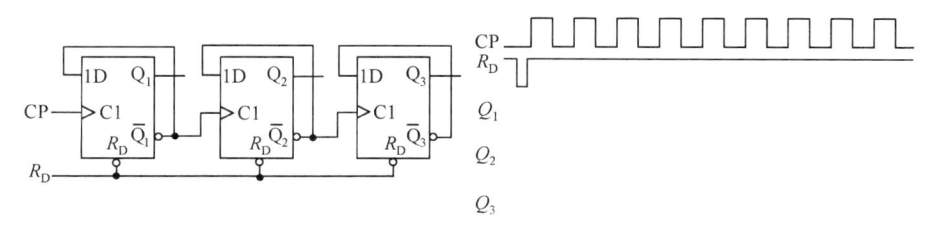

图 5.60　题 5.9 电路图和时序波形图

5.10　试分析图 5.61 所示异步时序逻辑电路，写出时钟方程、驱动方程、状态方程、输出方程，列出状态表，画出状态转换图。

· 168 ·

第5章 时序逻辑电路

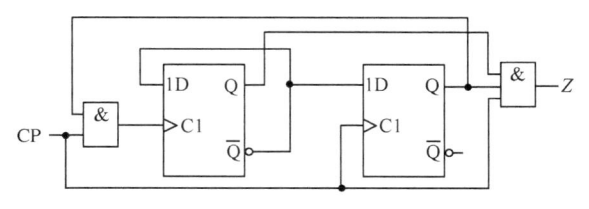

图 5.61 题 5.10 电路图

5.11 时序逻辑电路如图 5.62 所示，试分析并确定该计数器的计数长度 N 是多少，能否自启动？

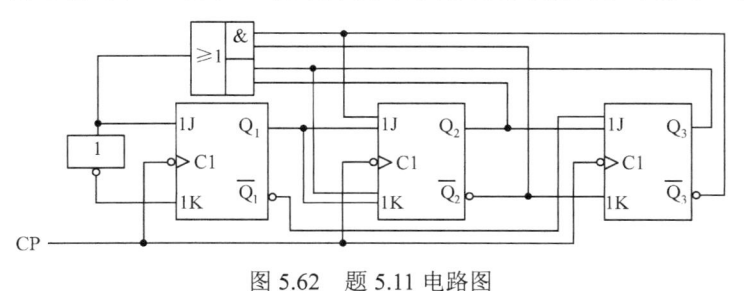

图 5.62 题 5.11 电路图

5.12 试分析图 5.63 所示计数器电路，确定该计数器的计数长度 N，并画出状态转换图。

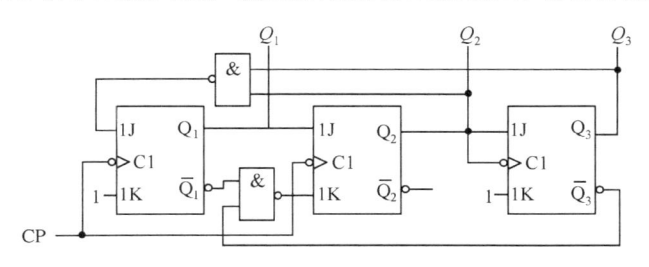

图 5.63 题 5.12 电路图

5.13 试分析图 5.64 所示计数器电路，画出状态转换图，说明它们分别是几进制计数器。

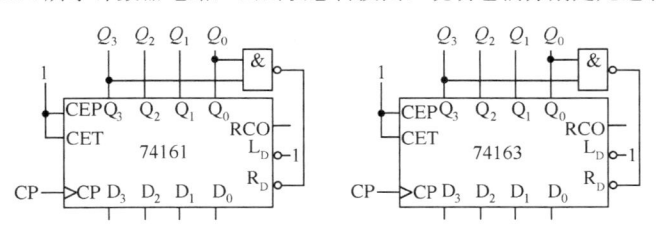

图 5.64 题 5.13 电路图

5.14 试分析图 5.65 所示计数器电路，画出状态转换图，说明它们分别是几进制计数器。

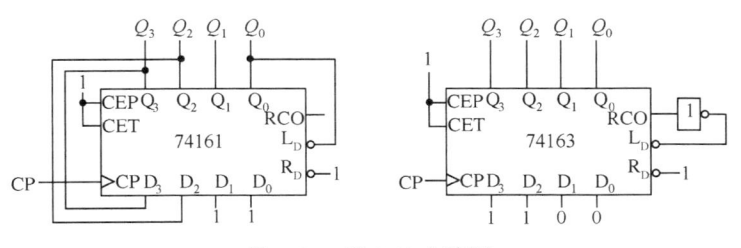

图 5.65 题 5.14 电路图

5.15 试分析图 5.66 所示计数器电路，画出状态转换图，说明它是几进制计数器。

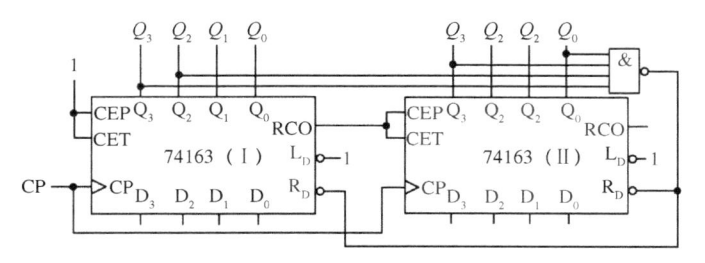

图 5.66 题 5.15 电路图

5.16 试分析图 5.67 所示计数器电路，画出状态转换图，说明它是几进制计数器。

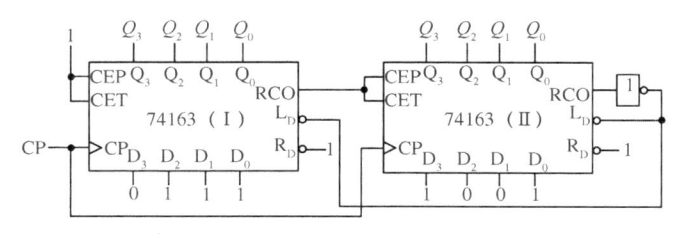

图 5.67 题 5.16 电路图

5.17 由 JK 触发器组成的移位寄存器如图 5.68 所示，根据图 5.68 所示的信号波形，画出 Q_1, Q_2 和 Q_3 的波形图，并说明寄存器是右移寄存器还是左移寄存器。

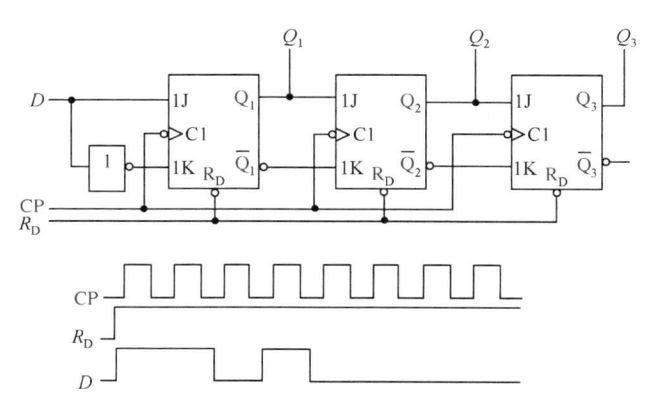

图 5.68 题 5.17 电路图和波形图

5.18 试用 JK 触发器和门电路，设计一个同步七进制加法计数器。

5.19 试用 D 触发器和门电路，设计一个同步五进制减法计数器。

5.20 一个异步计数器由 4 个下降沿触发的 JK 触发器组成，已知各触发器的激励方程和时钟方程为

$CP_0 = CP$ $J_0 = \bar{Q}_3$ $K_0 = 1$

$CP_1 = Q_0$ $J_1 = K_1 = 1$

$CP_2 = Q_1$ $J_2 = K_2 = 1$

$CP_3 = CP$ $J_3 = Q_0 Q_1 Q_2$ $K_3 = 1$

(1) 画出该计数器的逻辑电路图。

(2) 该计数器是几进制计数器？

(3) 画出该计数器的时序波形图（不妨设 4 个 JK 触发器的初始状态为 0000）。

5.21 试设计一个异步六进制计数器。

5.22 用反馈清零法将计数器芯片 74163 连接成下列计数器。
(1) 十进制计数器。
(2) 二十进制计数器。

5.23 试用 74163 芯片构成起始状态为 0100 的十一进制计数器。

5.24 试用 74163 芯片设计一个计数器,其计数状态为自然二进制数 0101~1111。

5.25 试设计一个供步进电机使用的三相六状态脉冲分配器。若用逻辑"1"表示线圈导通,用逻辑"0"表示线圈截止,则三个线圈的状态转换关系如图 5.69 所示。在正转时,控制输入端 $X=1$;在反转时,控制输入端 $X=0$。

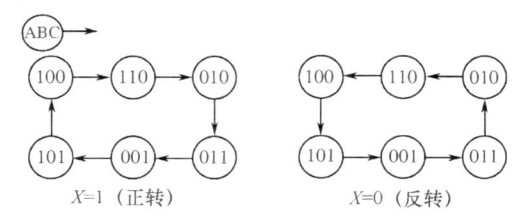

图 5.69 题 5.25 状态转换图

第6章 脉冲波形产生与整形电路

在数字电路或数字系统中，常常需要各种波形的脉冲信号，例如时钟脉冲、控制过程中的定时信号等。通常采用两种方法来获取这些脉冲信号：一种是利用脉冲信号发生器直接产生；另一种是对已有的信号进行变换整形，使之满足系统的要求。

本章只介绍矩形脉冲信号的产生和整形电路。以广为应用的集成 555 定时器为核心，介绍施密特触发器、多谐振荡器、单稳态触发器的电路结构，以及工作原理与应用，并介绍施密特触发器和单稳态触发器集成电路芯片。

6.1 集成 555 定时器

集成 555 定时器是一种应用极为广泛的中规模集成电路。该集成电路是美国 Signetics 公司于 1972 年首先投放市场的产品。该集成电路一经问世，立即受到极大的重视，目前世界上几乎所有的半导体厂家都有同类的产品，而且在型号上都有"555"三个字。该集成电路使用灵活、方便，只需外接少量的阻容元件，就可以构成单稳态触发器、多谐振荡器、施密特触发器，不仅用于信号的产生和变换，而且常用于控制与检测电路中，在仪器仪表、自动化装置、防火防盗警报器等民用电子产品中，得到了广泛的应用。

6.1.1 555 定时器的电路结构与工作原理

目前集成 555 定时器有双极型和 CMOS 两种类型，其型号有 NE555（或 5G555、LM555 等）和 ICM7555 等多种。它们的内部电路结构及工作原理基本相同。通常，双极型定时器具有较大的驱动能力，而 CMOS 定时器具有低功耗、输入阻抗高等优点。集成 555 定时器的电源工作电压很宽，并可承受较大的负载电流。双极型 555 定时器电源电压范围为 5~18V（推荐使用 10~15V），最大负载电流可达 200mA，所以可以直接驱动继电器、发光二极管、指示灯等；作为振荡器时，最高工作频率可达 300kHz。CMOS 555 定时器电源电压范围为 3~18V，最大负载电流在 4mA 以下。下面以双极型 555 定时器的典型产品 NE555 为例进行介绍。

555 定时器一般采用双列直插式 8 脚封装形式，NE555 的引脚图如图 6.1 所示，各引脚的功能描述如下：

"1"脚是公共端或接地端 GND。

"8"脚是正电源电压 V_{CC}，电源电压可以是 +5~+18V 内的任何电压，所以可以与相关的数字集成电路或运算放大器共用直流电源。

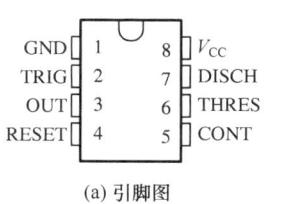

图 6.1 NE555

"2"脚是触发端，若该端的电压高于 $\frac{1}{3}V_{CC}$，则输出将保持在低电平，若加一个足够大的负脉冲在 2 脚上，则输出即转换到高电平状态，触发脉冲的宽度必须小于希望的输出脉冲的宽度，若加在 2 脚上的触发脉冲保持在低电平，则输出就保持在高电平状态。

"4"脚为复位输入端,当第 4 脚为低电平时,不管其他输入端的状态如何,输出均为低电平,所以在正常工作时,应将其接高电平,可以将其连接到+V_{CC}。

"7"脚是放电端,当输出是低电平时,被用于定时器外部定时电容器放电,当输出是高电平时,7 脚的作用可视为一个开路电路,并且允许对外接电容器充电。

"6"脚为阈值端,是输入引脚,当 6 脚电压到达 $\frac{2}{3}V_{CC}$ 时,输出转换到低电平状态。

"5"脚是控制电压输入端,通常与地之间接一个 0.01μF 的滤波电容器,旁路来自电源的噪声或纹波电压;也可以用于改变阈值电压和触发电压,这样,可以调制输出波形。

"3"脚是输出端,输出端具有两个输出状态:一个低电平状态,一个高电平状态。当输出为低电平状态时,如同一个对地的低电阻(约10Ω)。当输出是高电平时,在 V_{CC} 和 3 脚之间相当于一个约10Ω的电阻。连接负载到输出端有两种形式,即把负载接到 3 脚和 V_{CC} 之间,以及把负载接到 3 脚和地之间,前者为灌电流负载,而后者为拉电流负载。最大的灌电流和拉电流都是200mA,输出低电平接近 0.1V,输出高电平低于电源电压 V_{CC} 约 0.5V。

6.1.2 555 定时器的功能表

555 定时器内部电路结构如图 6.2 所示。它由 3 个阻值为 5kΩ 的电阻组成的分压器、两个电压比较器 C_1 和 C_2、基本 RS 锁存器、放电三极管 VT 以及反相驱动器 G 组成。

555 定时器的主要功能取决于比较器,比较器的输出控制基本 RS 锁存器和放电三极管 VT 的状态。图中 $\overline{R_D}$ 为复位输入端,当 $\overline{R_D}$ 为低电平时,不管其他输入端的状态如何,输出电压 u_O 均为低电平。因此,在不需要复位时,应将其接高电平。

555 定时器内部三个 5kΩ 电阻对电源电压分压,使 555 定时器内部两个电压比较器构成一个电平触发器,其上触发电压为

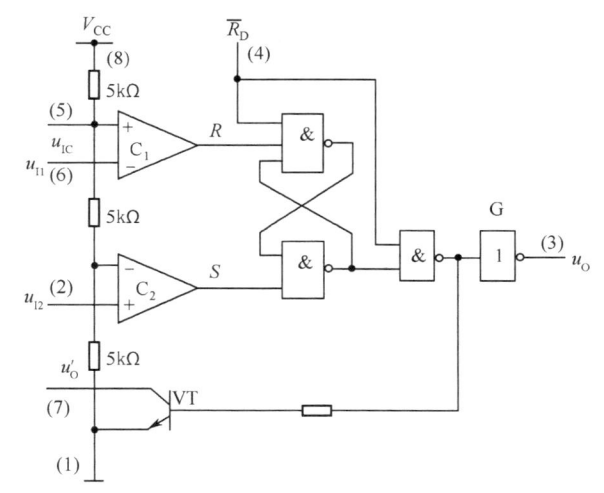

图 6.2 集成电路 555 定时器的内部电路结构

$\frac{2}{3}V_{CC}$,下触发电压为 $\frac{1}{3}V_{CC}$。显然,若 5 脚外接一个控制电压(其取值范围为 0~V_{CC}),则比较器的参考电压发生变化,电路相应的阈值、触发电压也随之变化,并进而影响电路的工作状态。

由图可知,当 5 脚悬空时,比较器 C_1 和 C_2 的比较电压分别为 $\frac{2}{3}V_{CC}$ 和 $\frac{1}{3}V_{CC}$。

当 $u_{I1}>\frac{2}{3}V_{CC}$,$u_{I2}>\frac{1}{3}V_{CC}$ 时,比较器 C_1 输出低电平,比较器 C_2 输出高电平,基本 RS 锁存器被置 0,放电三极管 VT 导通,输出端电压 u_O 为低电平。

当 $u_{I1}<\frac{2}{3}V_{CC}$,$u_{I2}<\frac{1}{3}V_{CC}$ 时,比较器 C_1 输出高电平,比较器 C_2 输出低电平,基本 RS 锁存器被置 1,放电三极管 VT 截止,输出端电压 u_O 为高电平。

当 $u_{I1}<\frac{2}{3}V_{CC}$,$u_{I2}>\frac{1}{3}V_{CC}$ 时,基本 RS 锁存器的输入信号 $R=1$,$S=1$,则基本 RS 锁存器状态维持不变,整个电路亦保持原状态不变。

综合上述分析,可得 555 定时器的功能表,如表 6.1 所示。

表 6.1 555 定时器功能表

输入			输出	
阈值输入（u_{I1}）	触发输入（u_{I2}）	复位（$\overline{R_D}$）	输出（u_O）	放电管 VT
×	×	0	0	导通
$<\frac{2}{3}V_{CC}$	$<\frac{1}{3}V_{CC}$	1	1	截止
$>\frac{2}{3}V_{CC}$	$>\frac{1}{3}V_{CC}$	1	0	导通
$<\frac{2}{3}V_{CC}$	$>\frac{1}{3}V_{CC}$	1	不变	不变

6.2 施密特触发器

施密特触发器（Schmitt Trigger）具有类似于磁滞回线形状的电压传输特性，如图 6.3 所示。我们把这种形状的特性曲线称为滞回特性或施密特触发特性。

不难看出，无论是同相输出型还是反相输出型，施密特触发器都有两个共同特点：

① 施密特触发器属于电平触发，对于缓慢变化的信号仍然适用，当输入信号达到一定电压值时输出电压会发生突变。

② 输入信号增加和减小时，电路有不同的阈值电压，我们把 V_{T+} 称为**正向阈值电压**，把 V_{T-} 称为**负向阈值电压**。同时，把 V_{T+} 与 V_{T-} 之差定义为回差电压，用 ΔV_T 表示，即

$$\Delta V_T = V_{T+} - V_{T-} \tag{6.1}$$

在模拟电路中，我们曾经讨论过用集成运放组成的施密特触发器（带正反馈的迟滞比较器），这里将介绍数字电路中常用的施密特触发器。

请注意，这里虽然也用了"触发器"一词，但施密特触发器与第 4 章中所讲的各种触发器不同，它没有记忆功能。

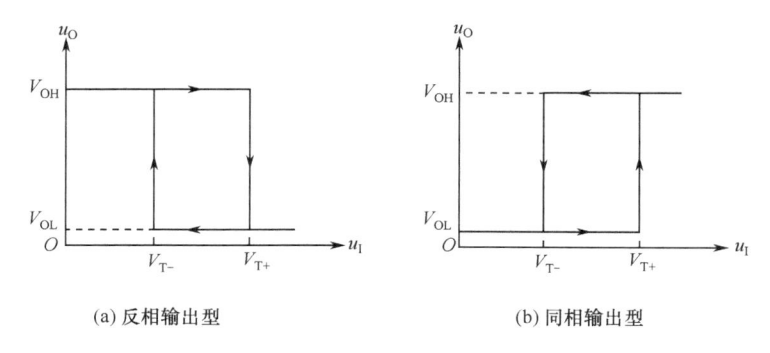

(a) 反相输出型　　　　　　　　(b) 同相输出型

图 6.3 施密特触发器的电压传输特性

6.2.1 用 555 定时器组成的施密特触发器

将 555 定时器的阈值输入端和触发输入端连在一起，便构成了施密特触发器，如图 6.4(a)所示，当输入如图 6.4(b)所示的三角波形信号时，则从施密特触发器的 u_{O1} 端可得到矩形波输出。

因为定时器的阈值输入端（第 6 脚）和触发输入端（第 2 脚）连接在一起，所以不论输入信号的波形如何，只要其幅度上升到 $\frac{2}{3}V_{CC}$，则 555 定时器的输出端（第 3 脚）电压 u_{O1} 为低电平；若输入信号幅度降至 $\frac{1}{3}V_{CC}$，则 555 定时器的输出端（第 3 脚）电压 u_{O1} 为高电平。显然，由 555

定时器组成的施密特触发器,其正向阈值电压 V_{T+} 为 $\frac{2}{3}V_{CC}$,负向阈值电压 V_{T-} 为 $\frac{1}{3}V_{CC}$,所以回差电压为

$$\Delta V_T = V_{T+} - V_{T-} = \frac{2}{3}V_{CC} - \frac{1}{3}V_{CC} = \frac{1}{3}V_{CC}$$

若将图 6.4 中 555 定时器的第 5 脚外接控制电压 u_{ic},并改变 u_{ic} 的大小,则可以调节回差电压的范围。若在 555 定时器的放电三极管 VT 输出端(第 7 脚)外接一个电阻,并将电阻的另一端与另一电源 V_{CC1} 相连,则由 u_{O2} 输出的矩形波信号便可实现电平转换。

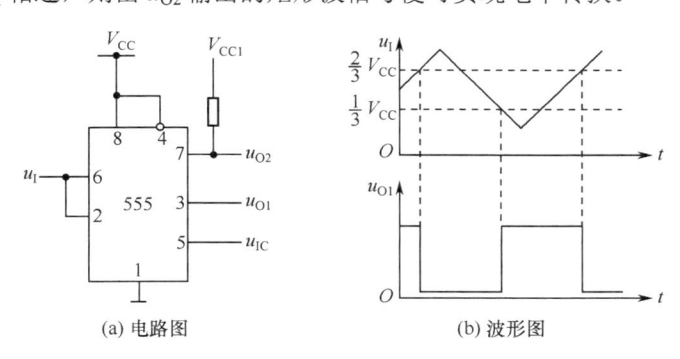

(a) 电路图 (b) 波形图

图 6.4 由 555 定时器构成的施密特触发器

6.2.2 施密特触发器 CC40106 芯片介绍

前面我们介绍了用 555 定时器组成的施密特触发器,其实施密特触发器也可以用门电路构成,相关内容请读者参考有关资料。实际上,在常规的数字集成电路中,有施密特触发器集成电路芯片,如 TTL 系列中的 74LS14,CMOS 系列中的 CC40106。

集成施密特触发器性能稳定,应用广泛,下面以 CC40106 芯片为例,介绍其工作原理。

1. 施密特电路

CMOS 集成施密特触发器 CC40106 芯片的内部电路(1/6 的内部电路)如图 6.5(a)所示。施密特电路由 P 沟道 MOS 管 $VT_{P1} \sim VT_{P3}$、N 沟道 MOS 管 $VT_{N4} \sim VT_{N6}$ 组成,不妨设 P 沟道 MOS 管的开启电压为 V_{TP},N 沟道 MOS 管的开启电压为 V_{TN},输入信号 u_I 为三角波。

当 $u_I = 0$ 时,VT_{P1},VT_{P2} 导通,VT_{N4},VT_{N5} 截止,电路中 u'_O 为高电平($u'_O \approx V_{DD}$),$u_O = V_{OH}$。u'_O 的高电平使 VT_{P3} 截止,VT_{N6} 导通且工作于源极输出状态。VT_{N5} 的源极电位 $u_{S5} = V_{DD} - V_{TN}$,该电位较高。

u_I 电位逐渐升高,当 $u_I > V_{TN}$ 时,VT_{N4} 先导通,由于 VT_{N5} 的源极电压 u_{S5} 较大,即使 $u_I > V_{DD}/2$,VT_{N5} 仍不能导通,u_I 继续升高直至 VT_{P1} 和 VT_{P2} 趋于截止时,随着其内阻增大,u'_O 和 u_{S5} 才开始相应减小。

当 $u_I - u_{S5} \geq V_{TN}$ 时,VT_{N5} 导通,并引起如下正反馈过程:

$$u'_O \downarrow \longrightarrow u_{S5} \downarrow \longrightarrow u_{gs5} \uparrow \longrightarrow R_{ON5} \downarrow$$

于是 VT_{P1},VT_{P2} 迅速截止,u'_O 为低电平,电路输出状态转换为 $u_O = 0$。

u'_O 的低电平使 VT_{N6} 截止,VT_{P3} 导通且工作于源极输出器状态,VT_{P2} 的源极电压 $u_{S2} \approx 0 - V_{TP}$。

同理可以分析,当 u_I 逐渐下降时,电路工作过程与 u_I 上升过程类似,只有当 $|u_I - u_{S2}| > |V_{TP}|$ 时,

电路又转换为 u'_O 为高电平，$u_O = V_{OH}$ 的状态。

在 $V_{DD} \gg V_{TN} + |V_{TP}|$ 的条件下，电路的正向阈值电压 V_{T+} 远大于 $V_{DD}/2$ 且随着 V_{DD} 增加而增加。在 u_I 下降过程中的负向阈值电压 V_{T-} 也要比 $V_{DD}/2$ 低得多。

由上述分析可知，电路在 u_I 上升和下降过程中分别有不同的两个阈值电压，具有施密特电压传输特性。其传输特性如图 6.5(c) 所示。

有时，CC40106 又称 6 施密特反相器，图 6.5(d) 所示是其引脚图。

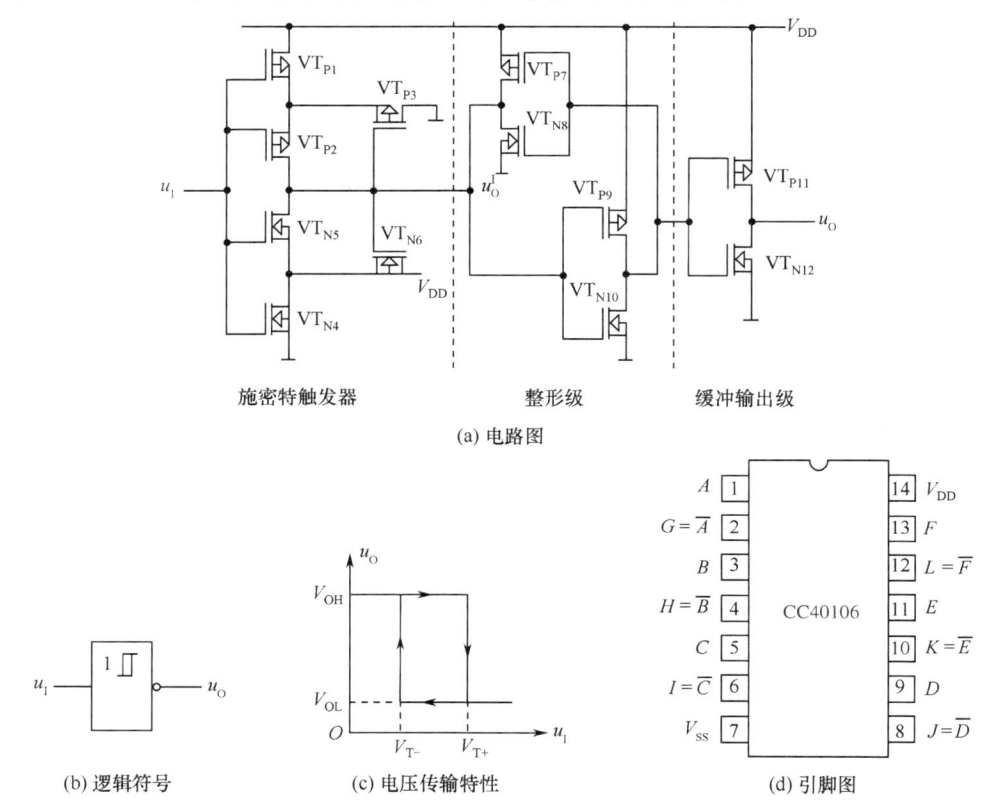

图 6.5 施密特触发器芯片 CC40106

2．整形级

整形级由 VT_{P7}，VT_{N8}，VT_{N9}，VT_{N10} 组成，电路为两个首尾相连的反相器。在 u'_O 上升和下降过程中，利用两级反相器的正反馈作用可使输出波形有陡直的上升沿和下降沿。

3．输出级

输出级为 VT_{P11} 和 VT_{N10} 组成的反相器，它不仅能起到与负载隔离的作用，而且提高了电路带负载的能力。

6.2.3 施密特触发器的应用举例

施密特触发器的用途很广，其典型应用举例如下。

1．波形的整形与变换

利用施密特触发器将正弦波、三角波变换成方波，已在模拟电路中讨论过，这里不再赘述。这里主要讨论脉冲信号的整形和波形的变换。通常由测量装置输出的信号，经放大后可能是不规则的波形，必须经施密特触发器整形。作为整形电路时，若要求输出与输入同相，则可在上述集成施密特反相器后再加一级反相器。整形电路对回差电压又有什么要求呢？若输入信号有如图 6.6(a)所示的顶部干扰，而又希望得到如图 6.6(c)所示的波形，则在回差电压较小时，将出现图 6.6(b)所示波形，顶部干扰造成了不良影响，此时，应选择回差电压较大的施密特触发器，以提高电路的抗干扰性能。

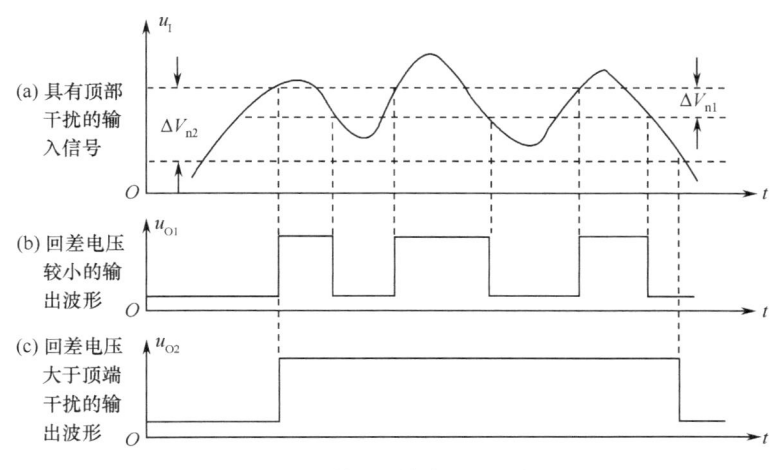

图 6.6　利用回差电压抗干扰

2．幅度鉴别

利用施密特触发器输出状态取决于输入信号 u_I 幅度的工作特点，可以用它来作为幅度鉴别电路。例如，输入信号为幅度不等的一串脉冲，需要消除幅度较小的脉冲，而保留幅度大于 V_{th}（如图 6.7 所示）的脉冲，只要将施密特触发器的正向阈值电压 V_{T+} 调整到规定的幅度 V_{th}，这样，幅度超过 V_{th} 的脉冲就使电路动作，有脉冲输出；而对于幅度小于 V_{th} 的脉冲，电路则无脉冲输出，从而达到幅度鉴别的目的。

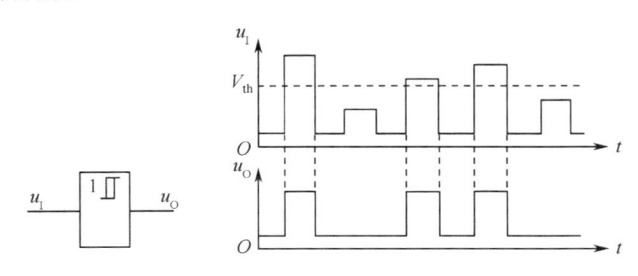

图 6.7　用施密特触发器鉴别脉冲幅度

3．多谐振荡器

多谐振荡器就是产生矩形脉冲信号的电路，在本章下一节将详细讨论。利用施密特触发器也可以构成多谐振荡器，其电路如图 6.8(a)所示。

接通电源瞬间，电容 C 上的电压为 0V，输出电压 u_O 为高电平。高电平 u_O 通过电阻 R 对电容 C 充电，当 u_I 达到 V_{T+} 时，施密特触发器翻转，输出电压 u_O 为低电平，此后电容 C 开始放电，u_I 下降，当 u_I 下降到 V_{T-} 时电路发生翻转，如此周而复始地形成振荡。电压波形如图 6.8(b)所示。

(a) 电路图　　(b) 波形图

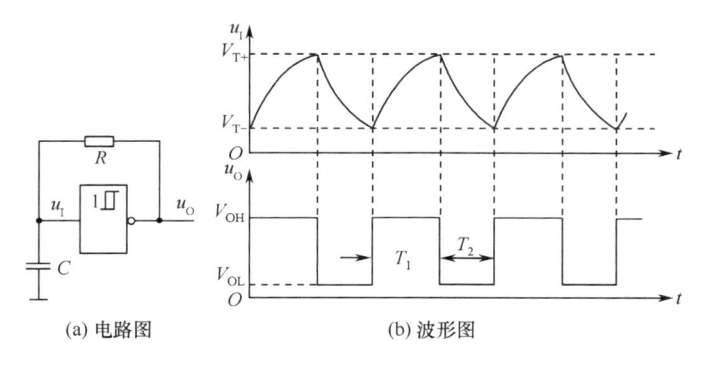

图 6.8　用施密特触发器构成多谐振荡器

若图 6.8(a)中采用的是 CMOS 施密特触发器（例如 CC40106），且 $V_{OH} \approx V_{DD}$，$V_{OL} \approx 0$，根据图 6.8(b)的电压波形得到振荡周期计算公式为

$$T = T_1 + T_2 = RC\ln\frac{V_{DD}-V_{T-}}{V_{DD}-V_{T+}} + RC\ln\frac{V_{T+}}{V_{T-}} = RC\ln\left(\frac{V_{DD}-V_{T-}}{V_{DD}-V_{T+}} \cdot \frac{V_{T+}}{V_{T-}}\right) \tag{6.2}$$

当采用 TTL 施密特触发器（例如 74LS14）时，电阻 R 不能大于 470Ω，以保证输入端能够达到负向阈值电平。R 的最小值由门的扇出数确定（不得小于 100Ω）。对于典型的参数值（V_{T-} = 0.8V，V_{T+} = 1.6V，输出电压摆幅为 3V），其输出的振荡频率为

$$f \approx 0.7/RC \tag{6.3}$$

电路可能的最高振荡频率为 10MHz。

6.3 多谐振荡器

多谐振荡器是一种自激振荡电路，电路在接通电源后无须外接触发信号就能产生一定频率和幅值的矩形脉冲信号。因为矩形波信号中含有丰富的高次谐波成分，所以习惯上经常把矩形波振荡器称为多谐振荡器。

多谐振荡器没有稳定状态，只有两个不同的暂稳态（0 态、1 态）。多谐振荡器工作时，电路状态不停地在两个暂稳态之间转换。

6.3.1　用 555 定时器组成的多谐振荡器

1. 电路组成及工作原理

图 6.9(a)是用 555 定时器组成的多谐荡振器。R_1，R_2，C 是外接定时元件，555 定时器的阈值输入端（6 脚）和触发输入端（2 脚）并联在一起，放电三极管的集电极（7 脚）连接到 R_1，R_2 的连接点 P。

当多谐荡振器输出端 u_O 为高电平时，放电三极管 VT 截止，V_{CC} 经 R_1，R_2 向电容 C 充电，u_C 上升，充电时间常数为 $(R_1+R_2)C$。当 u_C 上升到 $\frac{2}{3}V_{CC}$ 时，555 定时器内基本 RS 锁存器被复位，多谐振荡器输出端 u_O 由高电平翻转为低电平。同时放电三极管 VT 由截止转为导通，电容 C 经 R_2 和 VT 的集电极（7 脚）放电，放电时间常数为 R_2C。此后，电容 C 上的电压 u_C 伴随着放电过程由 $\frac{2}{3}V_{CC}$ 不断下降，当 u_C 下降到 $\frac{1}{3}V_{CC}$ 时，基本 RS 锁存器又被置位，u_O 翻转为高电平，

VT 又由导通翻转为截止，放电过程结束。此后，V_{CC} 经 R_1，R_2 再向电容 C 充电，电容电压 u_C 由 $\frac{1}{3}V_{CC}$ 开始增大，继续重复上述过程。多谐振荡器的上述工作过程，用电压波形表示如图 6.9(b) 所示。

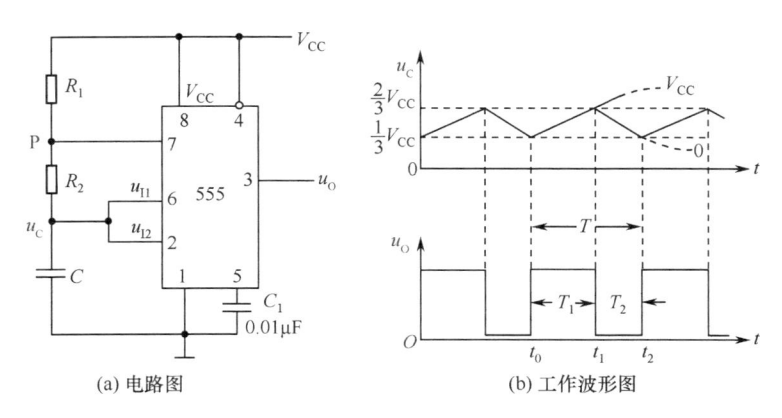

(a) 电路图　　(b) 工作波形图

图 6.9　用 555 定时器组成的多谐振荡器

2. 振荡频率的估算

(1) 电容充电时间 T_1

电容充电时，时间常数 $\tau_1 = (R_1 + R_2)C$，起始值 $u_C(0^+) = \frac{1}{3}V_{CC}$，终了值 $u_C(\infty) = V_{CC}$，转换值 $u_C(T_1) = \frac{2}{3}V_{CC}$，代入 RC 过渡过程计算公式，计算得到

$$T_1 = \tau_1 \ln \frac{u_C(\infty) - u_C(0^+)}{u_C(\infty) - u_C(T_1)} = \tau_1 \ln \frac{V_{CC} - \frac{1}{3}V_{CC}}{V_{CC} - \frac{2}{3}V_{CC}} = \tau_1 \ln 2 = 0.7(R_1 + R_2)C \tag{6.4}$$

(2) 电容放电时间 T_2

电容放电时，时间常数 $\tau_2 = R_2 C$，起始值 $u_C(0^+) = \frac{2}{3}V_{CC}$，终了值 $u_C(\infty) = 0$，转换值 $u_C(T_2) = \frac{1}{3}V_{CC}$，代入 RC 过渡过程计算公式，计算得到

$$T_2 = 0.7 R_2 C \tag{6.5}$$

(3) 电路振荡周期 T

$$T = T_1 + T_2 = 0.7(R_1 + 2R_2)C \tag{6.6}$$

(4) 电路振荡频率 f

$$f = \frac{1}{T} \approx \frac{1.43}{(R_1 + 2R_2)C} \tag{6.7}$$

(5) 输出波形占空比 q

定义 $q = T_1/T$，即脉冲宽度与脉冲周期之比，称为占空比：

$$q = \frac{T_1}{T} = \frac{0.7(R_1 + R_2)C}{0.7(R_1 + 2R_2)C} = \frac{R_1 + R_2}{R_1 + 2R_2} \tag{6.8}$$

6.3.2　占空比可调的多谐振荡器电路

在图 6.9 所示电路中，由于电容 C 的充电时间常数 $\tau_1 = (R_1+R_2)C$，放电时间常数 $\tau_2 = R_2 C$，所以 T_1 总是大于 T_2，u_O 的波形不仅不可能对称，而且占空比 q 不易调节。利用半导体二极管的单向导电特性，把电容 C 充电和放电回路隔离开来，再加上一个电位器，便可构成占空比可调的多谐振荡器，如图 6.10 所示。

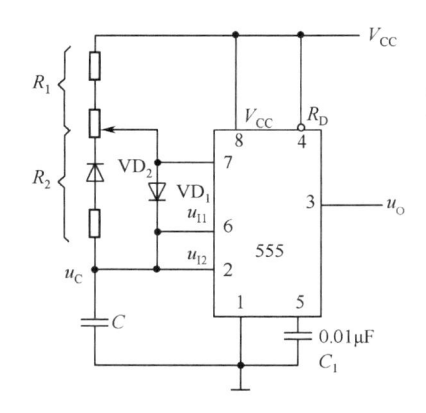

图 6.10 占空比可调的多谐振荡器

由于二极管的单向导电作用，电容 C 的充电时间常数 $\tau_1 = R_1C$，放电时间常数 $\tau_2 = R_2C$。通过与上面相同的分析计算过程可得

$$T_1 = 0.7R_1C$$
$$T_2 = 0.7R_2C$$

占空比为

$$q = \frac{T_1}{T} = \frac{T_1}{T_1+T_2} = \frac{0.7R_1C}{0.7R_1C+0.7R_2C} = \frac{R_1}{R_1+R_2} \quad (6.9)$$

只要改变电位器滑动端的位置，就可以方便地调节占空比 q，当 $R_1 = R_2$ 时，$q = 0.5$，输出电压 u_o 就成为对称的矩形波，也就是方波。

6.3.3 石英晶体多谐振荡器

前面介绍的多谐振器的振荡周期或重复频率与时间常数 RC 有关，由于电阻值 R 和电容量 C 容易受温度的影响，所以频率稳定性较差，不能应用在对频率稳定性要求较高的场合。为得到频率稳定性很高的脉冲波形，多采用由石英晶体组成的石英晶体振荡器。

1．石英晶体的选频特性

石英晶体是一种两端电子元件，简称为石英晶体或晶振，其电路符号和电抗频率特性如图 6.11 所示。由其电抗频率特性可知，石英晶体的选频特性非常好，它有一个极为稳定的串联谐振频率 f_S，且等效品质因数 Q 值很高。只

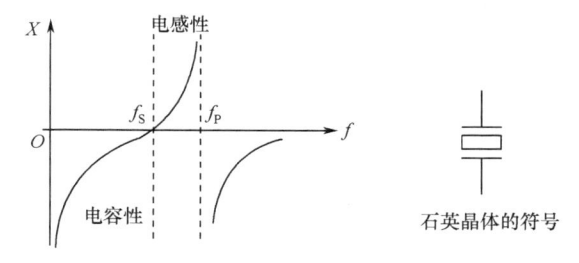

图 6.11 石英晶体的电抗频率特性和符号

有频率为 f_S 的信号容易通过它，而其他频率的信号均会被石英晶体所衰减。f_P 称为石英晶体的并联谐振频率，f_P 略大于 f_S，但二者非常接近，近似相等。我们把 f_S 称为石英晶体的固有振荡频率，它只与石英晶体切割的方向、外形和尺寸有关，不受外围电路参数的影响。石英晶体谐振频率的稳定度可达 $10^{-10} \sim 10^{-11}$，足以满足大多数数字系统对脉冲信号频率稳定度的要求。

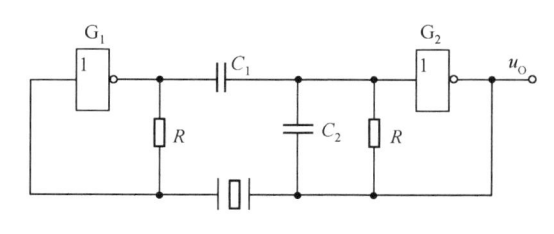

2．石英晶体多谐振荡器

石英晶体多谐振荡器电路如图 6.12 所示。图中，并联在两个反相器输入端、输出端之间的电阻 R 的作用是，使反相器工作在线性放大区，对于 TTL 门电路而言，R 的阻值范围通常为 $0.7 \sim 2\text{k}\Omega$；对于 CMOS 门电路而言，R 的阻值范围通常为 $10 \sim 100\text{M}\Omega$。在电路中，电容 C_1 用于两个反相器间的信号耦合，而 C_2 的作用则是抑制电路中的高次谐波，以保证输出信号频率的稳定。C_1 的选择应使 C_1 在频率为 f_S 时的容抗可以忽略不计。电容 C_2 的选择应使 $2\pi RC_2 f_S \approx 1$，从而使 RC_2 并联网络在 f_S 处产生极点，以减少谐振信号损失。

图 6.12 所示电路的振荡频率仅取决于石英晶体的串联谐振频率 f_S，而与电路中 R,C 的数值无关，因为电路对频率为 f_S 的信号所形成的正反馈最强而易于维持振荡。

图 6.12 石英晶体多谐振荡器

6.3.4 多谐振荡器的应用举例

例 6.1 双时钟产生电路。

作为多谐振荡器的一个应用实例，两相时钟产生电路如图 6.13(a)所示，电路由石英晶体多谐振荡器、JK 触发器、与门等元件组成，不难分析得到该电路的信号波形如图 6.13(b)所示。由波形图可知，输出信号 y_1，y_2 是同频率的周期性矩形脉冲信号，二者的相位差为 180°，二者的频率刚好是石英晶体多谐振荡器振荡频率的一半，其频率稳定度非常高，与石英晶体的频率稳定度一致。

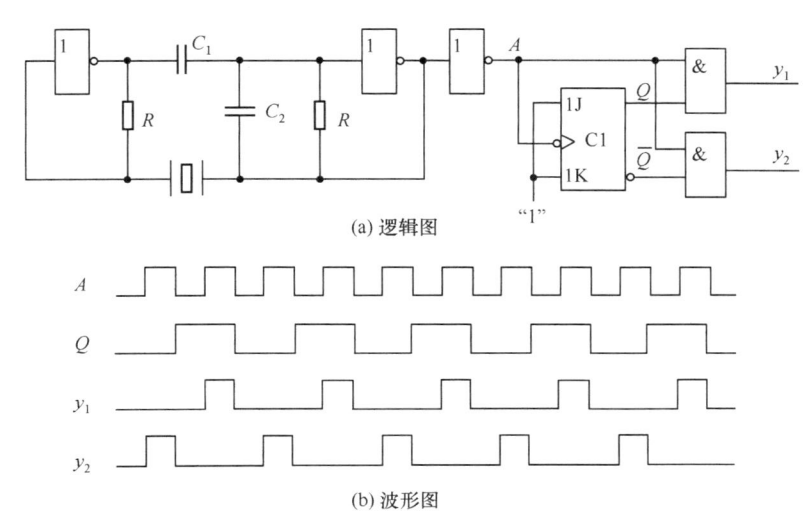

图 6.13 两相时钟发生器的逻辑电路图及其波形图

例 6.2 脉冲信号发生电路。

在 CMOS 数字集成电路中，有一块内部带有振荡器的二进制计数器芯片 CC4060。CC4060 内部不仅有用于构成多谐振荡器的两个非门，而且有 14 级二分频器，CC4060 在时钟脉冲下降沿的作用下做增量计数，但只有 $Q_4 \sim Q_{10}$，$Q_{12} \sim Q_{14}$ 共 10 个分频引出端，而 Q_1，Q_2，Q_3，Q_{11} 这 4 个端子均不引出。脉冲信号发生电路如图 6.14 所示。

用 CC4060 内部的非门电路组成的脉冲信号发生电路如图 6.14 所示，图中 R_f 是一个反馈电阻，使本来工作在开关状态的非门工作于线性放大区，R_f 的阻值可在几 MΩ 到几十 MΩ 之间选取，通常取 20MΩ。石英晶体与电容 C_1，C_2 组成反馈网络，石英晶体工作在并联谐振状态，呈感性。反馈是通过输出端电容 C_2 和输入端电容 C_1 的分压来进行的。此电路与电容三点式振荡器类似。调整可变电容 C_2 的值，可将谐振频率调整到一个精确值。由于石英晶体的谐振频率具有负温度系数，而电容具有正温度系数，两者可以相互抵消，从而使振荡频率稳定、准确。

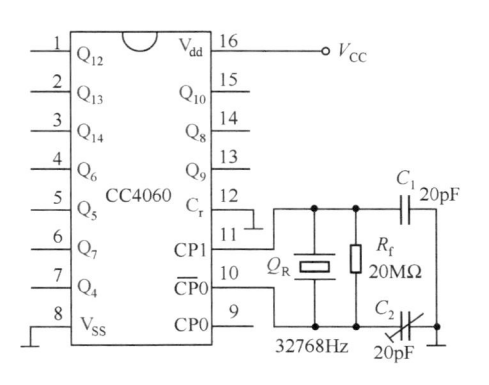

图 6.14 脉冲信号发生电路

在图 6.14 中，若石英晶体的谐振频率为 32768Hz，则从 $Q_4 \sim Q_{10}$ 和 $Q_{12} \sim Q_{14}$ 各输出端分别可以得到频率为 2048Hz, 1024Hz, 512Hz, 256Hz, 128Hz, 64Hz, 32Hz, 8Hz, 4Hz, 2Hz 的矩形脉冲信号；从 CP0 引脚（第 9 引脚）可获得 32768Hz 的矩形脉冲信号。显然，图 6.14 所示电路是一个非常简单实用的矩形脉冲信号发生电路。

6.4 单稳态触发器

单稳态触发器又称单稳态触发电路，它与前面第 4 章介绍的触发器不同，具有下述特点：
① 电路具有两个不同的工作状态，一个是稳态，一个是暂稳态。
② 在外来触发信号作用下，电路能从稳态翻转到暂稳态。
③ 在暂稳态维持一定时间后，电路自动返回到稳态。暂稳态维持时间的长短取决于电路本身的参数，而与触发信号的脉冲宽度无关。

单稳态触发器的这些特点具有广泛的用途。例如，可用于整形，把宽度和幅度不规则的脉冲信号变换为固定宽度和幅度的脉冲信号。也可以用于定时，即给出一定时间宽度的脉冲信号。此外，还可以用于延时，即给出比触发脉冲滞后一定时间的输出信号等。

单稳态触发器可以用门电路组成，也可以用集成单稳态触发器芯片或 555 定时器组成。无论用哪一类器件组成，都需要外接电阻和电容元件，用 RC 电路的充放电过程来决定暂稳态持续时间的长短。

6.4.1 用 555 定时器组成的单稳态触发器

1. 电路组成及工作原理

图 6.15 所示电路是用 555 定时器组成的单稳态触发器。R, C 是定时元件；加在触发输入端（2 脚）的电压 u_I 是输入触发信号，下降沿有效；阈值输入端（6 脚）的电压受电容电压 u_C 控制；u_O 为输出电压信号。

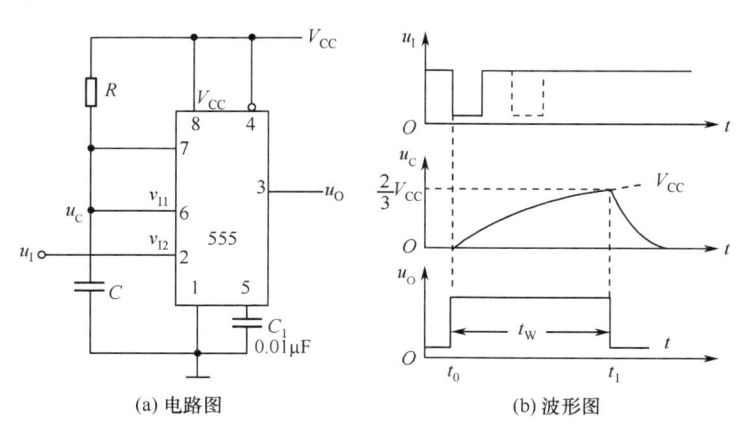

图 6.15 用 555 定时器组成的单稳态触发器

(1) 无触发信号输入时电路工作在稳定状态

当电路输入端无触发信号时，u_I 保持为高电平，电路工作在稳定状态，即输出端 u_O 保持为低电平，555 定时器芯片内部放电三极管 VT 饱和导通，引脚 7 "接地"，电容电压 u_C 为 0V。

(2) u_I 下降沿触发

当 u_I 的下降沿到达时，555 定时器触发输入端（2 脚）由高电平跳变为低电平，电路被触发，u_O 由低电平跳变为高电平，电路由稳态转入暂稳态。

(3) 暂稳态的维持时间

在暂稳态期间，555 定时器内放电三极管 VT 截止，V_{CC} 经 R 向 C 充电。其充电回路为 $V_{CC} \to R \to C \to$ 地，时间常数 $\tau_1 = RC$，电容电压 u_C 由 0V 开始增大，在 u_C 上升到阈值电压即 $\frac{2}{3}V_{CC}$ 之前，电路将保持暂稳态不变。

(4) 自动返回（暂稳态结束）

当 u_C 上升至阈值电压 $\frac{2}{3}V_{CC}$ 时，输出电压 u_O 由高电平跳变为低电平，555 定时器芯片内部放电三极管 VT 由截止转为饱和导通，引脚 7 "接地"，电容 C 经 VT 对地迅速放电，电压 u_C 由 $\frac{2}{3}V_{CC}$ 迅速降至 0V（放电三极管的饱和压降），电路由暂稳态重新转入稳态。

(5) 恢复过程

当暂稳态结束后，电容 C 通过饱和导通的三极管 VT 放电，时间常数 $\tau_2 = R_{ces}C$，式中 R_{ces} 是 VT 的饱和导通电阻，其阻值非常小，因此 τ_2 之值亦非常小。经过 $(3\sim5)\tau_2$ 后，电容 C 放电完毕，恢复过程结束。

恢复过程结束后，电路返回到稳态，单稳态触发器又可以接收新的触发信号。

2．主要参数估算

(1) 输出脉冲宽度 t_W

输出脉冲宽度 t_W 就是暂稳态维持时间，也就是定时电容 C 的充电时间。由图 6.15(b)所示电容电压 u_C 的工作波形可以看出 $u_C(0^+) \approx 0V$，$u_C(\infty) = V_{CC}$，$u_C(t_W) = \frac{2}{3}V_{CC}$，代入 RC 过渡过程计算公式，可得

$$t_W = \tau_1 \ln \frac{u_C(\infty) - u_C(0^+)}{u_C(\infty) - u_C(t_W)} = \tau_1 \ln \frac{V_{CC} - 0}{V_{CC} - \frac{2}{3}V_{CC}} = \tau_1 \ln 3 = 1.1 RC \tag{6.10}$$

上式说明，单稳态触发器输出脉冲宽度 t_W 仅决定于定时元件 R, C 的取值，与输入触发信号和电源电压无关，调节 R, C 的取值，即可方便地调节输出电压信号的脉冲宽度 t_W。

(2) 恢复时间 t_{re}

一般取 $t_{re} = (3\sim5)\tau_2$，即认为经过 $(3\sim5)\tau_2$ 的时间后，电容 C 放电完毕。

(3) 最高工作频率 f_{max}

若输入触发信号 u_I 是周期为 T 的连续脉冲时，为保证单稳态触发器能够正常工作，应满足下式：

$$T > t_W + t_{re}$$

即 u_I 周期的最小值 T_{min} 应为 $t_W + t_{re}$，即

$$T_{min} = t_W + t_{re}$$

因此，单稳态触发器的最高工作频率应为

$$f_{max} = \frac{1}{T_{min}} = \frac{1}{t_W + t_{re}}$$

需要指出的是，在图 6.15 所示电路中，输入触发信号 u_I 的脉冲宽度（低电平的保持时间），必须小于电路输出电压 u_O 的脉冲宽度（暂稳态维持时间 t_W），否则电路将不能正常工作。因为当单稳态触发器被触发翻转到暂稳态后，若 u_I 端的低电平一直保持不变，则 555 定时器的输出端将

一直保持高电平不变。

解决这一问题的一个简单方法，就是在电路的输入端加一个 RC 微分电路，即当 u_I 为宽脉冲时，让 u_I 经 RC 微分电路之后再接到触发输入端（2 脚）。不过微分电路的电阻应接到 V_{CC}，以保证在 u_I 下降沿未到来之前，触发输入端（2 脚）为高电平。

这种电路产生的脉冲宽度可从几微秒到数分钟，精度可达 0.1%。

通常 R 的取值在几百欧姆至几兆欧姆之间，电容的取值为几百皮法到几百微法。由图 6.15 可知，若在电路的暂稳态持续时间内，加入新的触发脉冲，如图 6.15(b) 中的虚线所示，则该脉冲不起作用，所以图 6.15 所示电路为不可重复触发的单稳态触发器。

由 555 定时器组成的可重复触发单稳态电路，如图 6.16 所示。当 u_I 输入负脉冲后，电路进入暂稳态（u_O 输出高电平），同时外接三极管 VT 导通，电容 C 放电。输入脉冲撤除后，电容 C 充电，在 u_C 充电未达到 $\frac{2}{3}V_{CC}$ 之前，电路处于暂稳态，u_O 输出高电平。

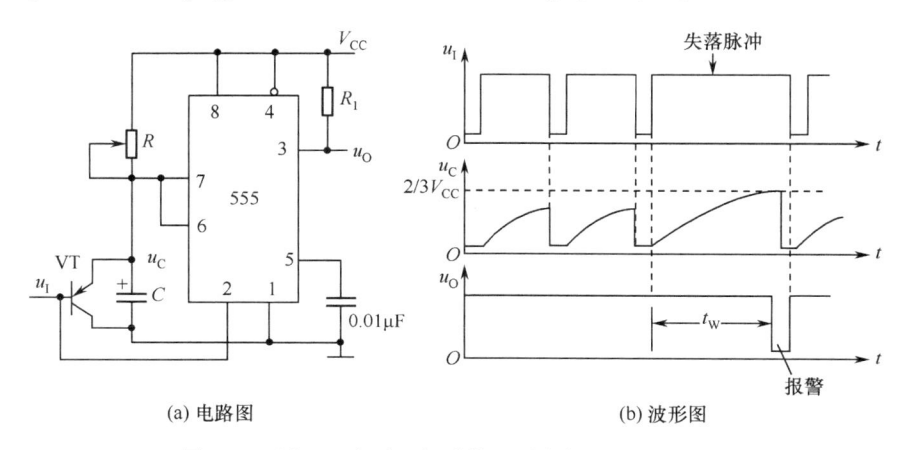

(a) 电路图　　　　(b) 波形图

图 6.16　用 555 定时器组成的可重复触发单稳态电路

若在此期间，又加入新的触发脉冲，则外接三极管 VT 又导通，电容 C 再次放电，输出仍然维持在暂稳态。只有在触发脉冲撤除后且在输出脉宽 t_W 时间间隔内没有新的触发脉冲，电路才返回到稳态。这种电路可作为失落脉冲检出电路，对机器的转速或人体的心律进行监视，当机器转速降到一定限度或人体的心律不齐时就发出报警信号。

6.4.2　单稳态触发器 74LS121、MC14528 芯片介绍

鉴于单稳态触发器的应用十分广泛，所以在 TTL 和 CMOS 数字集成电路中，都有单片集成单稳态触发器芯片。在使用这些集成单稳态触发器芯片时，通常还要外接电容元件和电阻元件，通过改变外接电容或电阻的参数，可以很方便地调节单稳态触发器输出信号的脉冲宽度。集成单稳态触发器根据电路及工作状态不同，分为可重复触发的单稳态触发器和不可重复触发的单稳态触发器两种。

两种不同触发特性的单稳态触发器的主要区别是：不可重复触发单稳态触发器，在进入暂稳态期间，如有触发脉冲作用，电路的工作过程不受其影响，只有当电路的暂稳态结束后，输入触发脉冲才会影响电路状态。单稳态触发器输出脉冲信号的宽度由 R, C 参数确定。

而可重复触发单稳态触发器在暂稳态期间，若有触发脉冲作用，则电路会重新被触发，使暂稳态又从头开始，这样，单稳态触发器的输出脉冲信号的宽度在 t_W 的基础上增加了一个 t_Δ 时间。

两种单稳态触发器的工作波形,如图 6.17 所示。

(a) 不可重复触发单稳态触发器工作波形　　(b) 可重复触发单稳态触发器工作波形

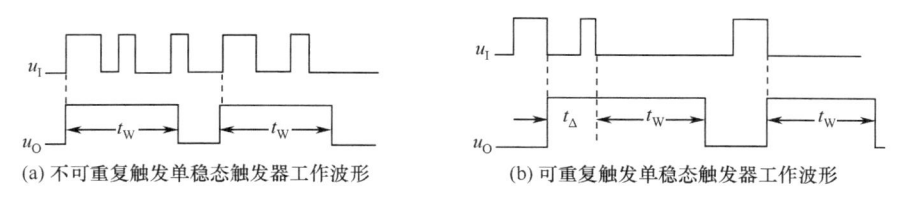

图 6.17　两种单稳态电路工作波形

1. 不可重复触发的集成单稳态触发器 74LS121

TTL 系列中的数字集成电路芯片 74LS121,是一种不可重复触发单稳态触发器集成电路,其芯片内部逻辑电路图和引脚图,分别如图 6.18(a)、图 6.18(b)所示。

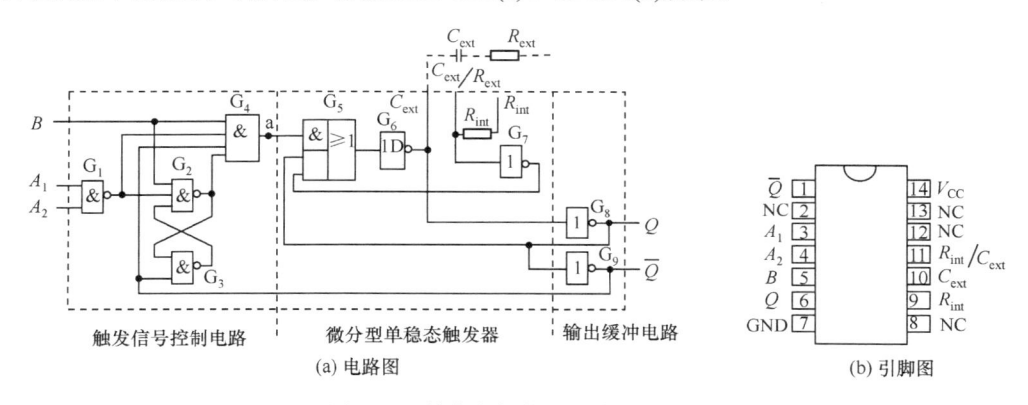

(a) 电路图　　(b) 引脚图

图 6.18　单稳态触发器芯片 74LS121

(1) 电路组成及工作原理

74LS121 芯片内部逻辑电路由触发信号控制电路、微分型单稳态触发器、输出缓冲电路组成。

将具有施密特(迟滞)特性的 G_6 与 G_5 门合起来视为一个或非门,它与 G_7 门及外接电阻 R_{ext}(或芯片内部电阻 R_{int})、电容 C_{ext} 组成微分型单稳态触发器。电路只有一个稳态 $Q=0$,$\overline{Q}=1$。当图中 a 点有正脉冲触发时,电路进入暂稳态 $Q=1$,$\overline{Q}=0$。Q 为低电平后使触发信号控制电路中 RS 锁存器的 G_2 门输出低电平。将 G_4 门封锁,这样即使有触发信号输入,在 a 点也不会产生微分型单稳态触发器的触发信号,只有等电路返回稳态后,电路才会在输入触发信号作用下被再次触发,根据上述分析,74LS121 属于不可重复触发单稳态触发器。

(2) 触发与定时

① 触发方式

74LS121 集成单稳态触发器有 3 个触发输入端,对触发信号控制电路分析可知,在下述情况下,电路可由稳态翻转到暂稳态:

● A_1,A_2 两个输入中有一个或两个为低电平,B 发生由 **0** 到 **1** 的正跳变。

● B 为高电平并且 A_1,A_2 中的一个为高电平,A_1,A_2 输入中有一个或两个产生由 **1** 到 **0** 的负跳变。

74LS121 的功能表，如表 6.2 所示。

② 定时

单稳态电路的定时取决于定时电阻和定时电容的数值。74LS121 的定时电容连接在芯片的 10, 11 引脚之间。若输出脉冲宽度较宽，而采用电解电容时，电容 C 的正极接在 C_{ext} 输入端（10 脚）。对于定时电阻，使用者可以有两种选择：

- 利用内部定时电阻（2 kΩ），此时将 9 脚（R_{int}）接至电源 V_{CC}。
- 采用外接定时电阻（阻值范围为 1.4～40kΩ），此时 9 脚应悬空，定时电阻接在 11 和 14 脚之间。

74LS121 的输出脉冲宽度

$$t_{\text{W}} \approx 0.7RC \tag{6.11}$$

表 6.2 74LS121 功能表

输		入	输	出
A_1	A_2	B	Q	$\overline{Q}$
L	×	H	L	H
×	L	H	L	H
×	×	L	L	H
H	H	×	L	H
H	↓	H	⊓	⊔
↓	H	H	⊓	⊔
↓	↓	H	⊓	⊔
L	×	↑	⊓	⊔
×	L	↑	⊓	⊔

通常，R 的数值范围为 2～30kΩ，C 的数值范围为 10pF～10μF，得到的 t_W 的取值范围可达 20ns～200ms。

式（6.11）中的 R 可以是外接电阻 R_{ext}，也可以是芯片内部电阻 R_{int}（2kΩ），如希望得到较宽的输出脉冲，一般使用外接电阻。

2．可重复触发集成单稳态触发器 MC14528

下面以常用 CMOS 系列数字集成电路芯片 MC14528 为例，介绍可重复触发单稳态触发器工作原理。CC4098 的逻辑功能及引脚图与 MC14528 相同，但内部逻辑电路略有不同。

MC14528 芯片的逻辑电路图和引脚图，分别如图 6.19(a)、图 6.19(b)所示。下面分析电路的工作原理。

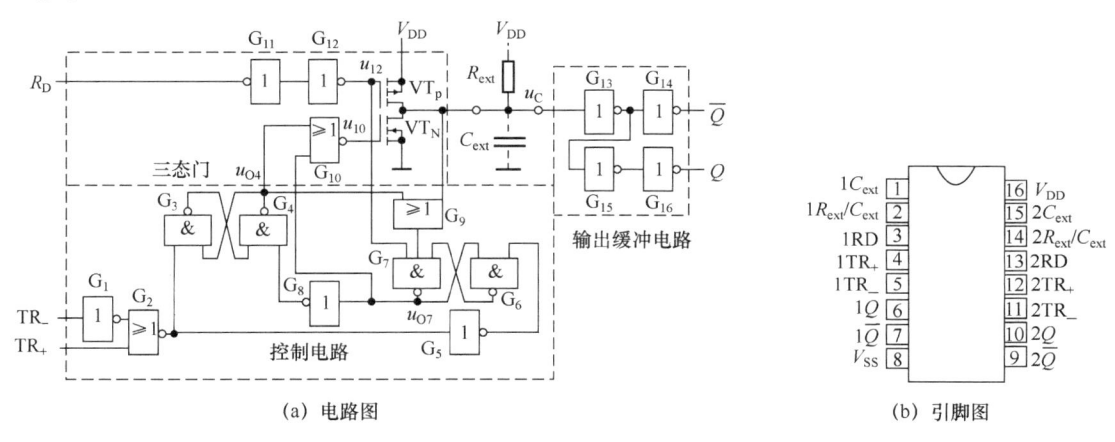

图 6.19 集成单稳态触发器 MC14528

由图 6.19 可见，电路主要由三态门、积分电路和控制电路组成的积分型单稳态触发器、输出缓冲电路组成。

(1) 稳态

令 $R_D = 1$，无触发信号时 $TR_+ = 0$，$TR_- = ×$，设接通电源后电容还未充电，$u_C = 0V$，此时 G_4 输出 u_{O4} 一定为高电平。若 u_{O4} 为低电平，则在与 $u_C = V_{OL}$ 共同作用下，G_9 输出低电平并使 G_7

输出高电平，G_8输出低电平，于是u_{O4}被置为高电平，这样图中$u_{10}=V_{OL}$，$u_{12}=V_{OH}$，VT_N和VT_P同时截止，V_{DD}经R_{ext}向C_{ext}充电，当u_C大于V_{th13}时，$Q=0$，$\overline{Q}=1$，电路处于稳态。

同样，当$R_D=1$，输入信号$TR_+=×$，$TR_-=1$时，G_5门输出低电平，使G_6，G_7门组成的基本RS锁存器的u_{O7}为低电平，经G_8反相后使u_{O4}处于高电平。电路维持稳态不变。

(2) 触发与定时

以$R_D=1$，$TR_+=×$，TR_-端加负触发脉冲情况为例说明电路触发工作情况，在TR_-端上的触发信号下降沿到来时$u_{O4}=V_{OL}$，由于$u_{O7}=V_{OL}$，于是G_{10}输出$u_{10}=V_{OH}$，VT_N导通，C_{ext}开始放电，当u_C下降至G_{13}门的阈值电压V_{th13}时，电路进入暂态$Q=1$，$\overline{Q}=0$。此暂态不能持续下去，当u_C进一步下降至G_9门的阈值电压V_{th9}时，G_9门输出低电平，经G_8使G_3，G_4组成的基本RS锁存器的G_4输出高电平，G_{10}输出为低电平，这样VT_N又截止，C又开始重新充电，当u_C值大于G_{13}门的阈值电压V_{th13}时，电路自动返回到稳态，即$Q=0$，$\overline{Q}=1$的状态，C_{ext}继续充电至V_{DD}以后，电路处于稳态。MC14258功能表如表6.3所示。同理，读者可自行分析表中其他状态。电路工作波形如图6.20所示。

表 6.3 MC14528 功能表

输入			输出	
R_D	TR_+	TR_-	Q	$\overline{Q}$
L	×	×	L	H
H	H	×	L	H
H	×	L	L	H
H	↑	H	⊓	⊔
H	L	↓	⊓	⊔

由图6.20可见，输出脉宽t_W等于u_C由V_{th13}下降至V_{th9}的时间与u_C由V_{th9}充电至V_{th13}两个时间之和。为获得较宽的输出脉冲，一般都将V_{th13}设计得较高而将V_{th9}设计得较低。

为说明MC14528的可重复触发特性，分析图中$t_5 \sim t_7$时的工作情况。如前所述，在t_5时刻电路被触发进入暂稳态，电容很快放电后，又进入充电状态。当u_C尚未充至V_{th13}时，t_6时刻电路被再次触发，G_2门的低电平使$u_{O4}=V_{OL}$，门G_{10}输出高电平，VT_N管导通，电容C又放电，当放电使$u_C \ll V_{th9}$时，G_{10}输出低电平，VT_N管截止，电容又充电，一直充到V_{th13}且在无触发信号作用时，电路才返回至稳态。显然，在这两个重复脉冲触发下，输出脉冲宽度为$t_\Delta + t_W$。由分析可知，这种可重复触发单稳态触发器，可利用在暂稳态期间加触发脉冲的方法增加输出信号的脉冲宽度。

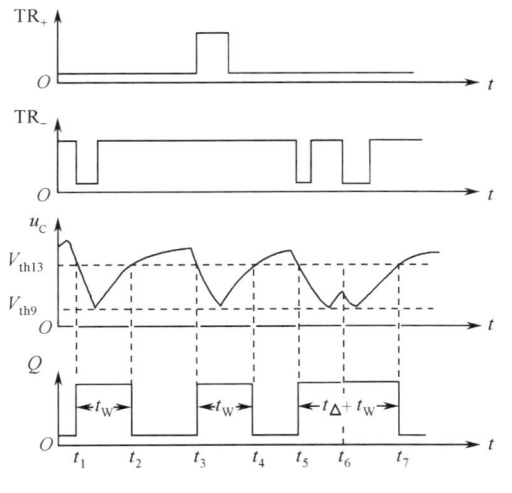

图 6.20 可重复触发单稳态触发器 MC14528 工作波形图

6.4.3 单稳态触发器的应用举例

单稳态触发器是数字电路中常用的基本电路，其典型应用介绍如下。

1. 脉冲宽度调制器

在图6.15所示的由555定时器组成的单稳态触发器中，若在555定时器的控制电压输入端（5引脚）施加一个变化电压，则由555组成的单稳电路可作为脉冲宽度调制器，如图6.21所示。

当控制电压升高时,电路的阈值电压也升高,输出信号的脉冲宽度随之增加;而当控制电压降低时,电路的阈值电压也降低,单稳态电路的输出信号脉冲宽度则随之减小。因此,若控制电压为如图 6.21(b)所示的三角波时,在单稳态电路的输出端,便得到一串随控制电压变化的脉冲宽度调制波。从 u_{IC} 与 u_O 波形关系看出,该电路可实现电压-脉冲宽度的转换。

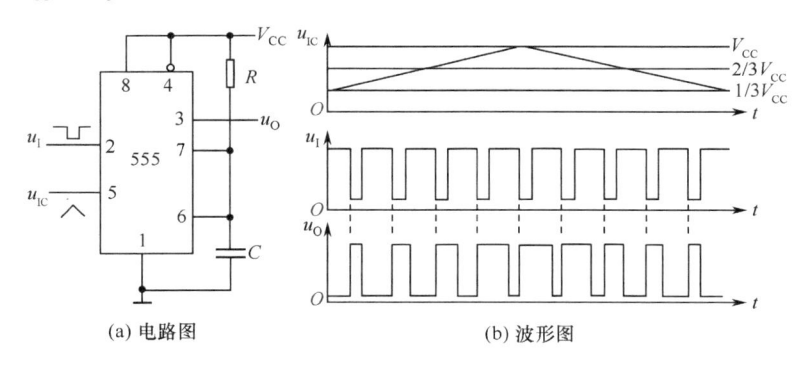

(a) 电路图　　(b) 波形图

图 6.21　脉冲宽度调制器的电路图及波形图

2．定时

由于单稳态触发器能产生一定宽度 t_W 的矩形输出脉冲,如利用这个矩形脉冲作为定时信号去控制某电路,可使其在 t_W 时间内动作(或不动作)。例如,利用单稳态输出的矩形脉冲作为与门输入的控制信号(如图 6.22 所示),则只有在这个矩形波的 t_W 时间内,信号 u_A 才有可能通过与门。

3．多谐振荡器

利用两个单稳态触发器可以构成多谐振荡器。由两片 74LS121 集成单稳态触发器芯片组成的多谐振荡器,如图 6.23(a)所示,该电路的工作波形如图 6.23(b)所示。

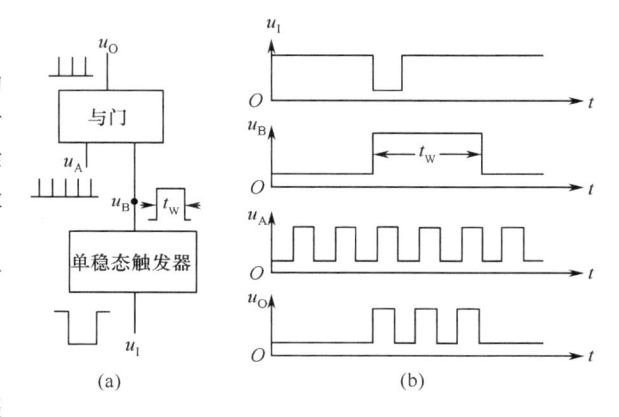

图 6.22　单稳态触发器作定时电路的应用

图 6.23(a)中,S 为振荡器控制开关,当 S 闭合时,电路停止振荡,$Q_1 = 0$,$Q_2 = 0$;当 S 断开时,电路振荡,在输出端 u_o 得到矩形波信号。

当 S 断开时,电路开始振荡,其工作过程是:在起始时,单稳态触发器 U_1 的输入端 A_1 为低电平,S 断开瞬间,U_1 的输入端 B 产生正跳变,U_1 被触发,Q_1 端输出正脉冲,Q_1 的脉冲宽度为 $0.7R_1C_1$;当 U_1 的暂稳态结束时,Q_1 的下跳沿触发单稳态触发器 U_2,Q_2 端输出正脉冲,Q_2 的脉冲宽度为 $0.7R_2C_2$;当 U_2 的暂稳态结束时,Q_2 的下跳沿又触发 U_1,如此周而复始地产生振荡,其振荡周期为

$$T = 0.7(R_1C_1 + R_2C_2) \tag{6.12}$$

4．噪声消除电路

利用单稳态触发器可以构成噪声消除电路(或称脉宽鉴别电路)。通常噪声多表现为尖脉冲,其宽度很窄,而有用的信号都具有一定的宽度。利用单稳态电路,将输出脉宽调节到大于噪声脉冲宽度而小于信号的脉冲宽度,即可消除噪声。由单稳态触发器组成的噪声消除电路及其工作波形,如图 6.24 所示。

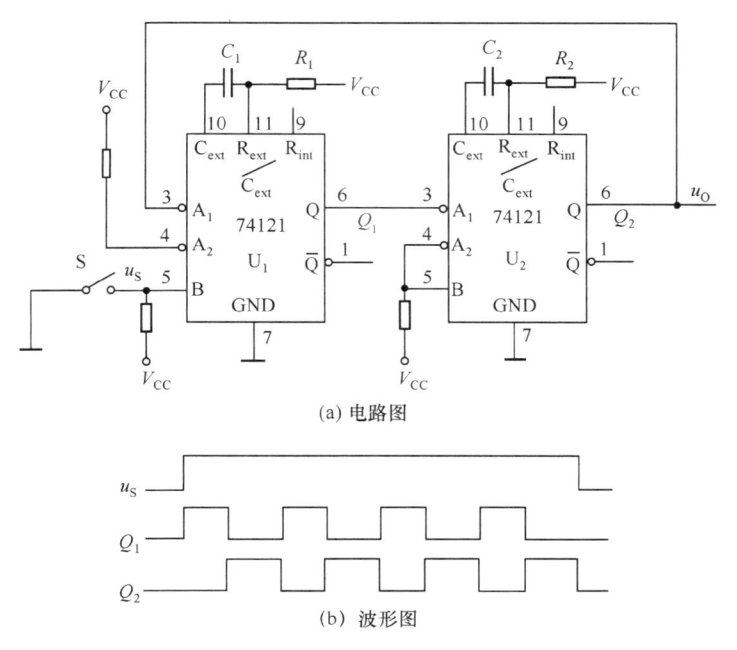

图 6.23 由单稳态触发器组成的多谐振荡器

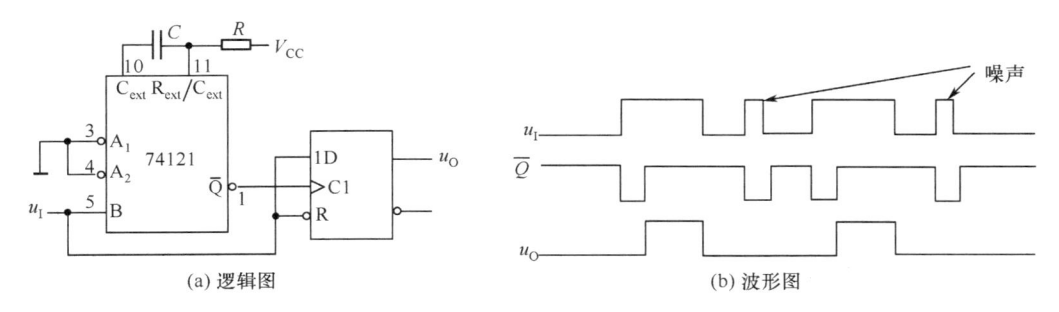

图 6.24 由单稳态触发器构成噪声消除电路

图 6.24 中，输入信号接至单稳态触发器 74LS121 的上跳沿触发输入端 B，以及 D 触发器的数据输入端和直接置 0 端。由于有用信号的脉冲宽度大于单稳态输出信号的脉冲宽度，因此，当输入信号为高电平时，单稳态电路输出 $\overline{Q}$ 的上升沿使 D 触发器置 1；而输入信号为低电平时，D 触发器被直接置 0。若输入信号中含有噪声，其噪声前沿使单稳态电路触发翻转，但由于 $\overline{Q}$ 的脉冲宽度大于噪声的脉冲宽度，故 $\overline{Q}$ 输出上升沿时，噪声已消失（已经为低电平），所以 D 触发器不翻转而保持为低电平，从而在电路的输出信号 u_O 中噪声的影响已不复存在，即 u_O 中消除了噪声成分。

※6.5 Proteus 电路仿真例题

【Proteus 例 6.1】由 555 定时器构成多谐振荡电路，用 Proteus 测试该电路的振荡频率，并与理论计算结果进行比较。

1. 创建电路

(1) 从库文件中选取 555 定时器、电阻、电容，并按图 6.25 所示连接电路。

(2) 加入电源 VCC 和接地符号。

(3) 在输出端第 3 引脚加入定时计数器（Counter Timer），如图 6.25 所示。

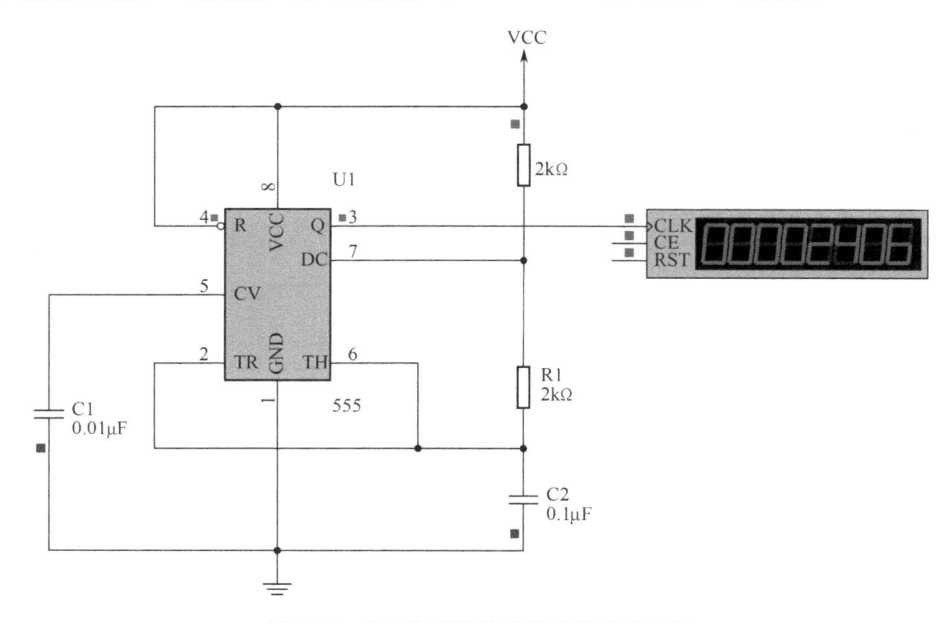

图 6.25 555 定时器构成的多谐振荡电路

2. 仿真设置

(1) 如图 6.25 所示，对各元器件参数进行设置。

(2) 单击定时计数器打开属性栏，如图 6.26 所示，在 Operating Mode 中将其设置成频率模式（Frequency），即可作为频率计使用。

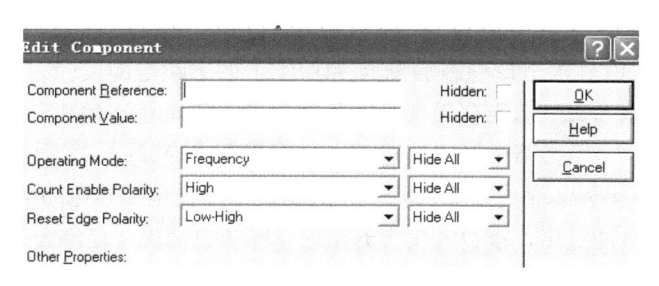

图 6.26 频率计 Frequency 设置

(3) 单击仿真工具栏上的运行仿真（play）按钮，即可实现对该电路的仿真，在频率计显示窗口上，显示出被测信号频率。

3. 结果分析

通过仿真，得到该电路输出信号频率为 2.406kHz。

按理论公式计算：

第6章 脉冲波形产生与整形电路

$$f \approx \frac{1.43}{(R+2R)C} = \frac{1.43}{(2+2\times2)\times10^3 \times 0.1\times10^{-6}} = 2.38\text{kHz}$$

比较可知，测量结果接近理论计算结果。

【**Proteus 例 6.2**】由 555 定时器构成压控频率振荡电路，当控制电压波形为三角波时，测试电容上电压 V_C，以及输出端电压 V_o 的波形。

1. 创建电路

(1) 从库文件中选取 555 定时器、电阻、电容，并按图 6.27 所示连接电路。
(2) 加入电源 VCC 和接地符号。
(3) 加入信号发生器（Signal generator）和虚拟示波器（Oscilloscope），如图 6.27 所示。

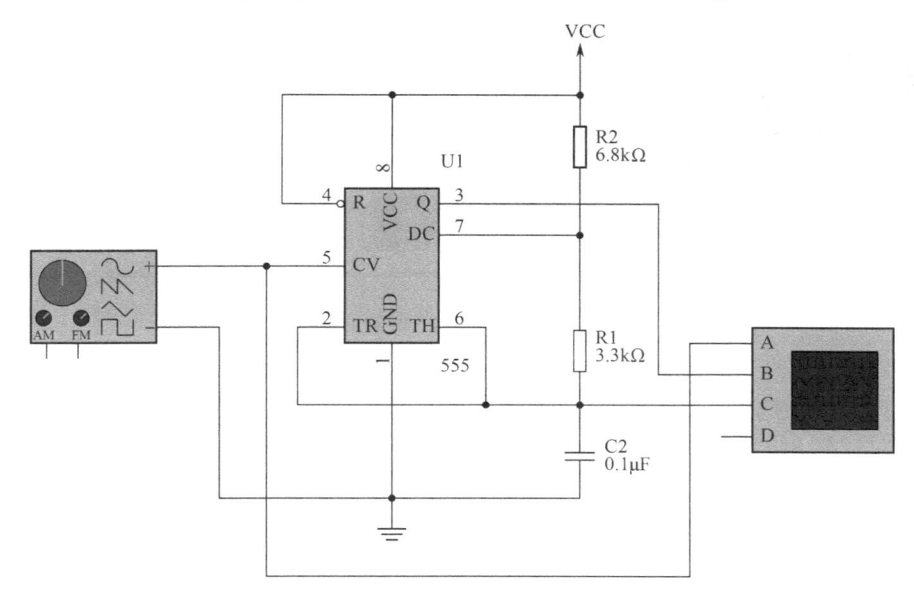

图 6.27　555 定时器构成的压控频率振荡电路

2. 仿真设置

(1) 修改元器件参数，将信号发生器输出信号设置为三角波，参数设置如图 6.28 所示。

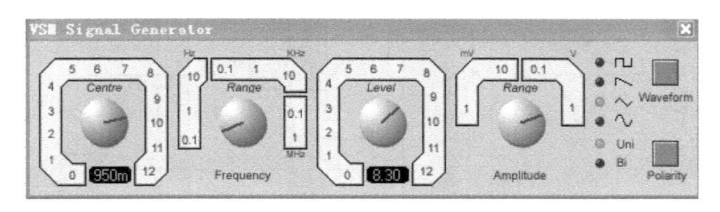

图 6.28　信号发生器参数设置

(2) 单击仿真工具栏上的运行仿真（play）按钮，可在示波器中得到输出电压波形，如图 6.29 所示。

3. 结果分析

分析仿真结果可知，本电路输出信号受三角波控制信号的影响。

【**Proteus 例 6.3**】用 555 定时器、触发器、门电路组成两相时钟发生器电路，用 Proteus 测试其信号波形。

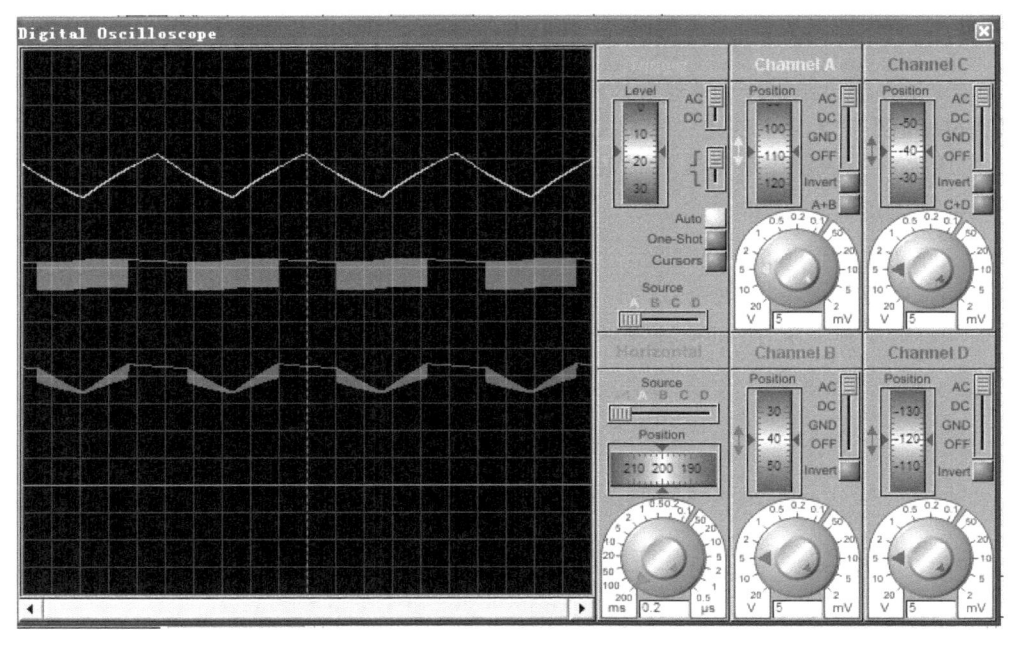

图 6.29 压控频率振荡电路输出波形

1. 创建电路

(1) 从库文件中选取 555 定时器、JK 触发器、门电路、电阻、电容，并按图 6.30 所示连接电路。

(2) 加入电源 VCC 和接地符号。

(3) 在输出端分别加入逻辑探针（Logic Probe），如图 6.30 所示。

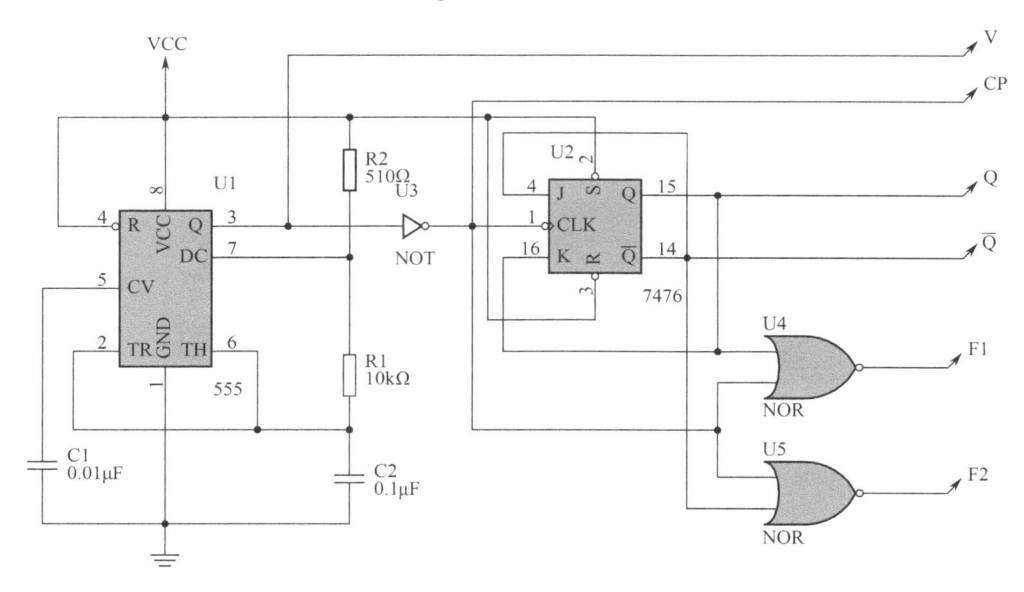

图 6.30 两相时钟发生器电路

2. 仿真设置

(1) 如图 6.30 所示，对各元器件进行参数设置。
(2) 在设计界面中放置一个如图 6.7 所示的数字分析图表，将激励信号和探针加入数字图表。
(3) 右键单击数字分析图表，运行仿真（Simulate Graph）按钮，即可实现对该电路的波形仿真，仿真结果如图 6.31 所示。

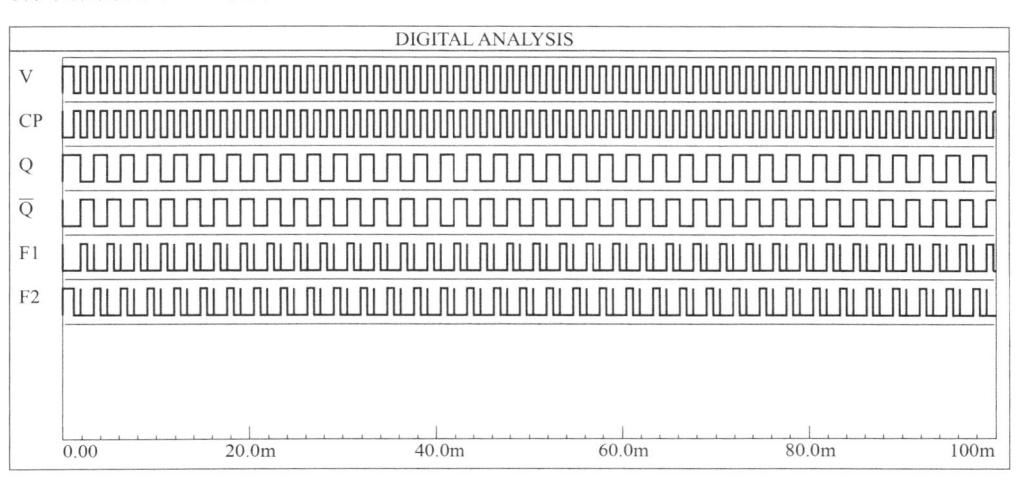

图 6.31 两相时钟发生器电路输出波形

3. 结果分析

分析仿真结果可知，此电路由 555 定时器、JK 触发器、门电路构成了一个两相时钟发生器电路，该电路在输出端产生不同相位的时钟信号，F1 与 F2 的相位差为 180°。

本 章 小 结

本章系统地讲述了矩形脉冲信号产生电路和整形电路的组成及其工作原理。

1. 施密特触发器属于电平触发，具有两个不同的阈值电压，有两个不同的稳态，无暂稳态；多谐振荡器电路具有两个不同的暂稳态，无稳态；单稳态触发器具有一个稳态和一个暂稳态。
2. 多谐振荡器无须外加输入信号就能在接通电源后自行产生矩形波信号输出。多谐振荡器可以由门电路组成，由单稳态触发器组成，由 555 定时器组成；在模拟电路中还可以由运放组成。在频率稳定性要求高的场合，通常采用石英晶体振荡器。
3. 电子市场上，有一种把石英晶体及其振荡电路全部制作在芯片内部的具有 4 个引脚的石英晶体多谐振荡器信号源，称为有源晶振，其应用非常方便，只要接上电源，就有矩形波信号输出，并且其输出矩形波信号具有很高的频率稳定性和频率准确性。
4. 在单稳态触发器和多谐振荡器中，电路由暂稳态过渡到另一个状态，其"触发"信号是由电路内部电容充（放）电提供的，所以无须外部触发脉冲。暂稳态持续的时间是脉冲电路的主要参数，它与电路的阻容元件取值有关。电路中，RC 电路充、放电过程对相应逻辑门电路输入电平的影响是分析电路的关键。
5. 在集成电路中，施密特触发器芯片实质上是具有滞后特性的逻辑门，它有两个阈值电压。

电路状态与输入电压有关，不具备记忆功能。在实际的数字集成电路芯片中，除施密特反相器外，还有施密特与非门、施密特或非门等。

6. 单稳态触发器集成电路芯片，分为可重复触发单稳态触发器和不可重复触发单稳态触发器两大类，在暂稳态期间，出现的触发信号对不可重复触发单稳电路没有影响，而对可重复触发单稳电路可起到连续触发作用。

7. 555 定时器是一种应用十分广泛的集成器件，实际上，555 定时器内部电路是模拟电路和数字电路的混合电路。只要外接几个阻容元件，利用 555 定时器就可很容易构成单稳态触发器、多谐振荡器、施密特触发器。目前，除 555 定时器外，还有 556 定时器（双定时器）、558 定时器（四定时器）等。

思考题和习题 6

6.1 图 6.32 所示电路为由 CMOS 非门组成的施密特触发器。
  (1) 计算电路的正向阈值电压 V_{T+} 和负向阈值电压 V_{T-}。
  (2) 画出电路的电压传输特性曲线。
  (3) 不妨设 u_i 为三角波形脉冲信号，请画出电压 u_1, u_{I1}, u_{O1}, u_O 的波形。
  (4) 改变 R_1 的取值，对电路的电压传输特性有何影响？为什么一般取 $R_1 > R_2$？

6.2 图 6.33 所示电路为一个回差电压可调的施密特触发器电路，它是利用射极跟随器的发射极电阻来调节回差电压的。图 6.33 中，与非门可以认为是 TTL 电路，并且认为其阈值电压为 $V_{TH} = 1.4V$。
  (1) 分析电路的工作原理，并画出电路的电压传输特性曲线。
  (2) 当 R_{e1} 在范围 50～100Ω 内变动时，试分析回差电压的变化范围。

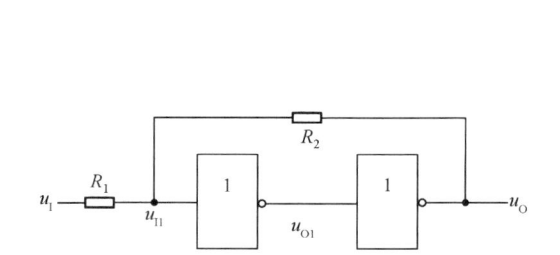

图 6.32 CMOS 非门组成的施密特触发器

图 6.33 回差电压可调的施密特触发器

6.3 由集成施密特反相器、集成单稳态触发器 74LS121 组成的电路如图 6.34 所示。已知集成施密特反相器的电源电压 $V_{DD} = 10V$，$R = 100kΩ$，$C = 0.01\mu F$，$V_{T+} = 6.3V$，$V_{T-} = 2.7V$，$C_{ext} = 0.01\mu F$，$R_{ext} = 30kΩ$，试分析该电路的工作原理并回答下列问题：
  (1) 分别计算 u_{O1} 的周期及 u_{O2} 的脉冲宽度。
  (2) 根据计算结果，画出电压 u_C, u_{O1}, u_{O2} 的波形。

6.4 由 CMOS 集成施密特与非门组成的脉冲信号占空比可调多谐振荡器，如图 6.35 所示。已知电路中 R_1, R_2, C 及 V_{DD}, V_{T+}, V_{T-} 的值。
  (1) 定性画出 u_C 及 u_O 波形。
  (2) 写出输出信号 u_O 频率的表达式。

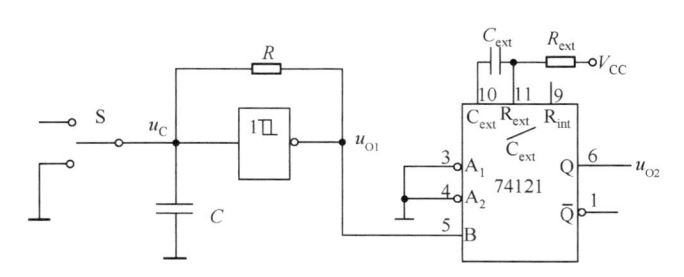

图 6.34 题 6.3 电路图

6.5 将 220V 50Hz 交流电变换成 TTL 电平的 50Hz 矩形波脉冲信号。试将图 6.36 所示矩形框中的电路图设计出来。

图 6.35 题 6.4 电路图　　　图 6.36 题 6.5 电路图

6.6 多谐振荡器、单稳态触发器、双稳态触发器、施密特触发器各有几个暂稳态和稳态？

6.7 图 6.37 所示电路是由 CMOS 非门组成的多谐振荡器。为了分析的方便，不妨假定非门的电压传输特性曲线为理想的折线，即开门电平和关门电平相等，这个理想化的开门电平或关门电平称为门坎电平（或阈值电平）V_{TH}，$V_{TH} = V_{DD}/2$。
(1) 分析电路的工作原理。
(2) 画出电压 u_I, u_{O1}, u_{O2} 的波形。
(3) 计算 u_{O2} 的振荡周期 T。

6.8 微分型单稳态电路如图 6.38 所示。图中，$t_d = 3\mu s$，$C_d = 50pF$，$R_d = 10k\Omega$，$C = 5000pF$，$R = 200\Omega$，试对应地画出 $u_I, u_d, u_{O1}, u_R, u_{O2}, u_O$ 的波形，并求出输出信号 u_O 的脉冲宽度。
提示：TTL 与非门的门坎电平为 1.4V，当 G_1 开通时，u_d 被钳位在约 1.4V 以上。

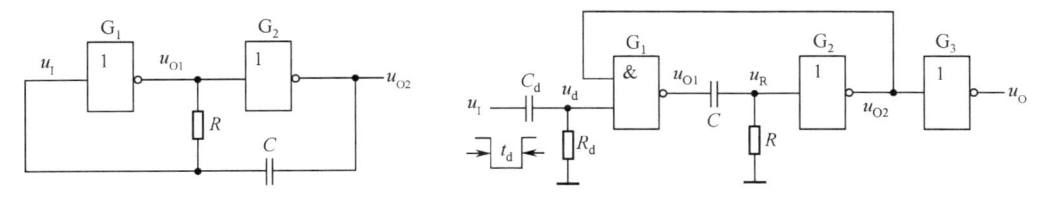

图 6.37 题 6.7 电路图　　　图 6.38 题 6.8 电路图

6.9 图 6.39 所示电路为由 CMOS 或非门组成的单稳态触发器。
(1) 分析电路的工作原理。
(2) 画出加入触发脉冲（正脉冲）u_I 后，u_I, u_{O1}, u_R, u_{O2} 的工作波形。
(3) 写出输出信号 u_{O2} 的脉冲宽度的表达式。

6.10 由集成单稳态触发器 74LS121 组成的延时电路及输入波形，如图 6.40 所示。
(1) 计算输出信号 u_O 的脉冲宽度的变化范围。
(2) 解释为什么使用电位器时要串接一个固定电阻。

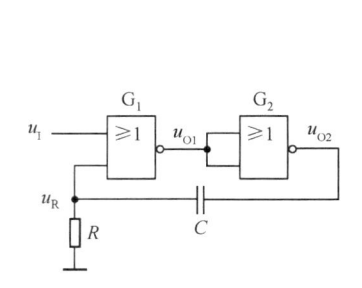

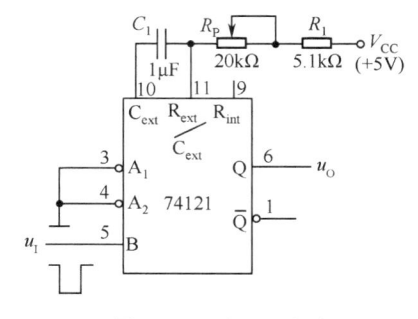

图 6.39 题 6.9 电路图

图 6.40 题 6.10 电路图

6.11 某控制系统要求产生的时序信号 u_A, u_B 与系统时钟 CP 的时序关系，如图 6.41 所示。试用 4bits 二进制计数器 74LS163、集成单稳态触发器 74LS121 设计该信号产生电路，画出电路图。

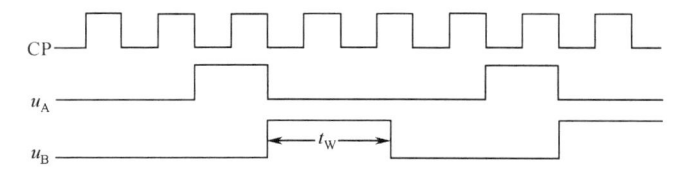

图 6.41 题 6.11 电路图

6.12 图 6.42 是用 555 定时器组成的脉冲鉴幅器。为了将输入信号 u_I 中幅度大于 5V 的脉冲信号检出，电源电压 V_{CC} 应取几伏？

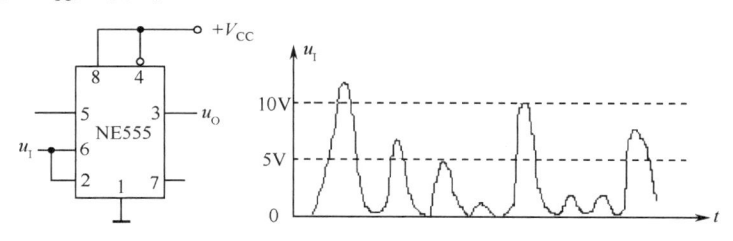

图 6.42 题 6.12 电路图及输入波形

6.13 由 555 定时器及场效应管 VT 组成的某功能电路，如图 6.43 所示，电路中场效应管 VT 工作于可变电阻区，其导通电阻为 R_{DS}。
(1) 说明电路功能，分析电路工作原理。
(2) 写出输出信号 u_O 的频率表达式。

6.14 图 6.44 是用 555 定时器组成的延时报警器。若开关 S 闭合，则扬声器不发出叫声；当开关 S 断开时，经过一定的延时 t_d 后扬声器发出叫声。若在时间 t_d 内将开关 S 重新闭合，则扬声器不发出叫声。根据图 6.44 中所标注的元件参数，试计算延时 t_d 和扬声器发出的叫声频率。

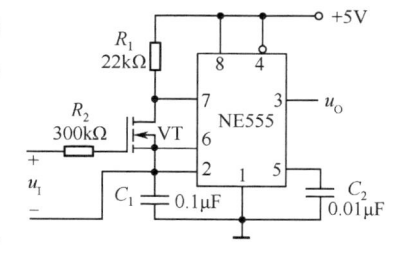

图 6.43 题 6.13 电路图

6.15 图 6.45 所示电路为基于 555 定时器的锯齿波发生器，外接双极型三极管 VT 和电阻 R_1, R_2, R_e 构成恒流源，给定时电容 C_1 充电。若触发输入端（第 2 引脚）输入负脉冲 u_I，画出输入电压 u_I、定时电容电压 u_C、555 定时器输出端第 3 脚电压 u_O 的波形，并计算电容 C_1 的充电时间。

6.16 由 555 定时器组成的脉冲宽度鉴别电路及输入信号 u_I 波形如图 6.46 所示。集成施密特门电路的 $V_{T+} = 3V$，$V_{T-} = 1.6V$，由 555 定时器组成的单稳态触发器的输出信号脉冲宽度 t_W 满足 $t_1 < t_W < t_2$ 的关系。请对应 u_I 画出电路中 B, C, D, E 各点的波形。

第 6 章 脉冲波形产生与整形电路

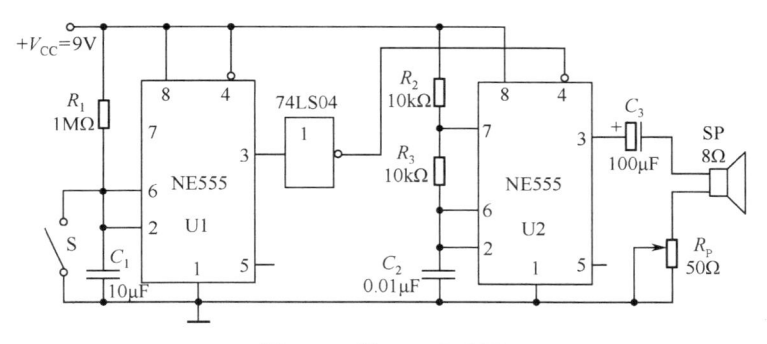

图 6.44 题 6.14 电路图

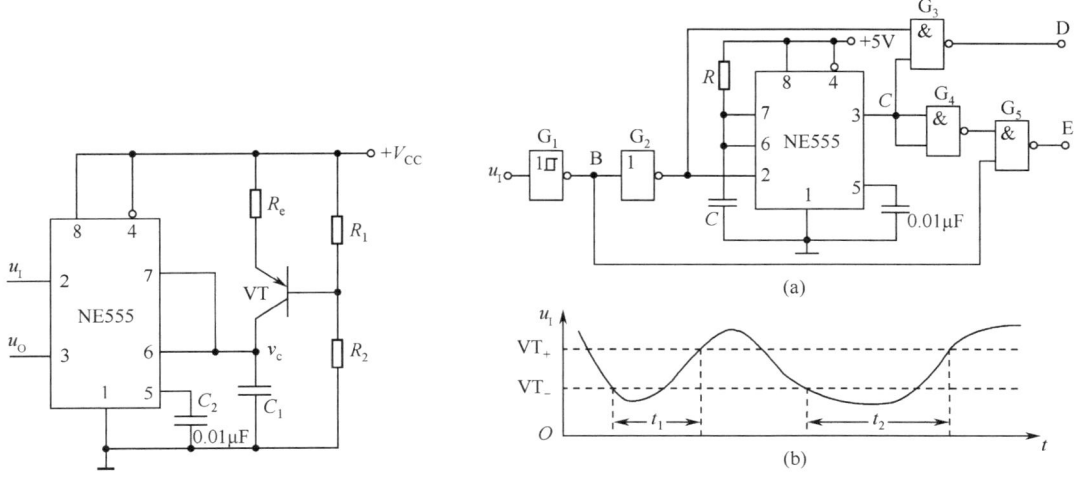

图 6.45 题 6.15 电路图

图 6.46 题 6.16 电路图及输入波形

6.17 图 6.47 所示电路为两个 555 定时器组成的频率可调而脉冲宽度不变的矩形波脉冲信号发生器。
(1) 说明电路的工作原理。
(2) 确定输出信号 u_O 的频率变化范围和脉冲宽度。
(3) 解释二极管 VD 在电路中的作用。

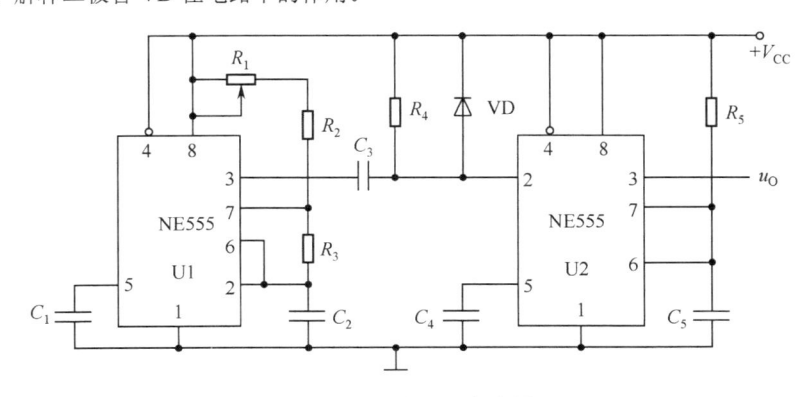

图 6.47 题 6.17 电路图

6.18 图 6.48 所示电路为基于 555 定时器的占空比可调的多谐振荡器。调节电位器 R，设滑动触头到左边的极限位置时，滑动触头左边的电阻值是 R 额定值的 5%，同理，滑动触头到右边的极限位置时，滑动触头右边的电阻值是 R 额定值的 5%。假定输出电压 u_O 的高电平与电源电压相等，输出电压 u_O 的低电平是 0V。忽略二极管 VD_1, VD_2 的导通压降及导通电阻。

(1) 简述电路工作原理。
(2) 画出电压 u_C, u_O 的波形。
(3) 计算输出信号 u_O 的频率。
(4) 计算输出信号 u_O 的占空比变化范围。

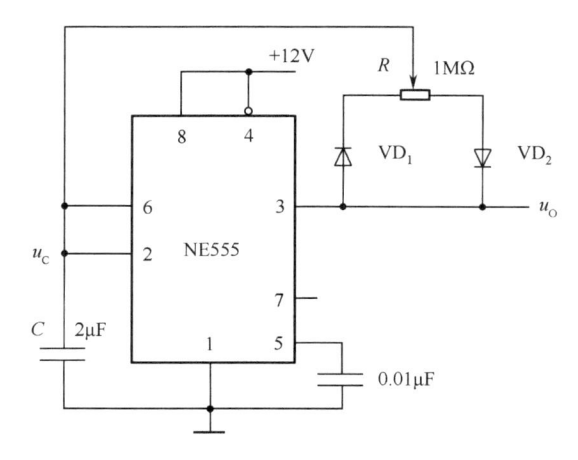

图 6.48　题 6.18 电路图

第 7 章 半导体存储器

半导体存储器几乎是现代数字系统中不可或缺的重要组成部分,它可以用来存储大量的二进制代码和数据。目前,微型计算机的内存普遍采用了大容量的半导体存储器。随着微电子技术的迅速发展,半导体存储器的容量越来越大,存取速度越来越快。

本章讨论随机存取存储器(Random Access Memory,RAM)和只读存储器(Read-Only Memory,ROM)的基本结构、工作原理、存储器容量扩展方法。

7.1 概述

半导体存储器是用来存储大量二进制代码和数据的大规模集成电路。半导体存储器以其容量大、体积小、功耗低、存取速度快、使用寿命长、可靠性高、价格低等特点,在数字设备中得到广泛应用,是计算机和数字系统中不可缺少的组成部分。下面介绍半导体存储器的分类和主要技术指标。

1. 半导体存储器的分类

(1) 根据使用功能不同,分为 RAM 和 ROM

根据使用功能不同,半导体存储器分为两大类,即只读存储器(ROM)和随机存取存储器(RAM)。两者的主要区别是,正常工作时,RAM 能读能写,ROM 只能读;断电以后,RAM 中所存数据将全部丢失,即具有易失性,而 ROM 则不同,其中存放的数据可以长久保存。

RAM 又称读写存储器。根据存储单元结构的不同,RAM 又可分为静态 RAM(Static Random Access Memory,SRAM)和动态 RAM(Dynamic Random Access Memory,DRAM)。SRAM 中的存储单元是一个触发器,有 0,1 两个稳态;DRAM 则是利用电容器存储电荷来保存数据 0 和 1 的,所以需要定时对其存储单元进行刷新,否则随着时间的推移,电容器中存储的电荷将逐渐消散,从而丢失所存数据。

根据是否允许用户对 ROM 写入数据,ROM 又可分为掩模 ROM、可编程 ROM(Programmable Read-Only Memory,PROM)。PROM 又可分为一次可编程 ROM、光可擦除可编程存储器(Erasable Programmable Read-Only Memory,EPROM)、电可擦除可编程存储器(Electrical Erasable Programmable Read-Only Memory,E^2PROM)、闪烁存储器(Flash Memory)。

RAM 一般用在需要频繁读写数据的场合,例如计算机系统中的数据缓存。ROM 常用于存放系统程序、数据表格、字符代码等不易变化的数据。E^2PROM 和 Flash Memory 则广泛用于各种存储卡中,例如公交车的 IC 卡、数码相机中的存储卡、手机存储卡、U 盘、MP3 播放器等。

(2) 按照制造工艺不同,分为双极型存储器和 MOS 存储器

双极型存储器以 TTL 触发器作为基本存储单元,具有速度快、功耗大、价格高的特点,主要用于高速应用场合,如计算机的高速缓存;而 MOS 存储器以 MOS 触发器或电荷存储器件作为基本存储单元,具有集成度高、功耗小、价格低的特点,主要用于大容量存储系统,如计算机的内存。

(3) 按照数据输入/输出方式不同，分为串行存储器和并行存储器

并行存储器中，数据输入或输出采用并行方式。串行存储器中，数据输入或输出采用串行方式。显然，并行存储器读写速度快，但数据线和地址线占用芯片的引脚数较多，并且存储容量越大，所用引脚数目越多。串行存储器的速度比并行存储器慢一些，但芯片的引脚数目少了许多。

2．半导体存储器的主要技术指标

(1) 存储容量

存储容量指半导体存储器能够存储二进制信息量的多少。由于存储器中每个存储单元可存储 1bit 二进制数据，所以存储容量就是存储单元的总量。

(2) 存取时间

一般用读（写）的周期来表示，存储器连续两次读出（写入）操作所需的最短时间间隔称为读周期（写周期）。读（写）周期越短，则存取时间越短，存储器的工作速度就越快。目前，高速 RAM 的存取时间已经达到纳秒数量级。

7.2 随机存取存储器

正常工作时，随机存取存储器（RAM）既能方便地读出所存数据，又能随时写入新的数据。RAM 的缺点是数据的易失性，即一旦掉电，所存的数据全部丢失。

7.2.1 RAM 的基本结构

RAM 通常由存储矩阵、地址译码器、读/写控制电路等几部分组成，RAM 的电路结构如图 7.1 所示。

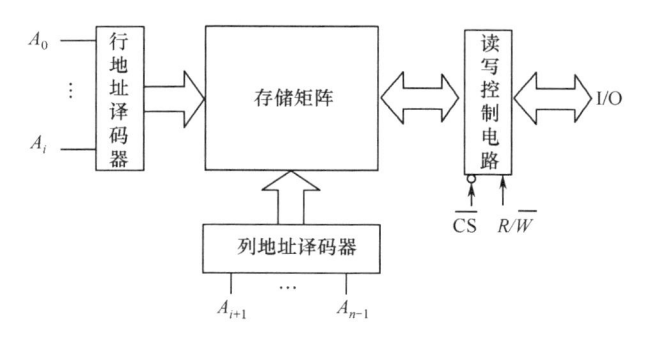

图 7.1 RAM 的电路结构示意图

1．存储矩阵

RAM 中有许多结构相同的存储单元，它们排列成矩阵形式，用来存储信息，称为**存储矩阵**。每个存储单元存储 1bit 二进制信息（0 或 1），在地址译码器和读/写控制电路的作用下，将某个存储单元中的数据读出，或者将数据写入该存储单元。

通常存储器中数据的读出或写入，是以**字**（Word）为单位进行的，每次操作是读出或写入一个字，1 个字包含有若干存储单元，每个存储单元存储 1bit 数据，每 1bit 数据被称为该字的一**位**（bit），1 个字所含有的位数称为**字长**。在工程实际中，常以字数乘以字长表示**存储容量**。为了区别不同的字，给每个字赋予一个编号，称为该字的**地址**，每个字都有唯一的地址与之对应，

并且每个字的地址反映该字在存储器中的物理位置。地址通常用二进制数或十六进制数表示。

2. 地址译码器

RAM 存储单元的选择,是通过地址译码器来实现的。存储单元的地址由行地址和列地址两部分组合而成,通过行、列地址译码器,对行地址信号、列地址信号进行译码,得到存储器的行选择信号、列选择信号,由行、列选择信号共同选择欲读/写的存储单元。

图 7.2 所示为 1024×1bit 的存储矩阵和地址译码器的结构示意图,属多字 1bit 结构,1024 个字排列成 32×32 的矩阵,存储矩阵中的每个小方块代表一个存储单元。为了存取方便,给它们编上号,行编号为 $X_0,X_1,\cdots,X_{31}$,列编号为 $Y_0,Y_1,\cdots,Y_{31}$,这样每个存储单元都有一个固定的行编号和列编号(X_i, Y_j)。

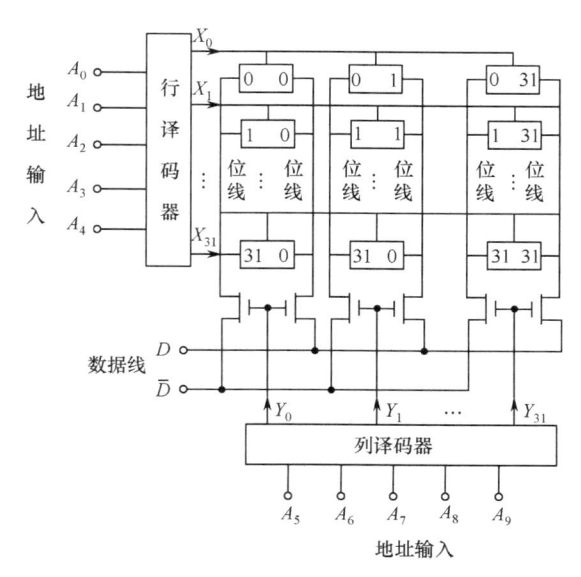

图 7.2 1024×1bit RAM 结构示意图

地址译码器的作用是将地址信号译码成有效的行选择信号和列选择信号,从而选中该存储单元。图 7.2 中,共有 10 条地址线 $A_9A_8A_7A_6A_5A_4A_3A_2A_1A_0$。行地址译码器用 5 输入 32 输出的译码器,地址输入为 $A_4A_3A_2A_1A_0$,输出为 $X_0,X_1,\cdots,X_{31}$;列地址译码器也用 5 输入 32 输出的译码器,地址输入为 $A_9A_8A_7A_6A_5$,输出为 $Y_0,Y_1,\cdots,Y_{31}$。例如,地址输入 $A_9A_8A_7A_6A_5A_4A_3A_2A_1A_0$= 0000000001 时,则行选择线 X_1 有效、列选择线 Y_0 有效,选中第 X_1 行第 Y_0 列的那个存储单元,从而对该存储单元进行数据的读出或写入。

3. 片选和读/写控制电路

(1) 片选控制

由于受 RAM 的集成度限制,一台计算机的存储器系统往往是由许多 RAM 芯片组合而成的。CPU 访问存储器时,一次只能访问 RAM 中的某一片(或几片),即存储器中只有一片(或几片)RAM 中的一个地址接受 CPU 访问,与 CPU 交换信息,而其他片 RAM 与 CPU 不发生联系,片选就是用来实现这种控制的。通常一片 RAM 有一根或几根片选线,当片选线接入有效电平时,该片 RAM 被选中,且地址译码器的输出信号控制该片 RAM 某个地址的存储单元与 CPU 接通;当片选线接入无效电平时,则该片与 CPU 之间处于断开状态。

(2) 读/写控制

访问 RAM 时,对被选中的存储单元,究竟是读还是写,通过读/写控制线 $R/\overline{W}$ 进行控制。若是读,则被选中单元存储的数据经数据线、输入/输出线传送给 CPU;若是写,则 CPU 将数据经过输入/输出线、数据线存入被选中单元。

一般 RAM 的读/写控制线高电平时为读,低电平时为写;也有的 RAM 读/写控制线是分开的,一根为读,另一根为写。

(3) 数据输入/输出端

RAM 通过数据输入/输出端与计算机的中央处理单元(CPU)交换数据,读出时它是输出端,写入时它是输入端,是双向的,是输入端抑或是输出端由读/写控制信号 $R/\overline{W}$ 决定。输入/输出端数据线的个数，与一个地址中所对应的存储单元个数相同，例如，在 1024×1bit 的 RAM 中，每个地址中只有 1 个存储单元，因此只有 1 条输入/输出线；而在 256×4bits 的 RAM 中，每个地址中有 4 个存储单元，所以有 4 条输入/输出线。RAM 的输出端一般都是集电极开路或三态输出电路结构。

（1）RAM 的输入/输出控制电路

读/写控制电路也称输入/输出控制电路，图 7.3 给出了一个简单的片选及输入/输出控制电路。

（2）当选片信号 $\overline{CS} = 1$ 时，G_5, G_4 输出为 0，三态门 G_1, G_2, G_3 均输出为高阻状态，I/O 端口与存储器内部完全隔离，存储器被禁止读/写操作。

（3）当选片信号 $\overline{CS} = 0$ 时，芯片被选通，这时在读/写控制信号 $R/\overline{W}$ 的控制下，可以实现对 RAM 存储器的读/写操作：

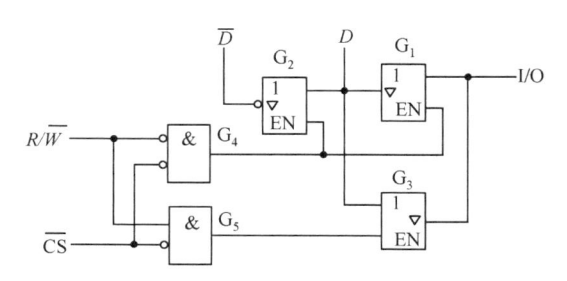

图 7.3 片选及输入/输出控制电路

当 $R/\overline{W} = 1$ 时，G_5 输出高电平，G_3 被打开，于是被选中的单元所存储的数据出现在 I/O 端口，存储器执行读操作。

当 $R/\overline{W} = 0$ 时，G_4 输出高电平，G_1, G_2 被打开，此时加在 I/O 端口的数据以互补的形式出现在内部数据线上，并被存入所选中的存储单元，存储器执行写操作。

7.2.2 RAM 的存储单元

存储单元是存储器的核心部分。按工作方式不同，RAM 可分为静态 RAM（SRAM）和动态 RAM（DRAM）；按所用元件类型又可分为双极型和 MOS 型两种。因此，RAM 的存储单元电路形式多种多样。

1. SRAM 的存储单元

SRAM 的存储单元可以采用双极型晶体管器件，也可以采用 MOS 场效应晶体管器件。CMOS 器件以其低功耗的特点，在 SRAM 中得到广泛应用。目前，大容量 SRAM 一般都采用 CMOS 器件构成存储单元。

六管 CMOS 静态存储单元的典型电路如图 7.4 所示。虚线框中的 $VT_1 \sim VT_4$ 构成一个基本 RS 锁存器，用来存储 1bit 二进制数据。VT_5, VT_6 为本存储单元的控制门，由行选择线 X_i 控制。$X_i = 1$ 时，VT_5, VT_6 导通，锁存器与位线接通；$X_i = 0$ 时，VT_5 和 VT_6 截止，锁存器与位线隔离。VT_7 和 VT_8 为某一列存储单元公用的控制门，用于控制位线与数据线的连接状态，由列选择线 Y_j 控制。显然，当行选择线和列选择线均为高电平时，$VT_5 \sim VT_8$ 都导通，锁存器的输出才与数据线接通，该存储单元才能通过数据线传送数据。因此，存储单元能够进行读/写操作的条件是，与它相连的行、列选择线均为高电平。对于 CMOS SRAM 而言，二进制数据由锁存器记忆，只要不断电，数据就能永久保存。采用六管 CMOS 存储单元的 SRAM 有 6116（2K×8bits）、6264（8K×8bits）、62256（32K×8bits）等存储器集成电路芯片。

CMOS SRAM 的静态功耗很低，而且能在降低电源电压的状况下保存数据，所以 SRAM 存储器可以在交流供电系统断电后用电池供电，以继续保持存储器中的数据不致丢失，用这种方法可弥补 SRAM 数据易失的缺点。

2. DRAM 的存储单元

六管静态 CMOS 存储单元构成的 SRAM 有两个缺点：一是不管存储单元存储的是 1 还是 0，总有一个管子导通，所以需要消耗一定的功率，这对于大容量存储器来说，因为存储单元很多，故消耗的功率相当可观；二是每个存储单元需要六个 MOS 管，不利于提高存储器的集成度，而 DRAM 较好地解决了这两个问题。

动态 MOS 存储单元存储信息的原理，是利用 MOS 管栅极电容的电荷存储效应来存储数据的。由于 DRAM 存储单元结构非常简单，所以在大容量、高集成度 RAM 中得到广泛应用。DRAM 由于漏电流的存在，栅极电容上存储的电荷不可能长久保持不变，因此，为了及时补充漏掉的电荷，避免存储信息丢失，需要定时地给栅极电容补充电荷，通常把这种操作称为**刷新**。下面介绍四管和单管动态 MOS 存储单元。

(1) 四管动态 MOS 存储单元

四管动态 MOS 存储单元电路，如图 7.5 所示。VT_1 和 VT_2 首尾交叉连接，信息（电荷）存储在电容 C_1, C_2 上。C_1, C_2 上的电压，分别控制 VT_1, VT_2 的导通或截止。当 C_1 充有电荷、C_2 没有电荷时，VT_1 导通、VT_2 截止，我们称此时存储单元为 0 状态；当 C_2 充有电荷、C_1 没有电荷时，VT_2 导通、VT_1 截止，我们称此时存储单元为 1 状态。VT_3 和 VT_4 是门控管，控制存储单元与位线的连接与否。

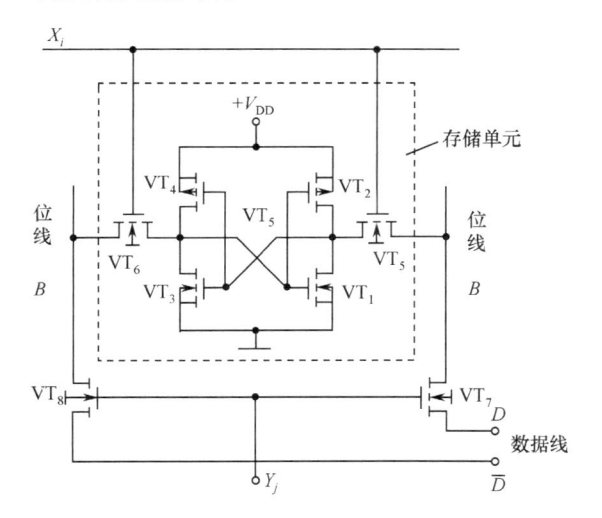

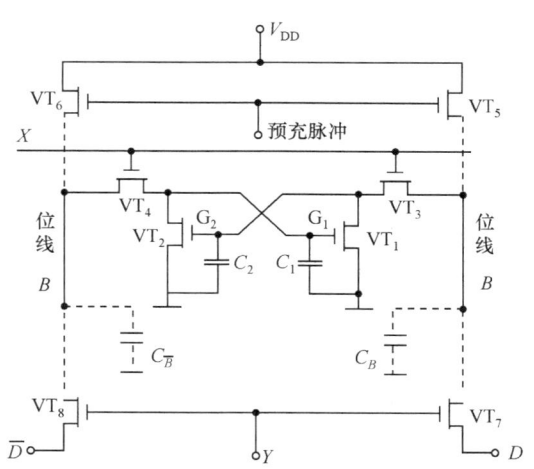

图 7.4 六管 CMOS SRAM 存储单元的电路图　　图 7.5 四管动态 MOS 存储单元的电路图

① 在读操作开始时，先在 VT_5, VT_6 管栅极上加"预充脉冲"，VT_5, VT_6 导通，位线 B 和 $\bar{B}$ 与电源 $+V_{DD}$ 接通，$+V_{DD}$ 将位线上分布电容 C_B 和 $C_{\bar{B}}$ 充电至高电平。预充脉冲消失后，VT_5, VT_6 截止，位线与电源 V_{DD} 断开，但由于位线上分布电容 C_B 和 $C_{\bar{B}}$ 的作用，可使位线上的高电平保持一段时间。

在位线保持为高电平期间，当进行读操作时，行选择线 X 变为高电平，VT_3 和 VT_4 导通，若存储单元原来为 0 态，即 VT_1 导通、VT_2 截止，G_2 点为低电平，G_1 点为高电平，此时电容 C_B 通过导通的 VT_3 和 VT_1 放电，使位线 B 变为低电平，而由于 VT_2 截止，虽然此时 VT_4 导通，位线 $\bar{B}$ 仍保持为高电平，这样就把存储单元的状态读到位线 B 和 $\bar{B}$ 上。若此时列选择线 Y 也为高电平，则 B, $\bar{B}$ 的信号将通过数据线被送至 RAM 的输出端。

位线的预充电电路起什么作用呢？在 VT_3、VT_4 导通期间，若位线没有事先进行预充电，则位线 $\bar{B}$ 的高电平只能靠 C_1 通过 VT_4 对 $C_{\bar{B}}$ 充电建立，这样 C_1 上将要损失掉一部分电荷。由于位线上连接的元件较多，$C_{\bar{B}}$ 甚至比 C_1 还要大，这就有可能在读一次后便破坏了 G_1 点的高电平，使存储的信息丢失。采用了预充电电路后，由于位线 $\bar{B}$ 的电位比 G_1 的电位还要高一些，所以在读出时，C_1 上的电荷不但不会损失，而且会通过 VT_4 对 C_1 再充电，使 C_1 上的电荷得到补充，即进行一次刷新。

② 当进行写操作时，给定的地址信号经过译码，X_i、Y_j 同时为高电平，使 VT_3、VT_4、VT_7、VT_8 管导通。输入数据从器件的 I/O 端口，通过读/写控制电路加到存储单元数据线 D、$\bar{D}$ 端，然后通过 VT_7、VT_8 传输到位线 B 和 $\bar{B}$ 上，再经过 VT_3、VT_4 管将数据写入 C_1 或 C_2。

(2) 单管动态 MOS 存储单元

目前，大容量 DRAM 的存储单元普遍采用单管结构，如图 7.6 所示。0 或 1 数据存于电容 C_1 中，VT_1 为门控管，通过控制 VT_1 的导通与截止，可以把数据从存储单元送至位线上或者将位线上的数据写入存储单元。

在写入时，位线通过 VT_1 控制电容 C_1 上的电压，二进制信息以电容电荷的形式被保存；在读出时，C_1 向 C_B 提供电荷使位线建立输出电位。例如，设原来 C_1 上的电压为 V_1，位线上电压 $V_B = 0$，则在完成读操作后，位线上的电压 $V_B = V_1 C_1 / (C_1 + C_B)$。

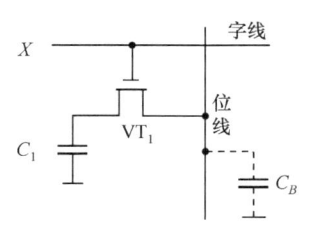

图 7.6 单管动态 MOS 存储单元

单管动态 MOS 存储单元的缺点是，进行读操作时存储元件上的电荷要损失，即读操作是破坏性的，因此，在每次读出后需要对存储单元进行一次刷新。此外，由于位线上连接元件较多，C_B 较大，而为了节省存储单元芯片面积，存储单元的电容 C_1 不能做得很大，所以杂散电容 C_B 远大于 C_1。当读出数据时，电容 C_1 上的电荷向 C_B 转移，位线上的电压 V_B 远小于读出操作前 C_1 上的电压，因此，需经读出放大器对信号放大。另一方面，由于 C_1 上的电荷减少，存储的数据被破坏，故每次读出后，必须及时对被读出单元进行刷新。

上面所讨论的两种 DRAM 存储单元各有优缺点。四管电路用的 MOS 管多，占用芯片面积大，但它不需要另加刷新电路，读出过程就是刷新过程，所以外围电路简单；单管电路简单，但需要高灵敏度的读出放大器，且每次读出后需要进行刷新，所以外围电路较复杂。

7.2.3 存储容量的扩展

在一些复杂的数字系统中，经常需要大容量的 RAM。在单个 RAM 芯片的存储容量不能满足要求时，就需要进行存储器容量的扩展。所谓存储器容量的扩展，就是将多片一定容量的存储器芯片，按照一定的电路形式连接起来，构成一个容量更大的存储器电路。

扩展存储器容量的方法，有位扩展方法和字扩展方法。

1. 位扩展方法

通常 RAM 芯片的字长为 1bit、4bits、8bits、16bits 和 32bits 等。若单个存储器芯片的字数够用而字长不够时，则采用位扩展方式。下面举例说明。

例 7.1 试用 1024×1bit 的 RAM 芯片，构成一个 1024×8bits 的 RAM 存储器电路。

解：1024×1bit 的 RAM 芯片扩展成 1024×8bits 的 RAM 存储器电路，字数够用而字长不够，故采用芯片并联的办法，实现位扩展。具体方法为：将 8 片 1024×1bit 的 RAM 芯片的所有地址线、读写控制线 $R/\overline{W}$、片选信号端 $\overline{CS}$ 分别并联，作为扩展后存储系统的地址线、读写控制线 $R/\overline{W}$、片选信号 $\overline{CS}$，而每片的 I/O 端口作为扩展后 RAM 数据 I/O 端口的一位。扩展后的存储器电路如图 7.7 所示，该存储器电路的容量为 1024×8bits。顺便提示一下，在计算机技术中，字数 1024，用 1K 表示；字数 1024K，用 1M 表示；字数 1024M，用 1G 表示；字数 1024G，用 1T 表示。

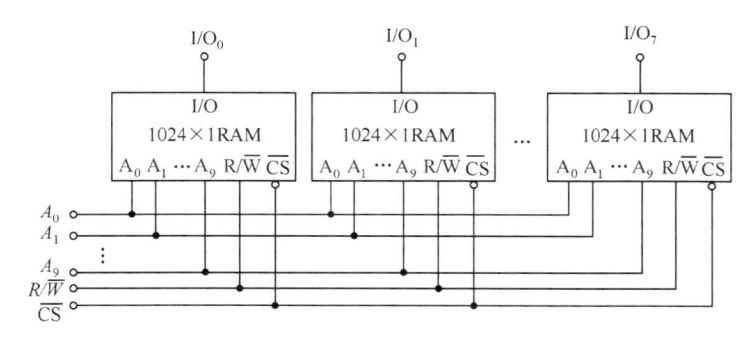

图 7.7　1024×1bit 的 RAM 芯片扩展成 1024×8bits 的 RAM 电路

2．字扩展方法

若单个 RAM 存储器芯片的字长够用而字数不够时，则采用字扩展方法，将存储器扩展成为字数满足要求的存储器电路。下面举例说明。

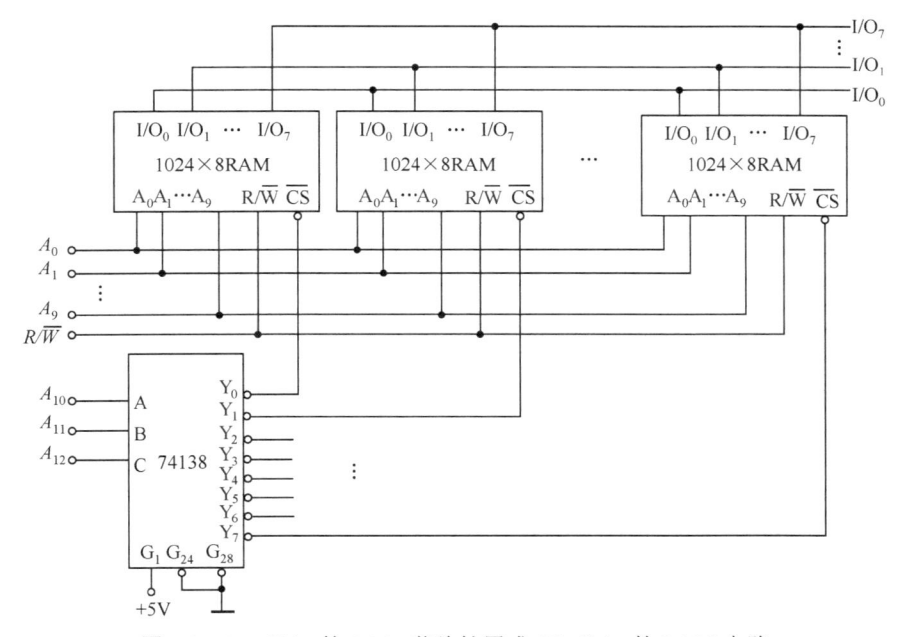

例 7.2　试用 8 块 1K×8bits 的 RAM 芯片，扩展成 8K×8bits 的 RAM 存储器电路。

解：用 8 块 1K×8bits 的 RAM 芯片扩展成 8K×8bits 的 RAM 存储器电路，如图 7.8 所示。其方法是将各片的输入/输出线、读/写控制线、地址线 $A_0 \sim A_9$ 并联起来，高位地址信号 $A_{12}A_{11}A_{10}$ 经地址译码器 74138 译码后，8 个译码输出信号分别控制 8 片 1K×8bits RAM 的片选端，从而实现字扩展。

图 7.8　1K×8bits 的 RAM 芯片扩展成 8K×8bits 的 RAM 电路

根据实际需要，我们也可以同时采用位扩展方法、字扩展方法，以便满足对 RAM 存储器电路的要求。

7.3 只读存储器

半导体只读存储器（ROM）是一种永久性数据存储器，存储的数据不会因断电而消失，即具有非易失性。正常工作时，ROM 的数据只能读出，不能写入，故称为只读存储器。与 RAM 不同，ROM 一般由专用装置写入数据，这种专用装置称为编程器，编程器有专用编程器和通用编程器两种。

7.3.1 ROM 的分类

按照数据写入方式特点不同，ROM 可分为以下几种。

(1) 掩模 ROM

这种 ROM 在制造时，厂家利用掩模技术直接把需要存储的信息写入存储器，ROM 制成后，其存储的信息也就固定不变了，用户在使用时不能更改其存储内容，因此，掩模 ROM 有时也称固定 ROM。

(2) 一次性可编程 ROM（OTP ROM）

OTP ROM 所存储的数据不是由生产厂家而是由用户按自己的需要存入的，这种存储器在出厂时，存储内容全为 1（或全为 0），用户可根据自己的需要，利用编程器将某些单元改写为 0（或 1），但只能写一次，一经写入就不能再修改了。

(3) 光可擦除可编程 ROM（EPROM）

EPROM 是一种可实现多次改写的只读存储器，它是采用浮栅技术生产的可编程器件，它的存储单元多采用 N 沟道叠层栅 MOS 管，信息的存储是通过 MOS 管浮层栅上的电荷分布来实现的，编程过程就是一个电荷注入过程。编程结束后，尽管撤除了电源，但是，由于绝缘层的包围，注入浮层栅上的电荷无法泄漏，所以电荷分布维持不变，EPROM 也就成为非易失性存储器了。

EPROM 芯片的封装外壳装有透明的石英盖板，用紫外线或 X 射线照射透明窗口 15～20min 后，EPROM 内部的电荷分布会被破坏，聚集在 MOS 管浮层栅上的电荷在紫外线照射下形成光电流而被泄漏掉，使电路恢复到初始状态，从而擦除了所有写入的信息，这样 EPROM 又可以写入新的信息。

(4) 电可擦除可编程 ROM（E^2PROM）

由于 EPROM 一般采用紫外线擦除，擦除时间一般为几十分钟，且操作过程复杂，所以研制了电擦除的可编程 ROM。E^2PROM 也是采用浮栅技术生产的可编程 ROM，但是构成其存储单元的是一种浮栅隧道氧化层 MOS 管，隧道 MOS 管也是利用浮栅是否存有电荷来存储二值数据的，不同的是隧道 MOS 管是用电擦除的，并且擦除的速度要比 EPROM 快得多，一般为毫秒数量级。

E^2PROM 的电擦除过程就是改写过程，它具有 ROM 的非易失性，又具备类似 RAM 的功能，可以随时改写，一般可重复擦写 1 万次以上。目前，大多数 E^2PROM 芯片内部都备有升压电路，所以只需提供单电源供电——工作电源，便可进行读出、擦除/写入操作，这为数字系统的设计和在线调试提供了极大方便。

(5) 闪烁存储器（Flash Memory）

Flash Memory 是从 EPROM 和 E^2PROM 发展而来的非易失性存储集成电路，其主要特点是工作速度快、单元面积小、集成度高、可靠性好，可重复擦写 10 万次以上，数据可靠保持超过 10 年。国外从 20 世纪 80 年代开始发展，到 2002 年，Flash Memory 的年销售额超过 100 亿美元，并增长迅速。目前，用于 Flash Memory 生产的技术水平已达 0.13μm，单片存储容量达几百 GB，编程时间小于 500ns。

除大容量存储器应用外，Flash Memory 也大量地替代 EPROM、E²PROM 嵌入 ASIC、MCU、DSP 等芯片电路。Flash Memory 从结构上大体上可以分为 AND、NAND、NOR 和 DINOR 等几种，现在市场上两种主要的 Flash Memory 技术是 NOR 和 NAND 结构。

实际上，E²PROM 和 Flash Memory 已经改变了 ROM 的最初含义——只读存储器，而既有读功能，又有写功能。Flash Memory 的大容量、可读写、非易失性，使之广泛应用于各种数码产品中。例如，PC 中原来的软盘，现在已经被移动存储卡所取代。

若按存储单元中所使用的器件划分，则 ROM 可分为二极管 ROM、三极管 ROM、MOS 管 ROM。

7.3.2 ROM 的基本结构

1．ROM 的电路结构

与 RAM 的电路结构类似，ROM 的电路结构如图 7.9 所示，由存储矩阵、地址译码器、输出控制电路等几部分组成。由图可见，输入的 n 位地址信号 $A_{n-1},\cdots,A_1,A_0$ 经地址译码器译码后，产生 2^n 个输出控制信号 $W_2^{n-1},\cdots,W_1,W_0$，每个控制信号对应于存储矩阵中的一根字线，利用该控制信号，可以选中存储矩阵中的指定**地址单元**，并把该地址单元中的一组数据送到输出控制电路。由前述可知，地址单元中的这一组数据称为一个字，若字长为 M，则存储容量为 $2^n \times M$ bits。输出控制电路一般包含三态缓冲器，以便与系统的数据总线连接。

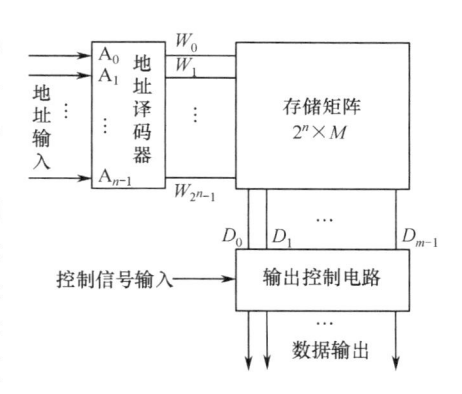

图 7.9 ROM 的电路结构示意图

2．ROM 的基本工作原理

(1) 电路组成

图 7.10 是由二极管与门、二极管或门构成的最简单的只读存储器，输入地址信号是 A_1A_0，输出数据线是 $D_3D_2D_1D_0$，每条数据线又称位线。地址译码器的输出 $W_3 \sim W_0$ 为 4 条字选择线，用以在 4 个字中实现 4 选 1。输出缓冲级使用的是三态门，$\overline{EN}$ 为三态门的控制端。三态门有两个作用：一是提高存储器的带负载能力；二是实现对数据输出端的三态控制，用以实现 ROM 电路与系统数据总线的连接。

图 7.10 中二极管门电路都排成了矩阵形式，与门阵列中有 4 个与门构成译码器，其电路结构如图 7.11(a)所示；或门阵列中有 4 个或门构成存储单元，其结构如图 7.11(b)所示。字线与位线交叉处相当于一个存储单元，此处若有二极管存在，则表示存储的数据为 1，没有二极管存在，则表示存储的数据为 0，该 ROM 电路的存储容量为 $2^2 \times 4$ bits = 16 bits。

(2) 输出信号逻辑表达式

二极管与门阵列输出表达式为

$W_0 = \overline{A_1}\,\overline{A_0}$，$W_1 = \overline{A_1}A_0$，$W_2 = A_1\overline{A_0}$，$W_3 = A_1A_0$

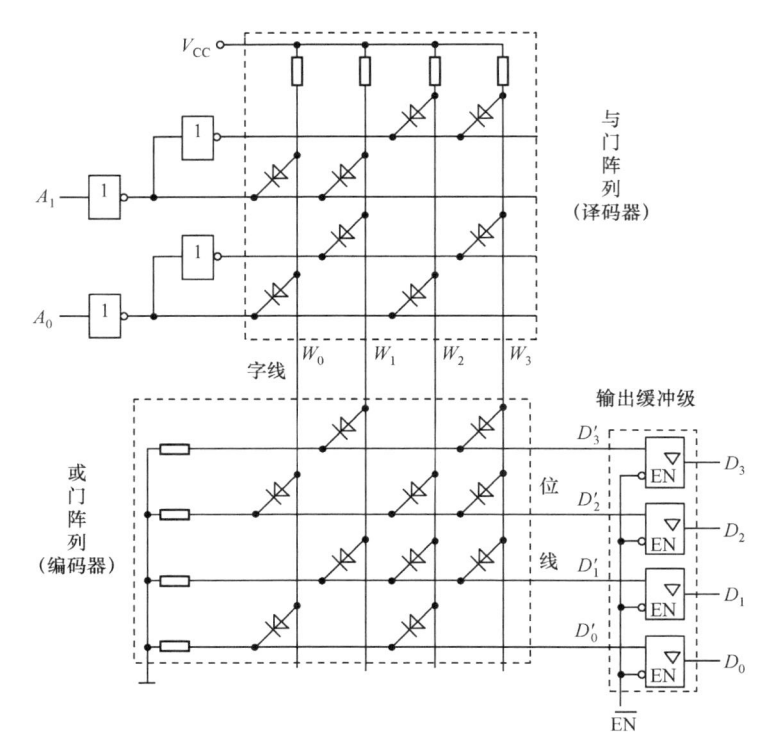

图 7.10 二极管 ROM 电路

二极管或门阵列输出表达式为

$$D_0 = W_0 + W_2, \quad D_1 = W_1 + W_2 + W_3, \quad D_2 = W_0 + W_2 + W_3, \quad D_3 = W_1 + W_3$$

根据以上各表达式，可列出该存储器 4 个地址单元所存储的二值数据，如表 7.1 所示。

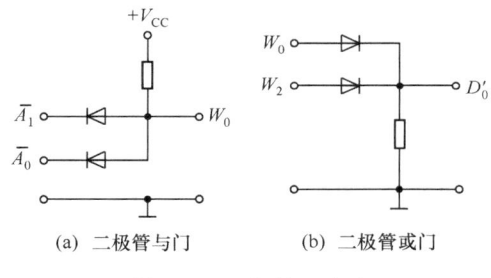

(a) 二极管与门　　(b) 二极管或门

图 7.11 二极管门电路

表 7.1 二极管 ROM 中存储的数据

地	址	数		据	
A_1	A_0	D_3	D_2	D_1	D_0
0	0	0	1	0	1
0	1	1	0	1	0
1	0	0	1	1	1
1	1	1	1	1	0

(3) 电路结构说明

存储单元除用二极管构成外，也可用双极型三极管或 MOS 管构成，其工作原理与二极管 ROM 类似。

7.3.3　存储器 AT27C040 芯片介绍

下面通过介绍实际的存储器芯片 AT27C040[①]，了解 ROM 的具体情况。该芯片是美国 Atmel 公司生产的 512K×8bits 的 OTP（一次可编程）EPROM。在读工作方式下，采用 5V 电源，读出时间最短为 45ns，静态时工作电流小于 10μA。

---

① AT27C040 集成电路芯片资料，根据元器件规格书网站（www.datasheetschina.com）上所提供的 Data Sheet，谨此致谢。

1．引脚图

一次可编程型存储器 AT27C040 芯片的引脚图，如图 7.12(a)所示，采用双列直插式封装，封装名称为 DIP-32。AT27C040 芯片共有 32 个引脚，各引脚功能描述如表 7.2 所示。

2．芯片内部结构框图

AT27C040 芯片内部，由地址译码器、存储阵列、输出缓冲器、控制逻辑电路等组成，其内部结构框图如图 7.12(b)所示。

(a) 引脚图　　　　　　　(b) 内部结构框图

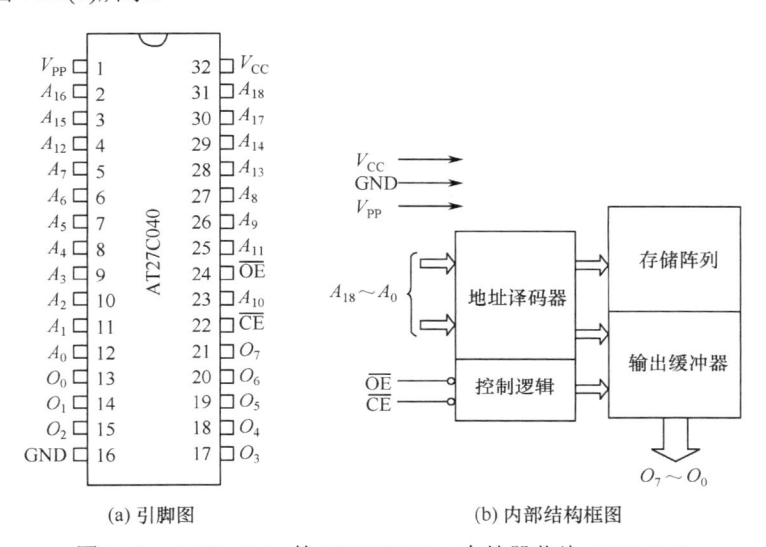

图 7.12　512K×8bits 的 OTP EPROM 存储器芯片 AT27C040

表 7.2　AT27C040 的引脚功能描述

引脚名称	功能描述
$A_0 \sim A_{18}$	地址信号，输入
$O_0 \sim O_7$	数据输出信号
$\overline{OE}$	输出使能控制信号，输入
$\overline{CE}$	芯片选择控制信号，输入
V_{CC}	读操作时的工作电压，+5V
V_{PP}	数据写时的编程电压，+13V
GND	公共地

3．工作模式

AT27C040 芯片的常用工作模式有 5 种，如表 7.3 所示。

表 7.3　AT27C040 的工作模式

工作模式	$\overline{CE}$	$\overline{OE}$	$A_0 \sim A_{18}$	V_{PP}	$O_0 \sim O_7$
读	0	0	A_i	×	数据输出
输出无效	×	1	×	×	高阻
等待	1	×	×	×	高阻
快速编程	0	1	A_i	V_{PP}	数据输入
编程校验	×	0	A_i	V_{PP}	数据输出

4. 读出操作过程及时序图

为了保证存储器准确无误地工作，加到存储器的地址信号、控制信号必须满足一定的时序要求。AT27C040 芯片的读时序要求如图 7.13 所示。读出操作过程如下：

(1) 欲读取单元的地址信号，加到存储器的地址输入端。

(2) 加入片选信号 $\overline{CE}$ 的有效电平，低电平。

(3) 加入输出使能信号 $\overline{OE}$ 的有效电平，低电平。经过一定延时后，有效数据出现在数据线上。

(4) 让片选信号 $\overline{CE}$ 或者输出使能信号 $\overline{OE}$ 无效，经过一定延时后，数据线呈高阻态，本次读出操作结束。

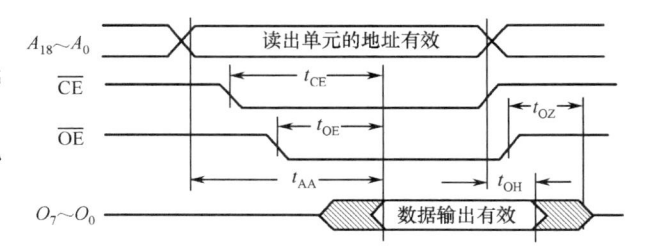

图 7.13 AT27C040 的读出操作时序图

由于地址译码器和输出缓冲器电路存在延时，从地址信号加到存储器上到 $\overline{CE} = \overline{OE} = 0$，必须等待一段时间 t_{AA}（地址存取时间），数据才能稳定地传输到数据输出端。若在存储器的地址输入端已经有稳定的地址信号，以及输出使能信号 $\overline{OE}$ 有效的条件下，则加入片选信号 $\overline{CE}$ 有效低电平，从片选信号有效到数据稳定输出，这段时间间隔记为 t_{CE}（片选存取时间）。同样，在存储器的地址输入端已有稳定的地址信号，以及片选信号 $\overline{CE}$ 有效的条件下，加入输出使能信号 $\overline{OE}$ 有效低电平，从 $\overline{OE}$ 信号有效到数据稳定输出，这段时间间隔记为 t_{OE}（输出使能时间）。

显然，在进行读操作时，只有在地址信号、$\overline{CE}$、$\overline{OE}$ 均有效，且延时均满足 t_{AA}, t_{CE}, t_{OE} 以后，被读单元的内容才能稳定地出现在数据线上。而在地址信号失效后，数据输出端上的数据保持 t_{OH} 以后才失效。$\overline{CE}$ 或 $\overline{OE}$ 失效以后，经延时 t_{OZ} 后数据线呈高阻态。

OTP EPROM 存储器芯片 AT27C040 的延时，典型值为 $t_{AAmax} = 70ns$, $t_{CEmax} = 70ns$, $t_{OEmax} = 30ns$, $t_{OZmax} = 20ns$, $t_{OHmin} = 0ns$。

因为 EPROM 的数据写入由专用编程器或通用编程器完成，一般无须用户直接对其引脚进行操作，所以此处不再介绍 AT27C040 的数据写入时序，读者可以参阅 Atmel 公司的产品数据手册。

7.3.4 ROM 应用举例

ROM 一般用于存储固定的专用程序。从 ROM 的电路结构示意图可知，其基本部分是与门阵列、或门阵列，与门阵列可实现对输入变量的译码，产生变量的全部最小项，或门阵列完成有关最小项的或运算，因此，从理论上讲，利用 ROM 可以实现任何组合逻辑函数，特别是多输入、多输出的逻辑函数。设计实现时，只需要列出真值表，把逻辑变量输入视为地址输入信号，函数输出视为存储内容，将内容按地址写入 ROM 即可。下面举例说明 ROM 的这种简单应用。

用 ROM 实现二进制码与格雷码相互转换的功能，电路如图 7.14 所示。该电路使用了 ROM 的 5 根地址线、4 根数据线。连接地址线最高位的输入信号 C 作为转换方向控制位，待转换的代码由 $I_3I_2I_1I_0$ 输入，转换后代码从 $O_3O_2O_1O_0$ 输出。

当 $C = 0$ 时，实现二进制码到格雷码的转换；而当 $C = 1$ 时，实现格雷码到二进制码的转换。ROM 中的内容如表 7.4 所示。该 ROM 的存储容量至少为 $2^5 \times 4bits$。

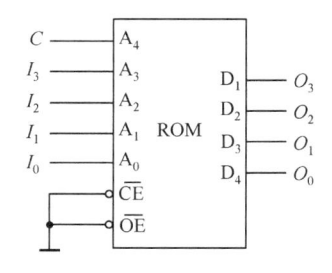

图 7.14 用 ROM 实现二进制码与格雷码相互转换的电路

表 7.4 ROM 中的内容

$C(A_4)$	$I_3I_2I_1I_0(A_3A_2A_1A_0)$ 二进制码	$O_3O_2O_1O_0(D_3D_2D_1D_0)$ 格雷码	$C(A_4)$	$I_3I_2I_1I_0(A_3A_2A_1A_0)$ 格雷码	$O_3O_2O_1O_0(D_3D_2D_1D_0)$ 二进制码
0	0000	0000	1	0000	0000
0	0001	0001	1	0001	0001
0	0010	0011	1	0010	0011
0	0011	0010	1	0011	0010
0	0100	0110	1	0100	0111
0	0101	0111	1	0101	0110
0	0110	0101	1	0110	0100
0	0111	0100	1	0111	0101
0	1000	1100	1	1000	1111
0	1001	1101	1	1001	1110
0	1010	1111	1	1010	1100
0	1011	1110	1	1011	1101
0	1100	1010	1	1100	1000
0	1101	1011	1	1101	1001
0	1110	1001	1	1110	1011
0	1111	1000	1	1111	1010

7.3.5 存储容量的扩展

在单个 ROM 芯片的存储容量不能满足要求时，就需要进行存储器容量的扩展。所谓存储器容量的扩展，就是将多片一定容量的存储器芯片，按照一定的电路形式连接起来，构成一个容量更大的存储器电路。与 RAM 存储器容量扩展方法类似，ROM 芯片的存储容量有位扩展方式和字扩展方式。

1．位扩展方式

通常 ROM 芯片的字长为 8bits。在实际应用中，如需要更多位数时，可采用位扩展的方式。图 7.15 所示是将两片存储容量为 8K×8bits 的 EPROM 2764 扩展成 8K×16bits 的 EPROM 电路图。

在图 7.15 中，将两片 EPROM 2764 的地址线、控制线分别接在一起，而数据输出线，一片作为高 8 位 $D_{15}\sim D_8$，另一片作为低 8 位 $D_7\sim D_0$，从而构成 8K×16bits 的 EPROM 电路。

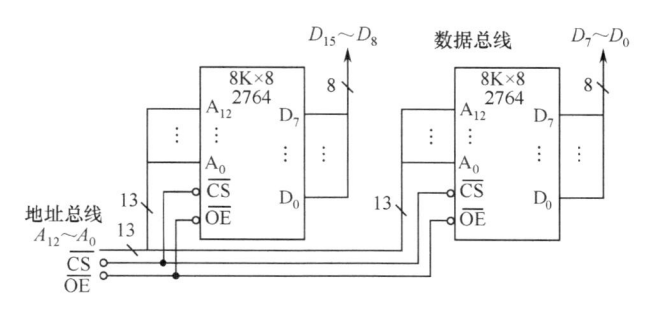

图 7.15 用两片 2764 扩展成 8K×16bits 的 EPROM 电路图

2．字扩展方式

若单个 ROM 存储器芯片的字长够用而字数不够时，则采用字扩展方式，将存储器扩展成为字数满足要求的存储器电路。图 7.16 所示是用 8 片存储容量为 8K×8bits 的 EPROM 2764 扩展成 64K×8bits 的 EPROM 电路图。

由图 7.16 可见，把各个 EPROM 2764 芯片的数据线、输入地址线、输出使能控制线 $\overline{OE}$ 都对应地并接在一起，地址信号 $A_{12}\sim A_0$ 接到各 EPROM 2764 芯片的地址输入端，并且用一片 3 线-8

线的地址译码器 74138 产生存储器 EPROM 2764 的片选信号,高位地址 A_{15}, A_{14}, A_{13} 作为 74138 的地址输入信号,经译码后产生的 8 个输出低电平有效信号 $Y_7 \sim Y_0$,分别接到 8 个存储器 EPROM 2764 芯片的 $\overline{CS}$ 端,作为片选信号,即可组成 64K×8bits 的 EPROM 电路。

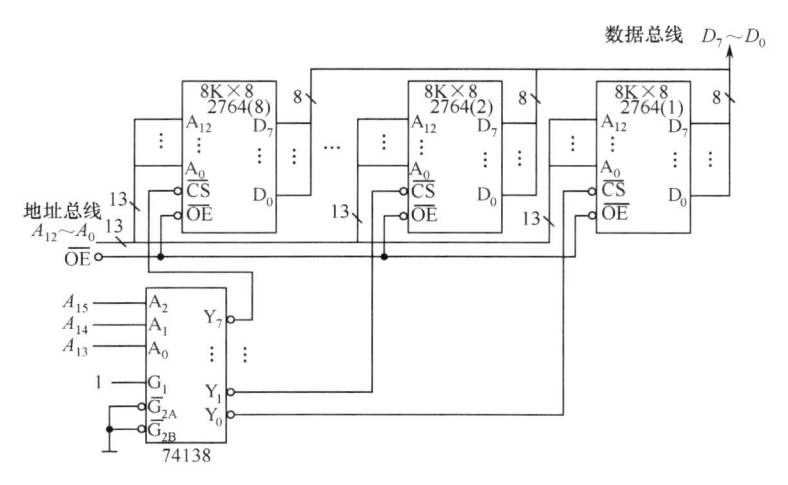

图 7.16 用 8 片 2764 扩展成 64K×8bits 的 EPROM

※7.4 Proteus 电路仿真例题

【Proteus 例 7.1】试用 RS 触发器和门电路组成 1×1bit RAM,然后用子电路形式组成 1×4bits RAM,再扩展成 4×4bits RAM,最后进行存取实验。

1. 创建电路

(1) 用 RS 触发器和门电路组成 1×1bit RAM 电路,并生成相应的子电路模块,如图 7.17 所示。

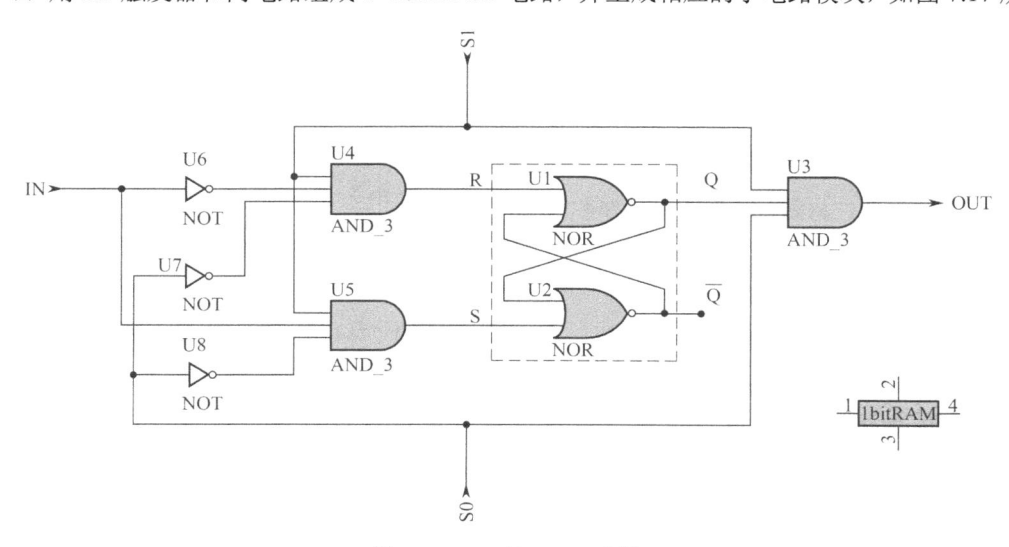

图 7.17 1×1bit RAM 电路

(2) 由 1×1bit RAM 扩展成 1×4bits 的 RAM 子电路模块,如图 7.18 所示。

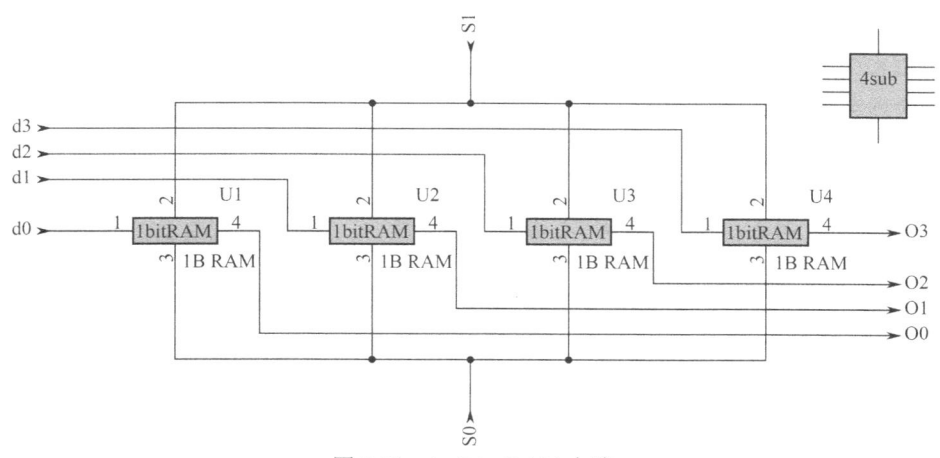

图 7.18 1×4bits RAM 电路

(3) 由 1×4bits RAM 扩展成 4×4bits RAM 电路，如图 7.19 所示。

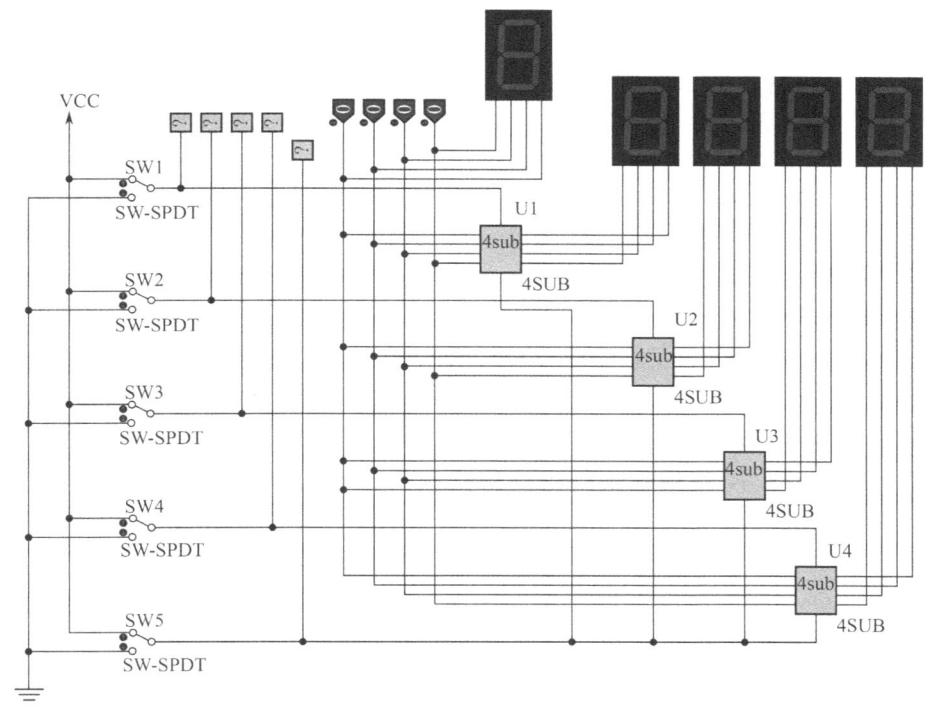

图 7.19 4×4bits 的 RAM 电路

2．仿真设置

(1) 加入逻辑开关（Logic Toggle）、逻辑探针（Logic Probe）。

(2) 单击仿真工具栏上的运行仿真（play）按钮，实现对该电路的仿真，仿真结果显示在数码管上，如图 7.20 所示。

3．结果分析

分析仿真测试结果可知，电路中地址选择由逻辑电平开关 A，B，C，D 进行选择，读/写控制由逻辑电平开关 R/$\overline{W}$ 设置；存入 RAM 的数据由逻辑电平开关 S1～S4 给定，并由 LED0 显示；

读出数据由 LED1～LED4 分别显示。R/$\overline{\text{W}}$ 为 0 时，分别由 A, B, C, D 选择写入的地址，逐字写入数据，如 8, 2, 5, 9；读出时，将 R/$\overline{\text{W}}$ 设置为 1，再由 A, B, C, D 选择读出的地址，就可以逐字将写入的数据字读出。

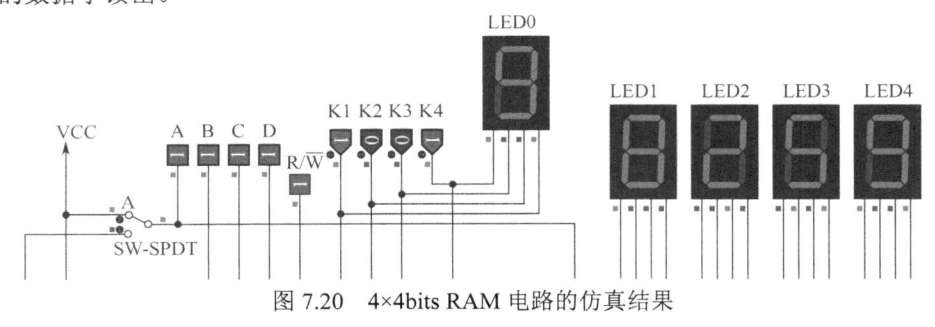

图 7.20 4×4bits RAM 电路的仿真结果

本 章 小 结

1. 半导体存储器是现代数字系统，特别是计算机和计算机应用系统中存储信息的重要部件，它可分为随机存取存储器（RAM）和只读存储器（ROM）两大类，是用 MOS 工艺制成的大规模数字集成电路。
2. RAM 是一种时序逻辑电路，具有记忆功能。它存储的数据随电源断电而丢失，所以是一种易失性的读写存储器。它包含有 SRAM 和 DRAM 两种类型，前者用触发器记忆数据，后者靠 MOS 管栅极电容以电荷形式存储数据。因此，在不停电的情况下，SRAM 的数据可以长久保持，而 DRAM 则必须定期刷新。
3. ROM 是一种非易失性的存储器，它存储的是固定数据，工作时一般只能被读出。根据数据写入方式的不同，ROM 可分为掩模 ROM 和可编程 ROM。可编程 ROM 又可细分为 OTP PROM、EPROM、E^2PROM、Flash Memory 等，特别是 E^2PROM 和 Flash Memory 能够进行电擦写，已经兼有了 RAM 的特性。
4. 从逻辑电路构成的角度看，ROM 是由与门阵列、或门阵列构成的组合逻辑电路。ROM 的输出是输入最小项的组合，所以采用 ROM 可方便地实现各种逻辑函数，当外加触发器后，ROM 电路还可以实现时序逻辑电路。随着大规模集成电路成本的不断下降，利用 ROM 构成各种组合电路、时序电路，愈来愈具有吸引力。只读存储器 ROM 中的内容，一般通过专用编程器或通用编程器写入，但 E^2PROM 和 Flash Memory 可以在只提供一种工作电源（一般是 5V）的情况下，在应用系统中对其进行编程。
5. 存储容量是表征存储器存储信息多少的重要指标，存储容量＝字数×位数。在实际应用中，当一片存储器的存储容量不够时，可以同时采用位扩展方法和字扩展方法，将多片存储器组合起来，构成一个更大存储容量的存储器电路。

思考题和习题 7

7.1 某存储器具有 6 根地址线和 8 根双向数据线，问该存储器的存储容量是多少？

第 7 章 半导体存储器

7.2 指出下列存储系统各有多少个存储单元，至少需要几根地址线和数据线。
(1) 64K×1bit　　(2) 256K×4bits　　(3) 1M×2bits　　(4) 128K×8bits

7.3 设某 RAM 芯片的字数为 n，位数为 d，扩展后的字数为 N，位数为 D，求所需的 RAM 芯片数 X 的公式。

7.4 采用具有片选 $\overline{CE}$、输出使能 $\overline{OE}$、读写控制 $R/\overline{W}$、存储容量为 256×4bits 的 RAM 芯片，用复合扩展的方法，设计一个 1024×8bits 的存储器系统。
(1) 画出连线图，并给出适当的设计说明。
(2) 当 $R/\overline{W}=1$ 且地址为 0011001100 时，指出存储器系统中哪几个 RAM 芯片被选中？

7.5 有一个存储容量为 254×4bits 的 RAM 芯片，试问：
(1) 该 RAM 芯片有多少个存储单元？
(2) 该 RAM 芯片每次访问几个存储单元？
(3) 该 RAM 芯片有多少根地址线？

7.6 用 ROM 实现下列电路功能时，试确定所需要的 ROM 存储容量。
(1) 实现两个 3bits 二进制数相乘的乘法器。
(2) 将 8bits 二进制数转换成十进制数的转换电路（十进制数用 BCD 码表示）。

7.7 采用具有片选 $\overline{CE}$、输出使能 $\overline{OE}$、存储容量为 32×4bits 的 ROM 芯片，设计一个余 3 码与 8421BCD 码相互转换的电路。
(1) 画出电路连线图，并给出适当的设计说明。
(2) 用表格的形式，表示 ROM 存储单元中的内容。

7.8 用 16×4bits 的 EPROM 实现下列逻辑函数，画出电路连线图。
(1) $Y_1 = ABC + \overline{A}(B+C)$
(2) $Y_2 = A\overline{B} + \overline{A}B$
(3) $Y_3 = \overline{AB}CD + \overline{AB}CD + \overline{A}B\overline{C}D + A\overline{BC}D + AB\overline{C}\overline{D} + ABCD$
(4) $Y_4 = ABC + ABD + ACD + BCD$

7.9 利用 16×4bits 的 ROM 构成的任意波形发生器，如图 7.21 所示，改变 ROM 中的内容，即可改变输出波形。当 ROM 中的内容如表 7.5 所示时，试画出输出端电压 u_O 随 CP 变化的波形。

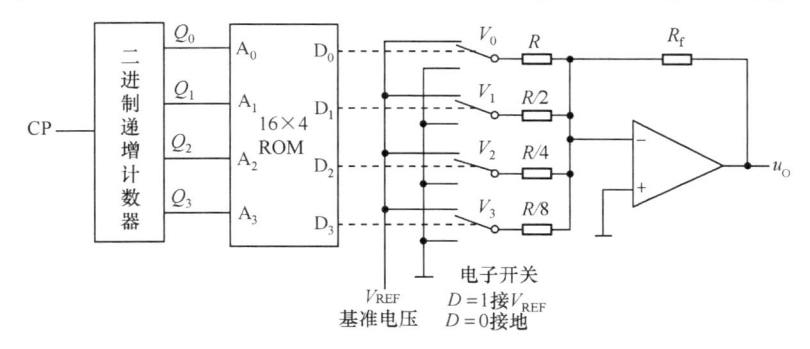

图 7.21　用 16×4bits ROM 构成的任意波形发生器

表 7.5　16×4bits ROM 中的内容

地址				数据			
A_3	A_2	A_1	A_0	D_3	D_2	D_1	D_0
0	0	0	0	0	1	0	0
0	0	0	1	0	1	0	1
0	0	1	0	0	1	1	0

（续表）

地 址				数 据			
A_3	A_2	A_1	A_0	D_3	D_2	D_1	D_0
0	0	1	1	0	1	1	1
0	1	0	0	1	0	0	0
0	1	0	1	0	1	1	1
0	1	1	0	0	1	1	0
0	1	1	1	0	1	0	1
1	0	0	0	0	1	0	0
1	0	0	1	0	0	1	1
1	0	1	0	0	0	1	0
1	0	1	1	0	0	0	1
1	1	0	0	0	0	0	0
1	1	0	1	0	0	0	1
1	1	1	0	0	0	1	0
1	1	1	1	0	0	1	1

7.10 设计一个用 EPROM 实现的数值比较器，比较两个 2bits 二进制数 A_1A_0 和 B_1B_0 的大小。

(1) 当 $A_1A_0 < B_1B_0$ 时，L_1（$A<B$）=1。

(2) 当 $A_1A_0 = B_1B_0$ 时，L_2（$A=B$）=1。

(3) 当 $A_1A_0 > B_1B_0$ 时，L_3（$A>B$）=1。

第8章 数模和模数转换器

将模拟信号转换成数字信号的电路,称为模数转换器(简称 A/D 转换器);将数字信号转换成模拟信号的电路,称为数模转换器(简称 D/A 转换器)。A/D 转换器和 D/A 转换器已经成为计算机系统中不可缺少的接口电路。本章介绍几种常用 A/D 与 D/A 转换器的电路结构、工作原理及其应用。

8.1 D/A 转换器

随着数字技术,特别是计算机技术的飞速发展与普及,在现代控制、通信及检测领域中,对信号的处理广泛采用了数字计算机技术。由于系统的实际处理对象往往都是一些模拟量(如温度、压力、位移、图像等),要使计算机或数字仪表能识别和处理这些信号,必须首先将这些模拟信号转换成数字信号;而经计算机分析、处理后输出的数字量往往也需要将其转换成相应的模拟信号才能为执行机构所接收。这样,就需要一种能在模拟信号与数字信号之间起桥梁作用的电路——模数转换电路和数模转换电路。一般而言,D/A 转换器比 A/D 转换器简单,所以我们先介绍 D/A 转换器。

8.1.1 D/A 转换器的基本工作原理

数字量是用代码按数位组合起来表示的,对于有权码,每位代码都有一定的权。为了将数字量转换成模拟量,必须将每一位的代码按其权的大小转换成相应的模拟量,然后将这些模拟量相加,即可得到与数字量成正比的总模拟量,从而实现了数字–模拟转换,这就是构成 D/A 转换器的基本思路。

图 8.1 所示是 D/A 转换器的输入、输出关系框图,$D_0 \sim D_{n-1}$ 是输入的 n bits 二进制数,v_O 是与输入二进制数成比例的输出电压。

图 8.2 所示是一个输入为 3bits 二进制数时 D/A 转换器的转换特性,它具体而形象地反映了 D/A 转换器的基本功能。

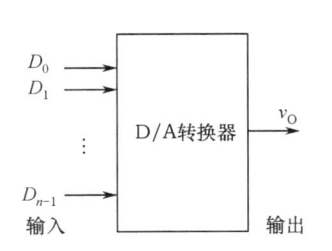

图 8.1 D/A 转换器的输入、输出关系框图 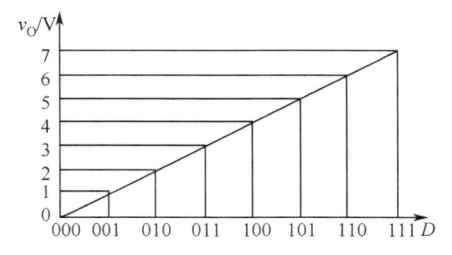　　图 8.2 3bits D/A 转换器的转换特性

8.1.2 倒 T 形电阻网络 D/A 转换器

在单片集成 D/A 转换器中,使用得最多的是倒 T 形电阻网络 D/A 转换器。4bits 倒 T 形电阻网络 D/A 转换器如图 8.3 所示。$S_0 \sim S_3$ 为模拟开关,R-$2R$ 电阻解码网络呈倒 T 形,运算放大器

A 构成求和电路。S_i 由输入数码 D_i 控制,当 $D_i = 1$ 时,S_i 接运放反相输入端("虚地"),I_i 流入求和电路;当 $D_i = 0$ 时,S_i 将电阻 $2R$ 接地。

无论模拟开关 S_i 处于何种位置,与 S_i 相连的 $2R$ 电阻均等效接"地"(或"虚地")。这样,流经 $2R$ 电阻的电流与开关位置无关,分别为 $I/2, I/4, I/8$ 和 $I/16$。

分析 $R-2R$ 电阻解码网络不难发现,从每个接点向左看的二端网络等效电阻均为 R,流入每个 $2R$ 电阻的电流从高位到低位按 2 的整倍数递减。设由基准电压源提供的总电流为 $I(I = V_{REF}/R)$,则流过各开关支路(从右到左)的电流分别为 $I/2, I/4, I/8$ 和 $I/16$。

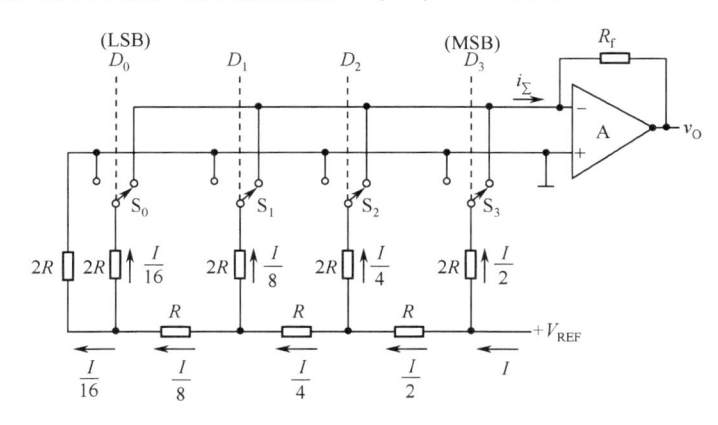

图 8.3 倒 T 形电阻网络 D/A 转换器

于是可得总电流为

$$i_\Sigma = \frac{V_{REF}}{R}\left(\frac{D_0}{2^4} + \frac{D_1}{2^3} + \frac{D_2}{2^2} + \frac{D_3}{2^1}\right) = \frac{V_{REF}}{2^4 \times R}\sum_{i=0}^{3}(D_i \cdot 2^i) \tag{8.1}$$

输出电压为

$$v_O = -i_\Sigma R_f = -\frac{R_f}{R} \cdot \frac{V_{REF}}{2^4}\sum_{i=0}^{3}(D_i \cdot 2^i) \tag{8.2}$$

当输入数字量是 n bits 二进制数时,输出模拟电压与输入数字量之间的关系为

$$v_O = -\frac{R_f}{R} \cdot \frac{V_{REF}}{2^n}\left[\sum_{i=0}^{n-1}(D_i \cdot 2^i)\right] \tag{8.3}$$

设 $K = \frac{R_f}{R} \cdot \frac{V_{REF}}{2^n}$,$N_B$ 表示括号中的 n bits 二进制数,则有

$$v_O = -KN_B$$

要使 D/A 转换器具有较高的精度,对电路中的元件参数有以下要求。
(1) 基准电压稳定性好。
(2) 倒 T 形电阻网络中 R 和 $2R$ 电阻的比值精度要高。
(3) 每个模拟开关的开关电压降要相等。为实现电流从高位到低位按 2 的整倍数递减,模拟开关的导通电阻也相应地按 2 的整倍数递增。

由于在倒 T 形电阻网络 D/A 转换器中,各支路电流直接流入运算放大器的输入端,它们之间不存在传输上的时间差,电路的这一特点不仅提高了转换速度,而且减少了动态过程中输出端可能出现的尖脉冲,它是目前广泛使用的 D/A 转换器中速度较快的一种。常用的 CMOS 开关倒 T 形电阻网络 D/A 转换器的集成电路芯片有 AD7520(10bit)、DAC1210(12bits)和 AK7546(16bits 高精度)等。

8.1.3 权电流型 D/A 转换器

尽管倒 T 形电阻网络 D/A 转换器具有较高的转换速度，但由于电路中存在模拟开关电压降，当流过各支路的电流稍有变化时，就会产生转换误差。为进一步提高 D/A 转换器的转换精度，可采用权电流型 D/A 转换器。

1．原理电路

如图 8.4 所示，恒流源从高位到低位电流的大小依次为 $I/2, I/4, I/8, I/16$。

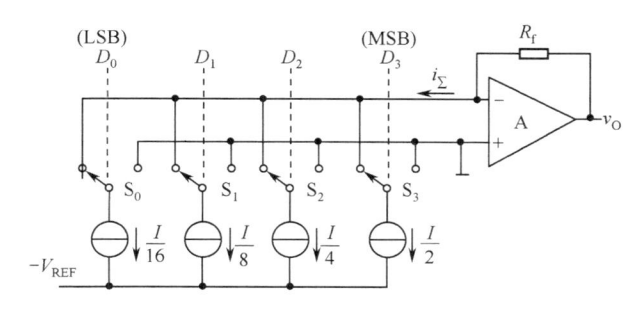

图 8.4 权电流型 D/A 转换器的原理电路

当输入数字量的某一位代码 $D_i = 1$ 时，开关 S_i 接运算放大器的反相输入端，相应的权电流流出求和电路；当 $D_i = 0$ 时，开关 S_i 接地。分析该电路可得出

$$
\begin{aligned}
v_O &= i_\Sigma R_f \\
&= R_f \left(\frac{I}{2} D_3 + \frac{I}{4} D_2 + \frac{I}{8} D_1 + \frac{I}{16} D_0 \right) \\
&= \frac{I}{2^4} \cdot R_f \left(D_3 \cdot 2^3 + D_2 \cdot 2^2 + D_1 \cdot 2^1 + D_0 \cdot 2^0 \right) \\
&= \frac{I}{2^4} \cdot R_f \sum_{i=0}^{3} D_i \cdot 2^i
\end{aligned}
\tag{8.4}
$$

采用了恒流源电路之后，各支路权电流的大小均不受开关导通电阻和压降的影响，这就降低了对开关电路的要求，提高了转换精度。

2．实际电路

如图 8.5 所示，为了消除因各双极型晶体管 BJT 发射极电压 V_{BE} 的不一致性对 D/A 转换器精度的影响，$VT_3 \sim VT_0$ 均采用了多发射极晶体管，其发射极个数分别是 8, 4, 2, 1，所以 $VT_3 \sim VT_0$ 发射结面积之比为 8:4:2:1。这样，在各 BJT 电流比值为 8:4:2:1 的情况下，$VT_3 \sim VT_0$ 的发射极电流密度相等，可使各发射结电压 V_{BE} 相同。由于 $VT_3 \sim VT_0$ 的基极电压相同，所以它们的发射极 e_3, e_2, e_1, e_0 就为等电位点。在计算各支路电流时将它们等效连接后，可看出倒 T 形电阻网络与图 8.5 中的工作状态完全相同，流入每个 2R 电阻的电流从高位到低位依次减少 1/2 倍，各支路中电流分配比例满足 8:4:2:1 的要求。

基准电流 I_{REF} 产生电路由运算放大器 A_2, R_1, VT_r, R 和 $-V_{EE}$ 组成，A_2 和 R_1, VT_r 的 cb 结组成电压并联负反馈电路，以稳定输出电压（即 VT_r 的基极电压）。VT_r 的 cb 结，电阻 R 到 $-V_{EE}$ 为反馈电路的负载，由于电路处于深度负反馈，根据虚短的原理，基准电流为 $I_{REF} = \dfrac{V_{REF}}{R_1} = 2I_{E3}$。

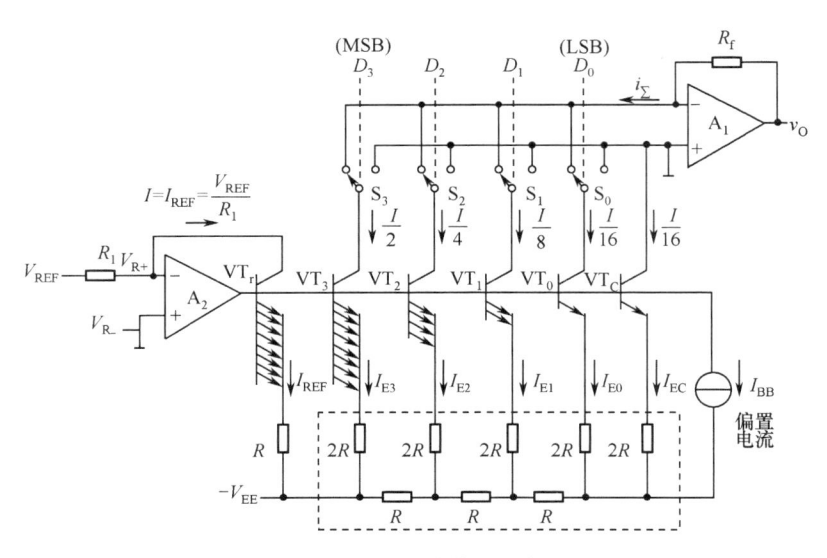

图 8.5 权电流 D/A 转换器的实际电路

由倒 T 形电阻网络分析可知，$I_{E3} = I/2$，$I_{E2} = I/4$，$I_{E1} = I/8$，$I_{E0} = I/16$，于是可得输出电压为

$$v_O = i_\Sigma R_f = \frac{R_f V_{REF}}{2^4 R_1}(D_3 \cdot 2^3 + D_2 \cdot 2^2 + D_1 \cdot 2^1 + D_0 \cdot 2^0)$$

可推得 n bits 倒 T 形权电流 D/A 转换器的输出电压为

$$v_O = \frac{V_{REF}}{R_1} \cdot \frac{R_f}{2^n} \sum_{i=0}^{n-1} D_i \cdot 2^i \tag{8.5}$$

该电路的特点为，基准电流仅与基准电压 V_{REF} 和电阻 R_1 有关，而与 BJT, R, $2R$ 电阻无关。这样，电路降低了对 BJT 参数及 R, $2R$ 取值的要求，对于集成化十分有利。

由于在这种权电流 D/A 转换器中采用了高速电子开关，电路还具有较高的转换速度。采用这种权电流型 D/A 转换电路生产的单片集成 D/A 转换器有 DAC0806、DAC0808 等。这些器件都采用双极型工艺制作，工作速度较高。

8.1.4　D/A 转换器的主要技术指标

D/A 转换器的主要技术指标有转换精度、转换速度、温度系数等。

1. 转换精度

D/A 转换器的转换精度通常用分辨率和转换误差来描述。

(1) 分辨率

分辨率是指 D/A 转换器模拟输出电压可能被分离的等级数。输入数字量位数越多，输出电压可分离的等级越多，则分辨率越高。在实际应用中，往往用输入数字量的位数表示 D/A 转换器的分辨率。此外，D/A 转换器也可以用能分辨的最小输出电压（此时输入的数字代码只有最低有效位为 **1**，其余各位都是 **0**）与最大输出电压（此时输入的数字代码各有效位全为 **1**）之比给出。n 位 D/A 转换器的分辨率可表示为 $\frac{1}{2^n - 1}$，它表示 D/A 转换器在理论上可以达到的精度。

· 220 ·

(2) 转换误差

转换误差的来源很多，如转换器中各元件参数值的误差、基准电源不够稳定和运算放大器的零漂的影响等。

D/A 转换器的绝对误差（或绝对精度）是指输入端加入最大数字量（全 1）时，D/A 转换器的理论值与实际值之差。该误差值应低于 LSB/2。

例如，一个 8bits 的 D/A 转换器，对应最大数字量（0xff）的模拟理论输出值为 $\frac{255}{256}V_{REF}$，$\frac{1}{2}LSB = \frac{1}{512}V_{REF}$，所以实际值不应超过 $\left(\frac{255}{256} \pm \frac{1}{512}\right)V_{REF}$。

2．转换速度

D/A 转换器的转换速度通常用建立时间和转换速率来描述。

(1) 建立时间（t_{set}）指输入数字量变化时，输出电压变化到相应稳定电压值所需的时间。一般用 D/A 转换器输入的数字量从全 **0** 变为全 **1** 时，输出电压达到规定误差范围（±LSB/2）时所需的时间表示。D/A 转换器的建立时间较短，单片集成 D/A 转换器建立时间最短可达纳秒数量级。

(2) 转换速率（SR）指大信号工作状态下模拟电压的变化率。

3．温度系数

温度系数指在输入不变的情况下，输出模拟电压随温度变化产生的变化量。一般用满刻度输出条件下温度每升高 1℃，输出电压变化的百分数作为温度系数。

8.1.5 D/A 转换器 DAC0808 应用举例

权电流型 D/A 转换器 DAC0808 的电路结构框图如图 8.6 所示，图中 $D_0 \sim D_7$ 是 8bits 数字量输入端，I_O 是求和电流的输出端。V_{REF+} 和 V_{REF-} 接基准电流发生电路中运算放大器的反相输入端和同相输入端。COMP 供外接补偿电容之用。V_{CC} 和 V_{EE} 为正负电源输入端。

应用 DAC0808 构时，需要外接运算放大器和产生基准电流用的电阻 R_1，如图 8.7 所示。

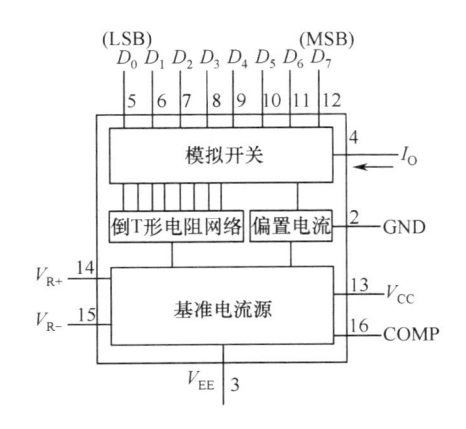

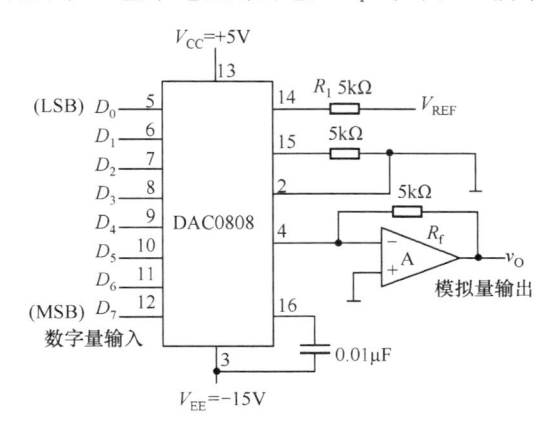

图 8.6 DAC0808 的电路结构框图　　图 8.7 DAC0808 D/A 转换器的典型应用

在 V_{REF} = 10V，R_1 = 5kΩ，R_f = 5kΩ 的情况下，根据式（8.5）可知输出电压为

$$v_O = \frac{R_f V_{REF}}{2^8 R_1} \sum_{i=0}^{7} D_i \cdot 2^i = \frac{10}{2^8} \sum_{i=0}^{7} D_i \cdot 2^i \tag{8.6}$$

当输入的数字量在全 **0** 和全 **1** 之间变化时，输出模拟电压的变化范围为 0～9.96V。

8.2 A/D 转换器

8.2.1 A/D 转换器的基本工作原理

在 A/D 转换器中，因为输入的模拟信号在时间上是连续量，而输出的数字信号代码是离散量，所以进行转换时必须在一系列选定的瞬间（亦即时间坐标轴上的一些规定点上）对输入的模拟信号取样，然后再把这些取样值转换为输出的数字量。因此，一般的 A/D 转换过程是通过取样、保持、量化和编码这 4 个步骤完成的。图 8.8 所示为模拟量到数字量的转换过程。

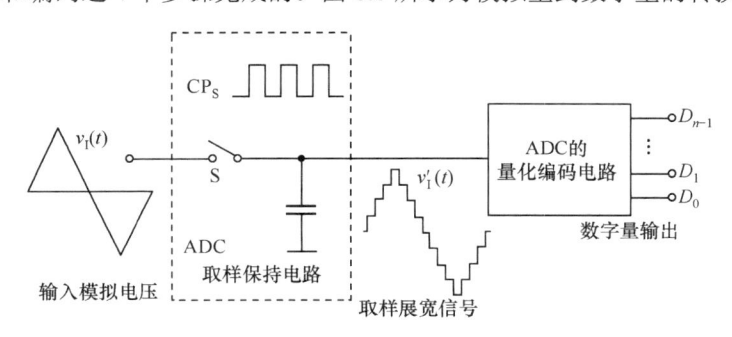

图 8.8 模拟量到数字量的转换过程

1. 取样定理

可以证明，为了正确无误地用图 8.9 中所示的取样后的信号 v_S 表示模拟信号 v_I，必须满足

$$f_S \geq 2f_{Imax}$$

式中，f_S 为取样频率，f_{Imax} 为输入信号 v_I 的最高频率分量的频率。

在满足取样定理的条件下，可以用一个低通滤波器将信号 v_S 还原为 v_I，这个低通滤波器的电压传输系数 $|A(f)|$ 在频率低于 f_{Imax} 的范围内应保持不变，而在 $f_S - f_{Imax}$ 以前应迅速下降为零，如图 8.10 所示。

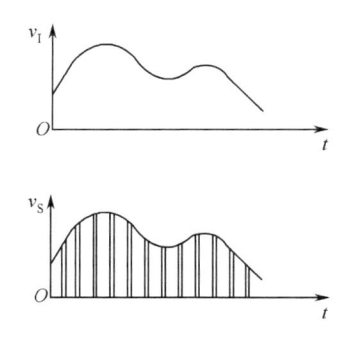

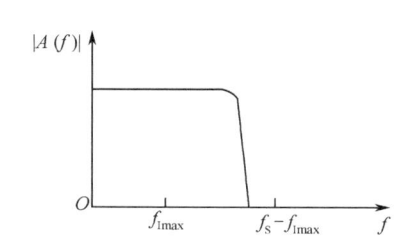

图 8.9 对输入模拟信号的采样　　图 8.10 还原取样信号所用滤波器的频率特性

因为每次把取样电压转换为相应的数字量都需要一定的时间，所以在每次取样以后，必须把取样电压保持一段时间，由此可见，进行 A/D 转换时所用的输入电压，实际上是每次取样结束时的 v_I 值。

2．量化和编码

我们知道，数字信号不仅在时间上是离散的，而且在数值上的变化也不是连续的。这就是说，任何一个数字量的大小，都是以某个最小数量单位的整倍数来表示的。因此，在用数字量表示取样电压时，也必须把它化成这个最小数量单位的整倍数，这个转化过程就称为**量化**。所规定的最小数量单位称为量化单位，用 $\varDelta$ 表示。显然，数字信号最低有效位中的 **1** 表示的数量大小，就等于 $\varDelta$。把量化的数值用二进制代码表示，称为**编码**。这个二进制代码就是 A/D 转换的输出信号。

既然模拟电压是连续的，那么它就不一定能被 $\varDelta$ 整除，因而不可避免地会引入误差，把这种误差称为**量化误差**。在把模拟信号划分为不同的量化等级时，用不同的划分方法可以得到不同的量化误差。

假定需要把 0～+1V 的模拟电压信号转换成 3bits 二进制代码，这时便可以取 $\varDelta = (1/8)V$，并规定凡数值在 $0 \sim \frac{1}{8}V$ 之间的模拟电压都当作 $0 \times \varDelta$ 看待，用二进制的 **000** 表示；凡数值在 $\frac{1}{8} \sim \frac{2}{8}V$ 之间的模拟电压都当作 $1 \times \varDelta$ 看待，用二进制的 **001** 表示，……如图 8.11(a)所示。不难看出，最大的量化误差可达 $\varDelta$，即 $\frac{1}{8}V$。

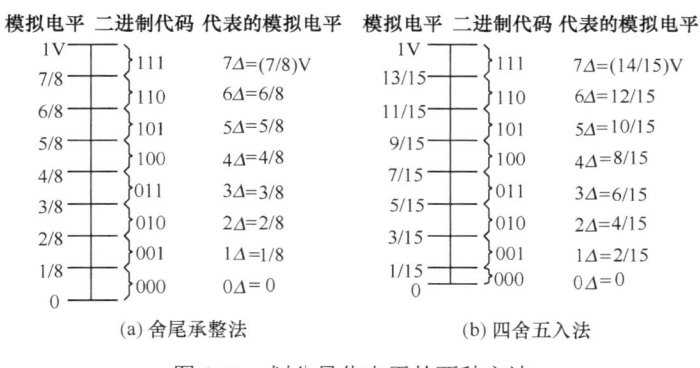

图 8.11 划分量化电平的两种方法

为了减小量化误差，通常采用图 8.11(b)所示的划分方法，取量化单位 $\varDelta = \frac{2}{15}V$，并将 **000** 代码所对应的模拟电压规定为 $0 \sim \frac{1}{15}V$，即 $0 \sim \varDelta/2$。这时，最大量化误差将减小为 $\varDelta/2 = \frac{1}{15}V$。这个道理不难理解，因为现在把每个二进制代码所代表的模拟电压值规定为它所对应的模拟电压范围的中点，所以最大的量化误差自然就缩小为 $\varDelta/2$ 了。

8.2.2 取样-保持电路

1．电路组成及工作原理

基本的取样-保持电路如图 8.12 所示，N 沟道 MOS 管 VT 作为取样开关使用。

当控制信号 v_L 为高电平时，VT 导通，输入信号 v_I 经电阻 R_i 和 VT 向电容 C_h 充电。若取 $R_i = R_f$，则充电结束后 $v_O = -v_I = v_C$。

当控制信号 v_L 返回低电平时，VT 截止。由于 C_h

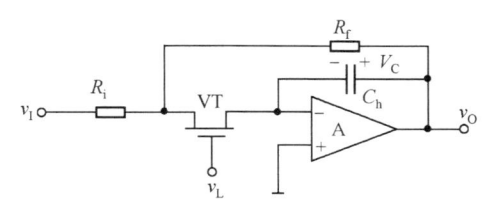

图 8.12 取样-保持电路的基本形式

无放电回路，所以 v_O 的数值被保存下来。

图 8.12 所示取样-保持电路的缺点，是取样过程中需要通过 R_i 和 VT 向 C_h 充电，所以使取样速度受到了限制。同时，R_i 的数值又不允许取得很小，否则会进一步降低取样电路的输入电阻。

2. 改进电路及其工作原理

图 8.13 是单片集成取样-保持电路 LF198 的电路原理图及符号，图中 A_1，A_2 是两个运算放大器，S 是电子开关，L 是开关的驱动电路，当逻辑输入 v_L 为 **1**，即 v_L 为高电平时，S 闭合；v_L 为 **0**，即低电平时，S 断开。

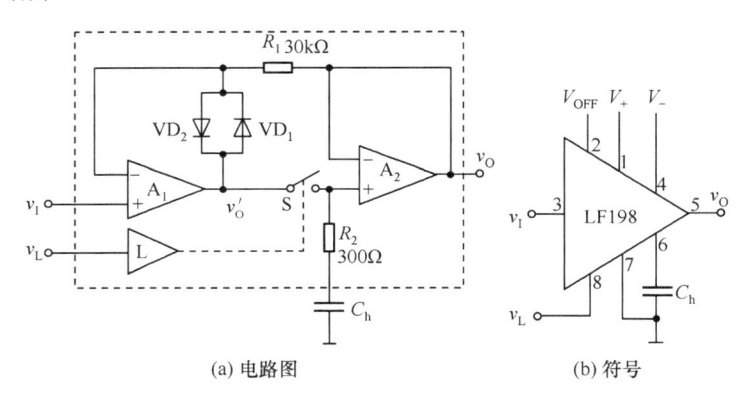

(a) 电路图　　　　　　(b) 符号

图 8.13　单片集成取样-保持电路 LF198 的电路原理图及符号

当 S 闭合时，A_1，A_2 均工作在单位增益的电压跟随器状态，所以 $v_O = v_O' = v_I$。电容 C_h 接到 R_2 的引出端与地之间，则电容上的电压也等于 v_I。当 v_L 返回低电平以后，虽然 S 断开了，但由于 C_h 上的电压不变，所以输出电压 v_O 的数值得以保持下来。

在 S 再次闭合以前的这段时间里，若 v_I 发生变化，则 v_O' 可能变化非常大，甚至会超过开关电路所能承受的电压，因此需要增加 VD_1 和 VD_2 构成保护电路。当 v_O' 比 v_O 所保持的电压高（或低）一个二极管的压降时，VD_1（或 VD_2）导通，从而将 v_O' 限制在 $v_I \pm v_D$ 以内。而在开关 S 闭合的情况下，v_O' 和 v_O 相等，故 VD_1 和 VD_2 均不导通，保护电路不起作用。

8.2.3　并行比较型 A/D 转换器

3bits 并行比较型 A/D 转换器原理电路如图 8.14 所示，它由电压比较器、寄存器和代码转换器三部分组成。

在电压比较器电路中，量化电平的划分采用图 8.11(b)所示的四舍五入法，用电阻把参考电压 V_{REF} 分压，得到从 $\frac{1}{15}V_{REF}$ 到 $\frac{13}{15}V_{REF}$ 之间的 7 个比较电平，量化单位 $\Delta = \frac{2}{15}V_{REF}$。然后，把这 7 个比较电平分别接到 7 个比较器 $C_1 \sim C_7$ 的反相端作为比较基准。同时将输入的模拟电压加到每个比较器的另一个输入端上，与这 7 个比较基准进行比较。

单片集成并行比较型 A/D 转换器的产品较多，如 AD 公司的 AD9012（TTL 工艺，8bits）、AD9002（ECL 工艺，8bits）、AD9020（TTL 工艺，10bits）等。

3bits 并行比较型 A/D 转换器，输入模拟电压与寄存器的状态、输出数字量之间关系，如表 8.1 所示。

并行比较型 A/D 转换器具有如下特点：

(1) 由于转换是并行的，其转换时间只受比较器、触发器和编码电路延时限制，所以转换速度很快。

第8章 数模和模数转换器

(2) 随着分辨率的提高，元件数量会按几何级数增加。一个 n bits 转换器，所用的比较器个数为 2^n-1，如 8bits 的并行 A/D 转换器就需要 $2^8-1=255$ 个比较器。由于位数愈多，电路愈复杂，因此制作分辨率较高的集成并行 A/D 转换器是比较困难的。

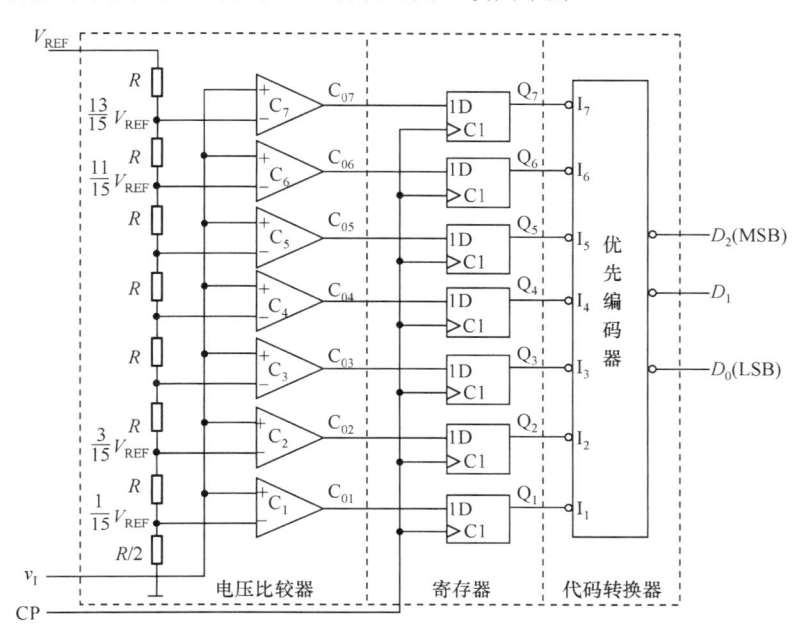

图 8.14 并行比较型 A/D 转换器原理电路图

(3) 使用这种含有寄存器的并行 A/D 转换电路时，可以不用附加取样-保持电路，因为比较器和寄存器这两部分也兼有取样-保持功能，这也是该电路的一个优点。

表 8.1 3bits 并行 A/D 转换器输入与输出转换关系对照表

输入模拟电压 v_I	寄存器状态（代码转换器输入）							数字量输出（代码转换器输出）		
	Q_7	Q_6	Q_5	Q_4	Q_3	Q_2	Q_1	D_2	D_1	D_0
$\left(0 \sim \dfrac{1}{15}\right)V_{REF}$	0	0	0	0	0	0	0	0	0	0
$\left(\dfrac{1}{15} \sim \dfrac{3}{15}\right)V_{REF}$	0	0	0	0	0	0	1	0	0	1
$\left(\dfrac{3}{15} \sim \dfrac{5}{15}\right)V_{REF}$	0	0	0	0	0	1	1	0	1	0
$\left(\dfrac{5}{15} \sim \dfrac{7}{15}\right)V_{REF}$	0	0	0	0	1	1	1	0	1	1
$\left(\dfrac{7}{15} \sim \dfrac{9}{15}\right)V_{REF}$	0	0	0	1	1	1	1	1	0	0
$\left(\dfrac{9}{15} \sim \dfrac{11}{15}\right)V_{REF}$	0	0	1	1	1	1	1	1	0	1
$\left(\dfrac{11}{15} \sim \dfrac{13}{15}\right)V_{REF}$	0	1	1	1	1	1	1	1	1	0
$\left(\dfrac{13}{15} \sim 1\right)V_{REF}$	1	1	1	1	1	1	1	1	1	1

8.2.4 逐次比较型 A/D 转换器

逐次比较 A/D 转换过程,与用天平称物重非常相似。按照天平称重的思路,逐次比较型 A/D 转换器,就是将输入模拟信号与不同的参考电压做多次比较,使转换所得的数字量在数值上逐次逼近输入模拟量的对应值。

4bits 逐次比较型 A/D 转换器的逻辑电路,如图 8.15 所示。图中,5bits 移位寄存器可进行并入/并出或串入/串出操作,其输入端 F 为并行置数使能端,高电平有效。其输入端 S 为高位串行数据输入。数据寄存器由 D 触发器组成,数字量从 $Q_4 \sim Q_1$ 输出。电路工作过程如下。

当启动脉冲上升沿到达后,$FF_0 \sim FF_4$ 被清零,且 $Q_5 = 1$,Q_5 的高电平开启与门 G_2,时钟脉冲 CP 进入移位寄存器。在第一个 CP 脉冲作用下,由于移位寄存器的置数使能端 F 以由 **0** 变 **1**,并行输入数据 $ABCDE$ 置入,$Q_A Q_B Q_C Q_D Q_E = \mathbf{01111}$,$Q_A$ 的低电平使数据寄存器的最高位(Q_4)置 **1**,即 $Q_4 Q_3 Q_2 Q_1 = \mathbf{1000}$。D/A 转换器将数字量 **1000** 转换为模拟电压 v'_O,送入比较器 C 与输入模拟电压 v_I 比较,若 $v_I > v'_O$,则比较器 C 输出 v_C 为 **1**,否则为 **0**。比较结果送到数据寄存器的 $D_4 \sim D_1$。

第二个 CP 脉冲到来后,移位寄存器的串行输入端 S 为高电平,Q_A 由 **0** 变 **1**,同时最高位 Q_A 的 **0** 移至次高位 Q_B。于是数据寄存器的 Q_3 由 **0** 变 **1**,这个正跳变作为有效触发信号加到 FF_4 的 CP 端,使 v_C 的电平得以在 Q_4 保存下来。此时,由于其他触发器无正跳变触发脉冲,v_C 的信号对它们不起作用。Q_3 变 **1** 后,建立了新的 D/A 转换器的数据,输入电压再与其输出电压 v'_O 进行比较,比较结果在第三个时钟脉冲作用下存于 Q_3……如此进行,直到 Q_E 由 **1** 变 **0** 时,使触发器 FF_0 的输出端 Q_0 产生由 **0** 到 **1** 的正跳变,作为触发器 FF_1 的 CP 脉冲,使上一次 A/D 转换后的 v_C 电平保存于 Q_1。同时,Q_E 使 Q_5 由 **1** 变 **0** 后将 G_2 封锁,一次 A/D 转换过程结束。于是电路的输出端 $D_3 D_2 D_1 D_0$ 得到与输入电压 v_I 成正比的数字量。

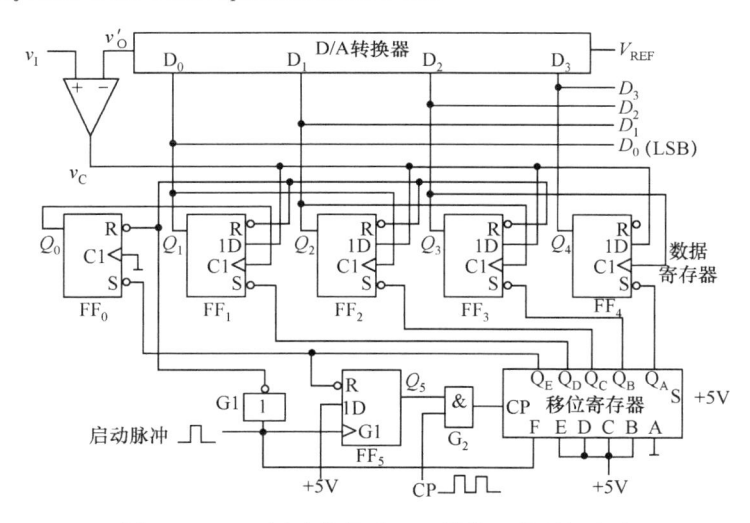

图 8.15 4bits 逐次比较型 A/D 转换器的逻辑电路

由以上分析可见,逐次比较型 A/D 转换器完成一次转换所需时间与其位数和时钟脉冲频率有关,位数越少,时钟频率越高,转换所需时间越短。这种 A/D 转换器具有转换速度快、精度高的特点。

常用的集成逐次比较型 A/D 转换器有 ADC0808/0809 系列(8bits)、AD575(10bits)、AD574A(12bits)等。

8.2.5 双积分型 A/D 转换器

双积分型 A/D 转换器是一种间接 A/D 转换器。它的基本原理是，对输入模拟电压和参考电压分别进行两次积分，将输入电压平均值变换成与之成正比的时间间隔，然后利用时钟脉冲和计数器测出此时间间隔，进而得到相应的数字量输出。由于该转换电路是对输入电压的平均值进行转换，所以它具有很强的抗工频干扰能力，在数字测量中得到广泛应用。

图 8.16 是这种转换器的原理电路，它由积分器（由集成运放 A 组成）、过零比较器（C）、时钟脉冲控制门（G）和定时器/计数器（$FF_0 \sim FF_n$）等几部分组成。

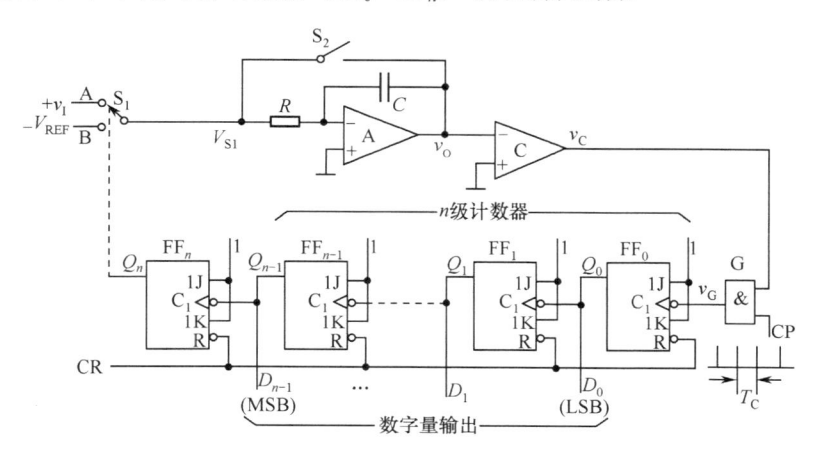

图 8.16 双积分型 A/D 转换器原理电路

积分器：积分器是转换器的核心部分，它的输入端所接开关 S_1 由定时信号 Q_n 控制。当 Q_n 为不同电平时，极性相反的输入电压 v_I 和参考电压 V_{REF} 将分别加到积分器的输入端，进行两次方向相反的积分，积分时间常数 $\tau = RC$。$Q_n = 0$ 时，开关 S_1 接到 A 点；$Q_n = 1$ 时，开关 S_1 接到 B 点。

过零比较器：过零比较器用来确定积分器输出电压 v_O 的过零时刻。当 $v_O \geq 0$ 时，比较器输出 v_C 为低电平；当 $v_O < 0$ 时，v_C 为高电平。比较器的输出信号接至时钟控制门（G）作为关门和开门信号。

计数器和定时器：它由 $n + 1$ 个接成计数型的 JK 器 $FF_0 \sim FF_n$ 串联组成。触发器 $FF_0 \sim FF_{n-1}$ 组成 n 级计数器，对输入时钟脉冲 CP 计数，以便把与输入电压平均值成正比的时间间隔转变成数字信号输出。当计数到 2^n 个时钟脉冲时，$FF_0 \sim FF_{n-1}$ 均回到 **0** 状态，而 FF_n 反转为 **1** 态，$Q_n = 1$ 后，开关 S_1 从位置 A 点转接到 B 点。

时钟脉冲控制门：时钟脉冲的周期 T_C，作为测量时间间隔的标准时间。当 $v_C = 1$ 时，与门 G 打开，时钟脉冲通过与门 G 加到触发器 FF_0 的输入端。

下面以输入正极性的直流电压 v_I 为例，说明电路将模拟电压转换为数字量的基本原理。电路工作过程分为以下三个阶段。

(1) 准备阶段

首先，控制电路提供 CR 信号使计数器清零。计数器清零的同时，使开关 S_2 闭合，待积分电容放电完毕，再使 S_2 断开。

(2) 第一次积分阶段

在转换过程开始时（$t = 0$），开关 S_1 与 A 端接通，正的输入电压 v_I 加到积分器的输入端。积分器从 0V 开始对 v_I 积分，积分输出电压为

$$v_O = -\frac{1}{\tau}\int_0^t v_I dt$$

由于 $v_O < 0V$，过零比较器输出端 v_C 为高电平，时钟控制门 G 被打开。于是，计数器在 CP 作用下从 0 开始计数。经过 2^n 个时钟脉冲后，触发器 $FF_0 \sim FF_{n-1}$ 都翻转到 **0** 态，而触发器 FF_n 的状态 $Q_n = \mathbf{1}$，开关 S_1 由 A 点转到 B 点，第一次积分结束。第一次积分时间为

$$t = T_1 = 2^n T_C$$

在第一次积分结束时，积分器的输出电压 V_P 为

$$V_P = -\frac{T_1}{\tau}V_I = -\frac{2^n T_C}{\tau}V_I$$

(3) 第二次积分阶段

当 $t = t_1$ 时，S_1 转接到 B 点，具有与 v_I 相反极性的基准电压 $-V_{REF}$ 加到积分器的输入端；积分器开始向相反方向进行第二次积分；当 $t = t_2$ 时，积分器输出电压 $v_O > 0V$，比较器输出 $v_C = 0$，时钟脉冲控制门 G 被关闭，计数停止。在此阶段结束时 v_O 的表达式可写为

$$v_O(t_2) = V_P - \frac{1}{\tau}\int_{t_1}^{t_2}(-V_{REF})dt = 0$$

设 $T_2 = t_2 - t_1$，于是有

$$\frac{V_{REF}T_2}{\tau} = \frac{2^n T_C}{\tau}V_I$$

设在此期间计数器所累计的时钟脉冲个数为 λ（$\lambda = Q_{n-1}\cdots Q_1 Q_0$），则

$$T_2 = \lambda T_C，\quad T_2 = \frac{2^n T_C}{V_{REF}}V_I$$

可见，T_2 与 V_I 成正比，T_2 就是双积分 A/D 转换过程的中间变量。

$$\lambda = \frac{T_2}{T_C} = \frac{2^n}{V_{REF}}V_I$$

上式表明，在计数器中计得的数 λ，与在取样时间 T_1 内输入电压的平均值 V_I 成正比。只要 $V_I < V_{REF}$，转换器就能将输入电压转换为数字量，并能从计数器读取转换结果。若取 $V_{REF} = 2^n$V，则 $\lambda = V_I$，计数器所计的数 λ 在数值上就等于被测电压平均值 V_I。双积分型 A/D 转换器各点工作波形如图 8.17 所示。

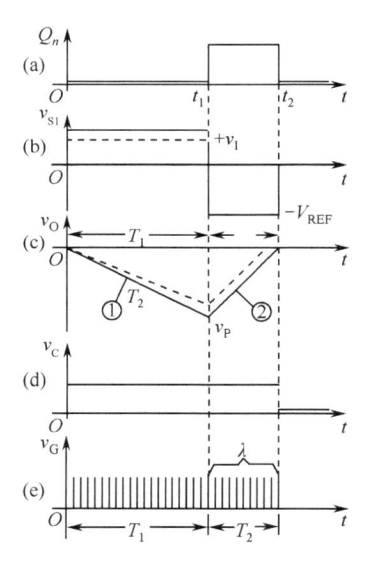

图 8.17 双积分型 A/D 转换器各点工作波形

由于双积分 A/D 转换器在 T_1 时间内采用的是输入电压的平均值，因此具有很强的抗工频干扰能力。尤其对周期等于 T_1 或几分之一 T_1 的对称干扰（所谓对称干扰，是指整个周期内平均值为零的干扰），从理论上来说，有无穷大的抑制能力。即使当工频干扰幅度大于被测直流信号，使输入信号正负变化时，仍有良好的抑制能力。在工业系统中经常碰到的是工频（50Hz）或工频的倍频干扰，故通常选定采样时间 T_1 总是等于工频电源周期的倍数，如 20ms 或 40ms 等。另一方面，由于在转换过程中，前后两次积分所采用的是同一积分器。因此，在两次积分期间（一般

在几十至数百毫秒之间），R, C 和脉冲源等元器件参数的变化对转换精度的影响均可以忽略。

最后必须指出，在第二次积分阶段结束后，控制电路又使开关 S_2 闭合，电容 C 放电，积分器回零。电路再次进入准备阶段，等待下一次转换开始。

单片集成双积分型 A/D 转换器有 ADC-EK8B（8bits，二进制码输出）、ADC-EK10B（10bits，二进制码输出）、MC14433（$3\frac{1}{2}$ 位，BCD 码输出）等。

8.2.6 A/D 转换器的主要技术指标

1．转换精度

单片集成 A/D 转换器的转换精度，常用分辨率和转换误差来描述。

（1）分辨率

分辨率说明 A/D 转换器对输入信号的分辨能力。A/D 转换器的分辨率以输出二进制（或十进制）数的位数表示。从理论上讲，n bits 输出的 A/D 转换器能区分 2^n 个不同等级的输入模拟电压，能区分输入电压的最小值为满量程输入的 $1/2^n$。在最大输入电压一定时，输出位数愈多，量化单位愈小，分辨率愈高。例如 A/D 转换器输出为 8bits 二进制数，输入信号最大值为 5V，那么这个转换器能区分输入信号的最小电压为 19.53125mV。

（2）转换误差

转换误差表示 A/D 转换器实际输出的数字量和理论上的输出数字量之间的差别。常用最低有效位的倍数表示。例如给出相对误差≤±LSB/2，这就表明实际输出的数字量和理论上应得到的输出数字量之间的误差小于最低位的半个字。

2．转换时间

转换时间指 A/D 转换器从转换控制信号到来开始，到输出端得到稳定的数字信号所经过的时间。不同类型的转换器其转换速度相差甚远，其中并行比较型 A/D 转换器的转换速度最高，8bits 二进制输出的单片集成 A/D 转换器的转换时间可达 50ns 以内。逐次比较型 A/D 转换器次之，它们中多数的转换时间为 10～50μs，也有达几百纳秒的。间接 A/D 转换器的速度最慢，如双积分 A/D 转换器的转换时间大都在几十毫秒至几百毫秒之间。在实际应用中，应从 A/D 转换分辨率、精度要求、输入模拟信号的范围及输入信号极性等方面综合考虑 A/D 转换器的选用。

8.2.7 A/D 转换器 ADC0809 应用举例

在单片集成 A/D 转换器中，逐次比较型 A/D 转换器使用较多。下面以 ADC0809 为例，介绍集成 A/D 转换器的应用技术。

1．ADC0809 的内部结构框图

ADC0809 是用 CMOS 集成工艺制成的 8bits 逐次比较型 ADC 芯片，其内部结构框图如图 8.18 所示。片内有 8 位模拟开关、地址锁存与地址译码电路、比较器、T 形电阻网络、树状开关、寄存器 SAR，三态输出锁存缓冲器、控制与时序电路等。当频率为 640kHz 时，其转换时间为 100μs，转换误差为±1LSB，特别适合于与微控制器接口，在微控制器的控制下应用。

2．ADC0809 的引脚图及引脚功能描述

ADC0809 采用 DIP28 双列直插式封装，引脚排列如图 8.19 所示，其引脚功能描述如下。

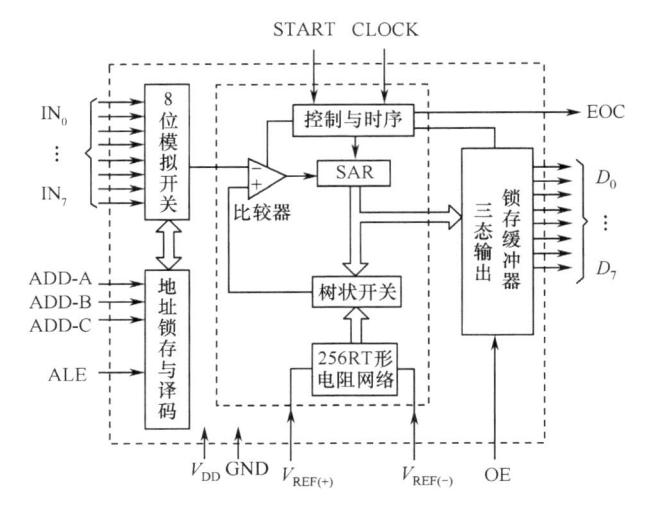

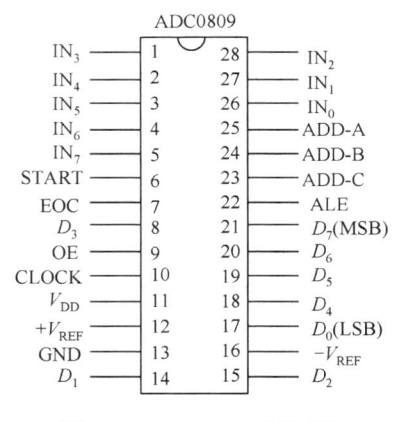

图 8.18 ADC0809 内部结构框图

图 8.19 ADC0809 引脚图

(1) $IN_0 \sim IN_7$ 为 8 通道模拟电压输入，输入电压范围由参考电压 $V_{REF(+)}$ 和 $V_{REF(-)}$ 决定，即输入电压范围必须位于 $V_{REF(+)}$ 与 $V_{REF(-)}$ 之间。

(2) ADD-A、ADD-B、ADD-C 为模拟通道的地址选择线。ADD-A 是最低位，ADD-C 是最高位，地址输入与被选中模拟电压输入通道的关系，如表 8.2 所示。

表 8.2 ADC0809 地址输入与被选中模拟通道的关系

地址输入			选中模拟信号通道	地址输入			选中模拟信号通道
C	B	A		C	B	A	
0	0	0	IN_0	1	0	0	IN_4
0	0	1	IN_1	1	0	1	IN_5
0	1	0	IN_2	1	1	0	IN_6
0	1	1	IN_3	1	1	1	IN_7

(3) ALE（Address Latch Enable）是地址锁存允许信号，只有当该信号为高电平有效时，才能将地址信号锁存，地址输入信号经过译码后，选中一路模拟通道输入。

(4) START 为启动转换信号，该信号的上升沿将所有内部寄存器清零，它的下降沿启动内部控制逻辑，开始进行模/数转换。

(5) EOC（End of Conversion）是转换完成标志输出信号。当从 START 端输入启动脉冲信号上升沿后，EOC 输出低电平信号，表示转换器正在进行 A/D 转换工作；当 EOC 输出高电平信号时，表示转换已经完成，因此，EOC = 1 可作为通知数据接收设备取走转换好的数字量信号。

(6) CLOCK 为转换定时时钟输入信号，其频率范围为 10~1280kHz，典型值为 640kHz。当频率为 640kHz 时，转换时间为 100μs。

(7) $D_0 \sim D_7$ 为 8bits 数字量输出端，D_0 为最低位（LSB），D_7 为最高位（MSB）。OE（Output Enable）是数据允许输出信号，高电平有效。只有当 OE 为高电平时，才能将三态输出锁存缓冲器打开，把转换好的数字量送到数据输出线上。

(8) $V_{REF(+)}$，$V_{REF(-)}$ 为正、负参考电压输入端。可选取 0~5V，±5V，±10V，典型应用时取 $V_{REF(+)}$ = V_{DD} = 5V，$V_{REF(-)}$ = 0V。V_{DD} 为 ADD0809 芯片的工作电源，接+5V，极限值为 6.5V。GND 为芯片接地端。

3. ADC0809 应用举例

图 8.20 为 ADC0809 与微控制器芯片 89S51 的接口电路图，ADC0809 在 89S51 的控制下，完成 8 通道 A/D 转换的功能。

在图 8.20 中，89S51 是 8bits CMOS 微控制器芯片，它的并行 I/O 端口 $P_{0.0}$～$P_{0.7}$ 被分时使用为 8bits 数据总线和低 8 位地址总线。8 路模拟信号由 ADC0809 的 IN_0～IN_7 端输入，89S51 的 ALE 端（30 脚）输出的脉冲信号送入 ADC0809 的 10 脚，作为 ADC 的时钟信号。

在进行 A/D 转换时，首先，89S51 的 $P_{2.0}$ 发出片选信号，并由 89S51 的引脚 $P_{0.0}$、$P_{0.1}$、$P_{0.2}$ 发出模拟信号通道选择信号，分别送入 ADC0809 的通道地址输入端 ADD-A、ADD-B、ADD-C，选择将要进行 A/D 转换的模拟通道；然后，89S51

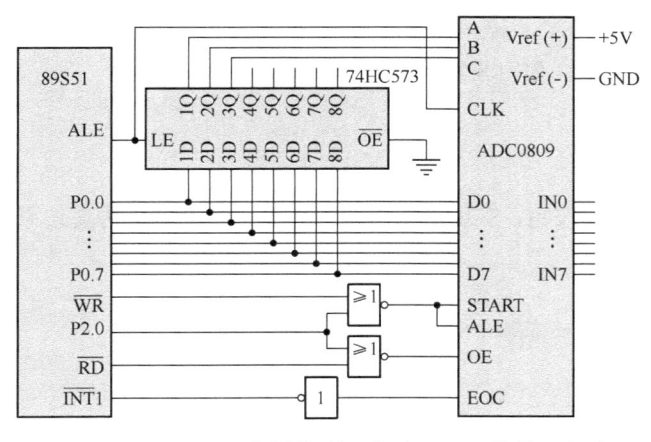

图 8.20 ADC0809 与微控制器芯片 89S51 的接口电路

发出 $\overline{WR}$ 写信号，经或非门送入 ADC0809 的 START 端和 ALE 端，A/D 转换即被启动；A/D 转换完成后，从 ADC0809 的 EOC 端返回给 89S51 转换结束信号；最后，89S51 使用 $\overline{RD}$ 读信号将 A/D 转换好的数字量输出信号 D_0～D_7，经 P_0 口数据总线，读入 89S51 的片内数据存储器。至此，一次 A/D 转换过程全部结束。有必要说明的是，微控制器芯片 89S51 的上述控制功能是在 89S51 片内 CPU 程序的控制下实现的，相关知识将在后续课程中学习。

※8.3 Proteus 电路仿真例题

【Proteus 例 8.1】 $R-2R$ 梯形电阻网络 D/A 转换电路如图 8.21 所示。数字量 $D_3D_2D_1D_0$ 为输入信号，若 $V_{REF}=8V$，当 $D_3D_2D_1D_0=1100$ 及 1001 时，分别测量运算放大器的输出电压值 V_O 并与理论计算值进行比较。

1．创建电路

(1) 从库文件中选取电阻 RES、运放 OP1P、开关 SW-SPDT，并按图 8.21 所示连接电路。

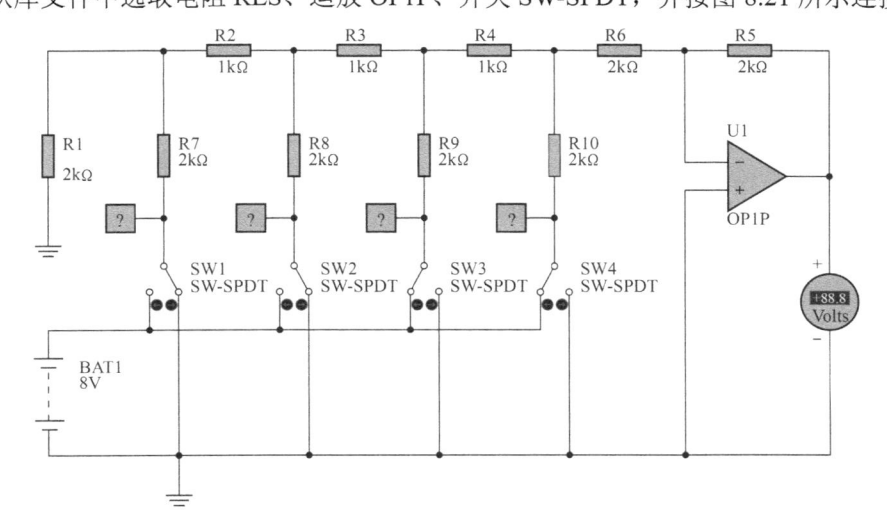

图 8.21 $R-2R$ 梯形电阻网络 D/A 转换电路

(2) 加入直流电压表（DC VOLTMETER），8V 直流电压源和接地符号。

(3) 将直流电压表并联连接在运放的输出端，如图 8.21 所示。

2．仿真设置

(1) 按图示电路中给定的参数设定电路元件。

(2) 单击仿真工具栏上的运行仿真（play）按钮，实现对该电路的仿真，输出电压仿真结果如图 8.22 和图 8.23 所示。

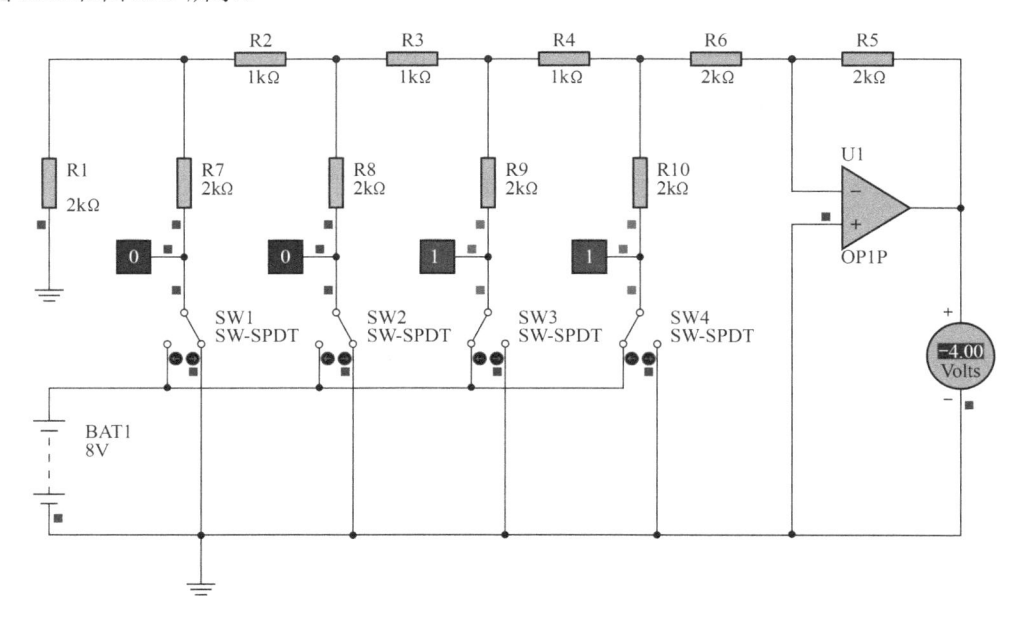

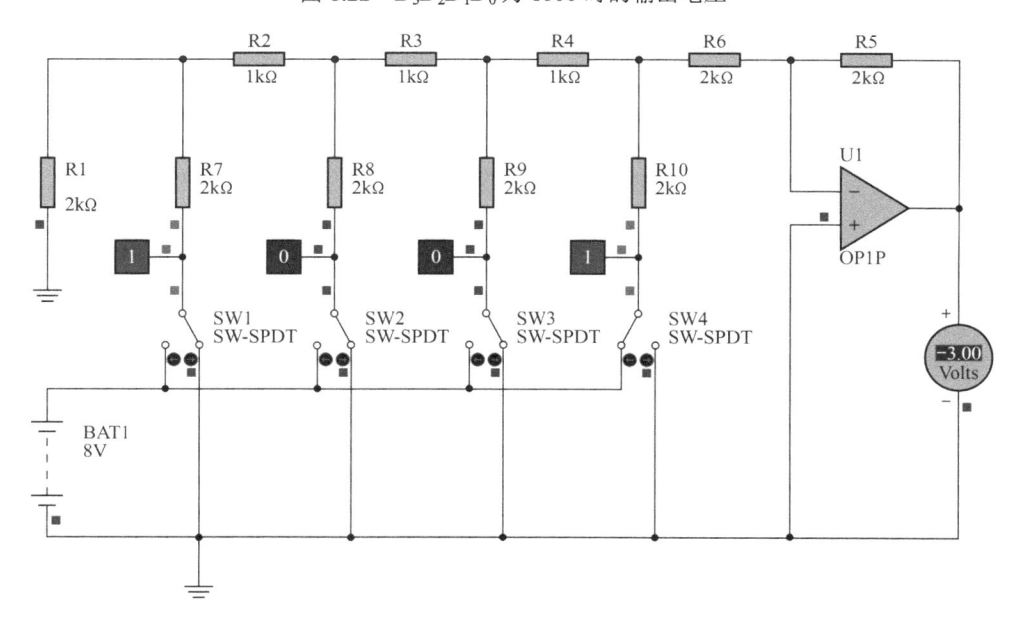

图 8.22　$D_3D_2D_1D_0$ 为 1100 时的输出电压

图 8.23　$D_3D_2D_1D_0$ 为 1001 时的输出电压

3．结果分析

(1) 仿真测试结果

$D_3D_2D_1D_0 = 1100$ 时，$V_O = -4V$。

$D_3D_2D_1D_0 = 1001$ 时，$V_O = -3V$。

(2) 理论计算按下式进行：

$$V = -\frac{R_f}{3R}V_{REF}\sum_{i=0}^{3}\left(2^{i-4} - D_i\right)$$

当 $D_3D_2D_1D_0 = 1100$ 时，

$$V = -\frac{R_f}{3R}V_{REF}\sum_{i=0}^{3}\left(2^{i-4} - D_i\right)$$

$$= -\frac{2R}{3R} \times 8 \times (2^{3-4} \times 1 + 2^{2-4} \times 1 + 2^{1-4} \times 0 + 2^{0-4} \times 0)$$

$$= -\frac{2R}{3R} \times 8 \times \frac{3}{4} = -4V$$

当 $D_3D_2D_1D_0 = 1000$ 时，

$$V = -\frac{R_f}{3R}V_{REF}\sum_{i=0}^{3}\left(2^{i-4} - D_i\right) = -\frac{2R}{3R} \times 8 \times \frac{9}{16} = -3V$$

由此可见，理论计算结果与仿真测试结果一致。

【Proteus 例 8.2】 试用 D/A 转换器和计数器 74163 组成一个锯齿波产生电路。

1．创建电路

(1) 从元件库中选取 D/A 转换器 DAC_8 和 74163 计数器芯片，并按图 8.24 所示连接电路。

(2) 加入数字时钟信号激励源（DCLOCK），直流电压源 BAT。

(3) 选取虚拟示波器，连接在 D/A 转换器电压输出端，如图 8.24 所示。

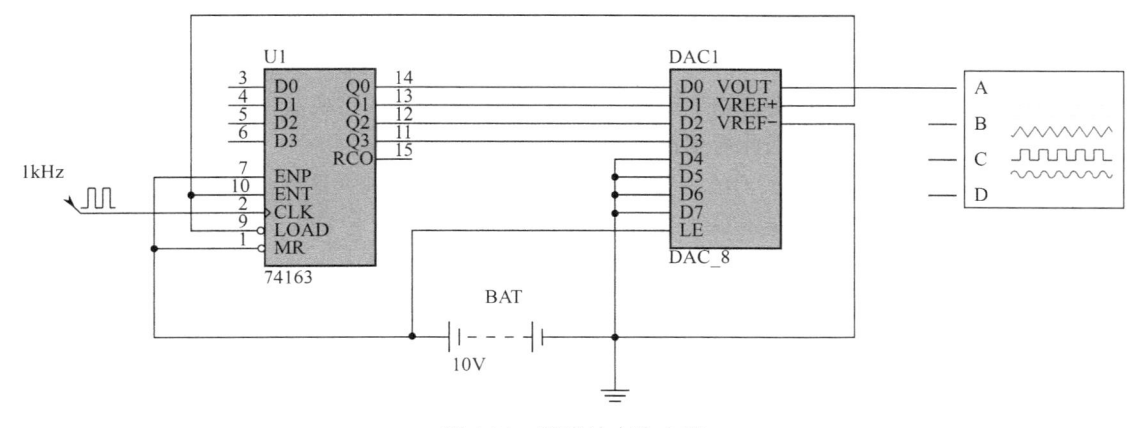

图 8.24 锯齿波产生电路

2．仿真设置

(1) 将数字时钟信号激励源输出信号频率设置为 10kHz，直流电压源电压为 10V。

(2) 单击仿真工具栏上的运行仿真（play）按钮，即可实现对该电路的仿真，其输出电压仿真波形显示在示波器上,如图 8.25 所示。

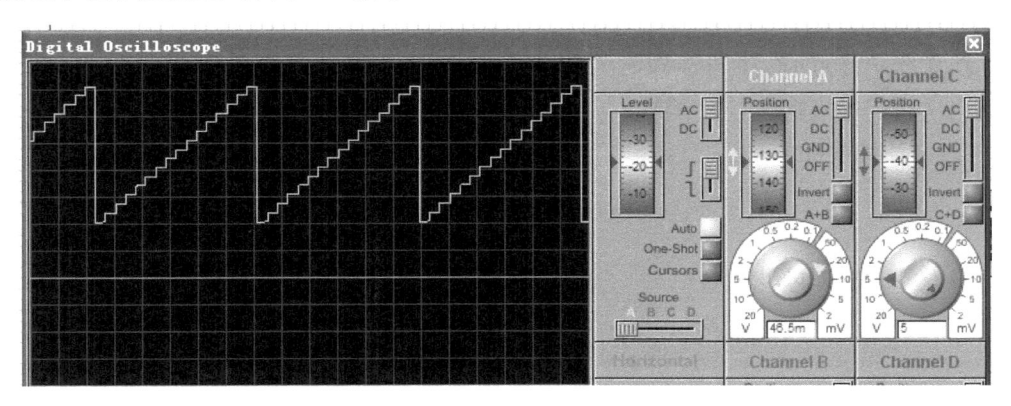

图 8.25 锯齿波产生电路仿真波形

3. 结果分析

观察仿真波形可知,可以由 D/A 转换器和计数器组成一个阶梯形锯齿波产生电路。

本 章 小 结

1. A/D 和 D/A 转换器是现代数字系统的重要部件,应用日益广泛。
2. 倒 T 形电阻网络 D/A 转换器具有如下特点:电阻网络阻值仅有两种,即 R 和 2R;各 2R 支路电流 I_i 与相应的 D_i 数码状态无关,是一定值;由于支路电流流向运放反相端时不存在传输时间,因而具有较高的转换速度。
3. 在权电流型 D/A 转换器中,由于恒流源电路和高速模拟开关的运用,使其具有精度高、转换快的优点,双极型单片集成 D/A 转换器多采用此种类型的电路。
4. 不同的 A/D 转换方式具有各自的特点,在要求转换速度高的场合,选用并行比较型 A/D 转换器;在要求精度高的情况下,可采用双积分 A/D 转换器,当然也可选高分辨率的其他形式 A/D 转换器,但会增加成本。由于逐次比较型 A/D 转换器在一定程度上兼有以上两种转换器的优点,因此得到普遍应用。
5. A/D 转换器和 D/A 转换器的主要技术参数是转换精度和转换速度,在与系统连接后,转换器的这两项指标决定了系统的精度与速度。目前,A/D 与 D/A 转换器的发展趋势是高速度、高分辨率,以及易于与计算机接口,用以满足各个应用领域对信号处理的要求。

思考题和习题 8

8.1 8bits D/A 转换器的最小输出电压增量为 0.22V,当输入二进制数字量为 01001101 时,输出电压 v_O 为多少?

8.2 8bits D/A 转换器的分辨率是多少?

8.3 某控制系统中有一个 D/A 转换器,若系统要求该 D/A 转换器的转换精度小于 0.25,试问应选多少位的 D/A 转换器?

第8章 数模和模数转换器

8.4 权电阻 D/A 转换器如图 8.26 所示,已知输入数字量二进制数某位 $D_i = 0$ 时,对应的电子开关 S_i 接地;$D_i = 1$ 时,S_i 接参考电压 V_{ERF}。
(1) 当二进制数某位 $D_i = 1$,其他各位为 0 时,$v_O = ?$
(2) 当输入数字量为 $D_3D_2D_1D_0$ 时,$v_O = ?$

8.5 某 D/A 转换器如图 8.27 所示,图中 $Q_i = 1$ 时,相应模拟开关 S_i 处在位置 1;$Q_i = 0$ 时,模拟开关 S_i 处在位置 0。
(1) 请写出 v_O 与数字量 $Q_3Q_2Q_1Q_0$ 之间的关系式。
(2) 若 $V_{REF} = -1V$,求 $Q_3Q_2Q_1Q_0 = 0001$ 和 1111 时的 v_O 值。
(3) 画出计数器输入连续计数脉冲 CP 时的 v_O 波形,设计数器的初态为 $Q_3Q_2Q_1Q_0 = 0000$。

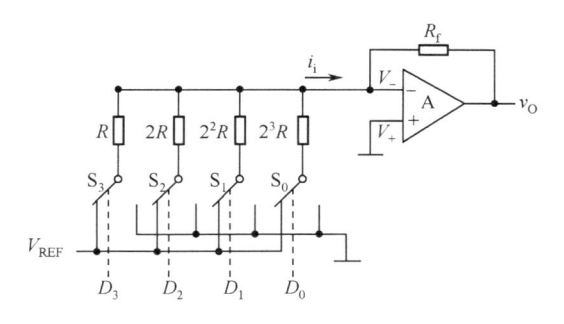

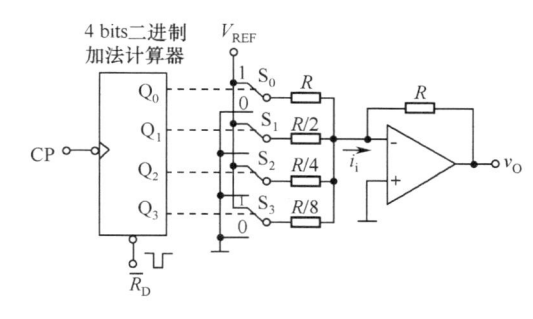

图 8.26 题 8.4 电路图

图 8.27 题 8.5 电路图

8.6 $R-2R$ 梯形 D/A 转换器如图 8.28 所示。设输入二进制数某位 $D_i = 0$ 时,对应电子开关 S_i 接地;$D_i = 1$ 时,S_i 接参考电压 V_{REF}。
(1) 当输入二进制数某位 $D_i = 1$,其他位为 0 时,$v_O = ?$
(2) 当输入二进制数为 $D_3D_2D_1D_0$ 时,$v_O = ?$

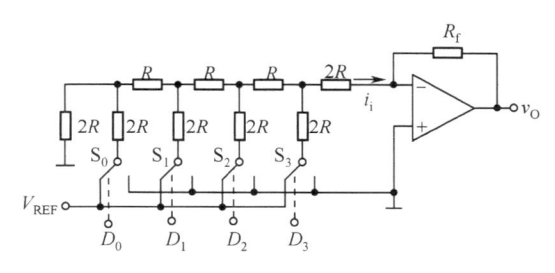

图 8.28 题 8.6 电路图

8.7 电路如图 8.29 所示。当输入信号某位 $D_i = 0$ 时,对应开关 S_i 接地;$D_i = 1$ 时,S_i 接参考电压 V_{REF}。
(1) 若 $V_{REF} = 10V$,输入信号 $D_4D_3D_2D_1D_0 = 10011$,输出的模拟电压 $v_O = ?$
(2) 电路的分辨率为多少?

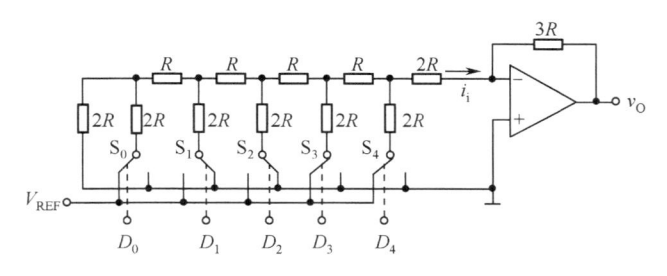

图 8.29 题 8.7 电路图

8.8 模拟信号最高频率分量 $f = 20\text{kHz}$，对该信号采样时，最低采样频率应为多少？

8.9 为什么在 A/D 转换过程中一定要量化？选用哪种量化方法误差比较小？

8.10 如果要将一个最大幅值为 5.1V 的模拟信号转换为数字信号，要求模拟信号每变化 20mV 能使数字信号最低位（LSB）发生变化，那么应选用多少位的转换器？

8.11 在图 8.16 所示的双积分 A/D 转换器中，若计数器的值 $n = 10$，时钟信号频率为 2MHz。

(1) 进行一次 A/D 转换，最长时间需要多少？

(2) 若基准电压 $V = -10\text{V}$，最大输入模拟电压 $v_I = +10\text{V}$，积分电容 $C = 0.1\mu\text{F}$，计数器的值达到 2^n，试确定积分器的电阻 R 之值。

(3) 在上述电路基础上，当输入模拟电路 v_I 分别为 4V 和 1.5V 时，试求转换后相应输出的二进制数为多少？

8.12 双积分 A/D 转换器如图 8.30 所示，试回答下列问题。

(1) 若被测电压 $v_{I(\max)} = 2\text{V}$，要求分辨率 $\leqslant 0.1\text{mV}$，则二进制计数器的计数容量 N 应大于多少？

(2) 若时钟脉冲频率 $f_{CP} = 200\text{kHz}$，则采样/保持时间为多少？

(3) 若时钟脉冲频率 $f_{CP} = 200\text{kHz}$，$|v_i| < |V_{REF}|$，已知 $|V_{REF}| = 2\text{V}$，积分器输出电压 v_O 的最大值为 5V，问积分时间常数 RC 为多少？

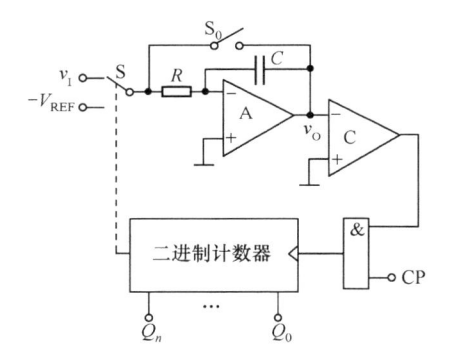

图 8.30 题 8.12 电路图

第 9 章 可编程逻辑器件

本章讲述可编程逻辑器件的基本电路结构和一般开发方法。介绍早期可编程逻辑器件 PROM, PLA, PAL, GAL 等的表示方法和基本电路结构，现场可编程门阵列（FPGA）和复杂可编程逻辑器件（CPLD）的基本电路结构，以及应用可编程逻辑器件进行数字系统设计的一般流程。

9.1　PLD 概述

可编程逻辑器件（Programmable Logic Device，PLD）是一种可由用户对其进行编程的大规模通用集成电路。用 PLD 器件进行逻辑设计，一般都有强大的标准设计软件工具支持，可以借助计算机进行设计，因此，PLD 与传统的中小规模集成电路相比，具有显著的特点和优势。

9.1.1　PLD 的发展历程

早期的可编程逻辑器件（PLD）只有可编程只读存储器（PROM）、紫外线可擦除只读存储器（EPROM）、电可擦除只读存储器（E^{2}PROM）三种。由于结构的限制，它们只能完成简单的数字逻辑功能。

其后，出现了一类结构上稍复杂的可编程芯片，即可编程逻辑器件，它能够完成各种数字逻辑功能，这一阶段的产品主要有 PAL 和 GAL。典型的 PLD 由一个"与"门和一个"或"门阵列组成，而任意一个组合逻辑都可以用"与-或"表达式来描述，所以 PLD 能以乘积和的形式完成大量的组合逻辑功能。PAL 由一个可编程的"与"门阵列和一个固定的"或"门阵列构成，或门的输出可以通过触发器有选择地被置为寄存状态。PAL 器件是现场可编程的，它的实现工艺有反熔丝技术、EPROM 技术和 E^{2}PROM 技术。

还有一类结构更为灵活的逻辑器件，即可编程逻辑阵列（PLA），它也由一个"与"门阵列和一个"或"门阵列构成，但是这两个门阵列的连接关系是可编程的。PLA 器件既有现场可编程的，也有掩膜可编程的。

在 PAL 的基础上，又发展了一种通用阵列逻辑（GAL），如 GAL16V8、GAL22V10 等。它采用了 E^{2}PROM 工艺，实现了电可擦除、电可改写，其输出结构是可编程的逻辑宏单元，因而它的设计具有很强的灵活性，至今仍有许多人使用。这些早期的 PLD 器件的一个共同特点是，可以实现速度特性较好的逻辑功能，但其过于简单的结构也使它们只能实现规模较小的数字电路。

为了弥补这一缺陷，20 世纪 80 年代中期美国的 Altera 公司和 Xilinx 公司分别推出了类似于 PAL 结构的 CPLD 和与标准门阵列类似的 FPGA，它们都具有体系结构和逻辑单元灵活、集成度高及适用范围宽等特点。这两种器件兼容了 PLD 的优点，可实现较大规模的电路，编程也很灵活。FPGA/CPLD 具有设计开发周期短、设计制造成本低、开发工具先进、标准产品无须测试、质量稳定及可实时在线检验等优点，因此被广泛应用于产品的原型设计和小批量产品生产（一般在 10000 件以下）。

9.1.2 PLD 的分类

目前，常用的 PLD 器件主要有复杂可编程逻辑器件（Complex Programmable Logic Device，CPLD）和现场可编程门阵列（Field Programmable Gate Array，FPGA）。在实际应用中，PLD 器件可根据其结构、集成度及编程工艺进行分类。

1．按结构进行分类

(1) 乘积项结构器件。其基本结构为"与-或"阵列的器件，大部分简单 PLD 和 CPLD 都属于这个范畴。

(2) 查找表结构器件。由简单的查找表组成可编程门，再构成阵列形式。大多数 FPGA 属于此类器件。

2．按集成度进行分类

(1) 低集成度芯片。早先出现的 PROM、PAL、可重复编程的 GAL 都属于这类，可重构使用的逻辑门数大约在 500 门以下，称为简单 PLD。

(2) 高集成度芯片。如现在大量使用的 CPLD、FPGA 器件，称为复杂 PLD。

3．按编程工艺进行分类

(1) 熔丝型器件。早期的 PROM 器件就是采用熔丝结构的，编程过程是根据设计的熔丝图文件来烧断对应的熔丝，达到编程和逻辑构建的目的。

(2) 反熔丝型器件。是对熔丝技术的改进，在编程处通过击穿漏层使得两点之间获得导通，这与熔丝烧断获得开路正好相反。

(3) EPROM 型。称为紫外线擦除电可编程只读存储器，是用较高的编程电压进行编程，当需要再次编程时，要用紫外线进行擦除。

(4) E^2PROM 型。即电可擦写可编程只读存储器，现有部分 CPLD 及 GAL 器件采用此类结构，它是对 EPROM 的工艺改进，不需要紫外线擦除，而是直接用电擦除。

(5) SRAM 型。即 SRAM 查找表结构的器件，大部分 FPGA 器件都采用此种编程工艺，如 Xilinx 公司和 Altera 公司的 FPGA 器件。SRAM 型器件在编程速度、编程要求上要优于前四种器件，不过 SRAM 型器件的编程信息存放在 RAM 中，在断电后就丢失了，再次上电需要再次编程（配置），因而需要专用的器件来完成这类配置操作。

(6) Flash 型。美国 Actel 公司为了解决上述反熔丝器件的不足之处，推出了采用 Flash 工艺的 FPGA，可以实现多次可编写，同时做到掉电后不需要重新配置，现在 Xilinx 公司和 Altera 公司的多个系列 CPLD 也采用 Flash 型。

9.1.3 PLD 的逻辑表示方法

由于 PLD 器件所用门电路输入端很多，用前面学习的门电路符号来表示 PLD 器件内部电路并不合适，所以在分析 PLD 器件之前，先介绍目前被广泛采用的逻辑表示方法。

1．输入和输出缓冲器的逻辑表示

输入/输出缓冲器的常用结构有互补输出门和三态输出门电路，如图 9.1 所示。它们都有一定的驱动能力，所以称为缓冲器。

第 9 章 可编程逻辑器件

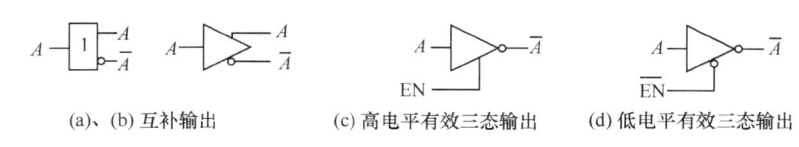

(a)、(b) 互补输出　　(c) 高电平有效三态输出　　(d) 低电平有效三态输出

图 9.1　输入/输出缓冲器的逻辑门符号

2. 阵列交叉连接的逻辑表示

PLD 器件阵列交叉连接方式如图 9.2 所示。图 9.2(a)表示交叉二线没有任何连接，称为断开；图 9.2(b)表示永久性连接，又称硬线连接或固定连接；图 9.2(c)为编程连接，连接状态由编程决定，是可编程的。

3. 与门和或门的逻辑表示

为了方便逻辑电路图的表达，PLD 器件中与门和或门的逻辑表示如图 9.3 所示。图 9.3(a)是与门，图 9.3(b)是或门。

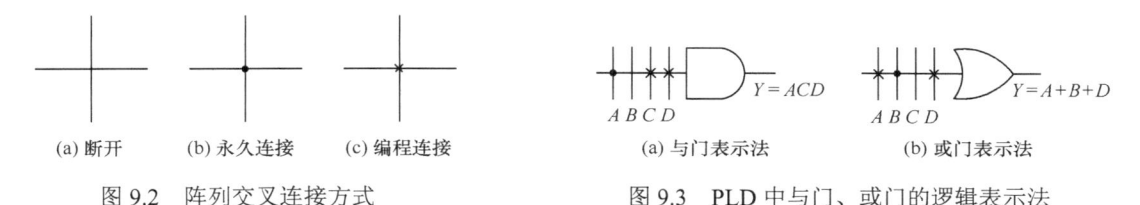

(a) 断开　　(b) 永久连接　　(c) 编程连接

图 9.2　阵列交叉连接方式

(a) 与门表示法　　(b) 或门表示法

图 9.3　PLD 中与门、或门的逻辑表示法

4. 与门的缺省状态

当输入缓冲器的互补输出同时接到一个与门的输入端时，这时与门输出总为 0，这种状态称为与门的缺省状态，如图 9.4 所示。由图可得 $D=0$。为便于表示缺省状态，在与门符号框中画上"×"。如图 9.4 中 $E=0$，它表示输入缓冲器的互补输出同时加在输出为 E 的与门输入端。

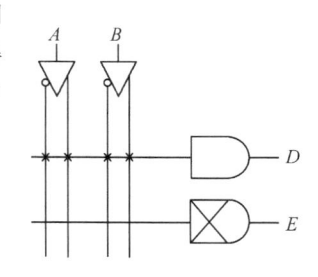

图 9.4　与门的缺省状态

9.2　低密度 PLD

低密度 PLD 以"与"阵列和"或"阵列作为主体，主要用来实现各种组合逻辑函数。常见的低密度 PLD 有可编程只读存储器（PROM）、可编程逻辑阵列（PLA）、可编程阵列逻辑（PAL）、通用阵列逻辑（GAL）等。

9.2.1　PROM

PROM 即可编程只读存储器（Programmable Read-Only Memory），PROM 除了用做只读存储器外，还可以作为 PLD 使用。其基本结构是一个固定的与阵列和一个可编程的或阵列。一般用于存储器，其输入为存储器的地址，输出为存储器单元的内容。如半加器的逻辑表达式：$S=A\oplus B$，$C=AB$。可见半加器有 2 个输入信号和 2 个输出信号，因此可采用 4×2 PROM 编程实现。半加器逻辑阵列如图 9.5 所示。

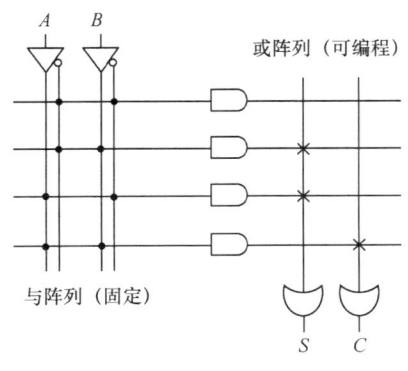

图 9.5　PROM 半加器逻辑阵列

9.2.2 PLA

PLA 即可编程逻辑阵列（Programmable Logic Array），它们都有一个与阵列和一个或阵列，PLA 的与阵列和或阵列均可编程，如图 9.6 所示，而 PROM 中只有或阵列是可编程的，其与阵列（即地址译码器）是不可编程的。

9.2.3 PAL

可编程阵列逻辑（PAL）是采用熔丝工艺制造的一次性可编程逻辑器件，它主要由可编程的与阵列、不可编程的或阵列和输出电路组成，如图 9.7(a)所示。编程后的 PAL 电路结构如图 9.7(b) 所示。

图 9.6 PLA 逻辑阵列

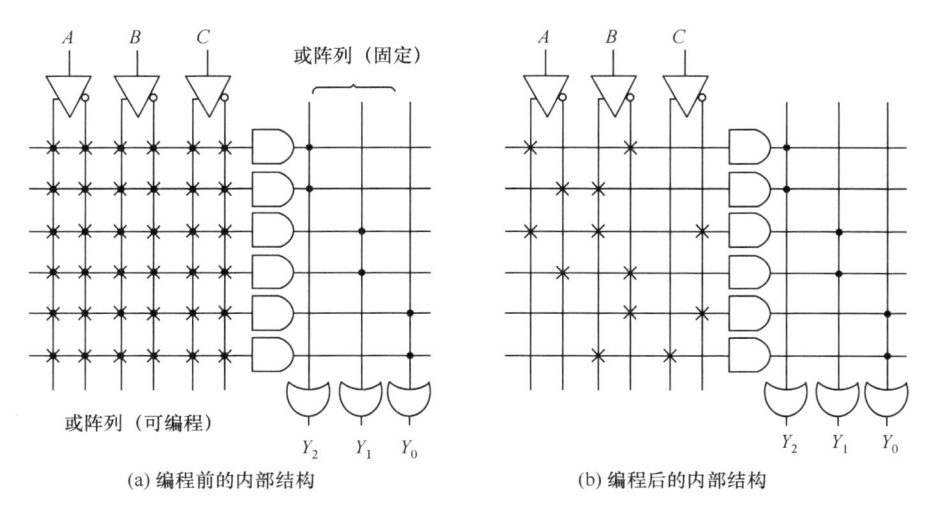

(a) 编程前的内部结构　　(b) 编程后的内部结构

图 9.7 PAL 的基本电路结构

9.2.4 GAL

通用阵列逻辑（GAL）器件的基本结构与 PAL 相同，与阵列可编程，或阵列固定。但它和 PAL 又有不同。首先，GAL 是 E^2PROM 工艺，可进行多次编程，所以具有可改写性，从而降低了设计风险，PAL 则采用熔丝工艺，一旦编程后便不能修改。其次，GAL 的输出电路结构完全不同于 PAL，它的输出为输出逻辑宏单元（Output Logic Macro Cell，OLMC），在 OLMC 中包含了或门、寄存器和可编程的控制电路，通过对 OLMC 进行编程，可组态出多种不同的输出结构，几乎涵盖了 PAL 的各种输出结构。因此，GAL 器件的功能更强大，设计更灵活，器件的选择也更方便，增强了器件的通用性。图 9.8 所示为 GAL 器件 GAL16V8 的逻辑电路图，它由与阵列、输出逻辑宏单元、输入缓冲器、反馈缓冲器和三态输出缓冲器组成，或阵列包含在输出逻辑宏单元中。GAL16V8 有 16 个输入引脚，8 个输出引脚。

图 9.9 所示为输出逻辑宏单元原理框图，它主要由 8 输入或门、D 触发器、数据选择器和控制门电路组成。

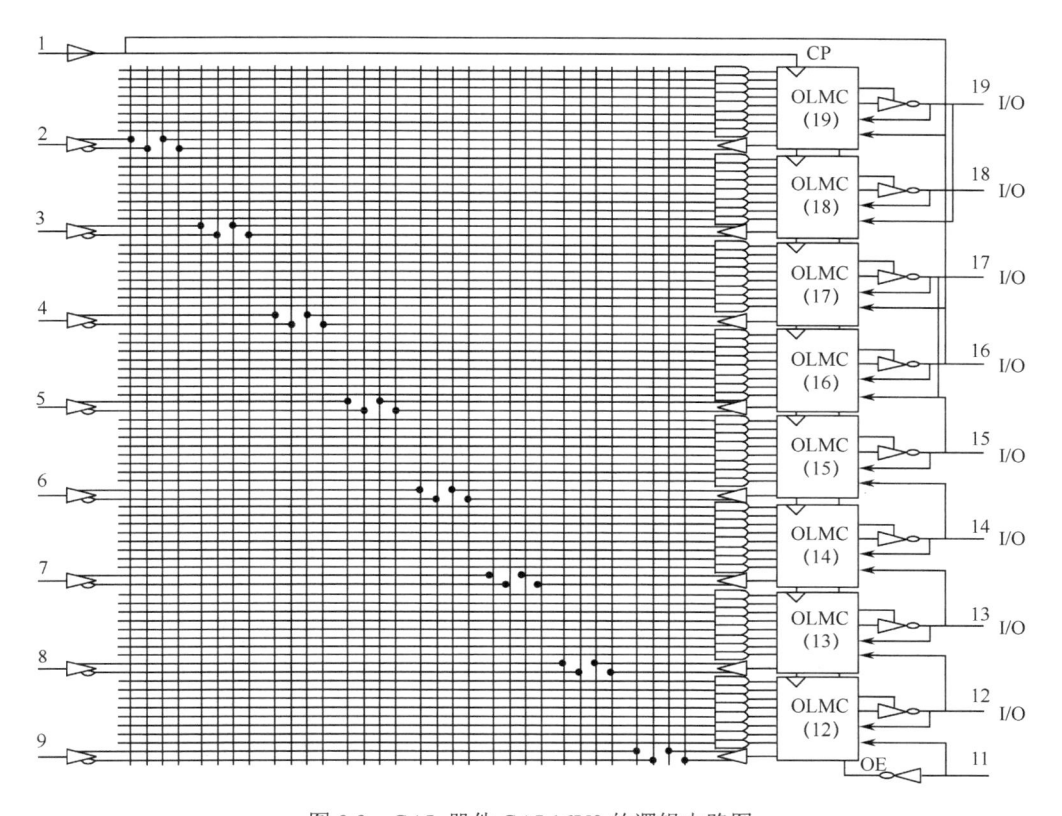

图 9.8　GAL 器件 GAL16V8 的逻辑电路图

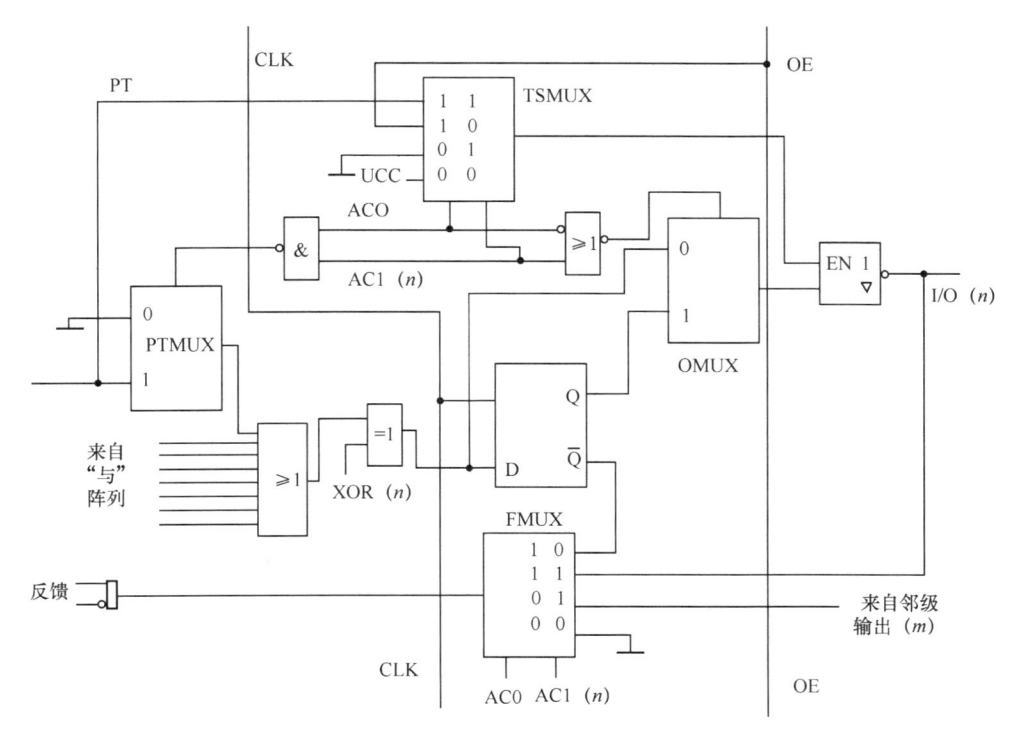

图 9.9　OLMC 的原理框图

8 输入或门的每个输入来自与阵列中的一个与门输出的与项（乘积项），因此，或门的输出为输入与项之和，也就是说，或门输出为与或逻辑函数，PT 为与阵列输出的第一与项。

D 触发器为时序逻辑电路的寄存器单元，其驱动信号为来自异或门的输出，用以存放异或门的输出信号。

4 个数据选择器的组态：(1)乘积项数据选择器（PTMUX）。又称乘积项多路开关，为 2 选 1 数据选择器，它主要用于选择第一与项 PT 作为 8 输入或门的输入信号。(2)三态数据选择器（TSMUX）。又称三态多路开关，为 4 选 1 数据选择器，它主要用于选择三态输出缓冲器的使能信号，控制它的工作状态。(3)反馈数据选择器（FMUX）。又称反馈多路开关，为 4 选 1 数据选择器，它主要用于选择不同来源的输入信号反馈到与阵列的输入端。(4)输出数据选择器（OMUX）。又称输出多路开关，为 2 选 1 数据选择器，它主要用于控制输出是组合输出还是寄存器输出。异或门用于控制 OLMC 输出信号的极性。

9.3 复杂可编程逻辑器件

复杂可编程逻辑器件（CPLD）是从 PAL 和 GAL 器件发展出来的器件，相对而言规模大，结构复杂，属于大规模集成电路范围，具有编程灵活、集成度高、设计开发周期短、适用范围宽、开发工具先进、设计制造成本低、对设计者的硬件经验要求低、标准产品无须测试、保密性强、价格大众化等特点，可实现较大规模的电路设计，被广泛应用于产品的设计和小批量产品生产。

9.3.1 基于乘积项的 CPLD 基本结构

CPLD 比 PAL、GAL 的集成度更高，有更多的输入端、乘积项及宏单元。图 9.10 所示为一般 CPLD 器件的结构框图。CPLD 器件内部含有多个逻辑块，每个逻辑块都相当于一个 GAL 器件，每个块之间可以使用可编程内部连线（或者称为可编程的开关矩阵）实现相互连接。为增加对 I/O 的控制能力，提高引脚适应性，CPLD 中还增加了 I/O 模块。每个 I/O 块中有多个 I/O 单元。

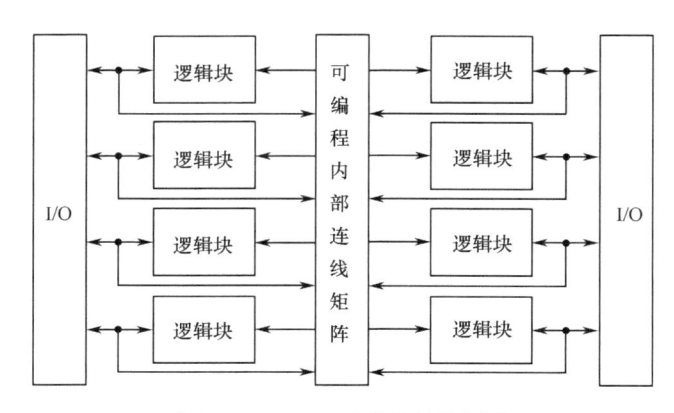

图 9.10 CPLD 器件的结构框图

1. 逻辑块

逻辑块的构成如图 9.11 所示。它主要由可编程乘积项阵列、乘积项分配、宏单元三部分构成，其结构类似于 GAL。对于不同厂商、不同型号的 CPLD，逻辑块中乘积项的输入变量个数 n 和宏单元个数 m 不完全相同。

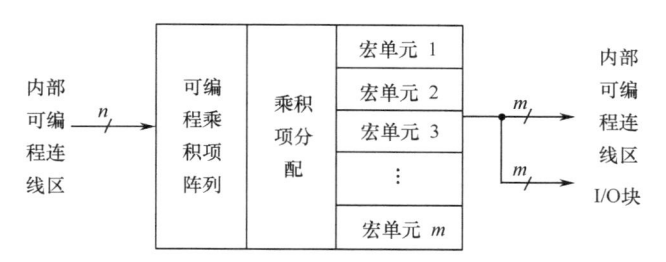

图 9.11　逻辑块的构成

(1) 可编程乘积项阵列

乘积项阵列有 n 个输入，可以产生 n 变量的乘积项。一般一个宏单元对应 5 个乘积项，则在逻辑块中共有 $5 \times m$ 个乘积项。

(2) 乘积项分配和宏单元

不同型号的 CPLD 器件，乘积项分配和宏单元电路结构不完全相同，但所要实现的功能大体相似。图 9.12 所示为 XC9500 系列的乘积项分配和宏单元电路，图中 $S_1 \sim S_8$ 为可编程信息分配器，$M_1 \sim M_5$ 为可编程信息选择器。

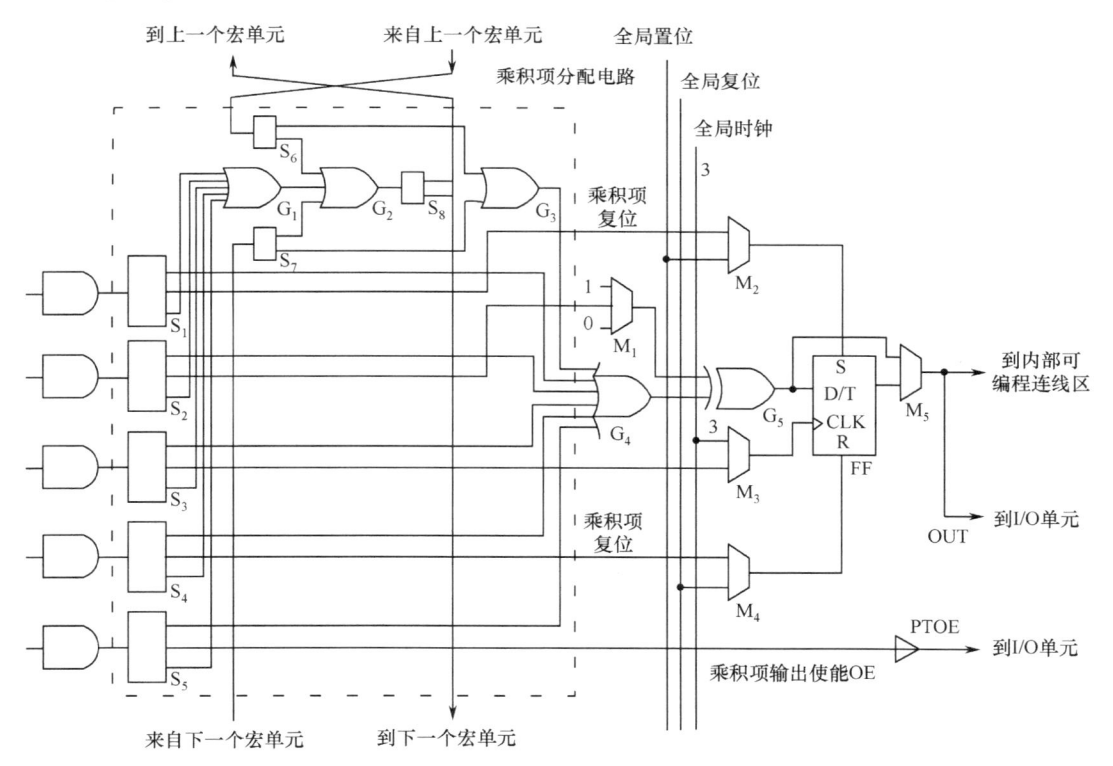

图 9.12　XC9500 系列的乘积项分配和宏单元电路

2．可编程内部连线

可编程内部连线的作用是实现逻辑块与逻辑块之间、逻辑块与 I/O 块之间以及全局信号到逻辑块和 I/O 块之间的连接。连线区的可编程连接一般由 E^2CMOS 管实现，连接原理如图 9.13 所示。当 E^2CMOS 管被编程为导通时，纵线和横线连通；未被编程为截止时，两线则不通。

3. I/O 单元

I/O 单元是 CPLD 外部封装引脚和内部逻辑间的接口。每个 I/O 单元对应一个封装引脚，对 I/O 单元编程，可将引脚定义为输入、输出和双向功能。CPLD 的 I/O 单元简化结构如图 9.14 所示。

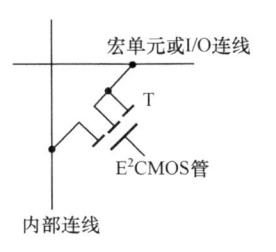

图 9.13 可编程连接原理

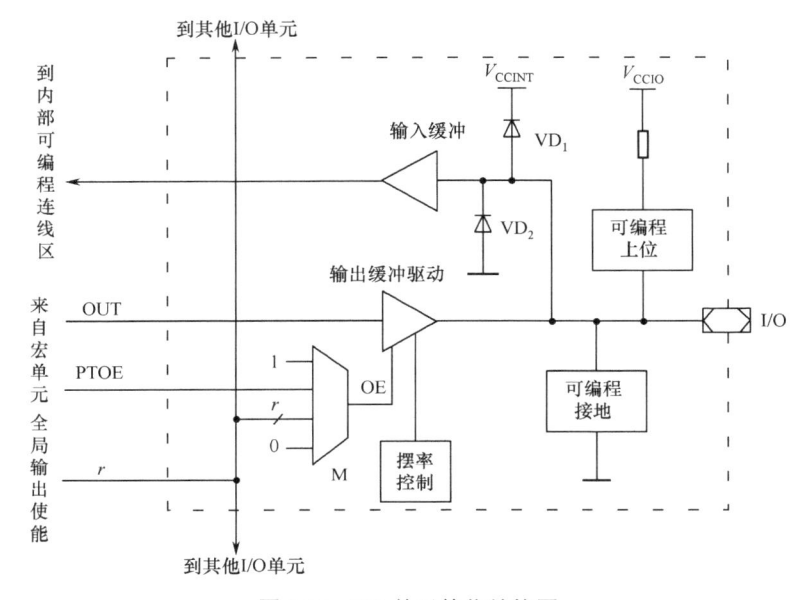

图 9.14 I/O 单元简化结构图

I/O 单元中有输入和输出两条信号通道。当 I/O 引脚用做输出时，三态输出缓冲器的输入信号来自宏单元，其使能控制信号 OE 由可编程信息选择器 M 选择其来源。其中，全局输出使能控制信号 r 有多个，不同型号的器件，其数量也不同。当 OE 为低电平时，I/O 引脚可用做输入，引脚上的输入信号经过输入缓冲器送至内部可编程连线区。

图 9.14 中 VD_1 和 VD_2 是钳位二极管，用于 I/O 引脚的保护。另外，通过编程可以使 I/O 引脚接上拉电阻或接地，也可以控制输出摆率，选择快速方式可适应频率较高的信号输出，选择慢速方式则可减小功耗和降低噪声。

9.3.2 CPLD 产品概述

国际上生产 CPLD/FPGA 的主流公司，并且在国内占有市场份额较大的主要是美国的 Altera、Lattice、Xilinx 三家公司。典型的 CPLD 产品情况如下。

Altera 公司有 MAX3000A、MAX7000S、MAX9000 等系列，MAX 系列器件结构中主要包含 3 个主要部分，分别是逻辑阵列块（Logic Array Block，LAB）、可编程连线阵列（Programmable Interconnect Array，PIA）和 I/O 控制块（I/O Control Blocks，IOCB）。

Lattice 公司有 ispLSI1000、ispLSI2000、ispLSI3000、ispLSI6000、ispMACH4A5、ispMACH4000、ispXPLD5000 等系列。

Xilinx 公司有 XC9500、CoolRunner-II、CoolRunner XPLA3、XC9500/XL/XV 等系列。

9.4 现场可编程门阵列

现场可编程门阵列（FPGA）和前面讨论的 PAL 和 GAL 不同，不再是与或阵列结构，而是另一类可编程逻辑器件，它主要由许多规模较小的可编程逻辑块（CLB）排成的阵列和可编程输入/输出模块（IOB）组成。与 CPLD 相比，FPGA 的集成度更高，在设计数字系统时，它的通用性更好，使用更加方便灵活，芯片内资源利用率高。FPGA 利用小型查找表（16×1RAM）来实现组合逻辑，每个查找表连接到一个 D 触发器的输入端，触发器再来驱动其他逻辑电路或驱动 I/O，由此构成了既可实现组合逻辑功能又可实现时序逻辑功能的基本逻辑单元模块，这些模块间利用金属连线互相连接或连接到 I/O 模块。FPGA 的逻辑是通过向内部静态存储单元加载编程信息来实现的，存储在存储器单元中的值决定了逻辑单元的逻辑功能以及各模块之间或模块与 I/O 间的连接方式，并最终决定了 FPGA 所能实现的功能，FPGA 允许无限次的编程。目前，FPGA 已成为广为应用的可编程器件之一。

9.4.1 基于查找表的 FPGA 基本结构

FPGA 结构框图如图 9.15 所示，它主要由可编程输入/输出模块（Input/Output Block，IOB）、可编程逻辑模块（Configurable Logic Block，CLB）和可编程互连资源（Programmable Interconnect Resource，PIR）三种可编程逻辑部件和存放编程信息的静态存储器（SRAM）组成。

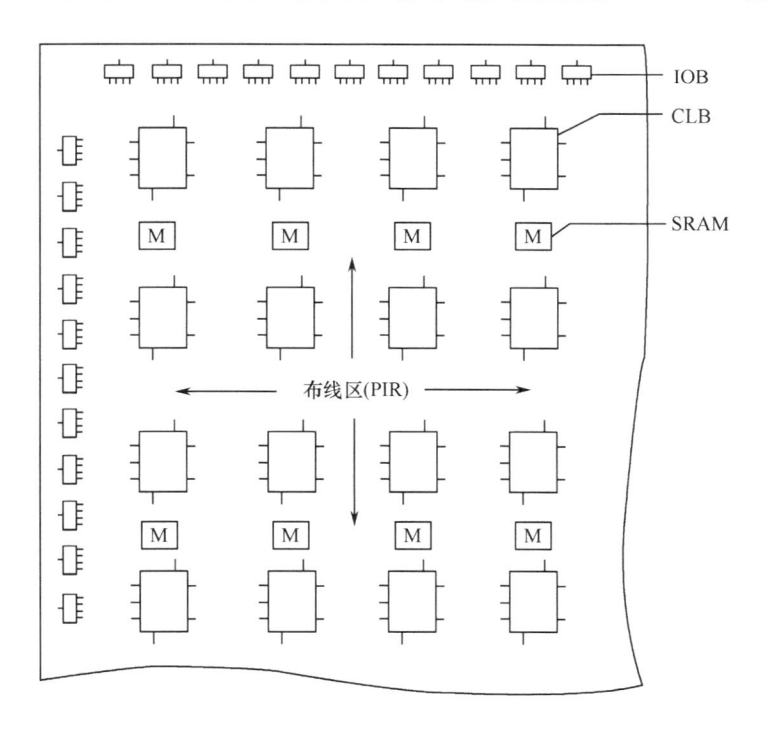

图 9.15 FPGA 的结构框图

IOB 模块分布在集成芯片的四周，它是内部逻辑电路和芯片外引脚之间的编程接口。CLB 模块分布在集成芯片的中间，通过编程可实现组合逻辑电路和时序逻辑电路。PIR 提供了丰富的连线资源，包括纵横网状金属导线、可编程开关和可编程连接点等部分，主要用以实现 CLB 模块之间、CLB 与 IOB 之间的连接。SRAM 主要用以存放内部 IOB、CLB 及互连开关的编程信息。断电后，SRAM 中存放的数据（编程信息）会全部丢失。因此，每次使用通电时，存放 FPGA 中编程信息的 EPROM 通过编程接口电路自动给 SRAM 重新装载编程信息。下面以 Xilinx 公司的 XC2000 系列产品为例，简要介绍 FPGA 各个功能模块的功能及其工作原理。

1．可编程逻辑模块（CLB）

XC2000 系列 FPGA 的 CLB 原理框图如图 9.16 所示，它由可编程组合逻辑块、触发器和数据选择器组成，有 A, B, C, D 四个输入端、一个时钟输入端 CLK 和 X, Y 两个输出端。图中未画出数据选择器的选择码（地址码），这是因为它是由开发系统软件根据用户的设计文件自动决定并存储在 SRAM 中的。通过对组合逻辑块编程，可产生 3 种不同的组合逻辑电路组态，分别可以实现 4 输入/单输出逻辑函数、3 输入/2 输出逻辑函数和 3 输入/2 选 1 输出逻辑函数，3 种电路组态如图 9.17 所示。CLB 中的触发器具有 3 种不同的时钟信号，可供编程选择。触发器的置位和清除信号也有两种，通过编程加以取舍，这种构造为逻辑设计提供了很大的灵活性。

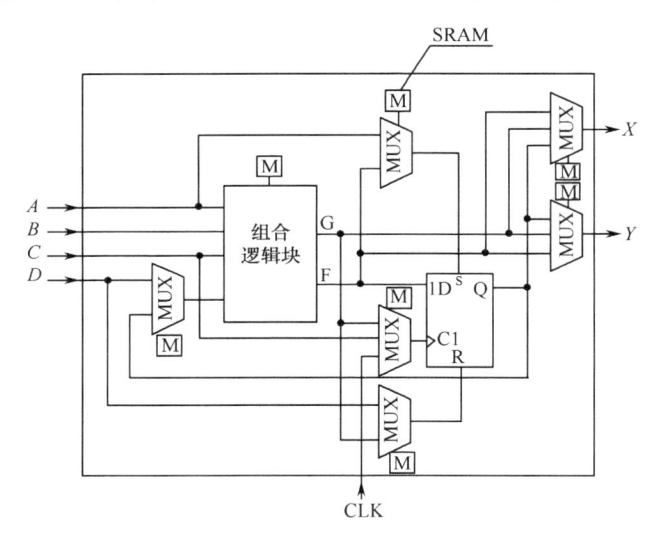

图 9.16 CLB 原理框图

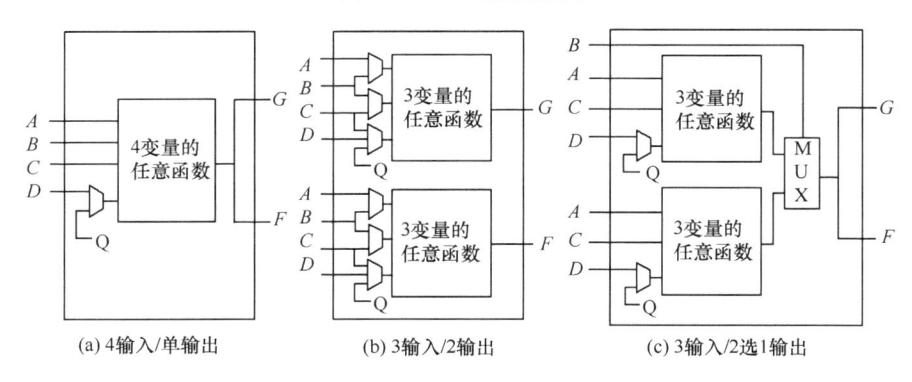

图 9.17 CLB 中组合逻辑块的 3 种电路组态

2. 可编程输入/输出模块（IOB）

XC2000 系列 FPGA 器件的 IOB 电路框图如图 9.18 所示，它分布在 FPGA 芯片的四周，是信号输入/输出的接口。它由三态输出缓冲器 G_1、输入缓冲器 G_2、D 触发器和两个数据选择器 MUX1、MUX2 组成，当 IOB 被编程作为输入端时，它有异步输入和同步输入两种方式。

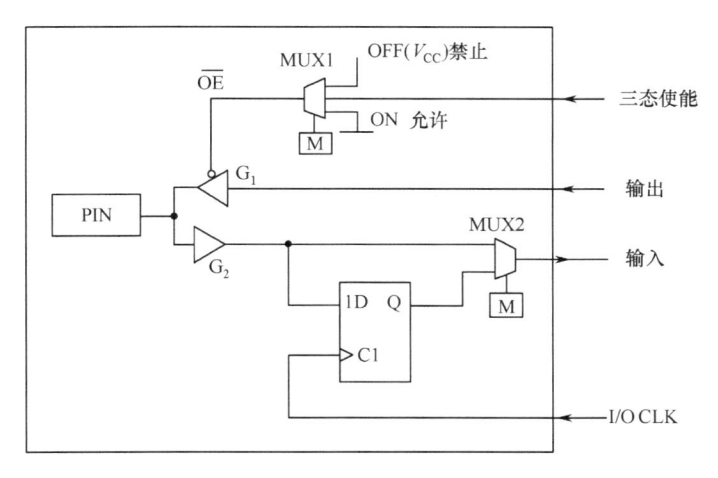

图 9.18　IOB 电路框图

数据选择器 MUX1 输出为三态输出缓冲器 G_1 提供使能控制信号。当 MUX1 输出 $\overline{OE}$ 为低电平 0 时，G_1 的使能控制有效，IOB 工作在输出状态，信号通过 G_1 输出。当 MUX1 输出 $\overline{OE}$ 为高电平时，则 G_1 被禁止。

数据选择器 MUX2 用于输入方式选择。当 MUX2 选择由缓冲器 G_2 输入时，则外部输入信号经 G_2、MUX2 直接输入 FPGA 内部，形成异步输入。当 MUX2 选择由触发器的 Q 端输入时，则为同步输入，同步信号为外部时钟信号 I/O CLK。

3. 可编程互连资源（PIR）

PIR 是 FPGA 芯片中为实现各模块之间的互连而设计的可编程互连网络结构，如图 9.19 所示。PIR 包括内部连接导线、可编程连接点和可编程互连开关矩阵。图中的纵向和横向分布的细线为连接导线，分为直接连线、通用连线和全局连线。图中导线交叉处的小方框表示可编程连接点，而 SM 方框为可编程互连开关矩阵，它负责纵、横向通用连线的连通。控制互连关系的编程信息存储在分布于 CLB 矩阵中的 SRAM 单元里。通过对 PIR 的编程，可实现系统的逻辑互连。

4. FPGA 的编程信息装载

FPGA 器件的编程是把编程信息装入 FPGA 芯片中的 SRAM 单元，再由 SRAM 控制各编程连接点的连接状态。因此，它不像 PAL、GAL 那样一次编程后，数据可永久保持，而是在系统断电后，装载到 FPGA 里的编程信息会全部丢失，所以需要一片 EPROM 来存放编程信息，在系统开机通电后，由系统自动对 FPGA 重新装载编程信息。图 9.20 所示为 FPGA 与存储器 EPROM 配合的原理图，图中存储器 EPROM 中已经存放了对 FPGA 编程的编程信息文件，在系统接通电源后，FPGA 自带振荡器工作，产生编程时钟信号，同时内部复位电路被触发，LDC 输出低电平，使 EPROM 处于工作状态，电路自动执行编程信息的装载操作。编程信息装载完毕后，标志位

D/P 由低电平变为高电平,此时 FPGA 进入用户逻辑状态,所有的地址端和数据端都为用户 I/O 端口,LDC 和 M2 也成为用户 I/O 端口,M0, Ml 为输入端口。FPGA 进行编程信息的装载有多种模式,由 FPGA 器件的 M0, Ml, M2 三个模式选择端来确定。

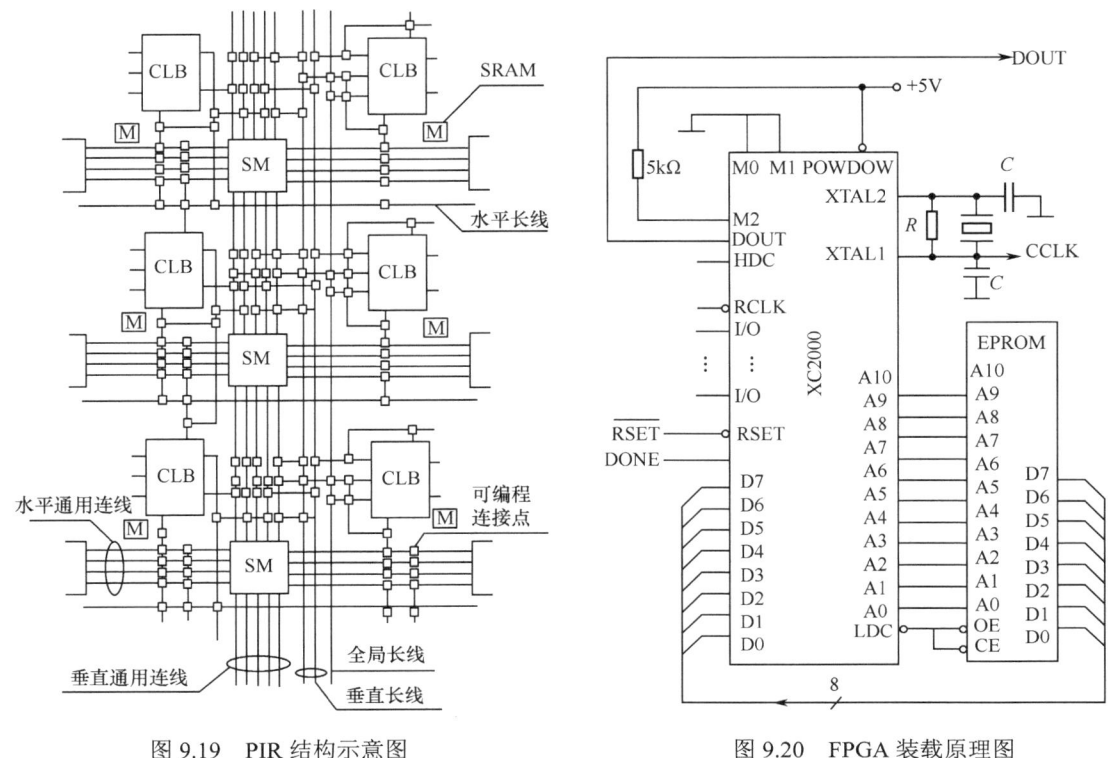

图 9.19 PIR 结构示意图

图 9.20 FPGA 装载原理图

9.4.2 FPGA 产品概述

典型的 FPGA 产品情况如下。

Lattice 公司有 MachXO、ispXPGA、EC/ECP、ECP2/M(含 S 系列)、ECP3、SC/SCM、XP/XP2、FPSC 等系列。

Altera 公司有 MAX II、Cyclone、Cyclone II、Cyclone III、Arria GX、Arria IIGX、STRATIX、STRATIX II、STRATIX III、STRATIX IV、FLEX10K、FLEX8000、APEX20K、APEX II、ACEX1K 等系列。

Xilinx 公司有 XC3000、XC4000、XC5200、Spartan II、Spartan IIE、Spartan-3、Spartan-3A、Spartan-3E、Spartan-3L、Spartan-6、Virtex、Virtex-E、Virtex-II、Virtex-4、Virtex-5、Virtex-6 等系列。

9.5 基于 CPLD/FPGA 的数字系统开发流程

CPLD/FPGA 开发设计流程包括:设计输入、设计数据库的使用、综合编译、分析验证、综合仿真、布局布线、编程下载等。

9.5.1 一般开发流程

CPLD/FPGA 的一般开发流程如图 9.21 所示。

(1) 源程序的编辑和编译：用一定的逻辑表达手段将设计表达出来。

(2) 逻辑综合：将用一定的逻辑表达手段表达出来的设计，经过一系列的操作，分解成一系列的基本逻辑电路及对应关系（电路分解）。

(3) 目标器件的布线/适配：在选定的目标器件中建立这些基本逻辑电路及对应关系（逻辑实现）。

(4) 目标器件的编程/下载：将前面的软件设计经过编程变成具体的设计系统（物理实现）。

(5) 硬件仿真/硬件测试：验证所设计的系统是否符合设计要求。

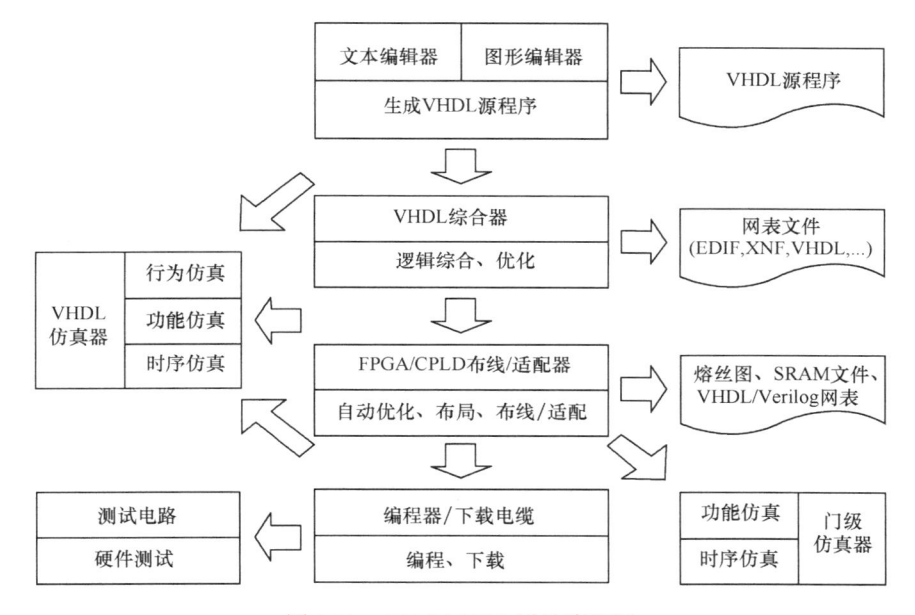

图 9.21 CPLD/FPGA 设计流程图

9.5.2 硬件描述语言 VHDL/Verilog HDL

随着 EDA 技术的发展，使用硬件描述语言设计 CPLD/FPGA 已经成为一种趋势。目前最主要的硬件描述语言（Hardware Description Language）是 VHDL 和 Verilog HDL。VHDL 发展得较早，语法严格，而 Verilog HDL 是在 C 语言的基础上发展起来的，语法较自由。VHDL 和 Verilog HDL 两者在语法上相比，VHDL 的书写规则比 Verilog HDL 烦琐一些，而 Verilog HDL 的语法更加自由。

1．硬件描述语言 VHDL

VHDL 的全称是 Very High speed integrated circuit Hardware Description Language，它最初是由美国国防部和 intermetrics 公司、德州仪器公司（TI）和 IBM 公司联合开发的。1987 年，VHDL 被 IEEE 和美国国防部确认为标准硬件描述语言，使得 VHDL 在电子设计领域得到了广泛应用，渐成为工业界标准。这个版本被称为 87 版。1993 年，IEEE 对 VHDL 进行了修订，推出了新的标准，被称为 93 版。

一般的硬件描述语言在行为级、RTL（寄存器传输级，即数据流描述）级和门电路级这三个层次上描述电路。VHDL 用于行为级和 RTL 级的描述，它是一种高级描述语言，几乎不能控制门电路的生成。然而，任何一种硬件描述语言的源程序都要转化成门级电路，这一过程称为综合。熟悉 VHDL 语言后，设计效率会很高，且生成电路的性能不亚于其他设计软件生成电路的性能。目前大多数 EDA 软件都支持 VHDL 语言。

通常一个完整的 VHDL 语言程序包含实体（ENTITY）、结构体（ARCHITECTURE）、程序包（PACKAGE）、配置（CONFIGURATION）和库（LIBRARY）等多个部分。

(1) 实体（ENTITY）

用于描述所设计系统的外部接口信号，所有设计的表达均与实体有关。实体是设计中最基本的模块，若设计分层次，设计的最顶层是顶级实体，在顶级实体的描述中会含有较低级实体的描述。

(2) 结构体（ARCHITECTURE）

用于描述实体所代表的系统内部的结构和行为。一个实体可以有多个结构体，因此，对于描述一个系统的内部细节，结构体具有更强的描述能力和灵活性。

(3) 程序包（PACKAGE）

设计中用的子程序和公用数据类型的集合。用于存放各个设计模块都能享用的数据类型、常数和子程序。

(4) 配置（CONFIGURATION）

对应于传统设计方法中设计的零件清单，用于指明实体所对应的结构体。

(5) 库（LIBRARY）

用于存放已经编译过的实体、结构体、程序包和配置。用户也可以生成自己的库。

(6) VHDL 的基本语句

VHDL 的基本描述语句分为顺序语句和并行语句。顺序语句是完全按程序中出现的顺序执行的语句，即前面语句的执行结果会影响后面语句的执行结果。顺序语句只出现在进程和子程序中。并行语句作为一个整体运行，仅执行被激活的语句，并非所有语句都执行。虽然在设计过程中，一个实体下面可以写多个结构体，但在综合时，必须用配置语句为实体指定一个结构体。结构体是实体的行为描述，行为描述由一系列的并行语句构成，最常用的并行语句有信号赋值语句、子程序调用语句和进程语句，而进程语句又是由一系列的顺序语句组成的。

由于篇幅所限，关于 VHDL 硬件描述语言的更为详细、广泛、深入的内容，请读者参阅相关书籍。

2．硬件描述语言 Verilog HDL

Verilog HDL 是一种标准硬件描述语言，用于从算法级、门级到开关级的多种抽象设计层次的数字系统建模。被建模的数字系统对象的复杂性可以介于简单的门和完整的数字系统之间。数字系统能够按层次描述，并可在相同描述中显式地进行时序建模。

Verilog HDL 语言具有下述描述能力：设计的行为特性、设计的数据流特性、设计的结构组成以及包含响应监控和设计验证方面的时延和波形产生机制。所有这些都使用同一种建模语言。此外，Verilog HDL 语言提供了编程语言接口，通过该接口可以在模拟、验证期间从设计外部访问设计，包括模拟的具体控制和运行。

Verilog HDL 语言不仅定义了语法，而且对每个语法结构都定义了清晰的模拟、仿真语义，因此，用这种语言编写的模型能够使用 Verilog 仿真器进行验证。Verilog HDL 语言从 C 编程语言中继承了多种操作符和结构。Verilog HDL 提供了扩展的建模能力，其中许多扩展最初很难理解。但是，Verilog HDL 语言的核心子集非常易于学习和使用，这对大多数建模应用来说已经足够。

Verilog HDL 就是在用途最广泛的 C 语言的基础上发展起来的一种硬件描述语言，它是由 GDA（Gateway Design Automation）公司的 PhilMoorby 在 1983 年末首创的，最初只设计了一个仿真与验证工具，之后又陆续开发了相关的故障模拟与时序分析工具。1985 年 Moorby 推出它的第三个商用仿真器 Verilog-XL，获得了巨大的成功，从而使得 Verilog HDL 迅速得到推广应用。1989 年 CADENCE 公司收购了 GDA 公司，使得 Verilog HDL 成为了该公司的独家专利。1990 年 CADENCE 公司公开发布了 Verilog HDL，并成立 LVI 组织以促进 Verilog HDL 成为 IEEE 标准，即 IEEE Standard 1364-1995。

Verilog HDL 的最大特点就是易学易用，若有 C 语言的编程经验，则在较短的时间内可很快地学习和掌握。与之相比，VHDL 的学习要困难一些，但 Verilog HDL 较自由的语法，也容易造成初学者犯一些错误，这一点要注意。

Verilog HDL 语言程序中，模块是基本描述单位，用于描述某个设计的功能或结构及其与其他模块通信的外部端口。一个设计的结构可使用开关级原语、门级原语和用户定义的原语方式描述；设计的数据流行为使用连续赋值语句进行描述；时序行为使用过程结构描述。一个模块可以在另一个模块中被调用。

一个完整的 Verilog HDL 语言程序模块由以下四部分组成。

(1) 模块定义行：module module_name (port_list)。

(2) 说明部分：用于定义不同的项，例如模块描述中使用的寄存器和参数。语句定义设计的功能和结构。说明部分和语句可以散布在模块中的任何地方；但是变量、寄存器、线网和参数等的说明部分必须在使用前出现。为了使模块描述清晰和具有良好的可读性，最好将所有的说明部分放在语句前。说明部分主要包括：

寄存器，线网，参数：reg, wire, parameter。

端口类型说明行：input, output, inout。

函数、任务：function, task。

(3) 描述体部分：这是一个模块最重要的部分，在这里描述模块的行为和功能，包括子模块的调用和连接，逻辑门的调用，用户自定义部件的调用，初始态赋值，always 块，连续赋值语句等。

(4) 结束行：以 endmodule 结束。

对于初学者，其实两种语言的差别并不大，它们的描述能力也是类似的。掌握其中一种语言以后，可以通过短期的学习，较快地学会另一种语言。选择何种语言主要还是看周围人群的使用习惯，这样可以方便日后的学习交流。当然，若是集成电路（ASIC）设计人员，则必须首先掌握 Verilog HDL 语言，因为在 IC 设计领域，90%以上的公司都采用 Verilog HDL 进行 IC 设计。对于 CPLD/FPGA 设计者而言，两种语言可以自由选择。常用的硬件描述语言开发软件有 Altera 公司的 Quartus II、Xilinx 公司的 Foundation ISE 等。

9.5.3　D 锁存器和 D 触发器的 VHDL 设计

作为硬件描述语言设计实例，下面给出 D 锁存器和 D 触发器的 VHDL 语言程序，供读者参考。

例 9.1 高电平敏感的 D 锁存器的 VHDL 设计。
```
Library IEEE;
Use IEEE.std_logic_1164.all;

Entity d_latch IS
    Port
        (
            clk, d   :IN      std_logic;
            q        :OUT std_logic
        );
END Entity d_latch;

Architecture Bhv1 OF d_latch IS
Begin
    Process(clk, d)
    Begin
        if clk = '1' then
            q <= d;
        end if;
    END Process;
END Bhv1;
```
例 9.2 上升沿敏感的 D 触发器的 VHDL 设计。
```
Library IEEE;
Use IEEE.std_logic_1164.all;

Entity d_trigger IS
 Port
    (
        clk, d   : IN     std_logic;
        q        : OUT    std_logic
    );
END Entity d_trigger;

Architecture Bhv2 OF d_trigger IS
Begin
 Process(clk, d)
 Begin
     if rising_edge(clk) then
         q <= d;
     end if;
 END Process;
END Bhv2;
```

9.5.4 集成开发环境 Quartus II

Quartus II 是美国 Altera 公司推出的可编程逻辑器件开发工具，支持原理图设计输入、硬件描述语言设计输入等多种方式。硬件描述语言设计输入方式是利用类似于高级程序的设计方法来设计数字系统。下面简单介绍 Quartus II 软件的使用方法，以便读者对该工具软件的了解和学习。运行后，Quartus II 软件界面如图 9.22 所示。

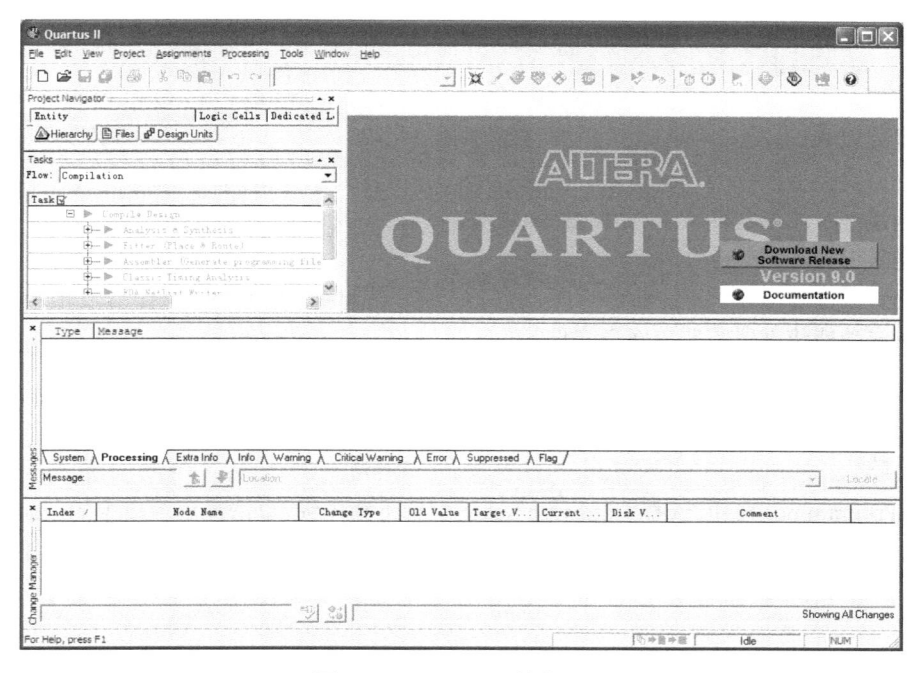

图 9.22　Quartus II 软件界面

1．软件界面

（1）快捷工具栏：提供设置（setting）、编译（compile）等快捷方式，方便用户使用，用户也可以在菜单栏的下拉菜单找到相应的选项。

（2）菜单栏：软件所有功能的控制选项都可以在其下拉菜单中找到。

（3）编译及综合的进度栏：编译和综合时，该窗口可以显示进度，当显示 100%时表示编译通过。

（4）信息栏：编译或者综合整个过程的详细信息显示窗口，包括编译通过信息和报错信息。

2．新建工程

（1）新建工程名称。

（2）添加已有文件。

（3）选择芯片型号。

（4）选择仿真，综合工具。

3．添加文件

略。

4．编写程序

略。

5．语法检查（Start Analysis & Synthesis）

略。

6. 锁定引脚

略。

7. 整体编译（Start Compilation）

略。

8. 功能仿真

(1) 将仿真类型设置为功能仿真。
(2) 创建一个波形文件。
(3) 导入引脚。
(4) 设置激励信号。
(5) 生成功能仿真所需要的网表文件。
(6) 开始仿真。
(7) 观察仿真结果。

9. 下载

单击 Programmer 按钮，选择 Hardware Setup 配置下载电缆，单击弹出窗口中的 Add Hardware 按钮，选择窗口下载 Byte Blaster MV [LPT1]，单击 Close 按钮完成设置。选中下载文件，然后单击 Start 按钮开始下载。

本 章 小 结

1. 可编程逻辑器件（PLD）是一种可由用户对其进行编程的大规模通用集成电路。目前常用的 PLD 器件主要有 CPLD 和 FPGA。
2. 低密度 PLD 以与阵列和或阵列作为主体，主要用来实现各种组合逻辑函数。常见的低密度 PLD 有 PROM、PLA、PAL、GAL 等。
3. CPLD 和 FPGA 都是超大规模在系统可编程逻辑器件。由于 CPLD/FPGA 的集成密度高、工作速度快、性能稳定可靠、开发软件先进、设计周期短等一系列优点，所以发展非常迅猛。目前，CPLD 和 FPGA 已成为数字系统设计的主流芯片。
4. 随着 EDA 技术的发展，使用硬件描述语言设计 CPLD/FPGA 已经成为一种趋势，目前主要的硬件描述语言有 VHDL 和 Verilog HDL。
5. Quartus II 是美国 Altera 公司推出的专业 EDA 工具，支持原理图输入、硬件描述语言输入等多种设计输入方式。
6. 了解并掌握基于 CPLD/FPGA 的数字系统设计技术，是很有必要的。

思考题和习题 9

9.1 什么是可编程逻辑器件？
9.2 可编程逻辑器件主要由几部分组成，各部分之间的相互关系是什么？
9.3 GAL 的输出逻辑宏单元由哪几部分组成，可以编程组态为几种常用的输出结构？

9.4 GAL 和 PAL 的相同点是什么？最大的不同是什么？
9.5 就编程原理而言，FPGA 与 PAL 和 GAL 有什么不同？
9.6 FPGA 由哪几部分组成？简述各部分的主要功能和相互关系。
9.7 逻辑宏单元 OLMC 的特点是什么？
9.8 CPLD 和 FPGA 都是超大规模可编程逻辑器件，它们的结构有什么不同？
9.9 一个简单的 VHDL 程序由哪些组成部分？
9.10 简述应用可编程逻辑器件设计数字电路的主要流程。
9.11 请完成低电平敏感的 D 锁存器的 VHDL 设计。
9.12 请完成下降沿敏感的 D 触发器的 VHDL 设计。

附录 A 电路仿真软件 Proteus

本附录介绍电路仿真软件 Proteus 的结构和资源、简单使用方法。以典型实例讲述基于 Proteus ISIS 的电路设计方法、调试方法、仿真方法。

A.1 Proteus 电路仿真软件简介

A.1.1 Proteus 简介

Proteus 是英国 Labcenter 公司开发的电路分析与仿真软件。Proteus 软件自 1989 年问世至今，经历了 20 多年的发展历史，功能得到了不断完善，性能越来越好，全球的用户也越来越多。Proteus 之所以在全球得到应用，原因是它具有自身的特点和结构。该软件的特点如下：

(1) 集原理图设计、仿真和 PCB 设计于一体，是真正实现了从概念到产品的完整电子设计工具；

(2) 具有模拟电路、数字电路、单片机应用系统、嵌入式系统（不高于 ARM7）设计与仿真功能；

(3) 具有全速、单步、设置断点等多种形式的调试功能；

(4) 具有各种信号源和电路分析所需的虚拟仪表；

(5) 支持多种第三方的软件编译和调试环境；

(6) 具有强大的原理图到 PCB 板设计功能，可以输出多种格式的电路设计报表。

可以这样认为，拥有电路仿真软件 Proteus，就相当于拥有了一个电子设计和分析平台。

A.1.2 Proteus 组成

Proteus 电子设计软件由原理图输入模块（ISIS）、混合模型仿真器、动态器件库、高级图形分析模块、处理器仿真模型及 PCB 板设计编辑（ARES）6 部分组成，如图 A.1 所示。

原理图输入模块（ISIS）	混合模型仿真器	动态器件库	高级图形分析模块	处理器仿真模型	PCB板设计编辑（ARES）

Proteus

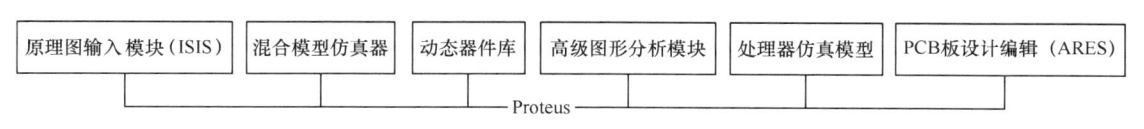

图 A.1 Proteus 基本组成

A.1.3 Proteus 基本资源

1．工具

工具包括标准工具和绘图工具，标准工具的内容与菜单栏的内容一一对应，绘图工具栏有丰富的操作工具，选择不同的按钮会得到不同的工具。

(1) 操作工具

Proteus 提供下列操作工具：

- Component：选择元器件。
- Junction dot：在原理图中标注连接点。
- Wire label：标注网络标号。
- Text script：在电路中输入说明文本。
- Bus：绘制总线。
- Bus-circuit：绘制子电路块。
- Instant edit mode：编辑元器件的属性。
- Inter-sheet terminal：对象选择器列出输入/输出、电源、地等终端。
- Device Pin：对象选择器列出普通引脚、时钟引脚、反电压引脚和短接引脚等。
- Simulation graph：对象选择器列出各种仿真分析所需的图表。
- Tape recorder：当对设计电路分割仿真时采用此模式。
- Generator：对象选择器列出各种激励源。
- Voltage probe：电压探针，电路进入仿真模式时可显示各探针处的电压值。
- Current probe：电流探针，电路进入仿真模式时可显示各探针处的电流值。
- Virtual instrument：对象选择器列出各种虚拟仪器。

(2) 图形绘制工具

- 2D graphics line：绘制直线（用于创建元器件或表示图表时绘制线）。
- 2D graphics box：绘制方框。
- 2D graphics circle：绘制圆。
- 2D graphics arc：绘制弧。
- 2D graphics path：绘制任意形状图形。
- 2D graphics text：文本编辑，用于插入说明。
- 2D graphics symbol：用于选择各种符号元器件。
- Makers for component origin etc：用于产生各种标记图标。
- Set rotation：方向旋转按钮，以 90°改变元器件的放置方向。
- Horizontal reflection：水平镜像旋转按钮。
- Vertical reflection：垂直镜像旋转按钮。

2．虚拟仪器

(1) 电路激励源

在 Proteus 中，提供了 13 种信号源，对于每一种信号源参数又可进行设置。

- DC：直流电压源。
- Sine：正弦波发生器。
- Pulse：脉冲发生器。
- Exp：指数脉冲发生器。
- SFFM：单频率调频波信号发生器。
- Pwlin：任意分段线性脉冲信号发生器。
- File：信号发生器，数据来源于 ASCII 文件。
- Audio：音频信号发生器，数据来源于 wav 文件。
- DState：稳态逻辑电平发生器。

- DEdge：单边沿信号发生器。
- DPulse：单周期数字脉冲发生器。
- DClock：数字时钟信号发生器。
- DPattern：模式信号发生器。

(2) 电路功能分析

在 Proteus 中，提供了 9 种电路分析工具，在电路设计时，可用来测试电路的工作状态。

- 虚拟示波器（Oscilloscope）。
- 逻辑分析仪（Logic Analyser）。
- 计数/定时器（Counter Timer）。
- 虚拟终端（Virtual Terminal）。
- 信号发生器（Signal Generator）。
- 模式发生器（Pattern Generator）。
- 交直流电压表和电流表（AC/DC Voltmeters/Ammeters）。
- SPI 调试器（SPI Debugger）。
- I^2C 调试器（I^2C Debugger）。

(3) 电路图表分析

在 Proteus 中，提供了 13 种分析图表，在电路高级仿真时，用来精确分析电路的技术指标。

- 模拟图表（Analogue）。
- 数字图表（Digital）。
- 混合分析图表（Mixed）。
- 频率分析图表（Frequency）。
- 转移特性分析图表（Transfer）。
- 噪声分析图表（Noise）。
- 失真分析图表（Distortion）。
- 傅里叶分析图表（Fourier）。
- 音频分析图表（Audio）。
- 交互分析图表（Interactive）。
- 一致性分析图表（Conformance）。
- 直流扫描分析图表（DC Sweep）。
- 交流扫描分析图表（AC Sweep）。

(4) 测试探针

在 Proteus 中，提供了电流探针和电压探针。用来测试所放之处的电流和电压值，值得注意的是，电流探针的方向一定要与电路的导线平行。

- 电压探针（Voltage probes）既可在模拟仿真中使用，也可在数字仿真中使用。在模拟电路中记录真实的电压值，而在数字电路中记录逻辑电平及其强度。
- 电流探针（Current probes）仅在模拟电路仿真中使用，可显示电流方向和电流瞬时值。

3．元件

Proteus 提供了大量元器件的原理图符号和 PCB 封装，在绘制原理图之前必须知道每个元器件对应的库，在自动布线之前必须知道对应元件的封装。下面是常用的元器件库。

(1) 元件库
- Device.LIB（电阻、电容、二极管、三极管等常用元件库）。
- Active.LIB（有源元器件库）。
- Diode.LIB（二极管和整流桥库）。
- Display.LIB（LED 和 LCD 显示器件库）。
- Bipolar.LIB（三极管库）。
- Fet.LIB（场效应管库）。
- Realtime.LIB。
- Asimmdls.LIB（常用的模拟器件库）。
- Dsimmdls.LIB（数字器件库）。
- Valves.LIB（电子管库）。
- 74STD.LIB（74 系列标准 TTL 元器件）。
- 74AS.LIB。
- 74LS.LIB（74 系列 LS TTL 元器件）。
- 74ALS.LIB（74 系列 ALS TTL 元器件）。
- 74S.LIB（74 系列肖特基 TTL 元器件库）。
- 74F.LIB（74 系列快速 TTL 元器件库）。
- 74HC.LIB（74 系列和 4000 系列高速 CMOS 元器件库）。
- ANALOG.LIB（调节器、运放和数据采样 IC）。
- CAPACITORS.LIB（电容）。
- CMOS.LIB（4000 系列 CMOS 元器件）。
- ECL.LIB（ECL 10000 系列元器件）。
- I^{2}C MEM.LIB（I^{2}C 存储器）。
- MEMORY.LIB（存储器）。
- MICRO.LIB（常用微处理器）。
- OPAMP.LIB（运算放大器）。
- RESISTORS.LIB（电阻）。

(2) 封装库
- PACKAGE.LIB（二极管、三极管、IC、LED 等常用元件封装库）。
- SMTDISC.LIB（常用元件的表帖封装库）。
- SMTCHIP.LIB（LCC、PLCC、CLCC 等器件封装库）。
- SMTBGA.LIB（常用接插件封装库）。

A.1.4　Proteus 基本操作与设置

1. Proteus ISIS 界面

双击桌面上的 ISIS Professional 图标，或者单击屏幕左下方的"开始"→"程序"→Proteus Professional→ISIS Professional，出现如图 A.2 所示的 Proteus ISIS 启动界面。

图 A.2 Proteus ISIS 启动界面

(1) 工作界面

Proteus ISIS 的工作界面是一种标准的 Windows 界面，如图 A.3 所示，它包括标题栏、主菜单、标准工具栏、绘图工具栏、状态栏、对象选择按钮、预览对象方位控制按钮、仿真进程控制按钮、预览窗口、对象选择器窗口、图形编辑窗口。

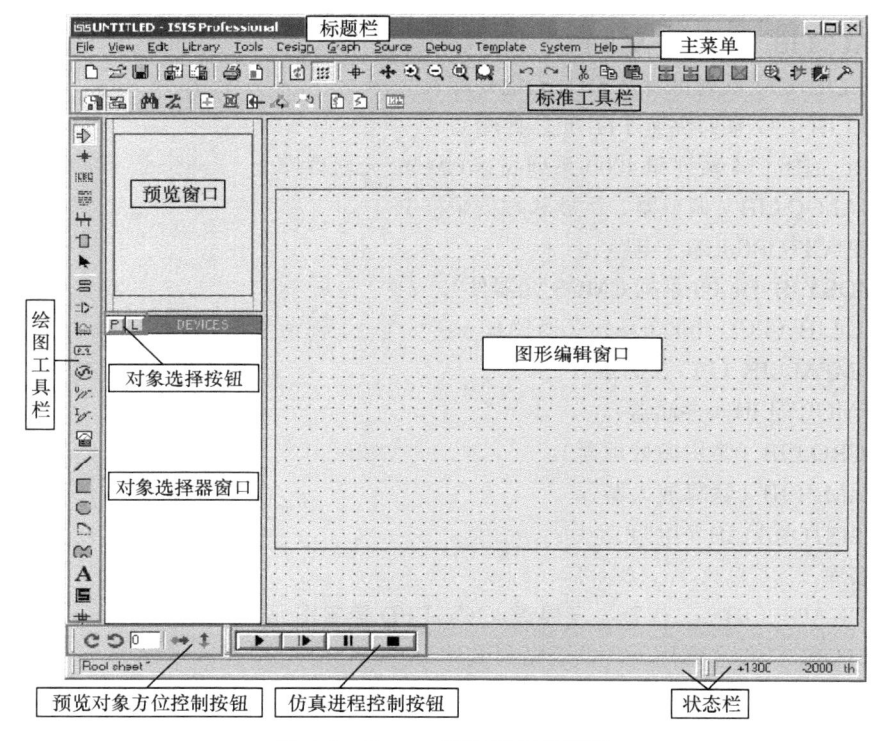

图 A.3 Proteus ISIS 的工作界面

(2) 主菜单

Proteus 包括 File、Edit、View 等 12 个菜单栏，如图 A.4 所示。每个菜单栏又有自己的子菜单，Proteus 的菜单栏完全符合 Windows 操作风格。

(3) 工具

Proteus 包括菜单栏下面的标准工具栏和绘图工具栏。

图 A.4　Proteus ISIS 菜单栏

(4) 状态栏

状态栏用来显示工作状态和系统运行状态。

(5) 对象选择

对象选择包括对象选择控钮、对象选择器窗口、对象预览窗口。完成器件的具体选择的操作步骤是：首先单击对象选择按钮 P，弹出器件库，输入器件名称，选中具体的器件，于是所选的器件将列在对象选择器窗口。然后在对象选择器窗口中选中器件，选中的器件在预览窗口将显示具体的形状和方位。最后在图形编辑窗口中放置器件，放置器件的方法是在图形编辑窗口中单击。

(6) Proteus VSM 仿真

Proteus VSM 有交互式仿真和基于图表的仿真。

① 交互式仿真：实时直观地反映电路设计的仿真结果。

② 基于图表的仿真（ASF）：用来精确分析电路的各种性能，如频率特性、噪声特性等。

Proteus VSM 中的整个电路分析是在 ISIS 原理图设计模块下延续下来的，原理图中可以包含探针、电路激励信号、虚拟仪器、曲线图表等仿真工具。

(7) 图形编辑窗口

在图形编辑窗口内完成电路原理图的编辑和绘制。在图形编辑窗口中放置对象的步骤如下。

① 选中：用鼠标指向对象并单击左键可以选中该对象。该操作选中对象并使其高亮显示，然后可以进行编辑。选中对象时该对象上的所有连线同时被选中。要选中一组对象，可以通过依次在每个对象上右键单击选中每个对象的方式，也可以通过右键拖出一个选择框的方式，但只有完全位于选择框内的对象才可以被选中。

② 移动：用鼠标指向选中的对象并用左键拖曳可以拖动该对象。该方式不仅对整个对象有效，而且对于对象中单独的 labels 也有效。

③ 复制：用鼠标选中对象后，使用菜单命令 Edit→Copy to Clipboard，或使用鼠标左键单击 Copy 图标。

④ 旋转：许多类型的对象可以调整朝向为 0°、90°、270°、360°或通过 x 轴 y 轴镜像。当该类型对象被选中后，Rotation and Mirror 图标会从蓝色变为红色，然后可以来改变对象的朝向；或者使用右键菜单中的旋转命令完成器件旋转。

⑤ 删除：用鼠标指向选中的对象并单击右键可以删除该对象，同时删除该对象的所有连线。

A.2　基于 Proteus 的电路设计

A.2.1　设计流程

电路设计流程如图 A.5 所示，原理图的设计方法如下。

1. 新建设计文档

在 Proteus ISIS 环境，单击 File 菜单，在下拉菜单中选择新建设计，在出现的对话框中，选择适当的图纸尺寸。

2. 设置工作环境

用户自定义图形外观（含线宽、填充类型、字符）。

3. 放置元器件

在编辑环境选择元器件，然后放置元器件。

4. 绘制原理图

单击元件引脚或者先前连好的线，就能实现连线；也可使用自动连线工具进行连线。

5. 建立网表

选择 Tools→Netlist Compiler 菜单项，在出现的对话框中，可设置网表的输出形式、模式、范围、深度及格式。网表是电路板与电路原理图之间的纽带。建立的网表文件用于 PCB 制板。

6. 电气规则检查

选择 Tools→Electrical Rule Check 菜单项，出现电气规则检测报告单，在该报告中，系统提示网表已生成，并且无电气错误，才可执行下一步操作。

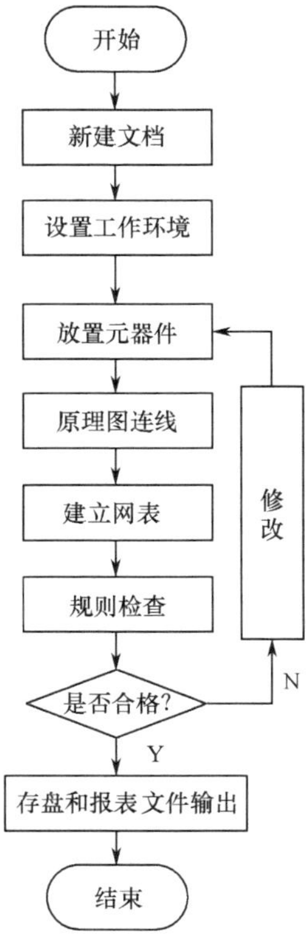

图 A.5 电路设计流程图

7. 存盘和输出报表文件

将设计好的原理图存盘。选择 Tools→Bill of Materials 菜单项，输出 BOM 文档。

A.2.2 设计实例

下面以 555 定时器设计一个每隔 6 秒振荡 1 秒的多谐振荡器为例，说明电路原理图的 Proteus 设计方法。

1. 新建文件

打开 Proteus，单击 File 菜单，在弹出的下拉菜单中选择 New Design，在弹出的图幅选择对话框中，选 Default。

2. 设置编辑环境

用户自定义图形的线宽、填充类型、字符。

3. 选取元器件

按设计要求，在对象选择窗口中，单击对象选择按钮 P，弹出 Pick Devices 对话框，在 Keywords 中填写要选择的元器件，然后在右边对话框中选中要选的元器件，则元器件就会列在对象选择窗口。如图 A.6 所示，本设计所需选用的元器件如下：

- 555：555 定时器
- RES：电阻元件

- CAP：电容元件
- DIODE：二极管
- POT：电位器

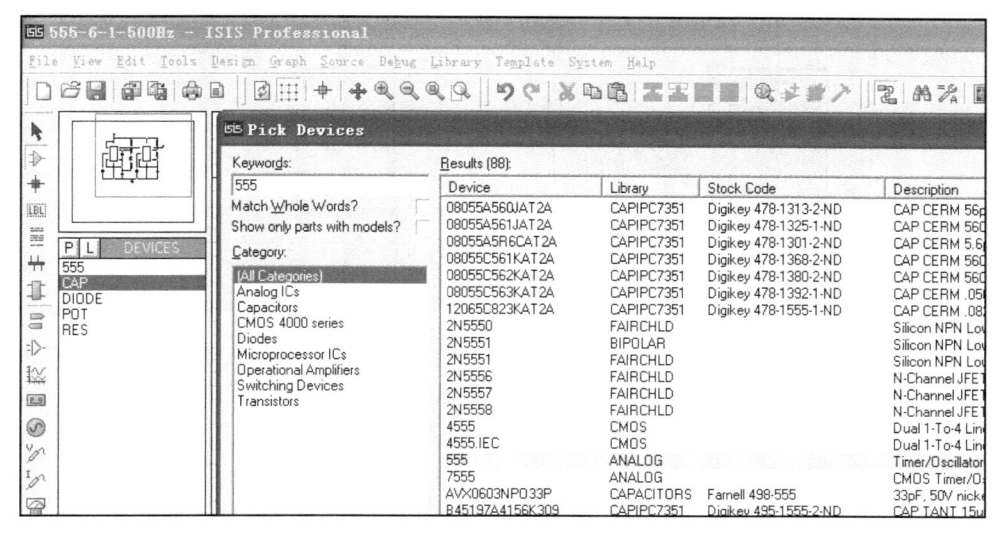

图 A.6　元器件选择对话框

4．放置元器件

在对象选择的窗口，单击 555，然后把鼠标指针移到右边的原理图编辑区的适当位置，单击鼠标的左键，就把 555 定时器放到了原理图区。用同样的方法将对象窗口的其他元件放到原理图编辑区。

5．放置电源及接地符号

单击工具箱的接线端按钮（Inter-sheet terminal），在器件选择器里点 Power 或 Ground，鼠标移到原理图编辑区，左键单击一下即可放置电源符号或接地符号，请注意，V_{CC}、GND 一般是隐藏的。

6．对象的编辑

把电源符号、接地符号进行统一调整，放在适当的位置，对元器件参数进行设置。

7．原理图连线

在原理图中连线分画单根导线、画总线和画分支线。按照上述方法绘制的电路如图 A.7 所示。

画导线：在 ISIS 编辑环境，左键单击第一个对象连接点，再左键单击另一个连接点，ISIS 就能自动绘制出一条导线，要想自己决定走线路径，只需在想要拐点处单击鼠标左键。

画总线：单击工具箱的总线按钮（Bus），即可在编辑窗口画总线。

画总线分支线：单击工具按钮（Buses model），单击待连线的点，然后在离总线 Bus 一定距离的地方再单击，然后按 Ctrl 键，将鼠标移到总线上单击即可（需要把 WAR 功能关闭）。

8．放置网络标号

单击工具箱的网络标记按钮（Wire label），在要标记的导线上单击右键，在出现的对话框中填写网络标号，然后单击 OK 按钮即可。

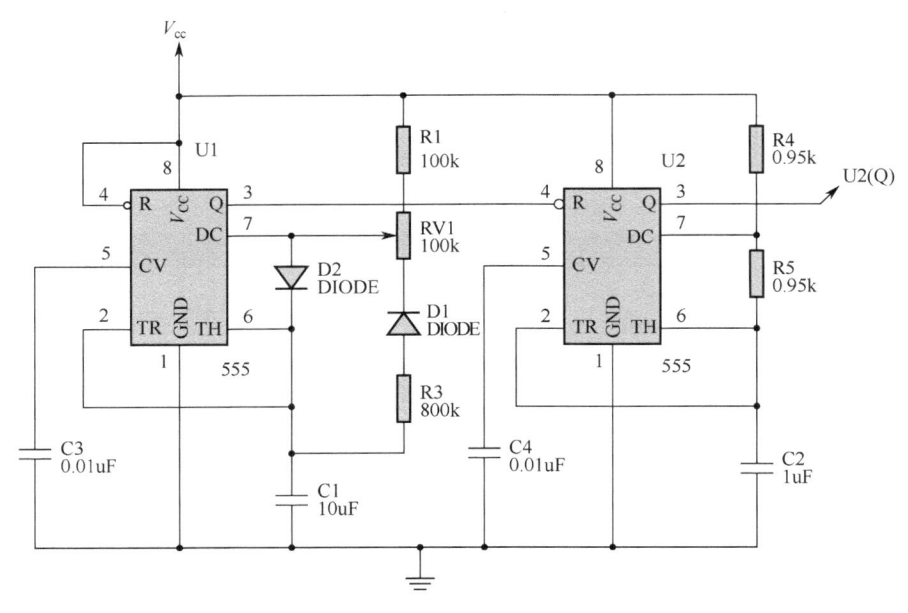

图 A.7 基于 555 定时器的振荡器

9. 电气检测

电路设计完成后，通过菜单操作工具的"电气检测"下拉菜单弹出电气检测结果窗口，在窗口中，前面是一些文本信息，接着是电气检查结果列表，若有错，会有详细的说明。

10. 生成报表

ISIS 可以输出网表、器件清单等多种报告，具体操作如下。

(1) 网表：Tools→Netlist Compiler 输出网表。网表是原理图与 PCB 板图的纽带和桥梁，网表错误一般发生在 ISIS 为原理图创建网表时，从原理图到 ARES 进行 PCB 设计时遇到的一般问题在于：

① 有两个同名的器件，或未命名器件，例如两个电阻为 R。
② 脚本文件格式（如 MAP ON 表）不对。

(2) 元器件清单：Tools→Bill of Materials 输出元件清单。元器件清单是采购元器件的依据。

A.3 基于 Proteus 的电路仿真

Proteus 有交互仿真和基于图表仿真两种方式，两种方式可以结合进行。交互仿真用进程控制按钮启动，起到定性分析电路功能的作用；基于图表仿真通过按 PC 键盘的空格键或菜单来启动，起到定量分析电路特性的作用，如图 A.8 所示。

图 A.8 Proteus 仿真控制

A.3.1 交互式仿真

交互式仿真是通过交互式器件和工具，观察电路的运行状况，用来定性分析电路，验证电路是否能正确工作。例如，单片机应用系统的交互仿真过程，分为程序加载和仿真两个步骤。

A.3.2 基于图表的仿真

交互式仿真有很多优势，但在很多场合需要捕捉图表来进行细节分析。基于图表的仿真是可以做很多的图形分析，比如小信号交流分析、噪声分析、扫描参数分析等。

基于图表的仿真过程有 5 个主要阶段。

(1) 绘制仿真原理图。
(2) 在监测点放置探针。
(3) 放置需要的仿真分析图表，比如用频率图表显示频率分析。
(4) 将信号发生器或检测探针添加到图表中。
(5) 设置仿真参数（比如运行时间），进行仿真。

1．绘制电路

在 Proteus ISIS 中输入需要仿真的电路（电路图的绘制方法已在前面介绍）。

2．放置探针和信号发生器

探针、信号发生器和其他元件，终端的放置方法是一样的。如图 A.9 所示，选择合适的对象按钮，选择信号发生器、探针类型，将其放置到原理图中需要的位置，可以直接放置到已经存在的连线上，也可以放置好后再连线。

3．放置图表

如图 A.10 所示，选择模拟、数字、转移、频率、扫描分析等图表，用拖曳的方法放置在原理图中合适的位置，再将探针或信号拖到对应的仿真图表中。

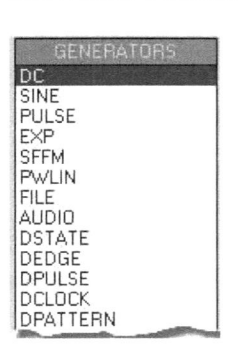

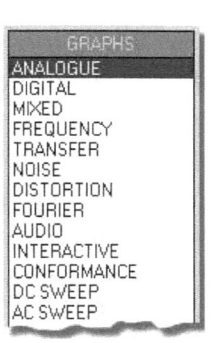

图 A.9　选择探针和信号发生器　　　　图 A.10　选择仿真图表

4．在图表中添加轨迹

在原理图放置多个图表后，必须指定每个图表对应的探针/信号发生器。每个图表也可以显示多条轨迹，这些轨迹数据来源一般是单个信号发生器或探针，但 Proteus ISIS 提供一条轨迹显示多个探针，这些探针通过数学表达式的方式混合。举个例子，一个监测点既有电压探针也有电流探针，这个检测点对应的轨迹就会是功率曲线，如图 A.11 所示。

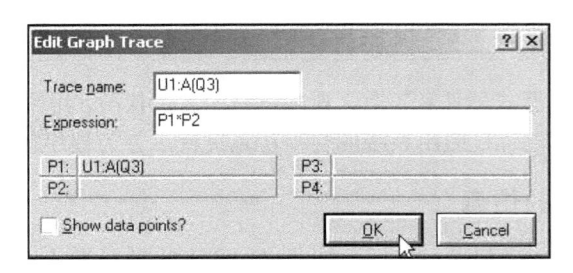

图 A.11　电流电压生成功率

曲线显示对象的添加有两种方式：在原理图中选中探针或激励源拖入图表中；在 Edit Graph Trace 对话框中选中探针，需要多个探针时要添加运算表达式。

5. 仿真过程

基于图表的仿真是命令驱动的。这意味着整个过程是通过信号发生器、探针及图表构成的系统，设定测量的参数，得到图形，验证结果。其中，任何仿真参数都是通过 GRAPH 存在的属性定义的（比如仿真开始及停止时间等），也可以自己手动添加其他的属性（比如对于一个数字仿真，你可以在仿真器系统中添加一个 RANDOMISE TIME DELAYS 属性）。在仿真开始时系统应完成如下工作。

(1) 产生网表：网表提供一个元件列表，引脚之间连接的清单及元件所使用的仿真模型。

(2) 分区仿真：Proteus ISIS 对网表进行分析，将其中的探针分成不同的类，当仿真进行时，结果也保存在不同的分立文件中。

(3) 结果处理：Proteus ISIS 通过这些分立文件在图表中产生不同的曲线，将图表最大化进行测量分析。

若在上述的任何一步出错，则仿真日志会留下详细的记载。有些错误是致命的，有一些是警告。致命的错误报告会直接弹出仿真日志窗口，曲线不产生；警告不会影响到仿真曲线的产生。大多数错误产生源于电路图绘制，也有一些是选择元件模型错误。

综上所述，Proteus 软件可以对各种数字逻辑电路、模拟电路、混合电路、单片机及其外围电路协同仿真。把 Proteus 融入数字电子技术课程的课堂教学和课后的练习与主动性学习中，能在掌握数字电子技术课程的理论知识的基础上，熟练地使用 Proteus 来对数字电子电路进行信号分析、逻辑验证、功能仿真和电路设计模拟等。使用 Proteus 软件，可以减少实际电路调试中器件的损耗，缩短实际电路的调试时间，提高效率和效果，同时也能更好地掌握所学的理论知识。在应用软件仿真的同时，提高对数字电子技术课程的学习兴趣，提高对数字电子电路的逻辑思维能力，提高对数字电子电路的思考能力和创新能力，进一步巩固数字电子技术所需要掌握的内容，为后续课程打下良好的基础。由于 Proteus 具有特有的单片机及其外围电路协同仿真功能，通过在数字电子技术学习过程中对该软件的学习和使用，而在后续的单片机课程或其他专业课程中同样可以充分地利用该软件来进行仿真和设计。因此，Proteus 可以广泛地应用在电气与信息类专业课程的教学中，具有较高的推广利用价值。

附录 B 电子技术课程设计

电子技术课程设计是继"模拟电子技术"和"数字电子技术"课程理论学习与实验教学之后，集中安排的重要实践性教学环节。它的任务是在学生掌握和具备电子技术基础知识与单元电路的设计能力之后，学生运用所学知识，动脑又动手，结合某一专题独立地开展电子电路的设计，培养学生分析、解决实际电路问题的能力。它是高等学校电子信息工程专业、自动化专业、电气工程专业学生必须进行的一项综合性训练。

题目 1 函数发生器设计

函数发生器是一种能够产生多种波形电信号的电子测试设备，是一种重要的电信号源。部分函数发生器还具有调制的功能，可以对输出信号进行调幅、调频等附加功能。函数发生器被广泛应用于电路教学、电子器件的样品试验和批量生产的质量检测中。

1. **设计指标**

设计一个函数发生器，能产生方波、三角波、正弦波、锯齿波信号，主要技术指标如下。

(1) 输出频率范围：100Hz～1kHz、1～10kHz。

(2) 输出电压：方波 $U_{PP}=6V$，三角波 $U_{PP}=6V$，正弦波 $U_{PP}>1V$，锯齿波 $U_{PP}=6V$。

2. **设计要求**

(1) 根据设计指标，从选择设计方案开始，进行电路设计；选择合适的器件，画出设计电路图；通过安装、调试，直至实现任务要求的全部功能。电路要求布局合理，走线清晰，工作可靠。

(2) 使用电路仿真软件 Proteus，对所设计的电路进行仿真调试。

(3) 编写设计说明书，内容包括：总体方案框图、各单元电路设计、电路参数计算及简要说明、总体电路原理图及原理说明、总体电路安装接线图、安装调试（仪器选用、调试步骤、故障分析处理）、心得体会、电子元器件清单、参考文献书目。

3. **设计提示**

(1) 函数发生器主要由主振级、主振输出调节电位器、电压放大器、输出衰减器、功率放大器、阻抗变换器和指示电压表构成。

(2) 也可以采用函数发生器芯片 ICL8038 完成本设计。

题目 2 盲人报时钟设计

盲人报时钟不仅能够显示时间，而且可以语音播报时间，让老人、盲人听得见时间。

1. 设计指标

(1) 具有时、分、秒计时功能（小时 1～12），要求用数码管显示。

(2) 具有手动校时、校分功能。

(3) 设置报时、报分开关。当按下报时开关时，能以声响数目告诉盲人。当按下报分开关时，能以声响数目告诉盲人，但每响一下代表 10min（报时与报分的声响频率不同）。

2. 设计要求

(1) 根据设计指标，从选择设计方案开始，进行电路设计；选择合适的器件，画出设计电路图；通过安装、调试，直至实现任务要求的全部功能。电路要求布局合理，走线清晰，工作可靠。

(2) 使用电路仿真软件 Proteus，对所设计的电路进行仿真调试。

(3) 编写设计说明书，内容包括：总体方案框图、各单元电路设计、电路参数计算及简要说明、总体电路原理图及原理说明、总体电路安装接线图、安装调试（仪器选用、调试步骤、故障分析处理）、心得体会、电子元器件清单、参考文献书目。

3. 设计提示

本设计是一个显示时间的系统，所以三个计数器的模分别为 60、60、12。用拨码开关的不同组合分别控制调时、调分、正常计时三种不同的状态。在调时、调分过程中计数器之间的 CP 脉冲被屏蔽掉，由单步脉冲代替 CP 输入；正常计时的时候，单步脉冲被屏蔽掉。报时电路中，用减法计数器就可以实现报时的功能。

题目 3 电子密码锁电路设计

电子密码锁是一种通过密码输入来控制电路或芯片工作（访问控制系统），从而控制机械开关的闭合，完成开锁、闭锁任务的电子产品。

1. 设计指标

(1) 设计一个电子锁，其密码为 8 位二进制代码，开锁指令为串行输入码。

(2) 开锁输入码与密码一致时，锁被打开。

(3) 开锁输入码与密码不一致时报警。报警时间持续 15s，停 3s 后重复出现。

报警器可以兼作门铃使用，门铃时间为 10s。设置一个系统复位开关，所有的时间数据用数码管显示出来。

2. 设计要求

(1) 根据设计指标，从选择设计方案开始，进行电路设计；选择合适的器件，画出设计电路图；通过安装、调试，直至实现任务要求的全部功能。电路要求布局合理，走线清晰，工作可靠。

(2) 使用电路仿真软件 Proteus，对所设计的电路进行仿真调试。

(3) 编写设计说明书，内容包括：总体方案框图、各单元电路设计、电路参数计算及简要说明、总体电路原理图及原理说明、总体电路安装接线图、安装调试（仪器选用、调试步骤、故障分析处理）、心得体会、电子元器件清单、参考文献书目。

3. 设计提示

用 8 个数码开关设置密码，密码输入为串行输入，每次用拨码开关输入 1 位密码，按单步脉冲将这个密码输入。输入 8 次后与原始密码相比较。密码的串行输入可以由移位寄存器（74194）的左移或右移功能实现；另外，单步脉冲还需要进行消抖。

题目 4　出租车计费器设计

出租车计费器是出租车上必不可少的一种仪表，随着电子技术特别是嵌入式应用技术的飞速发展，智能芯片越来越广泛地应用到了出租车计费器上。这使得出租车计费器能够精准地计算出行车里程及对应的价格，使乘客能够更直观明了地知道自己的乘车价格，而司机师傅也不用再靠人工计算来得出乘客的费用，避免了很多麻烦。

1. 设计指标

（1）自动计费器具有行车里程计费、等候时间计费和起步费三部分，三项计费统一用 4 位数码管显示，最大金额为人民币 99.99 元。

（2）行车里程单价设为 1.80 元/km，等候时间计费设为人民币 1.5 元/10min，起步费设为人民币 8.00 元。要求行车时，计费值每千米刷新一次；等候时每 10min 刷新一次；行车不到 1km 或等候不足 10min 则忽略计费。

（3）在启动和停车时给出声音提示。

2. 设计要求

（1）根据设计指标，从选择设计方案开始，进行电路设计；选择合适的器件，画出设计电路图；通过安装、调试，直至实现任务要求的全部功能。电路要求布局合理，走线清晰，工作可靠。

（2）使用电路仿真软件 Proteus，对所设计的电路进行仿真调试。

（3）编写设计说明书，内容包括：总体方案框图、各单元电路设计、电路参数计算及简要说明、总体电路原理图及原理说明、总体电路安装接线图、安装调试（仪器选用、调试步骤、故障分析处理）、心得体会、电子元器件清单、参考文献书目。

3. 设计提示

分别将行车里程、等候时间按相同的比价转换成脉冲信号，然后对这些脉冲信号进行计数，起价可以通过预置送入计数器作为初值，行车里程计数电路每行车 1km 输出一个脉冲信号，启动行车单价计数器输出与单价对应的脉冲数，例如单价是人民币 1.80 元/km，则设计一个 180 进制计数器，每千米输出 180 个脉冲到总费用计数器，即每个脉冲为 0.01 元。等候时间计数器将来自时钟电路的秒脉冲做 600 进制计数，得到 10min 信号，用 10min 信号控制一个 150 进制计数器（等候 10min 单价计数器）向总费用计数器输入 150 个脉冲。这样，总费用计数器根据起步价所预置的初值，加上里程脉冲、等候时间脉冲即可得到总的用车费用。

题目 5　自动售货机设计

自动售货机（VEnding Machine，VEM）是一种能够根据投入的钱币自动付货的机器。自动售货机是商业自动化的常用设备，它不受时间、地点的限制，能节省人力、方便交易。是一种全新的商业零售形式，又被称为 24 小时营业的微型超市。

1. 设计指标

(1) 设计一个自动售货机，此机能出售人民币 1 元、2 元、5 元、10 元的 4 种商品。出售哪种商品可由顾客按动相应的一个按键，同时用数码管显示出此商品的价格。

(2) 顾客投入硬币的钱数也有人民币 1 元、2 元、5 元、10 元 4 种，但每次只能投入其中的一种硬币，此操作通过按动相应的一个按键来模拟，同时用数码管将投币额显示出来。

(3) 顾客投币后，按一次确认键，若投币额不足则报警，报警时间 3s。投币额足够时自动送出货物（送出的货物用不同的指示灯显示来模拟），同时多余的钱应找回，找回的钱数用数码管显示出来。

(4) 顾客按动确认键 3s 后，自动售货机即可自动恢复到初始状态，此时才允许顾客进行下一次购货操作。

(5) 售货机还应具有供商家使用的累加卖货额的功能，累加的钱数要用数码管显示，显示 2 位即可。此累加器只有商家可以控制清零。

此售货机要设置一个由商家控制的"整体复位"按钮。

2. 设计要求

(1) 根据设计指标，从选择设计方案开始，进行电路设计；选择合适的器件，画出设计电路图；通过安装、调试，直至实现任务要求的全部功能。电路要求布局合理，走线清晰，工作可靠。

(2) 使用电路仿真软件 Proteus，对所设计的电路进行仿真调试。

(3) 编写设计说明书，内容包括：总体方案框图、各单元电路设计、电路参数计算及简要说明、总体电路原理图及原理说明、总体电路安装接线图、安装调试（仪器选用、调试步骤、故障分析处理）、心得体会、电子元器件清单、参考文献书目。

3. 设计提示

首先应搭建识别模块，将代表每种硬币的拨码开关信号转换为 BCD 码进行累加。累加完成后，将累加结果与代表商品的 BCD 码（也许要搭建识别模块）相比较。如果大于售出商品，那么对两个 BCD 码求差，求差结果作为找钱信号；如果等于售出商品，那么直接售出商品并显示；如果小于售出商品，那么报警。统计卖钱额，就是对售出的商品进行累加。

题目 6　自适应频率测量仪设计

自适应频率测量仪能够自动选择合适的量程，精确测量信号的频率。

1. 设计指标

(1) 频率测量范围：1Hz～10MHz。

(2) 4个测量量程：1Hz～10kHz；10～100kHz；100kHz～1MHz；1～10MHz。

(3) 自动转换量程。

(4) 测量数据显示4位，用小数点代表k的单位。

(5) 测量误差：小于等于0.05%FSR（满量程）。

2. 设计要求

(1) 根据设计指标，从选择设计方案开始，进行电路设计；选择合适的器件，画出设计电路图；通过安装、调试，直至实现任务要求的全部功能。电路要求布局合理，走线清晰，工作可靠。

(2) 使用电路仿真软件Proteus，对所设计的电路进行仿真调试。

(3) 编写设计说明书，内容包括：总体方案框图、各单元电路设计、电路参数计算及简要说明、总体电路原理图及原理说明、总体电路安装接线图、安装调试（仪器选用、调试步骤、故障分析处理）、心得体会、电子元器件清单、参考文献书目。

3. 设计提示

频率计的测量频率就是在一段时间内测得的脉冲个数。例如，如果在1s内测得的脉冲个数为33，那么所测频率为33Hz。

如果在1s内测得的脉冲个数超过9999个，则产生溢出信号，计时模块自动换挡在0.1s内测脉冲个数，同时小数点移动位置。以此类推，直到在一段时间内不再产生溢出信号。

题目7 电梯控制器设计

电梯控制器可以自动检测电梯故障，或在电梯遭到破坏时发出信号，以便能自动从原来的系统中脱离出去，进而很好地恢复电梯的原来状态，保证电梯的正常使用。

1. 设计指标

(1) 设计一个四层楼的电梯自动控制系统，电梯内设有对外报警开关，可以在紧急情况下报警，而报警装置设在电梯外。

(2) 每层楼梯的门边设有上楼和下楼的请求开关，电梯内设有供来客选择所去楼层的开关。

(3) 应设有表示电梯目前所处运动状态（上升或下降）以及电梯正位于哪层楼的指示装置。

(4) 能记忆电梯外的所有请求信号，并按照电梯的运行规则对信号分批响应，每个请求信号一直保持到执行后才撤除。

(5) 电梯运行规则如下：

① 电梯上升时，仅响应电梯所在位置以上的上楼请求信号，依楼层次序逐个执行，直到最后一个请求执行完毕。然后升到有下楼请求的最高楼层，开始下楼请求信号。

② 电梯下降时，仅响应电梯所在位置以下的下楼请求信号，依楼层次序逐个执行，直到最后一个请求执行完毕。然后降到有上楼请求的最高楼层，开始上楼请求信号。

③ 电梯执行全部请求信号后,应停留在原来层等待,有新的请求信号时再运行。

2. 设计要求

(1) 根据设计指标,从选择设计方案开始,进行电路设计;选择合适的器件,画出设计电路图;通过安装、调试,直至实现任务要求的全部功能。电路要求布局合理,走线清晰,工作可靠。

(2) 使用电路仿真软件 Proteus,对所设计的电路进行仿真调试。

(3) 编写设计说明书,内容包括:总体方案框图、各单元电路设计、电路参数计算及简要说明、总体电路原理图及原理说明、总体电路安装接线图、安装调试(仪器选用、调试步骤、故障分析处理)、心得体会、电子元器件清单、参考文献书目。

3. 设计提示

(1) 1～4 层上楼和下楼请求,由各按钮开关输入用触发器来记忆各请求信号。在运行中,电梯停靠在有请求信号的那一层。

(2) 电梯上、下运行电路可由两组 4 位双向移位寄存器组成,由升降状态判断电路的输出信号来控制。此信号控制移位寄存器的 S1、S2 输入端,使电路处于左移和右移状态,以表示电梯处于上升和下降阶段。两组移位寄存器同步工作,输出两路信息:一路输出作为电梯目前所在位置的指示,另一路输出电路的运行状态信息,供给电梯判停电路。

(3) 判停电路根据升降状态判断电路输出信号,以及上楼和下楼请求信号,选取当前运行方向中的有效信号(给电梯所在位置前方向的请求信号)。当电梯运行到有效请求信号位置时,电梯停靠,并输出停靠信号,同时驱动电梯开门指示电路工作。

(4) 电梯上升或下降时,仅响应请求信号,依楼层次序逐个执行。此控制电路应采用优先编码器实现。

(5) 电梯开门指示电路收到电梯停靠信号后,电梯门开,开门指示灯亮,时钟信号中止,同时输出清除信号清除本层的该次请求信号。开门时间持续 5s 后,在没有要求延长的情况下,电梯门自动关闭,开门指示灯灭。时钟信号恢复出现,电梯继续运行。若在开门时间内要求提前关门运行,则可人工按动"开关"按钮,电梯立即关门并继续运行。若开门 5s 将到,还希望继续延长时间,则可人工按动"延长"按钮,开门状态将从按动按钮时开始再延长 5s,此功能可多次使用,直到认为允许关门为止。

(6) 升降状态判断电路在电梯运行过程中,不断判断电梯前进方向是否存在上楼、下楼请求信号,在电梯停靠某层时,它的前进方向上不再有请求信号,若此时在原运行的反方向有请求信号,则电梯输出反方向运行信号,控制电梯反向运行;若此时电梯升、降两个方向均无请求信号时,则电梯将停在原层,停止运行。

题目 8 智力竞赛抢答器设计

在竞赛中,智力竞赛抢答器有很大用处,它能准确、公正、直观地判断出第 1 抢答者,并进行显示。

1. 设计指标

(1) 设计一个至少可供6人进行抢答的抢答器。

(2) 系统设置"复位"按钮,按动后,重新开始抢答。

(3) 抢答器开始时数码管不显示,选手抢答实行优先锁存,优先抢答选手的编号一直保持到主持人将系统清除为止。抢答后显示优先抢答者序号,同时发出声响,并且不出现其他抢答者的序号。

(4) 抢答器具有定时抢答功能,且一次抢答的时间由主持人设定,本抢答器的时间设定为60s,当主持人启动"开始"按钮开关后,定时器开始减计时,同时音乐盒有短暂的声响。

(5) 在设定的抢答时间内,选手可以抢答,这时定时器停止工作,显示器上显示选手的号码和抢答时间,并保持到主持人按"复位"按钮。

(6) 当设定的时间到而无人抢答时,本次抢答无效,扬声器报警发出声音,并禁止抢答。定时器上显示00。

2. 设计要求

(1) 根据设计指标,从选择设计方案开始,进行电路设计;选择合适的器件,画出设计电路图;通过安装、调试,直至实现任务要求的全部功能。电路要求布局合理,走线清晰,工作可靠。

(2) 使用电路仿真软件Proteus,对所设计的电路进行仿真调试。

(3) 编写设计说明书,内容包括:总体方案框图、各单元电路设计、电路参数计算及简要说明、总体电路原理图及原理说明、总体电路安装接线图、安装调试(仪器选用、调试步骤、故障分析处理)、心得体会、电子元器件清单、参考文献书目。

3. 设计提示

抢答电路的功能有两个:一是能分辨选手按键的先后,并锁存优先抢答者的编号,供译码显示电路用;二是要使其他选手的按键操作无效。选用优先编码器74148和D锁存器可以完成上述功能。

题目9 数字式红外线测速仪设计

数字式红外线测速仪是用来测量机械产品转速的有效工具。机械转速通常用每分钟机械产品转动的次数来表示。采用数字式红外线测速仪测量机械转速,不仅精确,而且使用方便。

1. 设计指标

(1) 用红外线发光二极管、光敏三极管作为速度转换装置。

(2) 测速范围:10~990转/分。

(3) 三位数字显示,显示不允许有闪烁。

2. 设计要求

(1) 根据设计指标,从选择设计方案开始,进行电路设计;选择合适的器件,画出设计电路图;通过安装、调试,直至实现任务要求的全部功能。电路要求布局合理,走线清晰,工作可靠。

(2) 使用电路仿真软件 Proteus，对所设计的电路进行仿真调试。

(3) 编写设计说明书，内容包括：总体方案框图、各单元电路设计、电路参数计算及简要说明、总体电路原理图及原理说明、总体电路安装接线图、安装调试（仪器选用、调试步骤、故障分析处理）、心得体会、电子元器件清单、参考文献书目。

3. 设计提示

光电转换由发光二极管 HG11（红外）、光敏三极管 3DU5C 组成。在被测速的主轴上装一遮光板，板上打一小洞（或数个小洞），调整发光二极管、小洞、光敏三极管位置，输出一个脉冲。在其他位置时，由于遮光板的挡光作用，光敏三极管无输出。这样，只要测量 1min 内光敏三极管输出的脉冲个数，就可知道转速，因为两者在数量上是一致的。

闸门是一个控制门，在开通期间，计数脉冲顺利通过，在关闭期间计数脉冲则不能通过。我们采用主门打开 6s，即测量 6s 内的脉冲个数，转速就等于脉冲个数乘上 10 倍，为了把这一数值显示出来，而又不闪烁，采用先锁存，再译码显示。为了后续的第二次测量，在计数值锁存后需对计数器清零，所以在关闭期间需完成锁存和清零功能，如以开门信号的后沿作为标准，锁存延时为延时 1，清零延时为延时 2，可用锁存延时的结束时间作为清零延时的触发控制。

题目 10 交通灯控制器设计

交通灯是控制十字路口交通的主要设施，通过交通灯控制器能够自动控制路口交通灯的亮灭，达到指挥交通之目的。

1. 设计指标

(1) 用红、绿、黄三色发光二极管作为信号灯；主干道为东西向，有红、绿、黄三个灯；支干道为南北向，也有红、绿、黄三个灯。红灯亮禁止通行；绿灯亮允许通行；黄灯亮则给行驶中的车辆有时间停靠到禁行线之外。

(2) 由于主干道车辆较多而支干道车辆较少，所以主干道绿灯时间较长。当主干道允许通行亮绿灯时，支干道亮红灯。而支干道允许通行亮绿灯时，主干道亮红灯，两者交替重复。

(3) 主干道每次放行 50s，支干道每次放行 30s。在每次由亮绿灯变成亮红灯的转换过程中间，需要亮 5s 的黄灯作为过渡，便于行驶中的车辆有时间停靠到禁行线以外。

(4) 能实现特殊状态的功能显示，设 S 为特殊状态的传感器信号，当 $S=1$ 时，进入特殊状态。当 $S=0$ 时，退出特殊状态。按 S 后，能实现特殊状态功能：a. 显示器闪烁；b. 计数器停止计数并保持在原来的数据；c. 东西、南北路口均显示红灯状态；d. 特殊状态结束后，能继续对时间进行计数。

(5) 能实现控制器总清零功能；按下"复位"按钮后，系统实现总清零，计数器从初始状态开始计数，对应状态的指示灯亮。

2. 设计要求

(1) 根据设计指标，从选择设计方案开始，进行电路设计；选择合适的器件，画出设计电路图；通过安装、调试，直至实现任务要求的全部功能。电路要求布局合理，走线清晰，工作可靠。

(2) 使用电路仿真软件 Proteus，对所设计的电路进行仿真调试。

(3) 编写设计说明书，内容包括：总体方案框图、各单元电路设计、电路参数计算及简要说明、总体电路原理图及原理说明、总体电路安装接线图、安装调试（仪器选用、调试步骤、故障分析处理）、心得体会、电子元器件清单、参考文献书目。

3. 设计提示

交通灯控制器应该包括置数模块、计数模块、主控制模块、译码模块和数据模块等部分。置数模块将交通灯的灯亮时间预置到计数电路中。计数模块以基准时间秒为单位做倒计时。计数值减为零则表示预置时间到，主控电路改变输出状态，电路进入下一个状态的倒计时。译码器模块将主控电路的当前状况译码为红、绿、黄三色灯亮信号。

题目 11 篮球比赛 24 秒计时器设计

在篮球比赛中，规定了球员的持球时间不能超过 24s，否则就算犯规。篮球比赛 24s 计时器能完成此功能。

1. 设计指标

(1) 具有 24s 计时功能。
(2) 设置外部操作开关，控制计时器的直接清零、启动和暂停/继续功能。
(3) 在直接清零时，要求数码显示器灭灯。
(4) 计时器为 24s 递减时，计时间隔为 1s。
(5) 计时器递减到零时，数码显示器不能灭灯，同时发出光电报警信号。

2. 设计要求

(1) 根据设计指标，从选择设计方案开始，进行电路设计；选择合适的器件，画出设计电路图；通过安装、调试，直至实现任务要求的全部功能。电路要求布局合理，走线清晰，工作可靠。

(2) 使用电路仿真软件 Proteus，对所设计的电路进行仿真调试。

(3) 编写设计说明书，内容包括：总体方案框图、各单元电路设计、电路参数计算及简要说明、总体电路原理图及原理说明、总体电路安装接线图、安装调试（仪器选用、调试步骤、故障分析处理）、心得体会、电子元器件清单、参考文献书目。

3. 设计提示

篮球比赛 24s 计时器包括秒脉冲发生器、计数器、译码显示电路、辅助时序控制电路（简称控制电路）和报警电路等五部分。其中计数器和控制电路是系统的主要部分。计数器完成 24s 计时功能，控制电路完成计时器的直接清零、启动计数和暂停继续计数、译码显示电路的显示和灭灯等功能。

为保证系统的设计指标，在设计控制电路时，应正确处理各个信号之间的时序关系：

(1) 操作直接清零开关时，要求计数器清零，数码显示器灭灯。

(2) 启动开关闭合时，控制电路应封锁时钟信号 CP（秒脉冲信号），同时计数器完成置数功能，数码显示器显示 24s 字样；启动开关断开时，计数器开始计数。

(3) 暂停/继续开关闭合时，控制电路封锁时钟信号 CP，计数器处于锁存状态；暂停/继续开关断开时，计数器继续累计计数。

题目 12 简易电子琴设计

电子琴是一种键盘乐器，其实它就是电子合成器。简易电子琴只完成了电子琴最基本的功能。

1. 设计指标

(1) 产生 C 调八个音阶的振荡频率（见表 B.1），它分别由 1，2，3，4，5，6，7，0 号数字键控制。

表 B.1 C 调八个音阶的振荡频率

C 调	1	2	3	4	5	6	7	0
频率 f/Hz	261.6	293.6	329.6	349.2	392.0	440.0	439.9	523
周期 T/ms	3.82	3.40	3.03	2.80	2.55	2.27	2.09	1.91

(2) 同时按下两个数字键号时，只发出一个音阶频率信号。

(3) 模拟通道的频宽为 30Hz～10kHz。

(4) 功率放大器的负载电阻 $R_L = 8\Omega$，最大功率输出 P_{max} 大于等于 0.1W，效率 η 大于等于 35%。

2. 设计要求

(1) 根据设计指标，从选择设计方案开始，进行电路设计；选择合适的器件，画出设计电路图；通过安装、调试，直至实现任务要求的全部功能。电路要求布局合理，走线清晰，工作可靠。

(2) 使用电路仿真软件 Proteus，对所设计的电路进行仿真调试。

(3) 编写设计说明书，内容包括：总体方案框图、各单元电路设计、电路参数计算及简要说明、总体电路原理图及原理说明、总体电路安装接线图、安装调试（仪器选用、调试步骤、故障分析处理）、心得体会、电子元器件清单、参考文献书目。

3. 设计提示

供参考的简易电子琴总体方案框图，如图 B.1 所示。

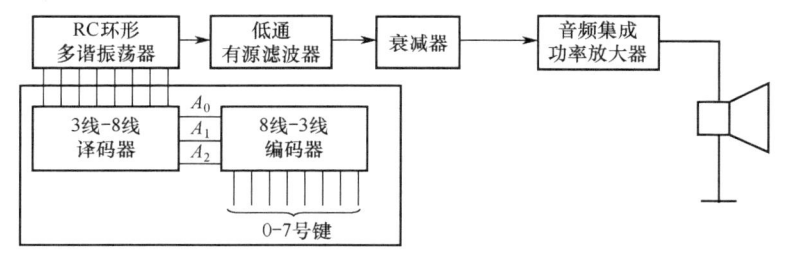

图 B.1 简易电子琴总体方案框图

题目 13　数字电子钟设计

数字电子钟是一种用数字电子技术实现时、分、秒计时的装置，与机械式时钟相比具有更高的准确性和直观性，且无机械装置，具有更长的使用寿命，因此得到了广泛的使用。数字电子钟从原理上讲是一种典型的数字电路，其中包括组合逻辑电路和时序逻辑电路。

1. 设计指标

(1) 采用 12 小时制式。
(2) 显示时、分、秒。
(3) 具有校时功能，可以分别对时及分进行单独校时，使其校正到标准时间（北京时间）。
(4) 计时过程具有报时功能，当时间到达整点前 10s 进行蜂鸣报时。
(5) 为了保证计时的稳定性和准确性，需要由晶体振荡器提供时间基准信号。

2. 设计要求

(1) 根据设计指标，从选择设计方案开始，进行电路设计；选择合适的器件，画出设计电路图；通过安装、调试，直至实现任务要求的全部功能。电路要求布局合理，走线清晰，工作可靠。
(2) 使用电路仿真软件 Proteus，对所设计的电路进行仿真调试。
(3) 编写设计说明书，内容包括：总体方案框图、各单元电路设计、电路参数计算及简要说明、总体电路原理图及原理说明、总体电路安装接线图、安装调试（仪器选用、调试步骤、故障分析处理）、心得体会、电子元器件清单、参考文献书目。

3. 设计提示

数字电子钟实际上是一个对标准频率（1Hz）进行计数的计数电路。由于计数的起始时间不可能与标准时间一致，因此需要在电路上加一个校时电路。1Hz 时间信号必须做到准确、稳定，通常使用石英晶体振荡器。数字电子钟整体设计方案框图如图 B.2 所示。

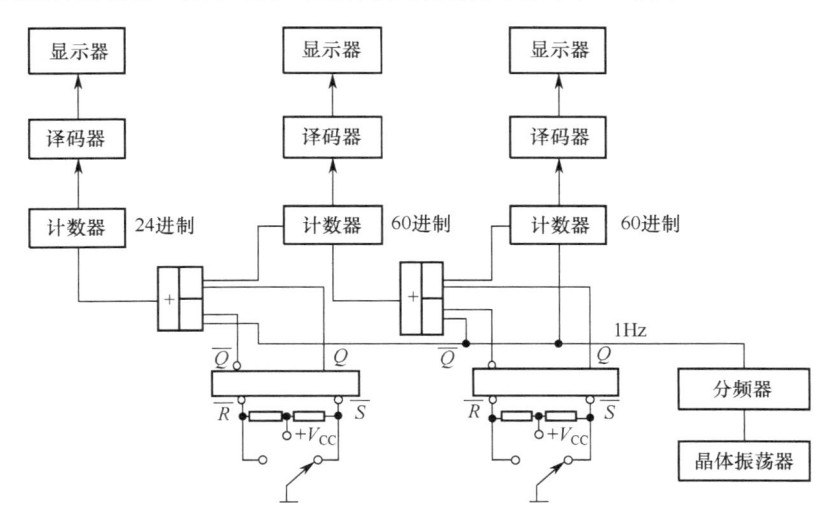

图 B.2　数字电子钟整体设计方案框图

题目 14　数字秒表设计

在体育比赛、时间准确测量等场合通常要求计时精度到 1%（即 10ms）甚至更高的计时装置，数字秒表是一种精确的计时仪表，可以担当此任。

1. 设计指标

(1) 设计一个用来记录短跑运动员成绩的秒表电路，能以数字的形式显示时间。

(2) 秒表的技术范围为 0.01～59.99s，计时精度为 10ms。

(3) 通过两个按键来控制计时的起点和终点，一个是清零按键，用于设置秒表为初始状态，另一个是开始/停止按键，在清零无效时，按一下开始/停止按键计时器开始计时，再按一下暂停计时，再按一下则继续计时。

2. 设计要求

(1) 根据设计指标，从选择设计方案开始，进行电路设计；选择合适的器件，画出设计电路图；通过安装、调试，直至实现任务要求的全部功能。电路要求布局合理，走线清晰，工作可靠。

(2) 使用电路仿真软件 Proteus，对所设计的电路进行仿真调试。

(3) 编写设计说明书，内容包括：总体方案框图、各单元电路设计、电路参数计算及简要说明、总体电路原理图及原理说明、总体电路安装接线图、安装调试（仪器选用、调试步骤、故障分析处理）、心得体会、电子元器件清单、参考文献书目。

3. 设计提示

供参考的数字秒表组成框图如图 B.3 所示。

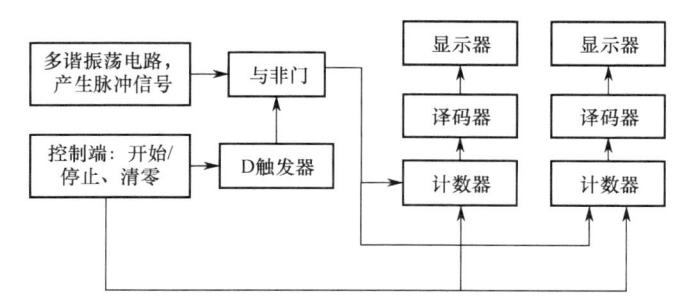

图 B.3　数字秒表组成框图

题目 15　六花样彩灯控制器设计

使用中小规模集成电路芯片，设计一个六花样彩灯控制器，每只彩灯点亮的时间在 0.5～1s 之间可调，彩灯按照以下 6 种花样不停地轮流点亮。

1. 设计指标

(1) 花样 0：彩灯一亮一灭，从左到右移动。

(2) 花样1：彩灯两亮两灭，从左到右移动。
(3) 花样2：彩灯四亮四灭，从左到右移动。
(4) 花样3：彩灯从左到右逐次点亮，逐次熄灭。
(5) 花样4：彩灯两亮一灭，三亮二灭，从左到右移动。
(6) 花样5：彩灯一亮七灭，从左到右移动。

2. 设计要求

(1) 根据设计指标，从选择设计方案开始，进行电路设计；选择合适的器件，画出设计电路图；通过安装、调试，直至实现任务要求的全部功能。电路要求布局合理，走线清晰，工作可靠。

(2) 使用电路仿真软件 Proteus，对所设计的电路进行仿真调试。

(3) 编写设计说明书，内容包括：总体方案框图、各单元电路设计、电路参数计算及简要说明、总体电路原理图及原理说明、总体电路安装接线图、安装调试（仪器选用、调试步骤、故障分析处理）、心得体会、电子元器件清单、参考文献书目。

3. 设计提示

供参考的六花样彩灯控制器组成框图如图 B.4 所示。

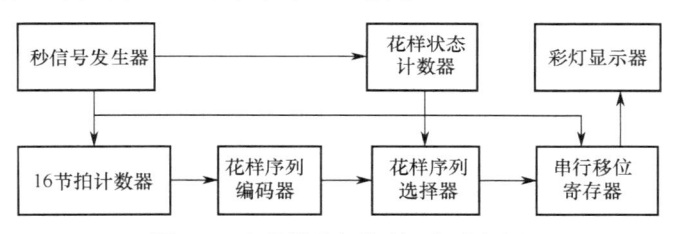

图 B.4 六花样彩灯控制器组成框图

题目 16 数控直流稳压电源设计

数控直流稳压电源是电子技术常用的设备之一，广泛应用于教学、科研等领域。传统的多功能直流稳压电源功能简单、难控制、可靠性低、干扰大、精度低且体积大、复杂度高。普通直流稳压电源品种很多，在家用电器和其他各类电子设备中，通常都需要电压稳定的直流电源供电。

1. 设计指标

(1) 输出电压范围是 5~12V，用按键 "+" "−" 步进调节，步进值为 1V。
(2) 最大输出电流为 1A。
(3) 稳压系数小于 0.2。
(4) 纹波电压小于 5mV。
(5) 直流电源的内电阻小于 0.5Ω。

2. 设计要求

(1) 根据设计指标，从选择设计方案开始，进行电路设计；选择合适的器件，画出设计电路图；通过安装、调试，直至实现任务要求的全部功能。电路要求布局合理，走线清晰，工作可靠。

(2) 使用电路仿真软件 Proteus，对所设计的电路进行仿真调试。

(3) 编写设计说明书，内容包括：总体方案框图、各单元电路设计、电路参数计算及简要说明、总体电路原理图及原理说明、总体电路安装接线图、安装调试（仪器选用、调试步骤、故障分析处理）、心得体会、电子元器件清单、参考文献书目。

3. 设计提示

供参考的数控直流稳压电源组成框图，如图 B.5 所示。

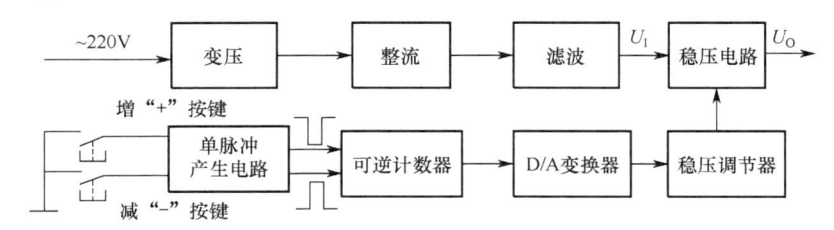

图 B.5　数控直流稳压电源组成框图

题目 17　拔河游戏机设计

电子拔河游戏机是一种能容纳甲乙双方参赛的游戏电路。由一排 LED 发光二极管表示拔河的电子绳。由甲、乙二人通过按钮开关使发光的 LED 管向自己一方的终点移动，当亮点移动到任何一方的终点时，该方获胜，连续比赛多局以定胜负。

1. 设计指标

(1) 用 9 个（或 15 个）发光二极管排成一排，作为指示电路，开机后只有中间一个二极管点亮，以此作为拔河中心线。游戏双方各持一个按键，迅速不断地按动，以产生脉冲信号，促使发光二极管产生的亮点向己方移动。甲方每按一次按键，亮点就会向甲方移动一个位置（同时，亮点离开乙方更远）。亮点移动到某方的终点，该方本局比赛获胜。

(2) 比赛采用多局制，每方的获胜局数使用获胜次数计数器进行记录，并用 LED 数码管显示，要求最多可记录和显示 9 次获胜次数。

2. 设计要求

(1) 根据设计指标，从选择设计方案开始，进行电路设计；选择合适的器件，画出设计电路图；通过安装、调试，直至实现任务要求的全部功能。电路要求布局合理，走线清晰，工作可靠。

(2) 使用电路仿真软件 Proteus，对所设计的电路进行仿真调试。

(3) 编写设计说明书，内容包括：总体方案框图、各单元电路设计、电路参数计算及简要说明、总体电路原理图及原理说明、总体电路安装接线图、安装调试（仪器选用、调试步骤、故障分析处理）、心得体会、电子元器件清单、参考文献书目。

3. 设计提示

供参考的拔河游戏机组成框图，如图 B.6 所示。

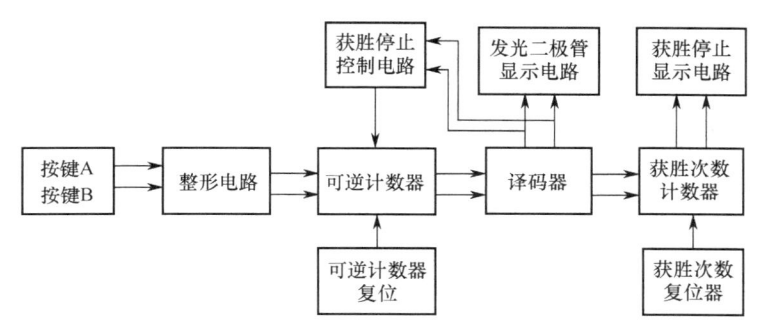

图 B.6 拔河游戏机组成框图

题目 18　数控直流电流源设计

1. 设计指标

(1) 输出电流 0～1A 步进可调，调整步距为 4mA；误差小于等于 0.1mA。
(2) 负载供电电压为+12V，负载等效阻值为 10Ω。
(3) 电路应具有对负载驱动电流较好的线性控制特性。

2. 设计要求

(1) 根据设计指标，从选择设计方案开始，进行电路设计；选择合适的器件，画出设计电路图；通过安装、调试，直至实现任务要求的全部功能。电路要求布局合理，走线清晰，工作可靠。
(2) 使用电路仿真软件 Proteus，对所设计的电路进行仿真调试。
(3) 编写设计说明书，内容包括：总体方案框图、各单元电路设计、电路参数计算及简要说明、总体电路原理图及原理说明、总体电路安装接线图、安装调试（仪器选用、调试步骤、故障分析处理）、心得体会、电子元器件清单、参考文献书目。

3. 设计提示

供参考的数控直流电流源组成框图，如图 B.7 所示。

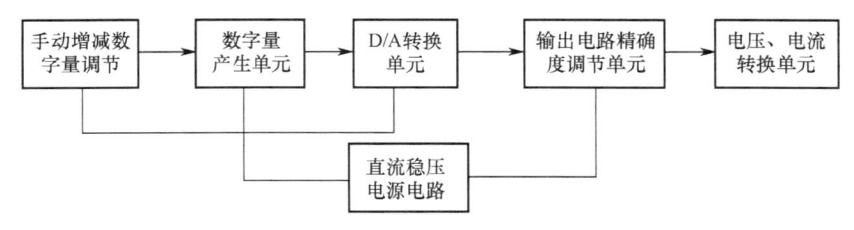

图 B.7　数控直流电流源组成框图

附录 C 思考题和习题参考答案

第 1 章 概述

1.1 (1) 203　　(2) 42.625　　(3) 0.1875

1.2 (1) 11010　　(2) 1111111　　(3) 0.010111　　(4) 10.11001

1.3 (1) $(153.3)_8$　$(6B.6)_{16}$　(2) $(71.64)_8$　$(39.D)_{16}$　(3) $(41.1)_8$　$(21.2)_{16}$

1.4 (1) $(1001101110)_2$　$(1156)_8$　$(662)_{10}$
　　(2) $(100\ 1111\ 1101.1100\ 0011)_2$　$(2375.606)_8$　$(1277.76172)_{10}$
　　(3) $(1111\ 0011\ 011.0101\ 101)_2$　$(3633.264)_8$　$(1947.35156)_{10}$

1.5 (1) 589.4　　(2) 893.8

1.6 (1) 00001110，00001110，00001110
　　(2) 00010110，00010110，00010110
　　(3) 10001110，11110001，11110010
　　(4) 10010110，11101001，11101010

1.7 (1) $0001\ 0101 = 21_{补}$　(2) $0000\ 1000 = 8_{补}$　(3) $1100\ 1100 = -52_{补}$　(4) $1101\ 1000 = -40_{补}$

1.8 $F_1 = AB\overline{C}$，$F_2 = (A+B)\overline{C}$

1.9 $F = AB + AC$

1.11 $F_1 = A + B$，$F_2 = A + B$，$F_3 = 1$，$F_4 = 1$，$F_5 = 0$，$F_6 = BC$，$F_7 = C$，$F_8 = C \oplus D$

1.12 $\overline{F_1} = A \odot B$，$\overline{F_2} = \overline{A} + C + \overline{D}$，$\overline{F_3} = \overline{B} + \overline{C}$，$\overline{F_4} = \overline{A} + \overline{B} + \overline{C}$

1.13 $F_1' = (A+B)(C+D)$，$F_2' = AB + CD$，$F_3' = \overline{AB} \cdot (\overline{A} + \overline{B})$，$F_4' = \overline{AB \cdot \overline{C} \cdot \overline{(D+F)}}$

1.14 (1) $F_1 = A \oplus B \oplus C$，$F_2 = AB + (A \oplus B)C$，1bit 全加器。
　　(2) $F_1 = A\overline{B}$，$F_2 = A \odot B$，$F_3 = \overline{A}B$，1bit 数值比较器。

1.15 $F = \overline{A} + B + C$

1.16 $F_1 = \overline{\overline{AB}}$，$F_2 = \overline{\overline{\overline{AB}}}$，$F_3 = \overline{\overline{AB\overline{C}} \cdot \overline{\overline{A}BC}}$，$F_4 = 1$

1.17 $F = \overline{B}C + A\overline{B} + AC + \overline{A}B\overline{C}$

1.18 $F_1(A,B,C) = \sum m(1,2,3,5,7)$，$F_2(A,B,C,D) = \sum m(1,3,5,7,9,11,13,15)$，
　　 $F_3(A,B,C) = \sum m(3,7)$

1.19 $F_1 = C + AB$，$F_2 = A\overline{B} + A\overline{D} + A\overline{C}$，$F_3 = \overline{A}\overline{B}C + \overline{A}\overline{C}D + BCD + AB$，$F_4 = A + B\overline{C} + B\overline{D}$，
　　 $F_5 = AB + B\overline{C} + B\overline{D} + A\overline{C}D + AC\overline{D} + \overline{A}BCD$，$F_6 = \overline{B}\overline{C} + \overline{C}D + \overline{A}BD + \overline{A}C\overline{D} + BC\overline{D}$，
　　 $F_7 = D + \overline{A}B + \overline{A}\overline{C}$，$F_8 = AC + \overline{A}\overline{B} + ABD$

1.20 (1) $Z = \overline{Y}$　　(2) $Z = \overline{Y}$

1.21 列出逻辑函数 $F = A + B\overline{C}$ 在正逻辑体制下的真值表，然后对 A, B, C, F 取反，得到负逻辑体制下的真值表，由真值表得卡诺图，根据卡诺图化简逻辑函数（对"0"圈），得负逻辑体制下的逻辑函数为 $\overline{F} = A(B + \overline{C})$，所以 $F = \overline{A(B + \overline{C})}$，该式与 $F = A + B\overline{C}$ 互为对偶式。

第 2 章　逻辑门电路

2.1　TTL/CMOS。

2.2　不兼容，$V_{OH(min)} \geqslant V_{IH(min)}$ 才能兼容。

2.3　兼容，$V_{OL(max)} \geqslant V_{IL(max)}$。

2.4　A：V_{NH} = 2.4V–2V = 0.4V；V_{NL} = 0.8V–0.4V = 0.4V。
　　 B：V_{NH} = 3.6V–2.6V = 1V；V_{NL} = 0.6V–0.1V = 0.5V。
　　 C：V_{NH} = 4.3V–3.3V = 1V；V_{NL} = 0.8V–0.1V = 0.7V。
　　 所以 C 最合适。

2.5　直流电源电压越高，抗干扰能力越好。

2.6　高电平功耗 = 20mW，低电平功耗 = 0.05mW，平均功耗 = 10.025mW。

2.7　4.5ns。

2.8　A：16.5×10^{-12}J；B：36×10^{-12}J；C：5×10^{-12}J；最佳性能是 C。

2.9　N_{OH} = 20，N_{OL} = 10，所以扇出数为 10。

2.10　(a)和(d)导通，(b)和(c)截止。

2.11　$L = A \oplus B$。

2.12　(1) 输入端接地，V_I = 0V < V_{IL}，V_{IL} = 1.5V。
　　　(2) V_I = 0.8V < V_{IL}，V_{IL} = 1.5V。
　　　(3) V_I = 0.1V < V_{IL}，V_{IL} = 1.5V。
　　　(4) $V_I = 10 \times 10^3 \times I_{IL}$ = 0.01V < V_{IL}，V_{IL} = 1.5V，$I_{IL} = 1 \times 10^{-6}$A。

2.13　$L_1 = \overline{A}$，$L_2 = \overline{A+B}$，$L_3 = 1$。

2.14　(a) 输入端不能悬空，接电源。
　　　(b) $F_2 = \overline{A \cdot B}$。
　　　(c) 普通的与非门和或非门不能线与。
　　　(d) 正确，并联使用。
　　　(e) 开路门必须外接上拉电阻和电源。
　　　(f) $F_6 = \overline{\overline{A} \cdot B \cdot C} + \overline{A \cdot \overline{B} \cdot \overline{C}}$。

2.15　(1) $F_1 = B(A+C)$。
　　　(2) 当 $C = 0$ 时，$F_2 = \overline{C}$；当 $C = 1$ 时，$F_2 = AB + \overline{C}$。
　　　(3) 输入/输出波形如图 C.1 所示。

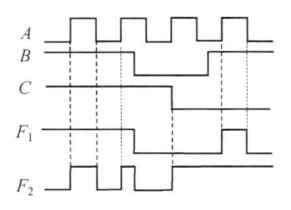

图 C.1　输入/输出波形

2.16　输入/输出波形如图 C.2 所示。

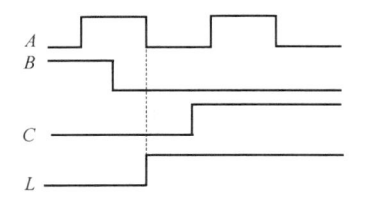

图 C.2　输入/输出波形

2.17 (a)导通，(b)、(c)、(d)截止。

2.18 $L_1 = \overline{AB\overline{C}}$，$L_2 = \overline{A} + \overline{BC}$。

2.19 (1) 参见教材中的图 2.28，当输入端悬空时，VT_1 管的集电结正偏。V_{CC} 作用于 VT_1 管的集电结和 VT_2、VT_3 管的发射结，使 VT_2、VT_3 管饱和，VT_4 截止，因此与非门输出为低电平。由上述分析，与非门输入端悬空时，相当于输入逻辑1。

(2) 当输入端接高于 2V 的电源时，若 VT_1 管的发射结导通，则 $V_{be1} \geqslant 0.5V$，VT_1 管的基极电压 $V_{b1} \geqslant 2 + V_{b1} = 2.5V$。而 $V_{b1} \geqslant 2.1V$ 时，将使 VT_1 的集电结正偏，VT_2、VT_3 管饱和，使得 VT_4 截止，与非门输出为低电平。

(3) 当输入接高电平 3.6V 时，若 VT_1 导通，则 $V_{b1} = 3.6V + 0.5V = 4.1V$，根据(1)和(2)，当 $V_{b1} \geqslant 2.1V$ 时，与非门输出为低电平。

(4) 10kΩ 电阻上的电压为 3.07V，高于 2.1V，根据(2)，相当于输入逻辑1。

2.20 $L_1 = \overline{AB}$，$L_2 = 1$，$L_3 = \overline{B}$。

2.21 (2)、(3)、(5)、(6)。

2.22 $L(A,B,C,D) = \overline{AB + CD} = \overline{AB} \cdot \overline{CD}$。

2.23 (a)输入端不能悬空，输入端接地；(b) $F_2 = \overline{C} \cdot (A+B) + C(\overline{A} + \overline{B})$；(c)与门和三极管之间需要接一个限流电阻。

2.24 $L = \overline{A + B}$。

2.25 1.67~6.11kΩ。

2.26 563~3698Ω。

2.27 (1) (a)为高电平，(b)为低电平；(2) $R_1 = 180~300Ω$，$R_2 = 136~234Ω$；(3) 输入低电平时，LED 发光；输入高电平时，LED 不发光。

第 3 章　组合逻辑电路

3.1 $L = A \oplus B + A \oplus C + B \oplus C$，所以输入相同时，输出为 0；否则输出为 1。

3.2 $L = (A \oplus B) \oplus (C \oplus D)$，所以奇校验，输入奇数个 1 时输出为 1，否则输出为 0。

3.3 $Y_1 = A \oplus B \oplus C$，$Y_2 = AB + A \oplus BC$，所以为 1bit 全加器。

3.4 $Y_1 = \overline{ABS_3 + A\overline{B}S_2} \oplus \overline{\overline{B}S_1 + BS_0} + A$。

3.5 $Y = \overline{\overline{\overline{CD} \cdot \overline{CD} \cdot \overline{AB} \cdot \overline{AB}} \cdot \overline{\overline{CD} \cdot \overline{CD} \cdot \overline{AB} \cdot \overline{AB}}}$。

3.6 逻辑电路如图 C.3 所示。

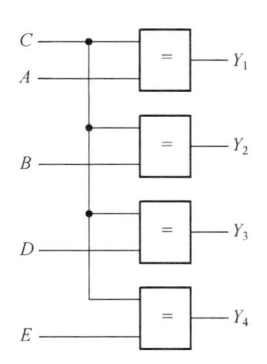

图 C.3 逻辑电路图

3.7 逻辑表达式 $F = C + \overline{AB}$，逻辑电路如图 C.4 所示。

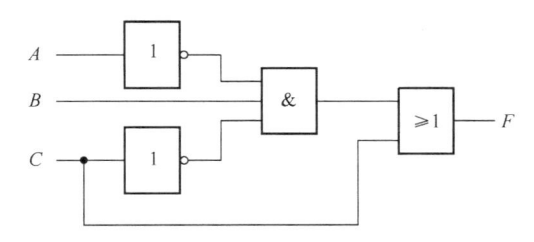

图 C.4 逻辑电路图

3.8 $F_1 = \overline{CD}$，$F_2 = A + B + CD$，$F_3 = \overline{AC} + \overline{AB} + \overline{AD}$，逻辑电路如图 C.5 所示。

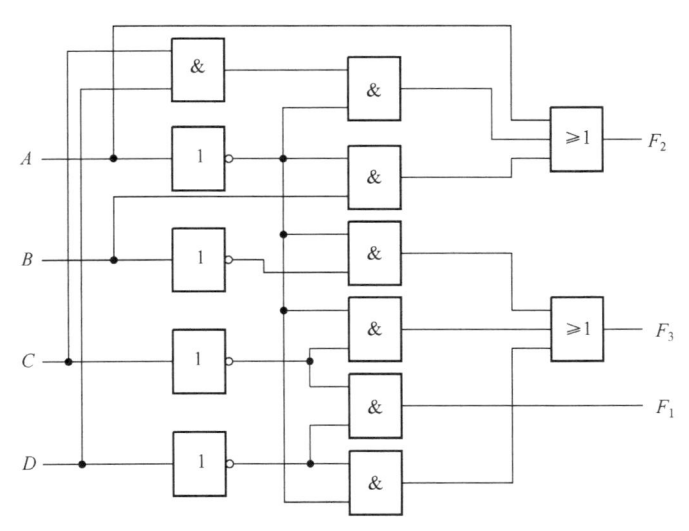

图 C.5 逻辑电路图

3.9 $Y = AB$。

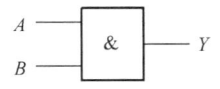

3.10 $DCBA = 1011$ 不是一个有效的 8421BCD 码。

3.11 逻辑表达式 $F = \overline{\overline{AB} \cdot \overline{BC} \cdot \overline{AC}}$，三人表决逻辑电路如图 C.6 所示。

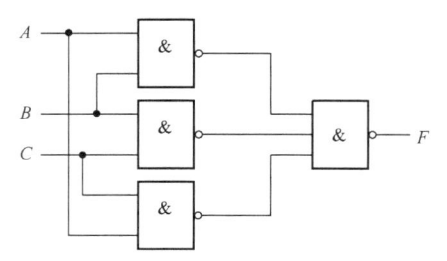

图 C.6 三人表决逻辑电路图

3.12 BCD 码为 0111。

3.13 编码器逻辑电路如图 C.7 所示。

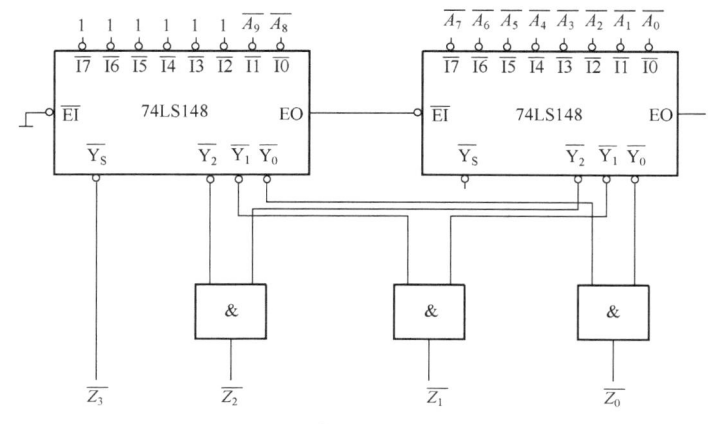

图 C.7 编码器逻辑电路图

3.14 (1) $F(A,B,C) = \sum_m (2,3,5,7) = \overline{\overline{m_2} \cdot \overline{m_3} \cdot \overline{m_5} \cdot \overline{m_7}}$，逻辑电路如图 C.8 所示。

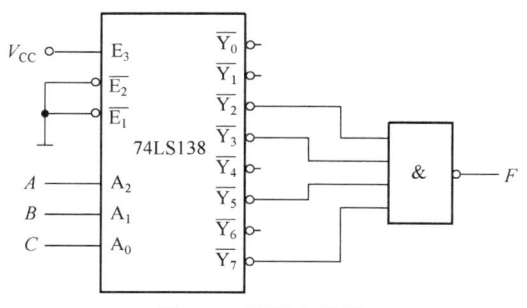

图 C.8 逻辑电路图

(2) $F(A,B,C) = \sum_m (1,2,3,4,5,6) = \overline{\overline{m_1} \cdot \overline{m_2} \cdot \overline{m_3} \cdot \overline{m_4} \cdot \overline{m_5} \cdot \overline{m_6}}$，逻辑电路如图 C.9 所示。

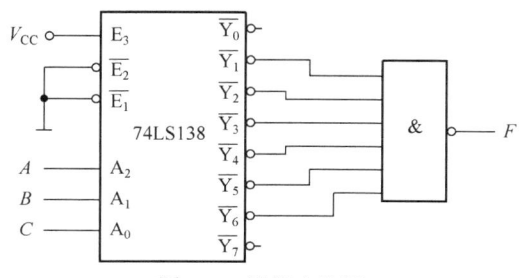

图 C.9 逻辑电路图

(3) $F(A,B,C,D) = A \cdot (m_3 + m_4 + m_5 + m_7) = A \cdot \overline{\overline{m_3} \cdot \overline{m_4} \cdot \overline{m_5} \cdot \overline{m_7}}$，逻辑电路如图 C.10 所示。

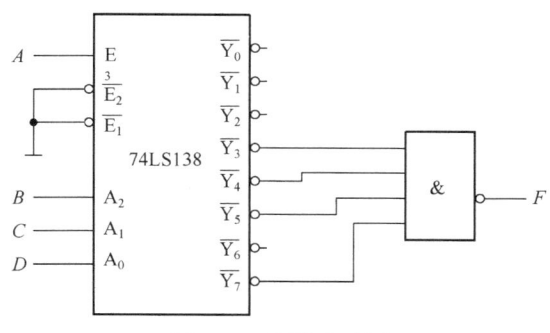

图 C.10 逻辑电路图

3.15 译码器逻辑电路如图 C.11 所示。

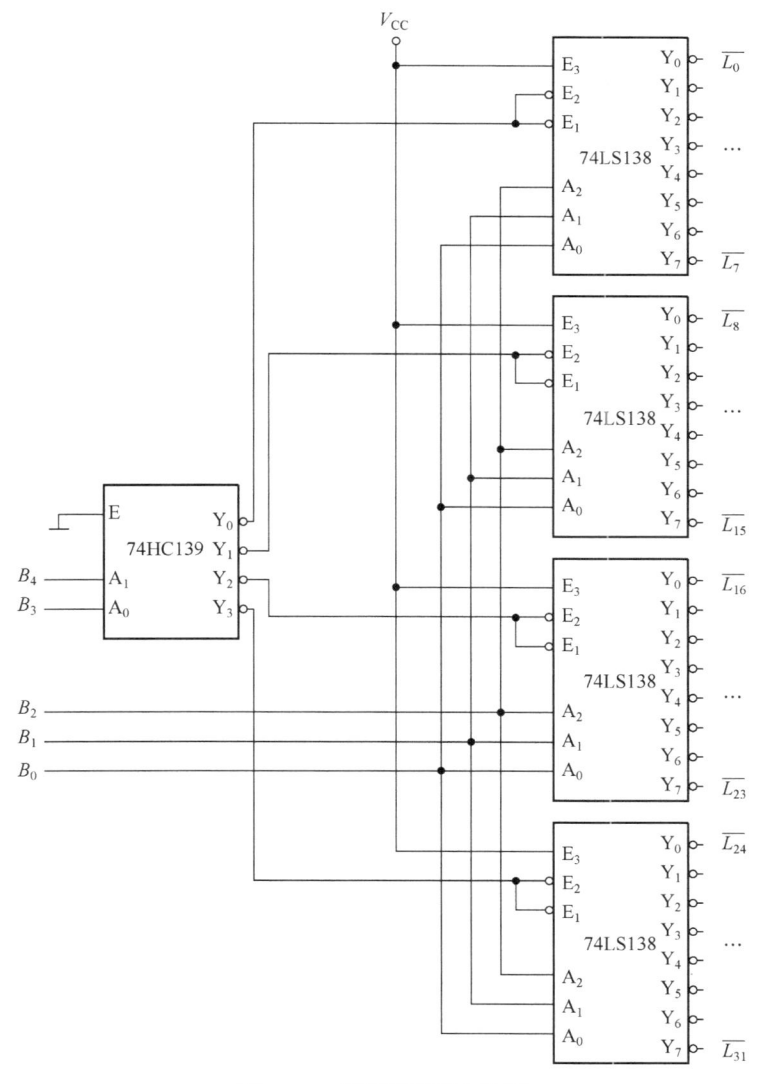

图 C.11 译码器逻辑电路图

3.16 分配器逻辑电路如图 C.12 所示。

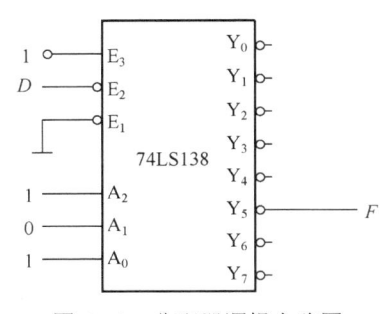

图 C.12 分配器逻辑电路图

3.17 设 $A_3A_2A_1A_0 = x_1x_0y_1y_0$，

$F_1 = \overline{\overline{m_4} \cdot \overline{m_8} \cdot \overline{m_9} \cdot \overline{m_{12}} \cdot \overline{m_{13}} \cdot \overline{m_{14}}} = \overline{\overline{Y_4} \cdot \overline{Y_8} \cdot \overline{Y_9} \cdot \overline{Y_{12}} \cdot \overline{Y_{13}} \cdot \overline{Y_{14}}}$。

$F_2 = \overline{\overline{m_1} \cdot \overline{m_2} \cdot \overline{m_3} \cdot \overline{m_6} \cdot \overline{m_7} \cdot \overline{m_{11}}} = \overline{\overline{Y_1} \cdot \overline{Y_2} \cdot \overline{Y_3} \cdot \overline{Y_6} \cdot \overline{Y_7} \cdot \overline{Y_{11}}}$。

$F_3 = \overline{\overline{m_0} \cdot \overline{m_5} \cdot \overline{m_{15}} \cdot \overline{m_{10}}} = \overline{\overline{Y_0} \cdot \overline{Y_5} \cdot \overline{Y_{10}} \cdot \overline{Y_{15}}}$。

逻辑电路如图 C.13 所示。

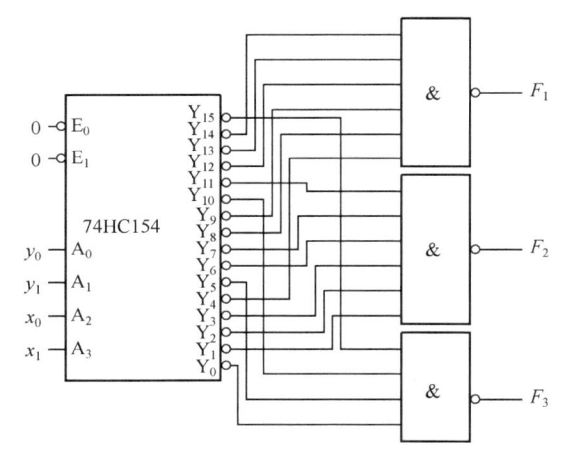

图 C.13 逻辑电路图

3.18（1）$F = m_2 + m_4$，逻辑电路如图 C.14 所示。

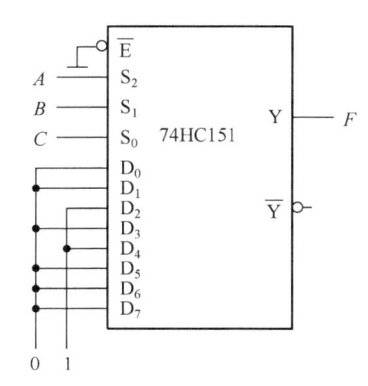

图 C.14 逻辑电路图

(2) $F = m_0 + m_2 + m_3 + m_6 + m_7$，逻辑电路如图 C.15 所示。

(3) $F(A,B,C,D) = \sum_m (1,5,6,7,9,11,12,13,14) = (m_0 + m_2 + m_4 + m_5) \cdot D + m_7 \overline{D} + m_3 + m_6$，逻辑电路如图 C.16 所示。

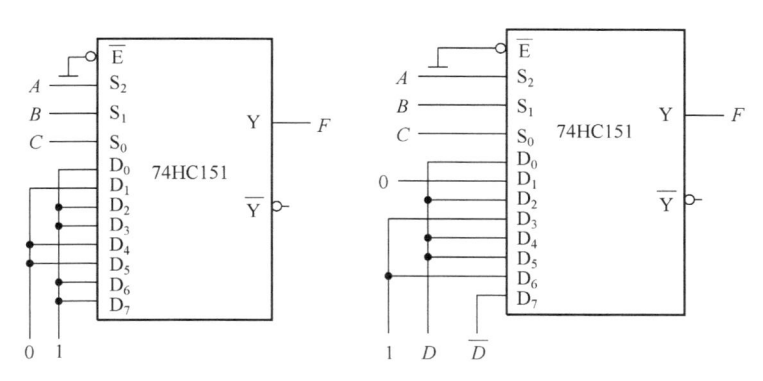

图 C.15 逻辑电路图   图 C.16 逻辑电路图

3.19 S_2、S_1、S_0 按顺序依次输入 111～000，逻辑电路如图 C.17 所示。

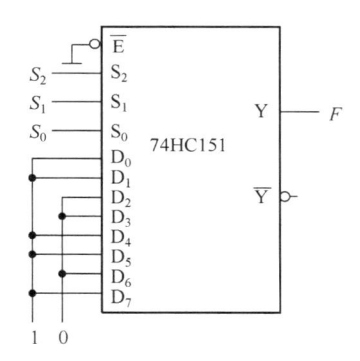

图 C.17 逻辑电路图

3.20 $F = (m_0 + m_3 + m_5 + m_6) \cdot \overline{D} + (m_1 + m_2 + m_4 + m_7) \cdot D$，逻辑电路如图 C.18 所示。

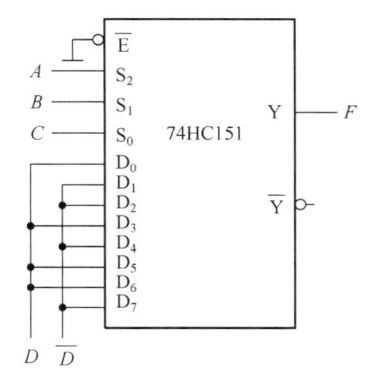

图 C.18 偶校验逻辑电路图

3.21 数据选择器逻辑电路如图 C.19 所示。

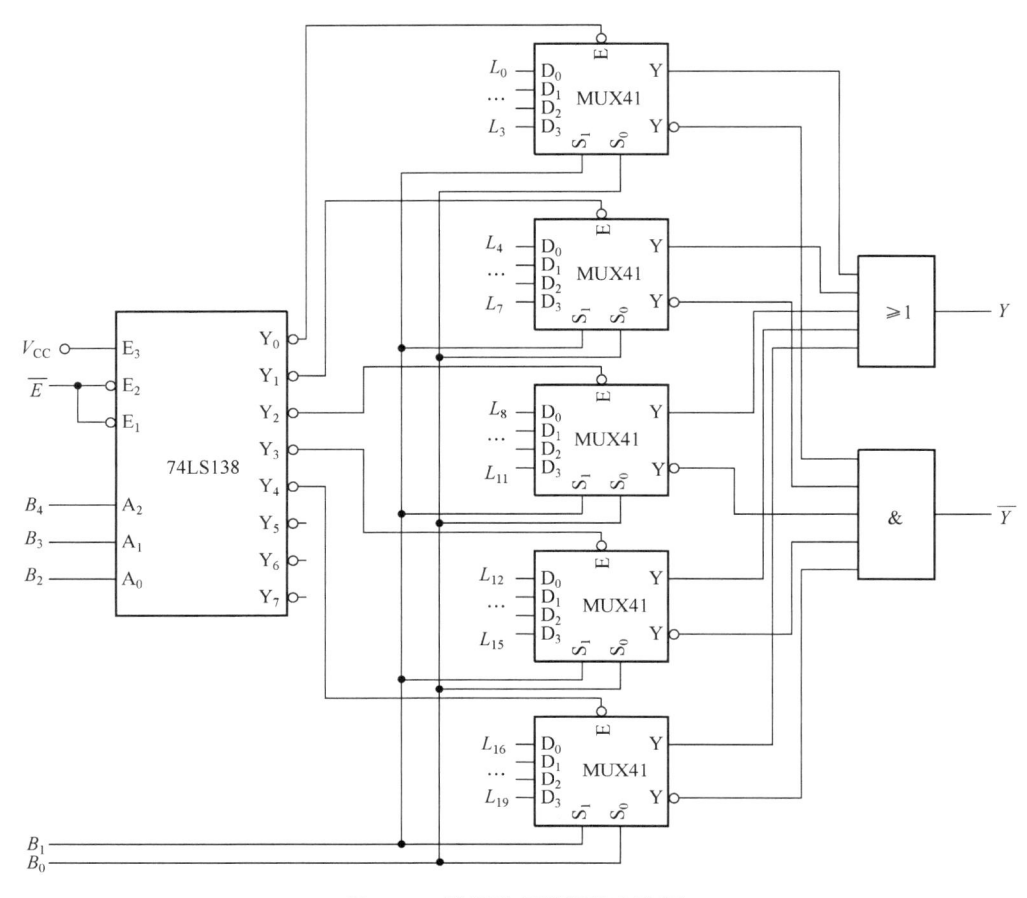

图 C.19　数据选择器逻辑电路图

3.22 令 $B_3B_2B_1B_0 = 3$，$B_7B_6B_5B_4 = 8$，逻辑电路如图 C.20 所示。

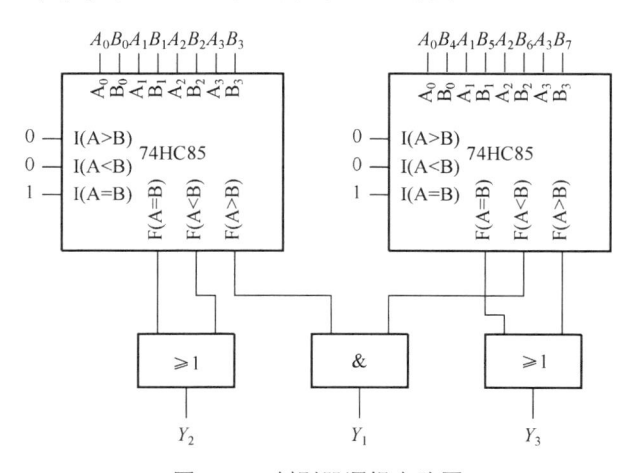

图 C.20　判别器逻辑电路图

3.23 比较器逻辑电路如图 C.21 所示。
3.24 代码转换逻辑电路如图 C.22 所示。

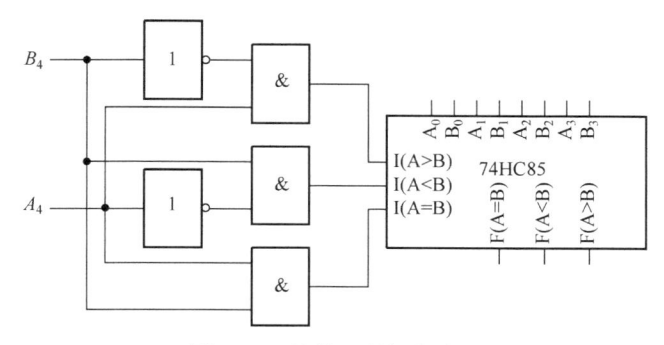

图 C.21 比较器逻辑电路图

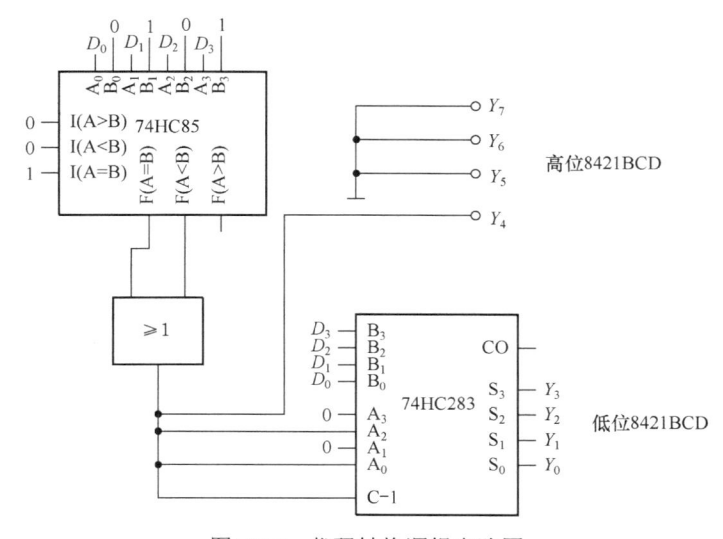

图 C.22 代码转换逻辑电路图

3.25 代码转换逻辑电路如图 C.23 所示。

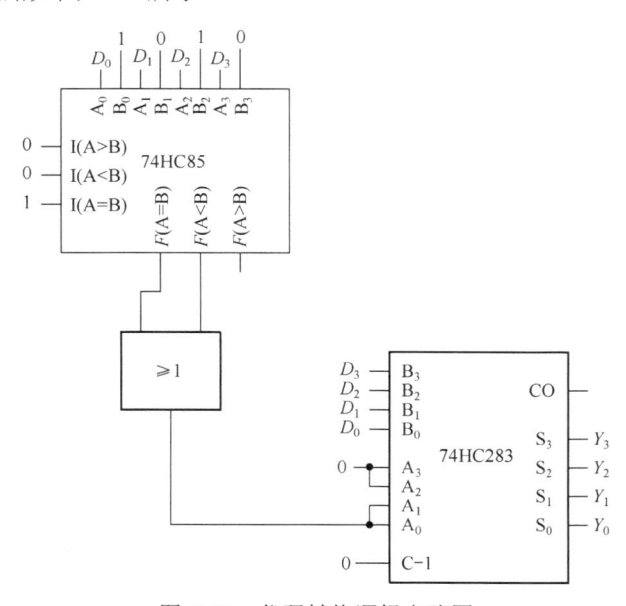

图 C.23 代码转换逻辑电路图

3.26 (1) $AB=00$，$BC=01$，$AC=11$ 时出现竞争冒险，增加冗余项 $\overline{B}C$ 消除，$F_1 = \overline{A}B + \overline{B}C + AC$。

(2) $BCD=100$，$ABD=010$，$ABC=100$，$BCD=110$，$ACD=100$，$ABD=110$ 时出现竞争冒险，增加冗余项 $A\overline{C}\overline{D}$ 消除，$F_2 = BC + A\overline{C}\overline{D} + A\overline{B}\overline{C}$。

(3) $BCD=101$，$BCD=111$，$ABC=100$，$ABD=101$，$ACD=111$，$ABD=011$，$ABD=100$，$ACD=101$，$ABC=101$，$ABD=111$ 时出现竞争冒险，增加冗余项 AD 消除，$F_3 = BD + AD + \overline{A}B$。

3.27 $AB=00$，$BC=11$ 时出现竞争冒险，增加冗余项 $\overline{AB}$、BC 消除竞争冒险。

第 4 章 锁存器和触发器

4.1 (1) 同步 RS 锁存器在使能信号电平作用下，由输入信号 R、S 决定其状态，在使能信号有效电平作用期间，锁存器输出跟随输入信号变化而变化。

(2) 基本 RS 锁存器由输入信号 R、S 的电平直接控制其状态。

4.2 (1) 同步 RS 锁存器由使能信号与输入信号共同决定输出状态。

(2) 主从 RS 触发器由两个同步 RS 锁存器构成，分别称为从锁存器和主锁存器。工作过程中从锁存器总是跟随主锁存器状态而变化，触发器的输出状态改变发生在 CP 信号上升沿或下降沿到来的瞬间。

4.3 (1) D 锁存器对时钟脉冲电平（持续时间）敏感，在电平持续期间随输入信号改变状态。

(2) D 触发器对时钟脉冲边沿（上升沿或下降沿）敏感，在边沿来临时改变状态。

D 锁存器和 D 触发器的符号如图 C.24 所示。

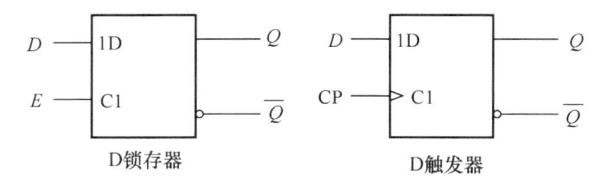

图 C.24 D 锁存器和 D 触发器的符号

4.4 (1) Q 和 $\overline{Q}$ 端输出信号波形如图 C.25 所示。

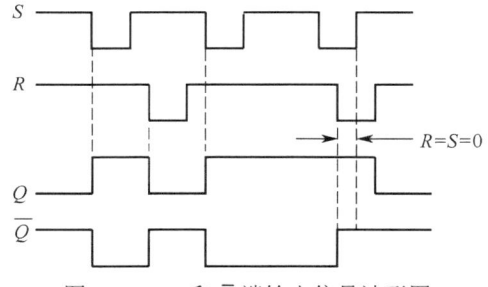

图 C.25 Q 和 $\overline{Q}$ 端输出信号波形图

(2) $R=S=0$ 的时间段是电路正常工作中所不允许的。

4.5 Q 和 $\overline{Q}$ 端的输入/输出波形如图 C.26 所示。

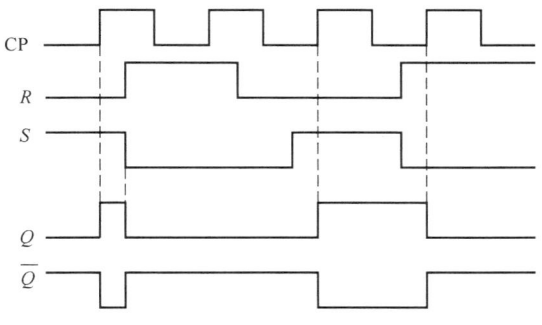

图 C.26 输入/输出波形图

同步 RS 锁存器有一个使能端 E，这里 $E = \mathrm{CP}$。当 $E = 0$ 时，锁存器状态不变，与 R、S 无关；当 $E = 1$ 时，工作状态由 R、S 决定。

(1) 当 CP = 1 时，若 $S = 1$ 则锁存器置 1，若 $R = 1$ 则锁存器置 0。

(2) 当 CP = 0 时，锁存器状态不变。

4.6 Q 和 $\bar{Q}$ 端的输入/输出电压波形如图 C.27 所示。

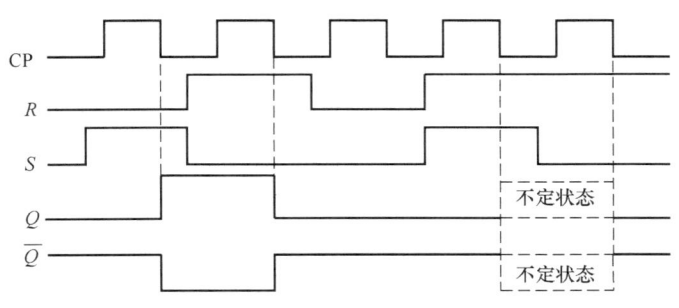

图 C.27 输入/输出电压波形

(1) CP 的下降沿有效（触发）。

(2) CP 的下降沿到来时，若 $S = 1$ 则触发器置 1，若 $R = 1$ 则触发器置 0。

(3) R、S 不能同时为 1，当 $R = S = 1$ 且变为 $R = S = 0$ 时电路输出状态不能确定。

4.7 Q 和 $\bar{Q}$ 端的输入/输出电压波形如图 C.28 所示。

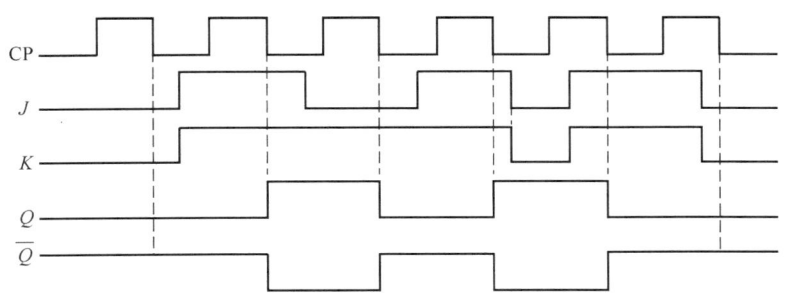

图 C.28 输入/输出电压波形

4.8 Q 和 $\bar{Q}$ 端的输入/输出电压波形如图 C.29 所示。

4.9 (1) 对该 D 触发器的理解：$S_\mathrm{D} = 0$ 时，触发器置 1；$R_\mathrm{D} = 0$ 时，触发器置 0；$R_\mathrm{D} = S_\mathrm{D} = 1$ 时，$Q^{n+1} = D_1 D_2$。

(2) Q 端的输入/输出电压波形如图 C.30 所示。

图 C.29 输入/输出电压波形图

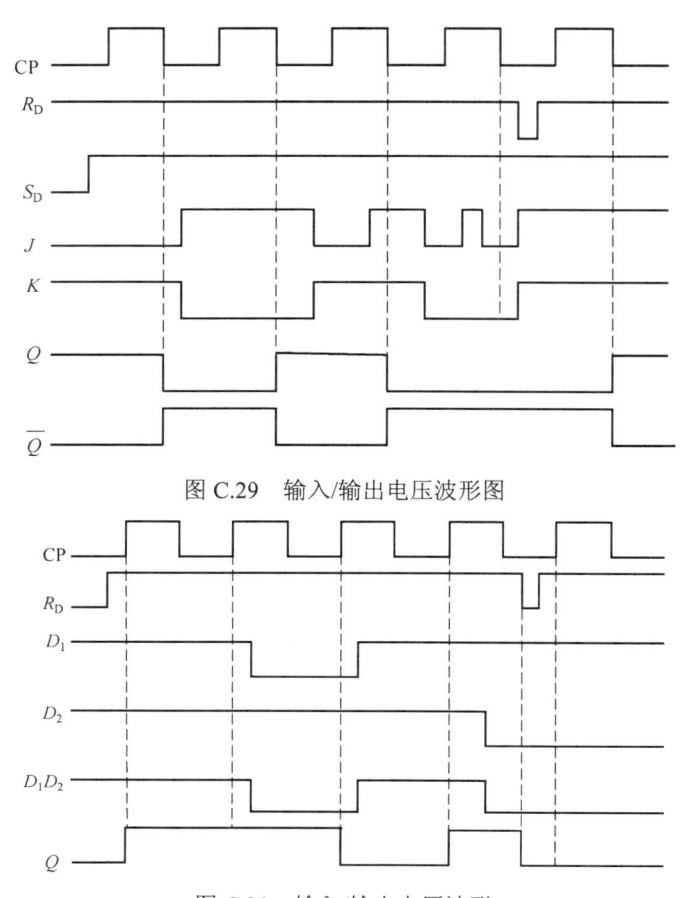

图 C.30 输入/输出电压波形

4.10 Q 端的输入/输出电压波形如图 C.31 所示。

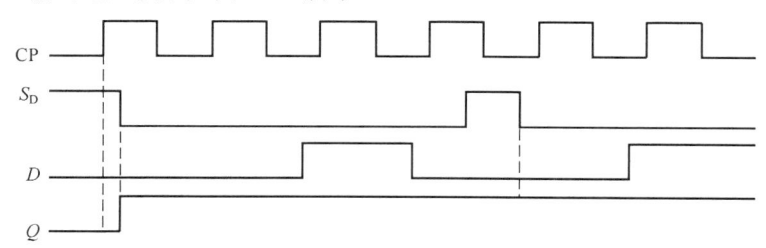

图 C.31 输入/输出电压波形

4.11 因为 $J = D$，$K = \overline{D}$，所以 $Q^{n+1} = D\overline{Q^n} + DQ^n = D$。该逻辑电路为下降沿触发的 D 触发器，$Q$ 端的输入/输出电压波形如图 C.32 所示。

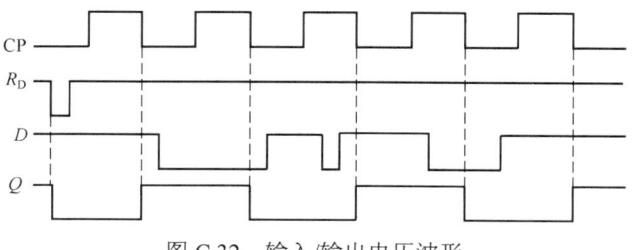

图 C.32 输入/输出电压波形

4.12 (a) $Q^{n+1} = \overline{Q^n}$，T′触发器；(b) $Q^{n+1} = \overline{\overline{Q^n}Q^n} + \overline{Q^n}Q^n = \overline{Q^n}$，T′触发器；(c) $Q^{n+1} = \overline{Q^n} + \overline{Q^n}Q^n = \overline{Q^n}$，T′触发器；(d) $Q^{n+1} = \overline{Q^n Q^n} + \overline{1} \cdot Q^n = \overline{Q^n}$，T′触发器。

4.13 (1) 对于 D 触发器有 $Q_1^{n+1} = D = \overline{Q_1^n} \oplus C$。

(2) 当 $A = R = 0$ 时 $Q = 0$，异步清 0。

(3) 当 $A = S = 0$ 时 $Q = 1$，异步置 1。

(4) 对于 JK 触发器有 $J = \overline{Q_2^n}$，$K = C$，所以 $Q_2^{n+1} = J\overline{Q_2^n} + \overline{K}Q_2^n = \overline{Q_2^n} + \overline{C}Q_2^n$。

Q_1 和 Q_2 端的输出电压波形如图 C.33 所示。

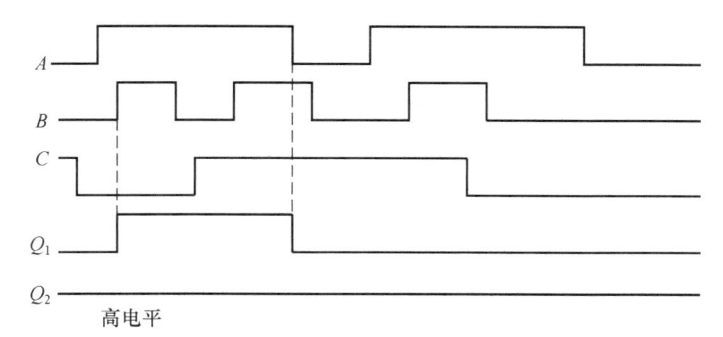

图 C.33 输出电压波形

4.14 (1) 所谓"功能表"，是指关系式 $Q^{n+1} = f(Q^n, S, R)$ 用表格形式绘出。

(2) 要列"功能表"，先找到上述关系 f。

激励方程：$D = \overline{S \cdot (R + \overline{Q^n})} = S + \overline{R + \overline{Q^n}} = S + \overline{R} \cdot Q^n$。

状态方程：$Q^{n+1} = D = S + \overline{R} \cdot Q^n$。

(3) 电路功能表如表 C.1 所示。

表 C.1 电路功能表

S	R	Q^n	Q^{n+1}
00	0	0	0
0	0	1	1
0	1	0	0
0	1	1	0
1	0	0	1
1	0	1	1
1	1	0	1
1	1	1	1

(4) 图 4.50 所示电路与同步 RS 锁存器的不同点：首先，两者电路结构不同；其次，图 4.50 所示电路是 CP 上升沿敏感的 RS 触发器，而同步 RS 锁存器是电平敏感的。

4.15 $F_1 = Q_2$，$F_2 = \overline{Q_2} \cdot \overline{Q_1} + Q_2 \cdot Q_1 = Q_2 \odot Q_1$，输入/输出电压波形如图 C.34 所示。

4.16 根据图 4.52(a)可得 $R_1 = \overline{Q_2}$，低电平清零，$Q_1^{n+1} = \overline{Q_1^n}$ 在 A 的下降沿触发，$Q_2^{n+1} = Q_1^n \cdot \overline{Q_2^n}$ 在 CP 的下降沿触发。输入/输出电压波形如图 C.35 所示。

图 C.34 输入/输出电压波形

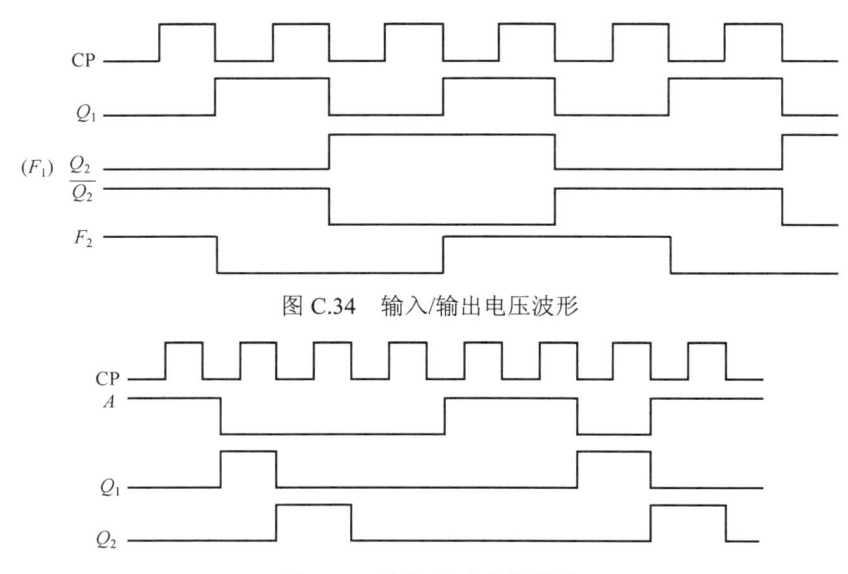

图 C.35 输入/输出电压波形

4.17 不妨设电路的初始状态为 $Q_0Q_1 = 00$，输入/输出电压波形如图 C.36 所示。

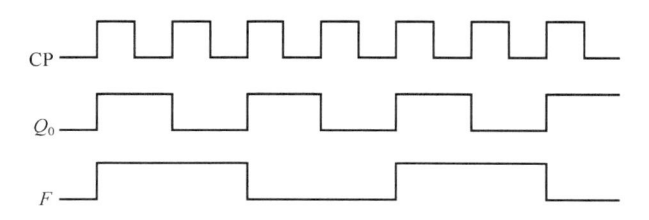

图 C.36 输入/输出电压波形

由图 C.13 可知 $f_F = f_{Q_1} = f_{CP}/4$，F 是 CP 的 4 分频；$f_{Q_0} = f_{CP}/2$，Q_0 是 CP 的 2 分频。

4.18 主要使用 74HC573 芯片设计 3 人抢答器电路，抢答器电路原理图如图 C.37 所示。

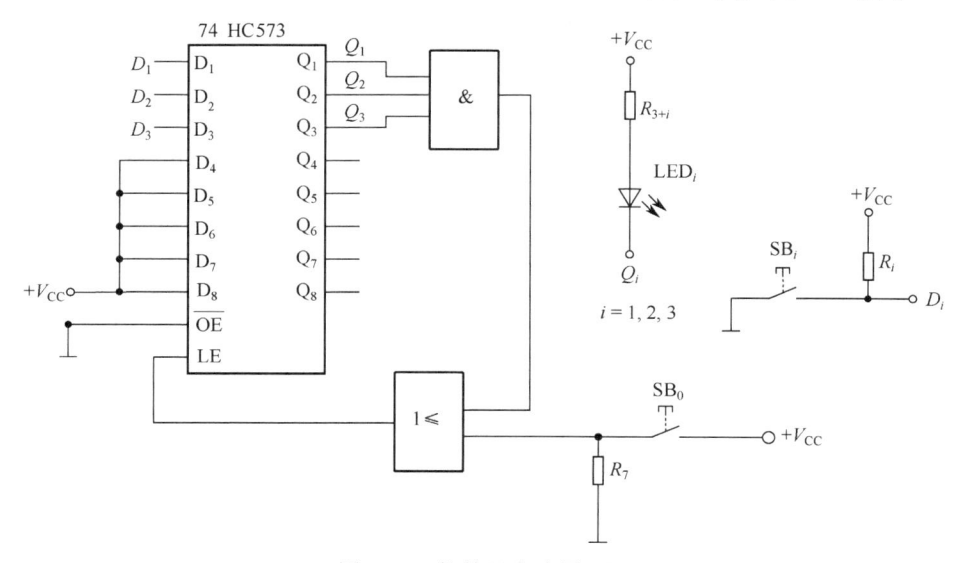

图 C.37 抢答器电路原理图

4.19 根据给出的特性方程，变换得到 $Q^{n+1} = X \oplus Y \oplus Q^n = (X \oplus Y) \cdot \overline{Q^n} + \overline{X \oplus Y} \cdot Q^n$。

(1) 用 JK 触发器实现时，由 JK 触发器特性方程 $Q^{n+1} = J\overline{Q^n} + \overline{K}Q^n$，比较两个方程可得 $J = K = X \oplus Y$。

(2) 用 D 触发器实现时，由 D 触发器特性方程 $Q^{n+1} = D$，比较两个方程可得 $D = X \oplus Y \oplus Q^n$。

分别采用 JK 触发器、D 触发器实现该逻辑功能的逻辑电路图，如图 C.38 所示。

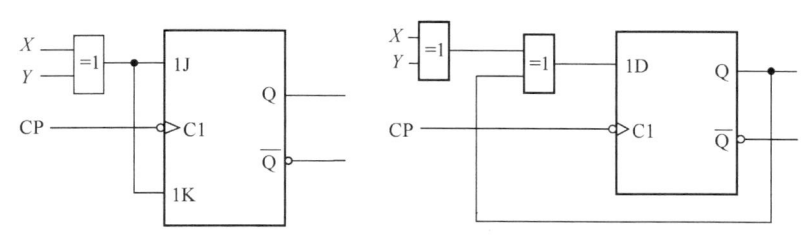

图 C.38 逻辑电路图

第 5 章 时序逻辑电路

5.1 波形如图 C.39 所示。

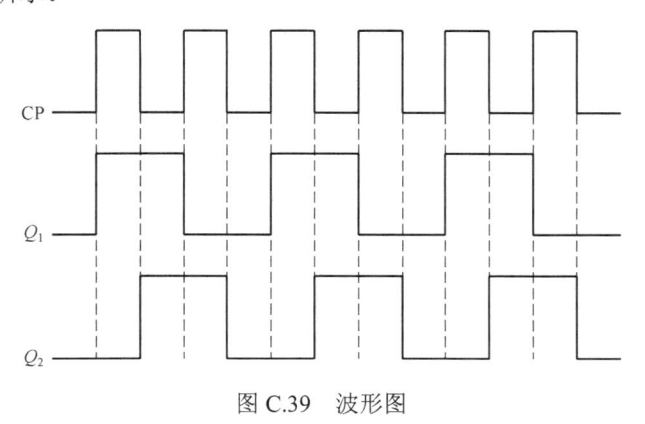

图 C.39 波形图

5.2 波形如图 C.40 所示。

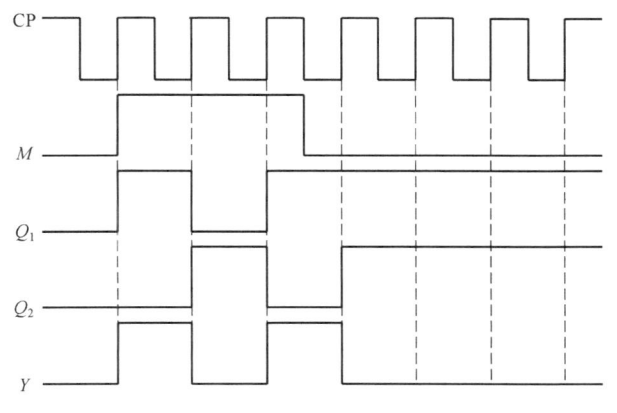

图 C.40 波形图

5.3 驱动方程：$J_1 = \overline{XQ_2^n}$，$K_1 = X$，$J_2 = \overline{X}$，$K_2 = \overline{XQ_1^n}$。

状态方程：$Q_1^{n+1} = \overline{Q_2^n} \cdot \overline{Q_1^n} + \overline{X}$，$Q_2^{n+1} = XQ_2^nQ_1^n + \overline{X} \cdot \overline{Q_2^n}$。

输出方程：$Z = XQ_1^n + \overline{Q_2^n}$。状态转换表如表 C.2 所示。

表 C.2 状态转换表

$Q_2^nQ_1^n$	$Q_2^{n+1}Q_1^{n+1}/Z$	
	$X=0$	$X=1$
00	11/1	01/1
01	11/1	00/1
10	01/0	00/0
11	01/0	10/1

状态转换图如图 C.41 所示，时序波形图如图 C.42 所示。

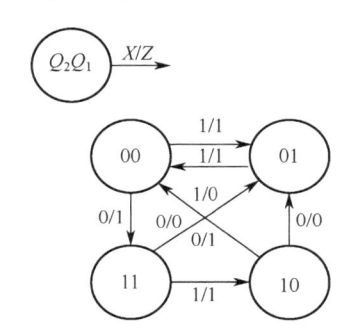

图 C.41 状态转换图

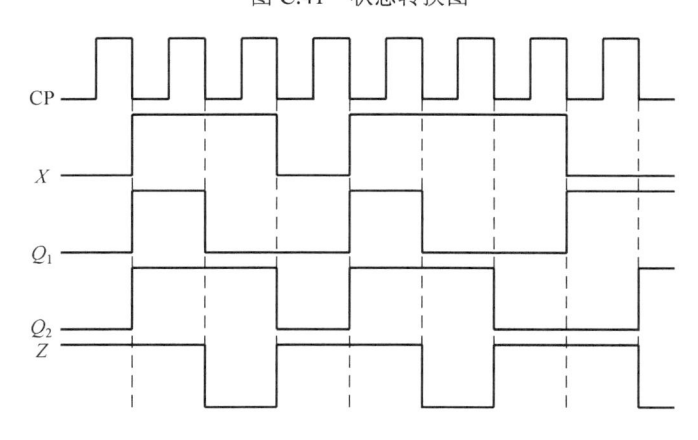

图 C.42 时序波形图

5.4 驱动方程：$D_1 = X$，$D_2 = Q_1^n$。

状态方程：$Q_1^{n+1} = X$，$Q_2^{n+1} = Q_1^n$。

输出方程：$Z = \overline{X\overline{Q_1^n}Q_2^n}$。

状态转换表如表 C.3 所示，状态转换图如图 C.43 所示。

表 C.3 状态转换表

$Q_2^n Q_1^n$	$Q_2^{n+1} Q_1^{n+1} / Z$	
	$X = 0$	$X = 1$
00	00/1	01/1
01	10/1	11/1
10	00/1	01/0
11	10/1	11/1

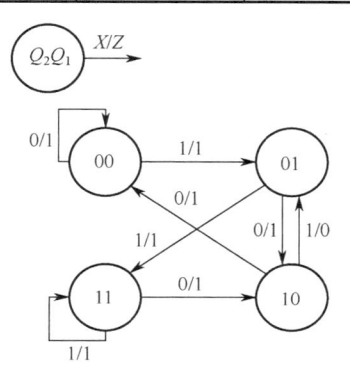

图 C.43 状态转换图

5.5 能自启动的四进制计数器。

5.6 模 6 计数器。

5.7 驱动方程：$J_1 = X$，$K_1 = \overline{XQ_2^n}$，$J_2 = XQ_1^n$，$K_2 = \overline{X}$，$J_3 = \overline{X}Q_1^n Q_2^n$。

状态方程：$Q_1^{n+1} = X\overline{Q_1^n} + XQ_1^n Q_2^n$，$Q_2^{n+1} = XQ_2^n + XQ_1^n \overline{Q_2^n}$，$Q_3^{n+1} = \overline{X}Q_1^n Q_2^n \overline{Q_3^n}$。

输出方程：$Z = \overline{X}Q_3^n$。

状态转换表如表 C.4 所示，状态转换图如图 C.44 所示。

表 C.4 状态转换表

$Q_3^n Q_2^n Q_1^n$	$Q_3^{n+1} Q_2^{n+1} Q_1^{n+1} / Z$	
	$X = 0$	$X = 1$
000	000/0	001/0
001	000/0	010/0
010	000/0	011/0
011	100/0	011/0
100	000/1	001/0
101	000/1	010/0
110	000/1	011/0
111	000/1	011/0

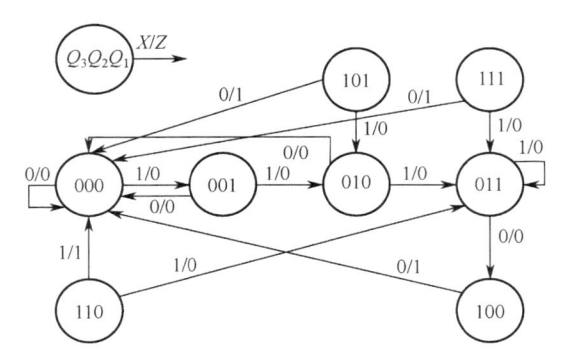

图 C.44　状态转换图

5.8　状态转换图如图 C.45 所示，时序波形图如图 C.46 所示，这是一个能自启动的六进制异步计数器。

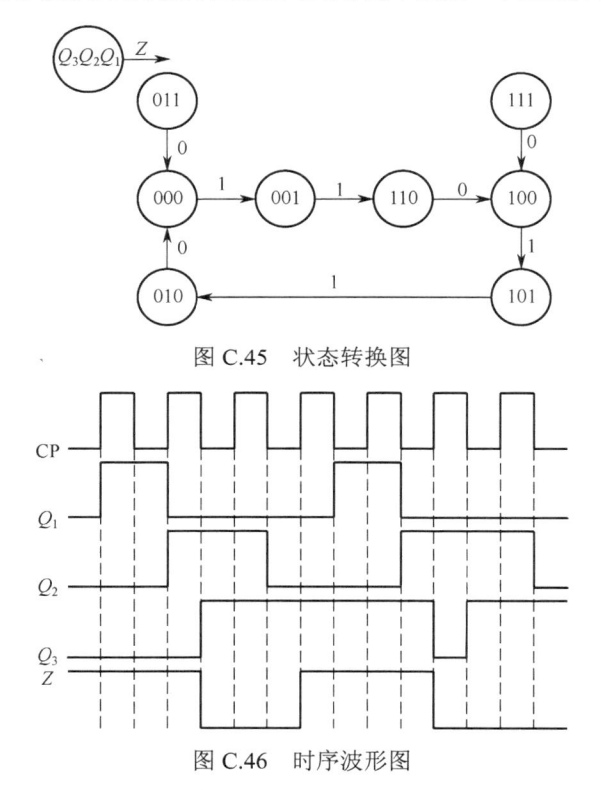

图 C.45　状态转换图

图 C.46　时序波形图

5.9　状态转换图如图 C.47 所示，时序波形图如图 C.48 所示，这是一个八进制计数器。

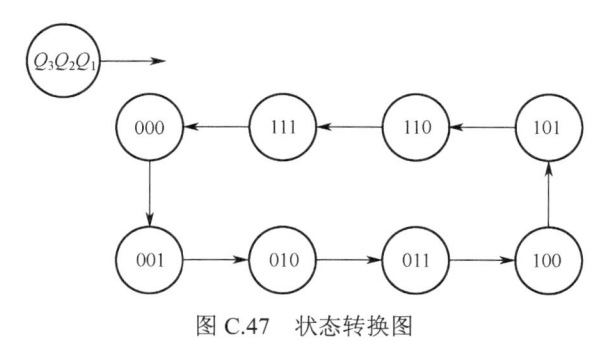

图 C.47　状态转换图

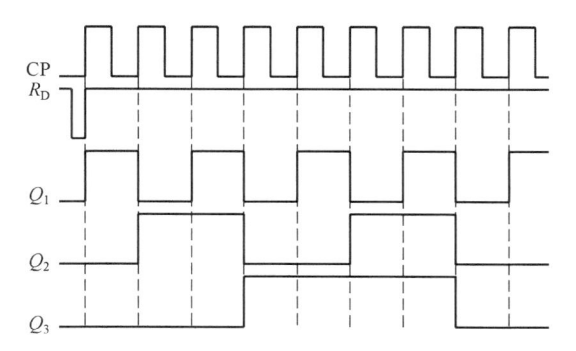

图 C.48 时序波形图

5.10 状态转换图如图 C.49 所示，不能自启动。

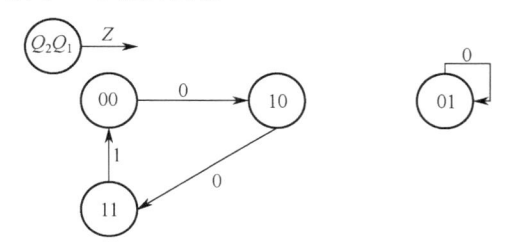

图 C.49 状态转换图

5.11 $N = 7$，能自启动。

5.12 $N = 4$，状态转换图如图 C.50 所示。

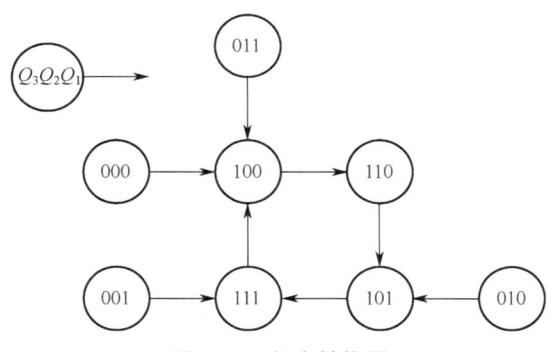

图 C.50 状态转换图

5.13 (1)九进制计数器，状态转换图如图 C.51 所示。

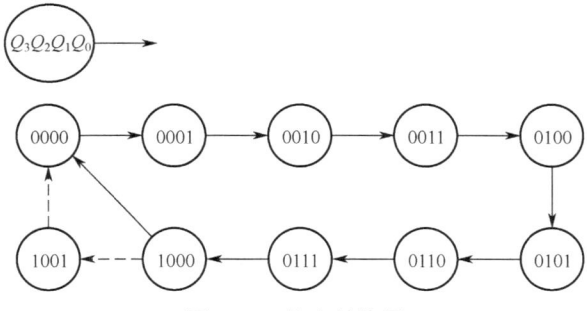

图 C.51 状态转换图

(2)十进制计数器，状态转换图如图 C.52 所示。

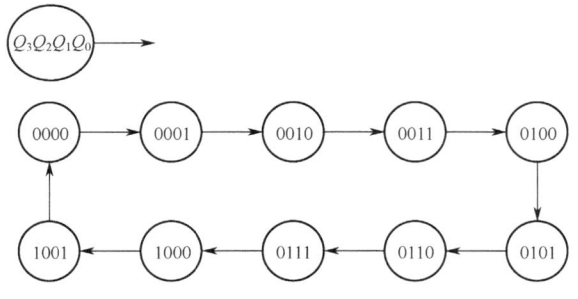

图 C.52 状态转换图

5.14 (1) 八进制计数器，状态转换图如图 C.53 所示。

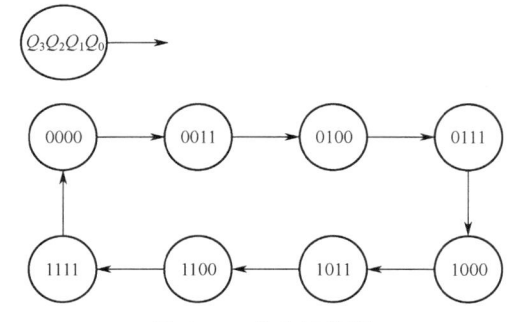

图 C.53 状态转换图

(2) 四进制计数器，状态转换图如图 C.54 所示。

5.15 计数长度 $N = 9 \times 16 + 13 = 157$，157 进制计数器，状态转换图如图 C.55 所示。

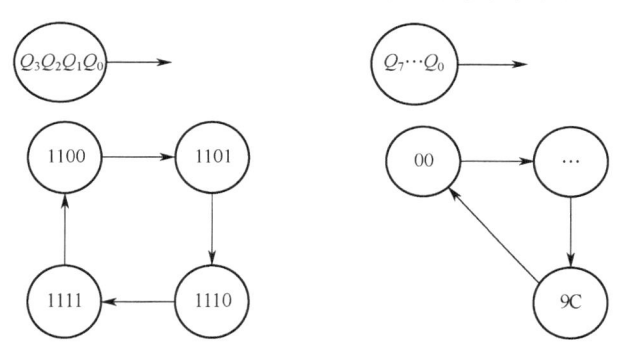

图 C.54 状态转换图　　图 C.55 状态转换图

5.16 计数长度 $N = 6 \times 16 + 9 = 105$，105 进制计数器，状态转换图如图 C.56 所示。

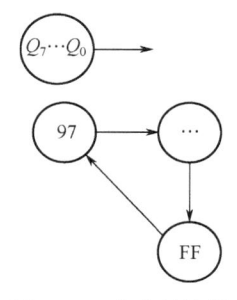

图 C.56 状态转换图

5.17 右移寄存器，时序波形图如图 C.57 所示。

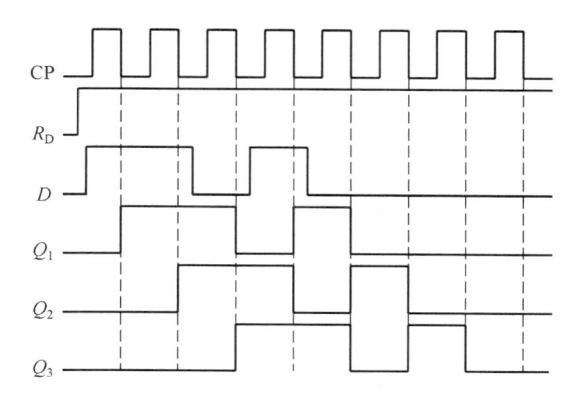

图 C.57 时序波形图

5.18 同步七进制加法计数器电路图如图 C.58 所示。

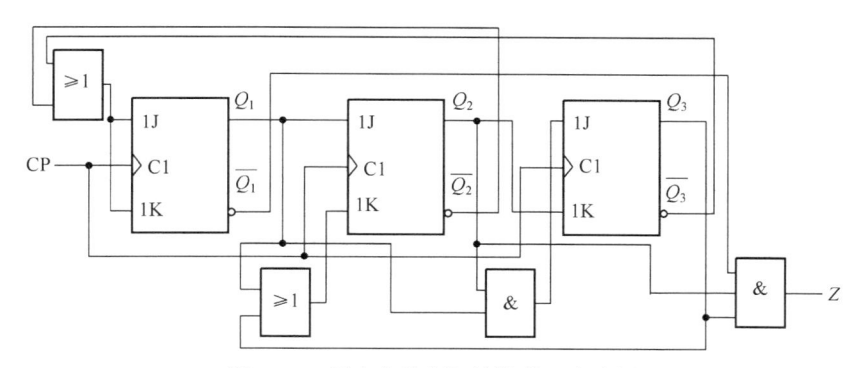

图 C.58 同步七进制加法计数器电路图

5.19 同步五进制减法计数器电路图如图 C.59 所示。

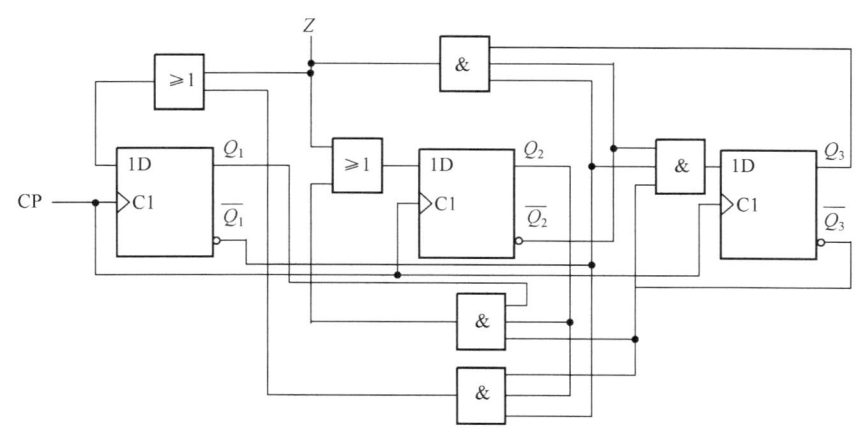

图 C.59 同步五进制减法计数器电路图

5.20 (1)逻辑电路如图 C.60 所示；(2)九进制计数器。

5.21 六进制计数器，如图 C.61 所示。

图 C.60　异步逻辑电路图

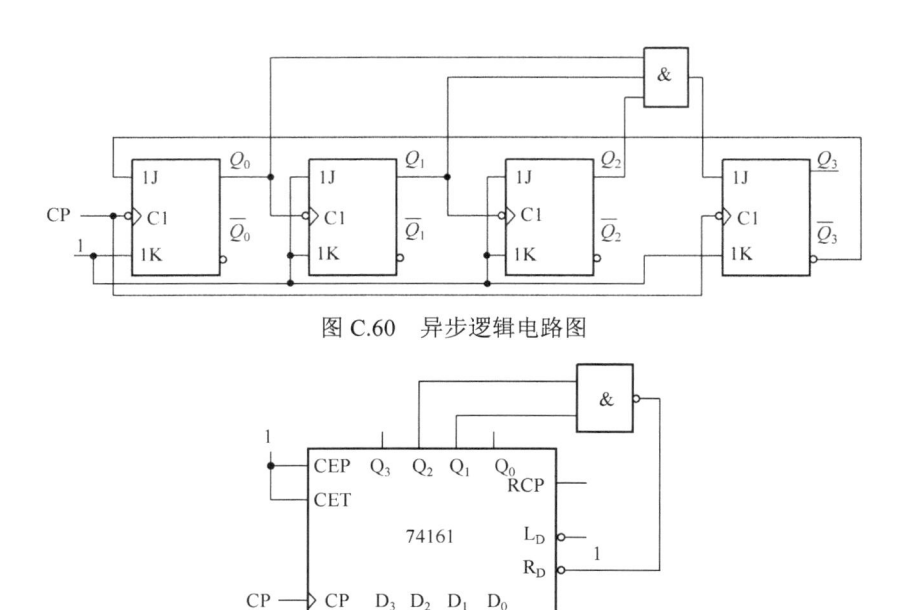

图 C.61　六进制计数器电路图

5.22 (1)十进制计数器电路图如图 C.62 所示；(2)二十进制计数器电路图如图 C.63 所示。

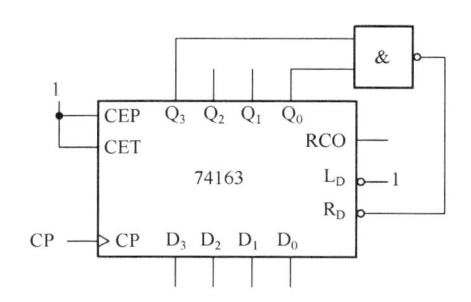

图 C.62　十进制计数器电路图

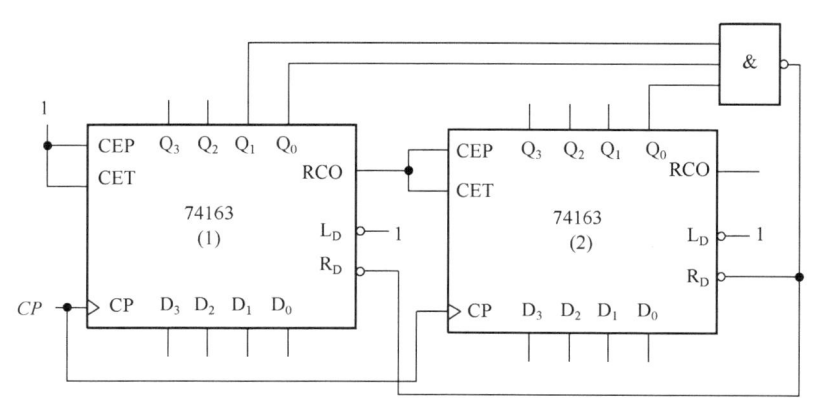

图 C.63　二十进制计数器电路图

5.23 十一进制计数器电路图如图 C.64 所示。

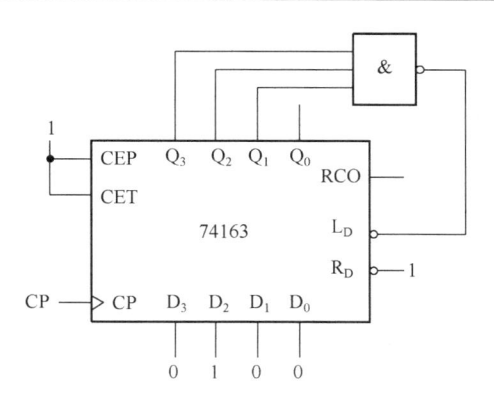

图 C.64 十一进制计数器电路图

5.24 十一进制计数器电路图如图 C.65 所示，给出了两种电路图。

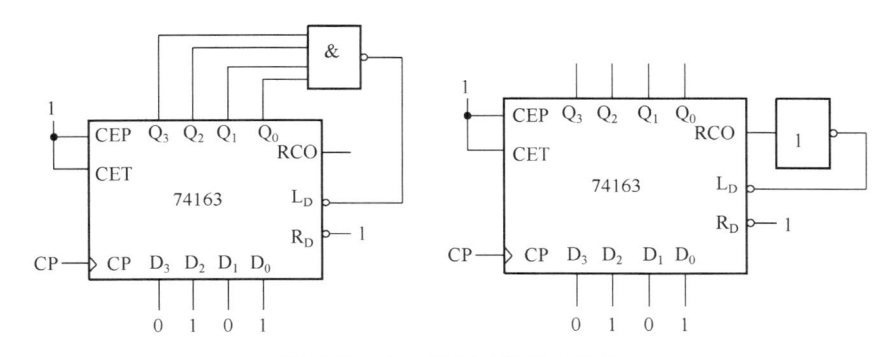

图 C.65 十一进制计数器电路图

5.25 不妨令所设计的电路包括 3 个 D 触发器，其状态分别为 ABC；3 个 D 触发器可以组合成 8 个电路状态，观察图 5.69 可知，有 2 个无效状态 $ABC = 000, 111$，为了避免自启动能力校验步骤，不妨令当 $X = 0$ 或 1，并且原态 $ABC = 000$ 时，次态为 001；当 $X = 0$ 或 1，并且原态 $ABC = 111$ 时，次态为 110。

经历若干设计步骤后，获得的三相六状态脉冲分配器电路图如图 C.66 所示。

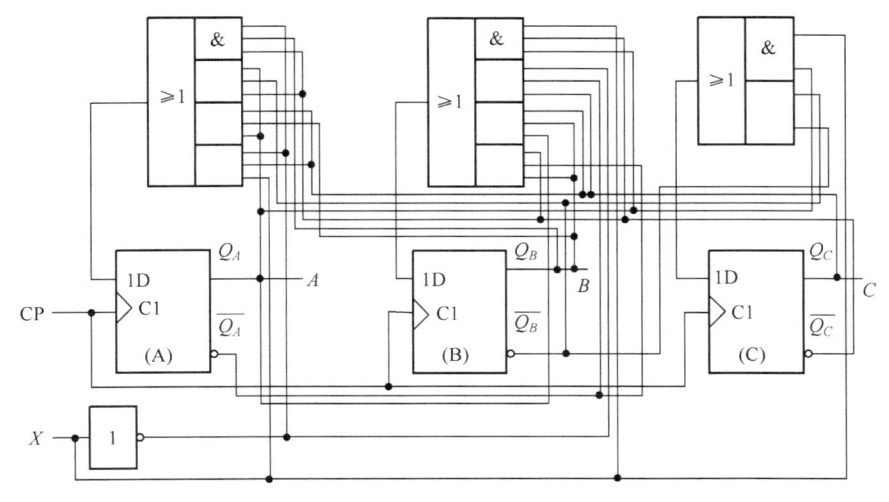

图 C.66 三相六状态脉冲分配器电路图

第6章 脉冲波形产生与整形电路

6.1 (1) $V_{T+} = \left(1 + \dfrac{R_1}{R_2}\right)V_{TH}$，$V_{T-} = \left(1 - \dfrac{R_1}{R_2}\right)V_{TH}$，CMOS 非门阈值电压 $V_{TH} \approx \dfrac{V_{DD}}{2}$。

(2) 电压传输特性曲线如图 C.67 所示。

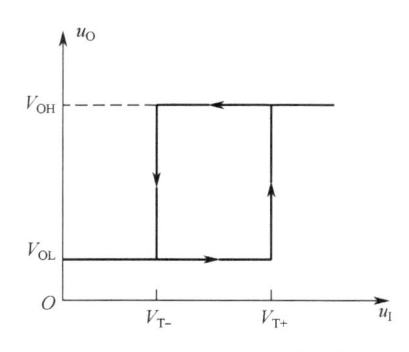

图 C.67 电压传输特性曲线

(3) 电压波形如图 C.68 所示。

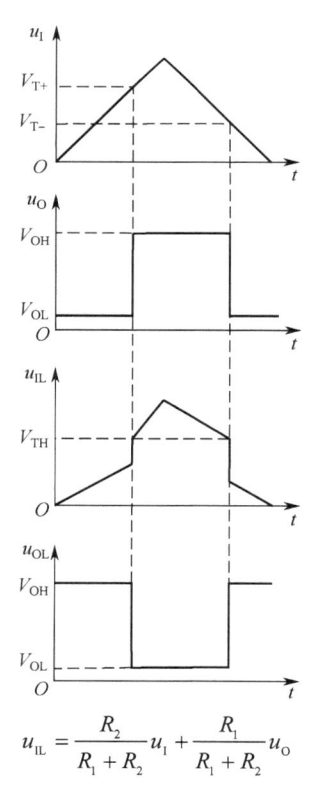

$$u_{IL} = \dfrac{R_2}{R_1 + R_2}u_I + \dfrac{R_1}{R_1 + R_2}u_O$$

图 C.68 电压波形图

(4) 改变 R_1 取值即改变回差电压 $\Delta u_T = \dfrac{R_1}{R_2}V_{DD}$，一般取 $R_1 > R_2$。

6.2 (1) 当 u_I 足够大时，u_a、u_b 都为高电平，u_{O1} 为低电平，u_{O2} 为高电平。当 u_I 由大变小使得 $u_a = 1.4\text{V}$ 时，RS 锁存器发生翻转，u_{O1} 由低电平变为高电平，而此时的 u_I 为负向阈值电压，

$$V_{T-} = 1.4 + V_{BE}$$

当 u_I 由小增大使得 $u_b = 1.4\text{V}$ 时，电路返回第一稳态，此时 u_I 为正向阈值电压，

$$V_{T+} = \dfrac{1.4}{R_{e2}} \times (R_{e1} + R_{e2}) + V_{BE}$$

电压传输特性曲线如图 C.69 所示。

(2) 当 R_{e1} 在 50～100Ω 范围内变动时回差电压

$$\Delta V = V_{T+} - V_{T-} = \dfrac{1.4 R_{e1}}{R_{e2}} = \dfrac{1.4 \times (50 \sim 100)}{100} = 0.7 \sim 1.4\text{V}$$

6.3 (1) 集成施密特反相器与阻容元件组成多谐振荡电路。当开关 S 接上面时，电路开始振荡，u_{O1} 的振荡周期为

$$T = RC \ln\left(\dfrac{V_{DD} - V_{T-}}{V_{DD} - V_{T+}} \cdot \dfrac{V_{T+}}{V_{T-}}\right) = 10^5 \times 10^{-8} \times \ln\left(\dfrac{7.3}{3.7} \times \dfrac{6.3}{2.7}\right) = 1.53\text{ms}$$

单稳输出 u_{O2} 的脉冲宽度为 $t_w = 0.7 R_{ext} C_{ext} = 0.21\text{ms}$。

当开关 S 接下面时，$u_{O1}=1$，$u_{O2}=0$，电路停止振荡。

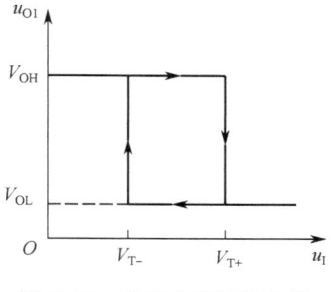

图 C.69　电压传输特性曲线

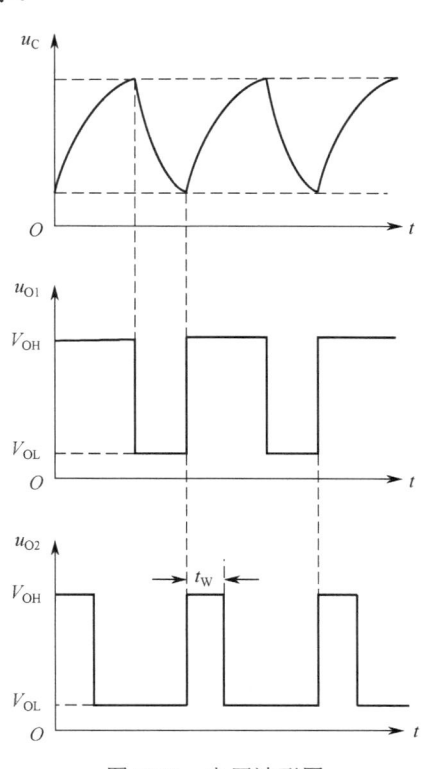

(2) 电压波形如图 C.70 所示。

图 C.70　电压波形图

6.4 (1) 电压波形如图 C.71 所示。

(2) $T = t_1 + t_2 = R_1 C \ln\left(\dfrac{V_{DD} - V_{T-}}{V_{DD} - V_{T+}}\right) + R_2 C \ln \dfrac{V_{T+}}{V_{T-}}$, $f = \dfrac{1}{T}$。

6.5 电路原理图如图 C.72 所示。

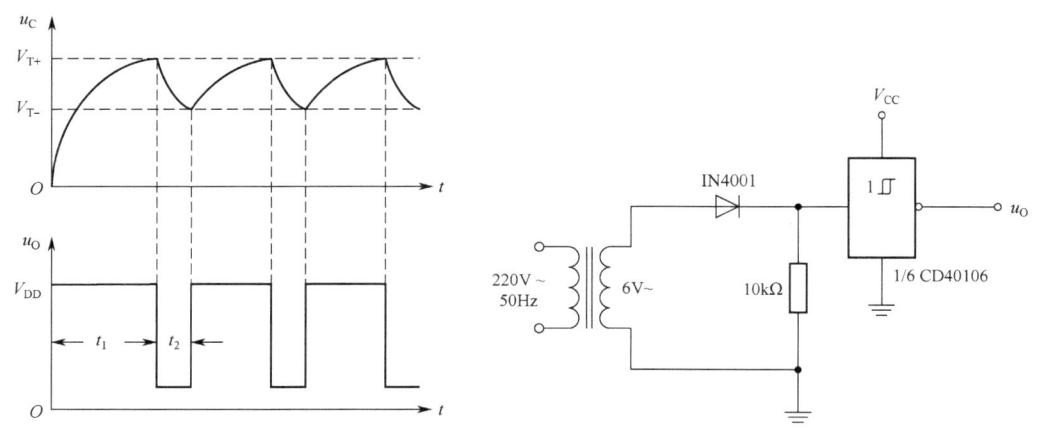

图 C.71 电压波形图　　　　图 C.72 电路原理图

6.6 多谐振荡器：暂稳态 2 个，稳态 0 个。单稳态触发器：暂稳态 1 个，稳态 1 个。
双稳态触发器：暂稳态 0 个，稳态 2 个。施密特触发器：暂稳态 0 个，稳态 2 个。

6.7 (1) 当 u_{O1} 为高电平、u_{O2} 为低电平时，有电流通过电阻 R 给电容 C 充电，u_I 升高，当 u_I 达到 V_{TH} 时，u_{O1} 变为低电平，u_{O2} 变为高电平，电路进入第一暂稳态。此时电容 C 通过 R 放电，然后 u_{O2} 向电容 C 反向充电，随着电容 C 的放电（反向充电），u_I 不断下降，达到 $u_I = V_{TH}$ 时，u_{O1} 变为高电平，u_{O2} 变为低电平，电路进入第二暂稳态，此时 u_{O1} 通过 R 向电容 C 充电，并重复上述过程。

(2) 电压波形如图 C.73 所示。

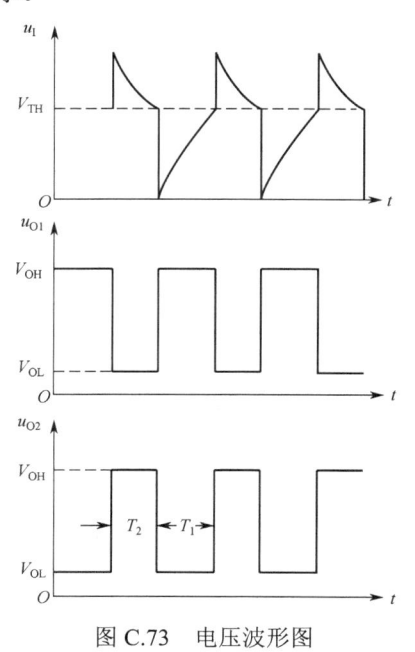

图 C.73 电压波形图

(3) $T = T_1 + T_2 = 1.4RC$。

6.8 (1) 电压波形如图 C.74 所示。

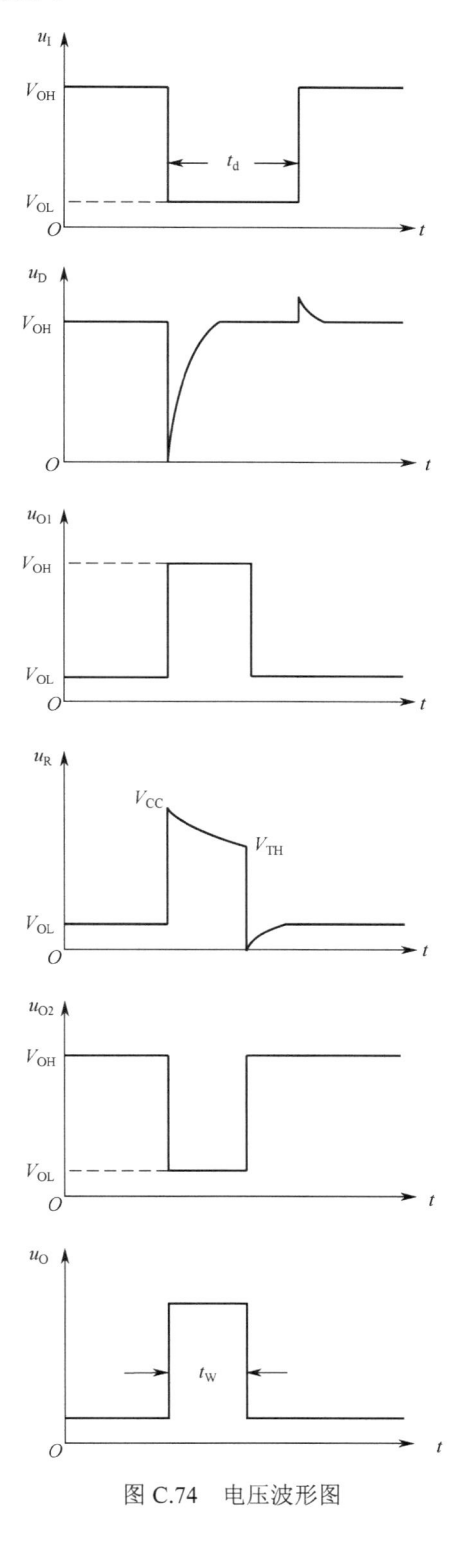

图 C.74 电压波形图

(2) $t_\mathrm{W} = RC\ln\dfrac{u_\mathrm{R}(\infty) - u_\mathrm{R}(0^+)}{u_\mathrm{R}(\infty) - V_\mathrm{TH}} = RC\ln\dfrac{0 - V_\mathrm{CC}}{0 - 1.4}$，取 $V_\mathrm{CC} = 5\mathrm{V}$，则有 $t_\mathrm{W} = 1.27\mathrm{\mu s}$。

6.9 (1) 工作原理

① 稳态：G_1 门的一个输入端经 R 接地，$u_\mathrm{R} = 0$，无触发信号 $u_\mathrm{I} = 0$，电路处于稳态（$u_\mathrm{O1} = 1$，$u_\mathrm{O2} = 0$），此时参考极性为右正左负的电容电压 $u_\mathrm{C} = 0\mathrm{V}$。

② 暂稳态：触发脉冲 u_i 由低电平上跳至高电平，G_1 门输出下跳至低电平，G_2 门输出 u_O2 上跳至高电平时，电路处于暂稳态（$u_\mathrm{O1} = 0$，$u_\mathrm{O2} = 1$）。由于电容两端电压不能突变，所以此时 u_R 由低电平跳变至高电平，且与 u_O2 跳变幅度相同，此后 G_2 输出的高电平向电容 C 充电，u_R 按指数规律下降。

③ 返回稳态：u_I 撤销后，电容继续充电，u_R 继续下降。当 u_R 下降至 G_1 的阈值电压 V_TH 时，G_1 输入全为低电平，u_O1 跳变至高电平，u_O2 跳变为低电平，暂稳态结束。

④ 恢复阶段：此后电容放电，u_R 回到稳态值 $0\mathrm{V}$，电路返回到稳态（$u_\mathrm{O1} = 1$，$u_\mathrm{O2} = 0$）。

(2) 电压波形如图 C.75 所示。

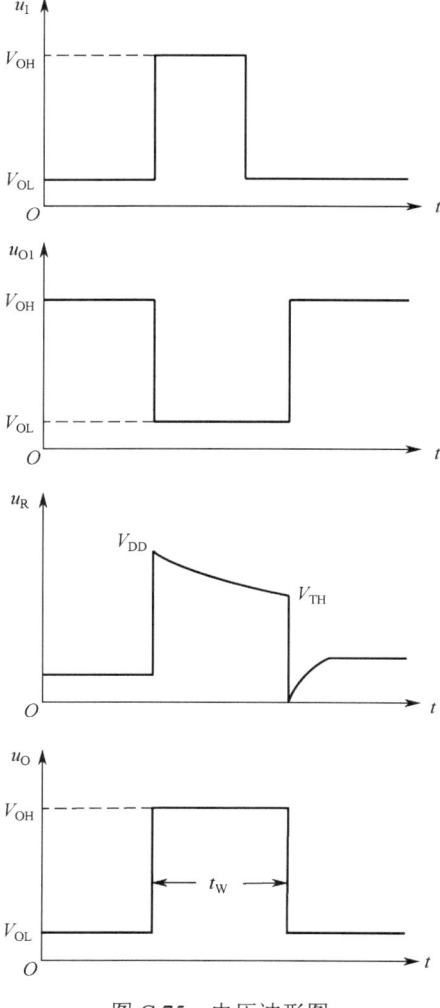

图 C.75 电压波形图

(3) $t_W = RC\ln\dfrac{u_R(\infty) - u_R(0^+)}{u_R(\infty) - u_R(t_W)}$，$u_R(\infty) = 0$，$u_R(0^+) = V_{DD}$，$u_R(t_W) = V_{TH}$，不妨设 $V_{TH} = \dfrac{V_{DD}}{2}$，则 $t_W \approx 0.7RC$。

6.10 (1) $t_W \approx 0.7RC$，将 $C = 1\mu F$，$R = (5.1 \sim 25.1)k\Omega$ 代入得 $t_W \approx (3.57 \sim 17.57)ms$。

(2) 若不串接 5.1kΩ 电阻，单稳态触发器 74LS121 外接电阻仅为电位器，那么电位器阻值一旦调为 0，单稳态触发器会因无定时电阻而无法正常工作。

6.11 (1) 根据 74LS163 芯片的逻辑功能，将其连接为 4bits 二进制加法计数器的工作状态。

(2) 由于图 6.41 中 u_A 的改变时刻发生在 CP 的下降沿，而 74LS163 芯片是对时钟脉冲信号的上升沿计数，所以我们将 CP 反相后，再送给 74LS163 芯片作为被计数脉冲。画出计数器 Q_1、Q_0 及 u_A 的工作波形如图 C.76 所示。

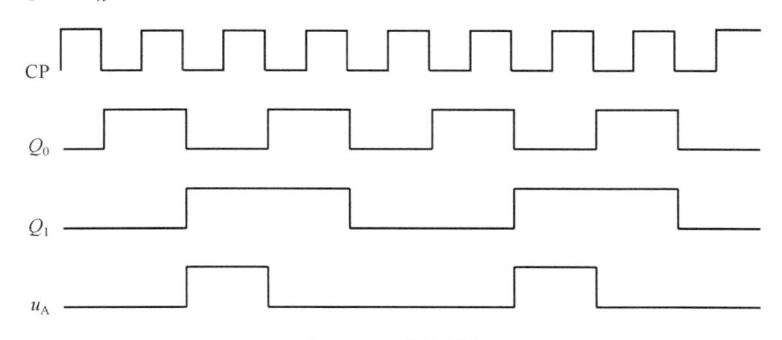

图 C.76 波形图

(3) 分析波形图可知 $u_A = Q_1\overline{Q_0}$，用 u_A 作为集成单稳态触发器 74LS121 的触发信号，使得 $A_1 = u_A$，$A_2 = B = V_{CC}$，则 $Q = u_B$，并且 $t_W = 0.7RC$。

(4) 根据以上分析和设计过程，画出电路原理图，如图 C.77 所示。

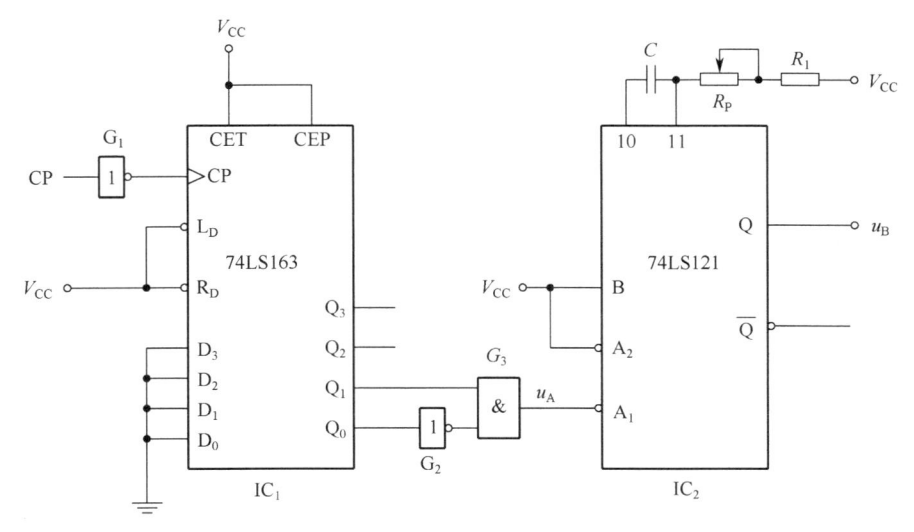

图 C.77 电路原理图

6.12 电源电压 V_{CC} 取 15V。

6.13 (1) 当 $u_I < u_{gs(th)}$ 时，场效应管截止，电路停止工作。当 $u_I > u_{gs(th)}$ 时，场效应管导通，电路进行多谐振荡。

(2) $T = T_1 + T_2 = 0.7(R_1 + 2R_{DS})C_1$，$f = \dfrac{1}{T} = \dfrac{1}{0.7(R_1 + 2R_{DS})C_1} = \dfrac{1.43}{(R_1 + 2R_{DS})C_1}$。

6.14　$t_d = 1.1R_1C_1$，$f = \dfrac{1.43}{(R_2 + 2R_3)C_2}$。

6.15 (1) 电压波形如图 C.78 所示。

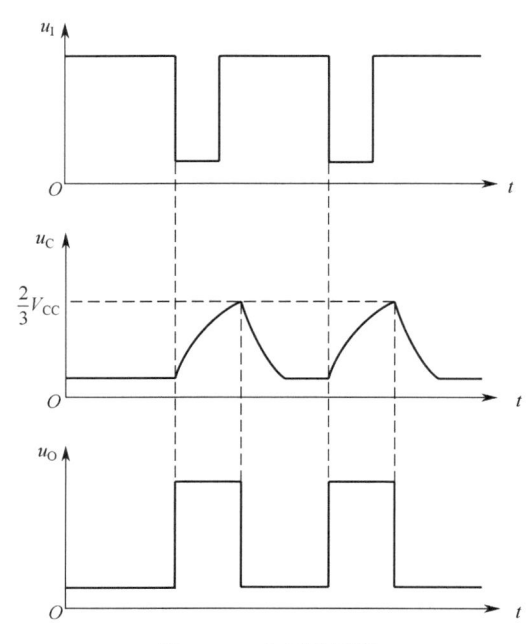

图 C.78　电压波形图

(2) 计算 C_1 充电时间 t_W

u_C 从 0 到 $\tfrac{2}{3}V_{CC}$ 所用的时间为 $t_W = \dfrac{\tfrac{2}{3}V_{CC} \cdot C_1}{I_O}$，其中 $I_O = \dfrac{V_{CC} - \dfrac{R_2}{R_1 + R_2}V_{CC} + V_{BE}}{R_e}$。

若 $\dfrac{R_2}{R_1 + R_2}V_{CC} \gg V_{BE}$，则简化为 $t_W = \dfrac{2R_e(R_1 + R_2)C_1}{3R_2}$。

6.16 电压波形如图 C.79 所示。

6.17 (1) 左边第一块 555 定时器 U_1 构成多谐振荡器，电源 V_{CC} 通过电位器 R_1、电阻 R_2 和 R_3 对电容 C_2 充电，此时通过调节 R_1 的大小，可以调节电容 C 的充电时间。当电容 C_2 的电压达到 $2/3V_{CC}$ 时，电容 C_2 开始通过 R_3 放电，此时的放电时间是不能改变的。由 U_1 产生的负脉冲经 R_4C_3 微分电路传送到 U_2，使得第二块 555 定时器 U_2 实现单稳态触发。

(2) 由于 u_o 的频率与 U_1 的引脚 3 输出端的信号频率相同，所以只需分析 U_1 的频率变化范围。

因为 $T_{1\min} = 0.7(R_2 + R_3)C_2$，$T_2 = 0.7R_3C_2$，所以 $f_{\max} = \dfrac{1}{T_{\min}} = \dfrac{1}{0.7(R_2 + 2R_3)C_2}$。

因为 $T_{1\max} = 0.7(R_1 + R_2 + R_3)C_2$，$T_2 = 0.7R_3C_2$，所以 $f_{\min} = \dfrac{1}{T_{\max}} = \dfrac{1}{0.7(R_1 + R_2 + 2R_3)C_2}$。

输出信号 u_o 的脉冲宽度为　$t_d = 1.1R_5C_5$。

(3) 二极管 VD 减小由于信号跳变通过电容 C_3 产生的正向尖峰脉冲，避免对 U_2 的损坏。

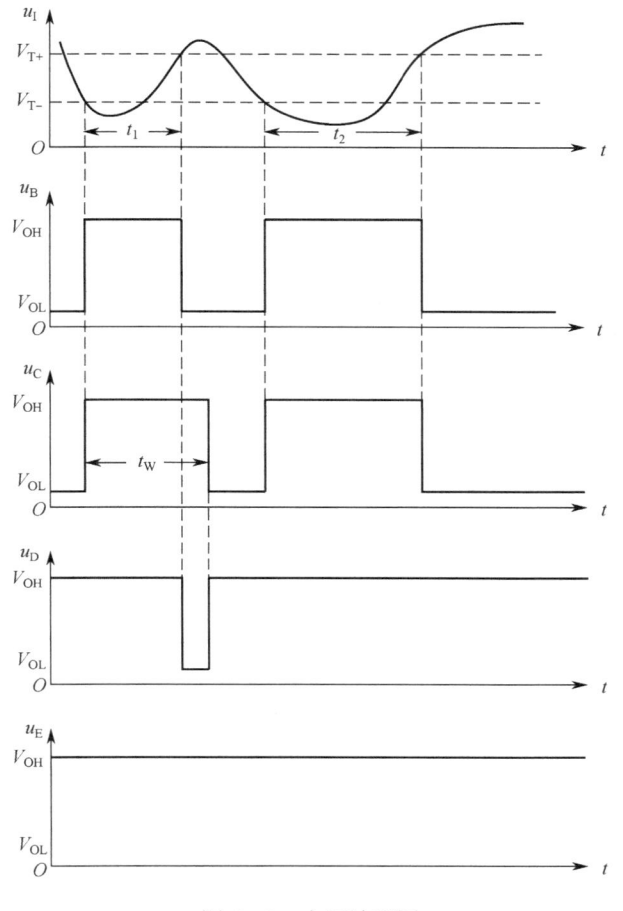

图 C.79　电压波形图

6.18 (1) 工作原理

① 阈值电压 $V_{T-} = \frac{1}{3}V_{CC} = 4V$，$V_{T+} = \frac{2}{3}V_{CC} = 8V$。

② 当 $u_O = 12V$ 时，VD_1 导通，C 充电，参考极性为上正下负的电容电压 u_C 从 4V 开始按指数规律上升，当 u_C 上升到 8V 时，u_O 翻转为 $u_O = 0V$。

③ 当 $u_O = 0V$ 时，VD_2 导通，C 放电，u_C 从 8V 开始按指数规律下降，当 u_C 下降到 4V 时，u_O 又翻转为 $u_O = 12V$，回到上述步骤②，周而复始形成振荡，u_O 为矩形波。

④ 时间常数 $\tau_{充} = R_{左} \cdot C$，$\tau_{放} = R_{右} \cdot C$。

⑤ 矩形波 u_O 的周期为 $T = 0.7(\tau_{充} + \tau_{放}) = 0.7RC$，频率为 $f = \dfrac{1}{T} = \dfrac{1}{0.7RC} = 0.715 Hz$。

⑥ 占空比 $q = \dfrac{R_{左}}{R} = 5\% \sim 95\%$。

(2) 电压波形如图 C.80 所示。

图 C.80 电压波形图

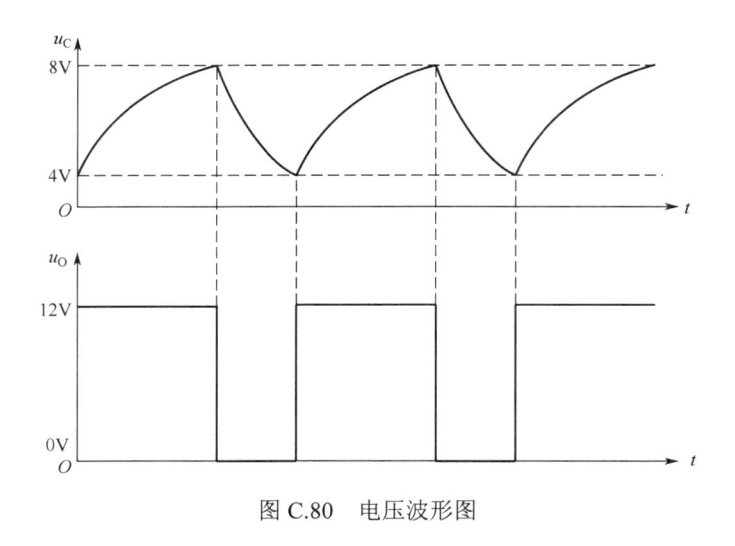

第 7 章 半导体存储器

7.1 存储容量为 64×8bits。

7.2 (1) 存储单元 = 65536，16 根地址线，1 根数据线。
    (2) 存储单元 = 1048576，18 根地址线，4 根数据线。
    (3) 存储单元 = 2097152，20 根地址线，2 根数据线。
    (4) 存储单元 = 1048576，17 根地址线，8 根数据线。

7.3 所需 RAM 芯片数 = $\lceil D/d \rceil \times \lceil N/n \rceil$ 其中 $\lceil x \rceil$ 表示大于等于 x 的最小整数。

7.4 (1) 需要 8 块存储容量为 256×4bits 的 RAM 芯片，逻辑电路图如图 C.81 所示。

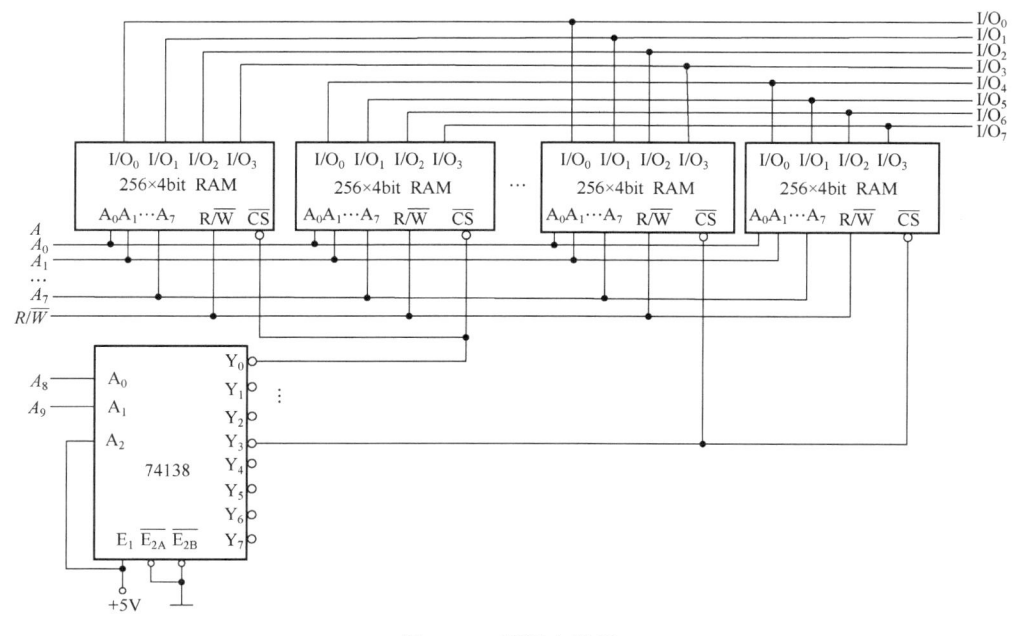

图 C.81 逻辑电路图

(2) 当 $R/\overline{W}=1$ 且地址为 0011001100 时,电路图中左边 2 个芯片被选中,被执行读操作。

7.5 (1) 存储单元 $=254\times 4=1016$;(2) 每次访问 4 存储单元;(3) 8 根地址线。

7.6 (1) ROM 存储容量为 $2^6\times 6\text{bits}=384\text{bits}$;(2) $2^8\times 12\text{bits}=3072\text{bits}$。

7.7 (1) 电路如图 C.82 所示,$A_3A_2A_1A_0$ 作为代码输入,$D_3D_2D_1D_0$ 作为代码输出,$\overline{CE}$ 和 $\overline{OE}$ 接地。输入 $A_4=0$ 时电路将余 3 码转换为 8421BCD 码;输入 $A_4=1$ 时电路将 8421BCD 码转换为余 3 码。

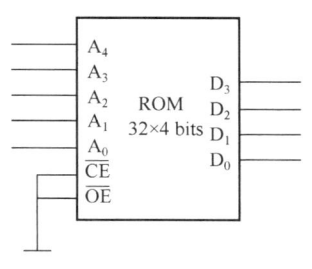

图 C.82 逻辑电路图

(2) ROM 存储单元内容如表 C.5 所示。

表 C.5 ROM 存储单元内容

ROM 地址	值	ROM 地址	值	ROM 地址	值	ROM 地址	值
00000	××××	**01000**	0101	**10000**	0011	**11000**	1011
00001	××××	**01001**	0110	**10001**	0100	**11001**	1100
00010	××××	**01010**	0111	**10010**	0101	**11010**	××××
00011	0000	**01011**	1000	**10011**	0110	**11011**	××××
00100	0001	**01100**	1001	**10100**	0111	**11100**	××××
00101	0010	**01101**	××××	**10101**	1000	**11101**	××××
00110	0011	**01110**	××××	**10110**	1001	**11110**	××××
00111	0100	**01111**	××××	**10111**	1010	**11111**	××××

注:××××表示任意值。

7.8 将芯片地址输入 $A_3A_2A_1A_0$ 作为逻辑变量输入 $ABCD$,将芯片输出信号 $D_3D_2D_1D_0$ 作为逻辑函数 $Y_4Y_3Y_2Y_1$ 输出,逻辑电路图如图 C.83 所示。

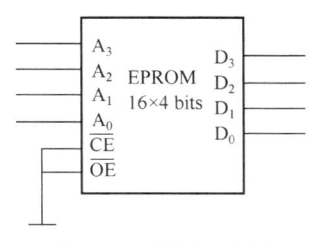

图 C.83 逻辑电路图

EPROM 存储单元内容如表 C.6 所示。

表 C.6　EPROM 存储单元内容

$A_3A_2A_1A_0$ (ABCD)	$D_3D_2D_1D_0$ ($Y_4Y_3Y_2Y_1$)	$A_3A_2A_1A_0$ (ABCD)	$D_3D_2D_1D_0$ ($Y_4Y_3Y_2Y_1$)
0000	0100	1000	0010
0001	0000	1001	0110
0010	0001	1010	0010
0011	0101	1011	1010
0100	0011	1100	0100
0101	0011	1101	1000
0110	0111	1110	1000
0111	1011	1111	1100

7.9　$u_O = -\dfrac{R_f \cdot V_{REF}}{R}\left[\sum\limits_{i=0}^{3}(D_i \cdot 2^i)\right]$，输出端电压 u_O 的波形图为阶梯状三角波。

7.10　采用存储容量为 16×3bits 的 EPROM 芯片，芯片地址输入 $A_0A_1A_2A_3$ 分别作为被比较数 A_0，A_1 输入和比较数 B_0，B_1 输入，芯片输出信号 $D_0D_1D_2$ 作为 $L_1L_2L_3$ 输出，逻辑电路图如图 C.84 所示。

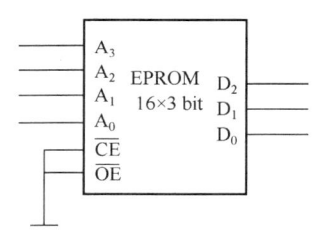

图 C.84　逻辑电路图

EPROM 存储单元内容如表 C.7 所示。

表 C.7　EPROM 存储单元内容

$A_3A_2A_1A_0$ ($B_1B_0A_1A_0$)	$D_2D_1D_0$ ($L_3L_2L_1$)	$A_3A_2A_1A_0$ ($B_1B_0A_1A_0$)	$D_2D_1D_0$ ($L_3L_2L_1$)
0000	010	1000	001
0001	100	1001	001
0010	100	1010	010
0011	100	1011	100
0100	001	1100	001
0101	010	1101	001
0110	100	1110	001
0111	100	1111	010

第 8 章　数模和模数转换器

8.1　因为 $(01001101)_B = 77$，所以 $77 \times 0.22\,\text{V} = 16.94\,\text{V}$。

8.2　$\dfrac{1}{2^8 - 1} \approx 0.004$。

8.3　若要求转换精度小于 0.25，不妨令分辨率小于 0.25。3bits 的 DAC 的分辨率为 $1/7 < 0.25$，满足系统对转换精度的要求。

8.4　(1) 因为某位为 1，其他各位为 0，所以只有一位有输出，于是 $v_O = -\dfrac{R_f}{R} \cdot \dfrac{V_{REF}}{2^4}(D_i \cdot 2^i)$。

(2) $v_O = -\dfrac{R_f}{R} \cdot \dfrac{V_{REF}}{2^4}\left[\sum_{i=0}^{3}(D_i \cdot 2^i)\right]$。

8.5　(1) $v_O = -V_{REF}\sum_{i=0}^{3}(Q_i \cdot 2^i)$。

(2) $v_O = -(-1) \times 2^0\,\text{V} = 1\,\text{V}$，　$v_O = -(-1) \times (2^0 + 2^1 + 2^2 + 2^3)\,\text{V} = 15\,\text{V}$。

(3) v_O 依次输出 $0\,\text{V}, 1\,\text{V}, 2\,\text{V}, \cdots, 15\,\text{V}$，是阶梯状锯齿波形。

8.6　(1) $v_O = -\dfrac{R_f}{3R} \cdot \dfrac{V_{REF}}{2^4}(D_i \cdot 2^i)$；(2) $v_O = -\dfrac{R_f}{3R} \cdot \dfrac{V_{REF}}{2^4}\left[\sum_{i=0}^{3}(D_i \cdot 2^i)\right]$。

8.7　(1) $v_O = -\dfrac{3R}{3R} \times \dfrac{10}{2^5}(2^4 + 2^1 + 2^0)\,\text{V} \approx -5.938\,\text{V}$；(2) 分辨率 $= \dfrac{1}{2^5 - 1} = 0.032$。

8.8　根据奈奎斯特采样定理可知，最低采样频率为 40kHz。

8.9　因为数字信号不仅时间上是离散的，而且数值上的变化也不是连续的。这就是说任何一个数字量的大小，都是以某个最小数量单位的整数倍来表示的。

采用四舍五入量化方法，量化误差比较小。

8.10　因为 $\dfrac{5100}{20} = 255$，$(255)_B = 11111111$，所以应选 8bits A/D 转换器。

8.11　(1) $2T_1$，因为 $T_1 = 2^N T_{CP} = 2^{10} \times \dfrac{1}{2 \times 10^6}\,\text{s} = 0.512\,\text{ms}$，所以 $2T_1 = 1.024\,\text{ms}$。

(2) 因为计数器的值达到 2^n 时，为 0.512ms，所以 $R = \dfrac{512}{0.1}\,\Omega = 5120\,\Omega$。

(3) $\left(\dfrac{4}{10} \times 2^{10}\right)_B = 110011010$，$\left(\dfrac{1.5}{10} \times 2^{10}\right)_B = 10011010$。

8.12　(1) 因为 $\dfrac{2\,\text{V}}{N} \leqslant 0.1\,\text{mV}$，所以 $N \geqslant 20000$。

(2) 计数器容量最小值为 20000，不妨设 $2^n \geqslant 20000$，则 $n = 15$，也就是说计数器为 15bits 的加计数器。采样/保持时间也就是转换时间（第一次积分时间 T_1），

$$T_1 = 2^n T_{CP} = 2^{15} \times \dfrac{1}{200 \times 10^3}\,\text{s} = 0.16384\,\text{s}$$

(3) 在第一次积分时间，$|v_O|$ 有最大值，对应 $v_O = -5\,\text{V}$。

因为 $v_O = \dfrac{T_1 \cdot v_{Imax}}{RC} = -5\,\text{V}$。而依题意有 $v_{Imax} = V_{REF} = 2\,\text{V}$，所以 $RC = T_1 \times \dfrac{2}{5} = 0.065536\,\text{s}$。

第 9 章 可编程逻辑器件

9.1 可编程逻辑器件（PLD）是一种可由用户对其进行编程的大规模通用集成电路。有强大的标准设计软件工具支持，可以借助计算机进行设计，PLD 与传统的中小规模集成电路相比，具有显著的特点和优势。

9.2 可编程逻辑器件主要由可编程逻辑块、可编程内部连线、可编程输入/输出单元组成。各部分可通过编程相互连接。

9.3 逻辑宏单元由 8 输入或门、D 触发器、数据选择器和控制门电路组成。可以编程组态为 4 种常用的输出结构。

9.4 GAL 的基本结构与 PAL 相同，与阵列可编程，或阵列固定。GAL 采用 E^2PROM 工艺，可进行多次编程；PAL 则采用熔丝工艺，一旦编程后便不能修改。两者的输出电路结构不同。

9.5 就编程原理而言，FPGA 与 PAL、GAL 不同，不再是与或阵列结构，而是另一类可编程逻辑器件。FPGA 利用查找表结构来实现组合逻辑，它主要由许多规模较小的可编程逻辑块（CLB）排成的阵列和可编程输入/输出模块（IOB）组成。

9.6 FPGA 由可编程输入/输出模块 IOB、可编程逻辑模块 CLB、可编程互连资源 PIR 三种可编程逻辑部件和存放编程数据的静态存储器 SRAM 组成。

9.7 逻辑宏单元 OLMC 包含了或门、寄存器和可编程的控制电路，通过对 OLMC 进行编程，可组态出多种不同的输出结构，几乎涵盖了 PAL 的各种输出结构。

9.8 CPLD 主要由输入/输出端、可编程连线乘积项和逻辑宏单元构成。FPGA 在结构上主要分为三个部分，即可编程逻辑单元、可编程输入/输出单元和可编程连线。两者的逻辑块与编程原理不同。

9.9 通常，一个简单的 VHDL 语言程序包括：库（library）及其使用说明、实体（entity）、结构体（architecture），共 3 个部分。

9.10 可编程逻辑器件开发设计流程如下。

(1) "源程序的编辑和编译"：用一定的逻辑表达手段将设计表达出来；"逻辑综合"：将用一定的逻辑表达手段表达出来的设计，经过一系列的操作，分解成一系列的基本逻辑电路及对应关系（电路分解）。

(2) "目标器件的布线/适配"：在选定的目标器件中建立这些基本逻辑电路及对应关系（逻辑实现）。

(3) "目标器件的编程/下载"：将前面的软件设计经过编程变成具体的设计系统（物理实现）。

(4) "硬件仿真/硬件测试"：验证所设计的系统是否符合设计要求。设计过程的有关"仿真"：模拟有关设计结果与设计构想是否相符。

9.11 低电平敏感的 D 锁存器 VHDL 程序文件 D_latch.vhd 如下。

```
Library ieee;
Use ieee.std_logic_1164.all;

Entity D_latch is
    Port(
```

```
            D,clk:      in std_logic;
            Q:          out std_logic
            );
    End Entity D_latch;

    Architecture Art1 of D_latch is
    Begin
        process (D,clk) is
        Begin
            if clk='0' then
                Q<=D;
            end if;
        End process;
    End Architecture Art1;
```

9.12 下降沿敏感的 D 触发器 VHDL 程序文件 D_flip_flop.vhd 如下。

```
    Library ieee;
    Use ieee.std_logic_1164.all;

    Entity D_flip_flop is
        Port(
            D,clk:      in std_logic;
            Q:          out std_logic
            );
    End Entity D_flip_flop;

    Architecture Art1 of D_flip_flop is
    Begin
        process (D,clk) is
        Begin
            if clk'event and clk='0' then
                Q<=D;
            end if;
        End process;
    End Architecture Art1;
```

参 考 文 献

[1] 清华大学电子学教研组编，阎石主编．数字电子技术基础（第六版）[M]．北京：高等教育出版社，2016．

[2] 华中科技大学电子技术课程组编，康华光主编．电子技术基础数字部分（第六版）[M]．北京：高等教育出版社，2014．

[3] 华中科技大学电子技术课程组编，康华光主编．电子技术基础模拟部分（第六版）[M]．北京：高等教育出版社，2011．

[4] 沈任元．数字电子技术基础[M]．北京：机械工业出版社，2010．

[5] 林红，周鑫霞．电子技术[M]．北京：清华大学出版社，2008．

[6] 余璆，熊洁．数字电子技术（第十一版）[M]．北京：电子工业出版社，2019．

[7] 范爱平，周常森．数字电子技术基础[M]．北京：清华大学出版社，2008．

[8] 杨文霞，孙青林．数字逻辑电路[M]．北京：科学出版社，2007．

[9] 李月乔．数字电子技术基础[M]．北京：中国电力出版社，2008．

[10] 潘松，黄继业．EDA 技术实用教程（第三版）[M]．北京：科学出版社，2006．

[11] 周润景．Proteus 入门实用教程[M]．北京：机械工业出版社，2011．

[12] 欧伟明，刘剑，何静，等．单片机原理与应用（C51 语言版）[M]．北京：电子工业出版社，2019．

[13] www.nxp.com

[14] www.datasheetschina.com